EUL VERLAG

EINZELSCHRIFTEN

Alexander Blum
Corporate Governance – Ein Vergleich zwischen den gesetzlichen Regelungen in Deutschland und den Forderungen des Kapitalmarkts
Lohmar – Köln 2005 • 360 S. • € 54,- (D) • ISBN 3-89936-336-1

Jörn-Axel Meyer (Hrsg.)
Wissens- und Informationsmanagement in kleinen und mittleren Unternehmen – Jahrbuch der KMU-Forschung und -Praxis 2005
Lohmar – Köln 2005 • 586 S. • € 69,- (D) • ISBN 3-89936-339-6

Bernd Schulze
Mehrfachnutzung von Medieninhalten – Entwicklung, Anwendung und Bewertung eines Managementkonzepts für die Medienindustrie
Lohmar – Köln 2005 • 220 S. • € 45,- (D) • ISBN 3-89936-340-X

Christian Alexander Mias
Prozessmodell für Integration Excellence
Lohmar – Köln 2005 • 202 S. • € 44,- (D) • ISBN 3-89936-341-8

Jochen Breckner
Controlling von Autobanken
Lohmar – Köln 2005 • 322 S. • € 52,- (D) • ISBN 3-89936-342-6

Cord Twele/Matthias Lesch/Andreas Bull
Innovative Regionalentwicklung – Innovationsnetzwerke, (Corporate) Venture Capital und Venture-Capital-Fonds
Lohmar – Köln 2005 • 140 S. • € 38,- (D) • ISBN 3-89936-351-5

Georg Waltenberger
Energiemanagement in der Industrie – Die energiewirtschaftlichen Grundlagen
Lohmar – Köln 2005 • 392 S. • € 56,- (D) • ISBN 3-89936-354-X

Georg Waltenberger

Energiemanagement in der Industrie

Die energiewirtschaftlichen Grundlagen

EUL VERLAG

Bibliographische Information der Deutschen Bibliothek

Die Deutsche Bibliothek verzeichnet diese Publikation in der Deutschen Nationalbibliographie; detaillierte bibliographische Daten sind im Internet über <http://dnb.ddb.de> abrufbar.

ISBN 3-89936-354-X
1. Auflage Juni 2005

Printed in Germany
Druck: RSP Köln

JOSEF EUL VERLAG GmbH
Brandsberg 6
D-53797 Lohmar
Tel.: +49 (0) 22 05 / 90 10 6-6
Fax: +49 (0) 22 05 / 90 10 6-88
http://www.eul-verlag.de
info@eul-verlag.de

Bei der Herstellung unserer Bücher möchten wir die Umwelt schonen. Dieses Buch ist daher auf säurefreiem, 100% chlorfrei gebleichtem, alterungsbeständigem Papier nach DIN 6738 gedruckt.

Vorwort

Der Begriff Industrielles Energiemanagement wird in der Fachliteratur in vielfältiger Weise benutzt. Versteht man darunter weniger die Institution als vielmehr die Funktion, so lassen sich unter diesem Begriff alle Aufgaben zusammenfassen, die der Organisation der betrieblichen Energiewirtschaft dienen. Damit sind die vielseitigen energiewirtschaftlichen Aspekte angesprochen, die im Mittelpunkt des vorliegenden Buches stehen. Sie sind in der Industrie durch eine enge funktionale Kopplung von Energiebeschaffung, -umwandlung und -nutzung gekennzeichnet. Insofern unterscheidet sich die Industrie erheblich von den übrigen Energieverbrauchssektoren.

Die Realisierung dieses Buches erfolgte nach dem Ausscheiden aus dem aktiven Berufsleben, da vorher wie bei vielen meiner Fachkollegen wegen der hohen zeitlichen Inanspruchnahme im Energiebereich eines großen Industrieunternehmens hierzu kaum eine Möglichkeit bestand. Mir ist bewusst, dass die industrielle Energiewirtschaft bezüglich des energiepolitischen Umfeldes und der Energiemärkte laufenden Veränderungen unterworfen ist. Dies sollte jedoch nicht daran hindern, den Status quo festzuhalten und einen auf praktischer Erfahrung beruhenden Überblick zu der Thematik zu erstellen.

Das Buch wendet sich an Fachleute in der Energie verbrauchenden Industrie wie auch an Interessierte in der öffentlichen Energiewirtschaft, die sich als Energielieferanten mit den spezifischen Problemen ihrer Großkunden vertraut machen wollen.

Herr Dr.-Ing. Klaus-Peter Ochel war dankenswerterweise bereit, das Manuskript durchzusehen und hat dabei wertvolle Hinweise gegeben.

Georg Waltenberger

Inhaltsverzeichnis

Abbildungsverzeichnis

Abkürzungsverzeichnis

ARE	Arbeitsgemeinschaft Regionaler Energieversorgungsunternehmen
AGEB	Arbeitsgemeinschaft Energiebilanzen
ASUE	Arbeitsgemeinschaft für sparsamen und umweltfreundlichen Energieverbrauch
BDI	Bundesverband der Deutschen Industrie
BGBl.	Bundesgesetzblatt
BGW	Bundesverband der Deutschen Gas- und Wasserwirtschaft
BHKW	Blockheizkraftwerk
BImSchG	Bundesimmissionsschutz-Gesetz
BIP	Bruttoinlandsprodukt
BMU	Bundesministerium für Umwelt und Reaktorsicherheit
BMWT	Bundesministerium für Wirtschaft und Technik
BPW	Bruttoproduktionswert
DIHT	Deutscher Industrie- und Handelstag
DIW	Deutsches Institut für Wirtschaftsforschung
EEX	European Energy Exchange
EIA	Energy Information Administration
EltVU	Elektrizitätsversorgungsunternehmen
EMAS	Enviromental Management and Audit Scheme
EU	Europäische Union
EUROSTAT	Statistisches Amt der Europäischen Gemeinschaft
FCKW	Fluor-Chlor-Kohlenwasserstoffe
GFAVO	Großfeuerungsanlagen-Verordnung
GPI	German Power Index
GWB	Gesetz gegen Wettbewerbsbeschränkungen
IEA	International Energy Agency
IEW	International Energy Workshop
IPP	Independent Power Producer
kW	Kilowatt
KWK	Kraft-Wärme-Kopplung

KWKK	Kraft-Wärme-Kälte-Kopplung
MCP	Market Clearing Price
MW	Megawatt
NAPG	Gesetz über den nationalen Allokationsplan für Treibhausgas-Emissionsberechtigungen
OE	Rohöleinheiten
OPEC	Organisation Erdöl exportierender Länder
ORC	Organic Rankine Cycle
OTC market	Over-the-counter-market
PHELIX	Physical Elektricity Index
REA	Rauchgasentschwefelungsanlage
RWI	Rheinisch-Westfälisches Institut für Wirtschaftsforschung
SWEP	Swiss Electricity Price Index
SKE	Steinkohleeinheiten
TA	Technische Anleitung
TEHG	Treibhausgasemissionsgesetz
TRD	Technische Regeln für Dampfkessel
UBA	Umweltbundesamt
UCPTE	Union für die Kordinierung der Erzeugung und desTranportes elektrischer Energie
VDEW	Vereinigung Deutscher Elektrizitätswerke
VDMA	Verband Deutscher Maschinen- und Anlagenbauer
VDN	Verband der Netzbetreiber
VGB	Europäischer Fachverband für Strom- und Wärmeerzeugung
VIK	Verband der Industriellen Energie- und Kraftwirtschaft
VKU	Verband Kommunaler Unternehmen
ZVEI	Zentralverband Elektrotechnik- und Elektronikindustrie

1. Einführung

Energie ist für die Industrie ein unverzichtbarer Produktionsfaktor. Das industrielle Energiemanagement ist daher primär auf eine sichere und wettbewerbsfähige Energieversorgung gerichtet. Dabei sind die einzelnen Branchen und Betriebe unterschiedlich stark betroffen. Neben energieintensiven Branchen, bei denen Energiekosten Standort bestimmend sein können, stehen Industriezweige, in denen die Energie zwar ebenso unentbehrlich, ihr Anteil am Produktionswert aber vergleichsweise gering ist. Infolgedessen ist die Notwendigkeit und die Bereitschaft, sich mit Fragen einer sicheren und wettbewerbsfähigen Energieversorgung zu befassen und die hierfür notwendigen Ressourcen bereitzustellen, in den einzelnen Betrieben unterschiedlich stark ausgeprägt.

Die Industrie verbraucht etwa 25% der Endenergie in Deutschland, wobei es ihr in der Vergangenheit durch technischen Fortschritt und auf Grund des Strukturwandels gelungen ist, die Effizienz der Nutzung deutlich zu steigern und den Energieverbrauch vom Produktionswachstum zu entkoppeln. Bezogen auf 1970 führte dies zu einer Halbierung des auf die Wertschöpfung bezogenen Energieverbrauchs.

Kennzeichnend für die Energieversorgung der Industrie ist der hohe Grad an Eigenregie. Zu den wesentlichen Aufgaben der industriellen Energiewirtschaft gehört in vielen Fällen das Management der gesamten Energiebereitstellungskette von der Energiebeschaffung über die häufig anzutreffende Energieumwandlung in Eigenanlagen, die Energieverteilung bis hin zur fachlichen Unterstützung der die Energie nutzenden Produktionsbetriebe. Neben der Wahrnehmung dieser unternehmensinternen Aufgabe ist die Industrie am Meinungsbildungsprozess sowohl im energiepolitischen Raum als auch bei der Gestaltung der Energiemärkte beteiligt.

Die nähere Vergangenheit ist durch grundlegende Veränderungen im energiepolitischen Umfeld mit der Deregulierung der Energiemärkte gekennzeichnet. An diesem Wandel hat sich die Industrie strategisch auszurichten, um die sich bietenden Chancen nutzen zu können und andererseits die damit verbundenen Risiken zu beherrschen.

Aktuell lassen sich die folgenden wesentlichen Trends bei den energiewirtschaftlichen Rahmenbedingungen identifizieren und wie folgt beschreiben:

- Auf europäischer und nationaler Ebene wurden wesentliche Voraussetzungen für eine wettbewerbsgerechte Gestaltung der für die Industrie wichtigen Strom- und Erdgasmärkte geschaffen. Diese Marktreform ist noch nicht abgeschlossen, wie auch die längerfristigen Auswirkungen noch nicht abzusehen sind. Zum Teil existieren noch Wettbewerbsverzerrungen durch national abgeschottete Märkte, die eine europaweite Harmonisierung behindern.
- Umwelt- und Klimaschutz nehmen in der Energiepolitik weiterhin einen breiten Raum ein. Die bisher eingesetzten Politikinstrumente wie Energiesteuern, Emissionshandel und Selbstverpflichtungen stehen zur Zeit noch weitgehend unkoordiniert nebeneinander.
- Der unter starken geopolitischen Einflüssen stehende Rohölmarkt wird ein Unsicherheitsfaktor bleiben. Bei weiter steigender Nachfrage muss langfristig von einem hohen Preisniveau ausgegangen werden.
- Nach dem Beschluss zum Ausstieg aus der Kernenergie liegt ein zukünftiges energiepolitisches Gesamtkonzept zur Zeit noch nicht vor. Die aktuelle Diskussion befasst sich im Wesentlichen mit möglichen Folgeszenarien.

Das sich weiterhin dynamisch verändernde Umfeld wie auch der zunehmende Kostendruck hat nachhaltige Auswirkungen auf langfristige Strategien wie auch auf das operative Energiegeschäft in der Industrie. Betroffen hiervon sind die zum Teil komplexen Verbundstrukturen der Energiebereitstellung und die der Energie nutzenden Produktionen mit der Folge vernetzter Anpassungsprozesse, denen sich die Beteiligten zu stellen haben. Zur Erledigung dieser Aufgaben ist neben spezifischen standortbezogenen Kenntnissen ein breites Know-how der industrieellen Energiebeschaffung, -umwandlung und -nutzung unumgänglich. Das vorliegende Buch versucht dieses weite Feld der industriellen Energiewirtschaft zu umreißen und es für das Management nutzbar aufzubereiten.

Die Kapitel 2 und 3 liefern Analysen zu den wesentlichen Trends der Entwicklung des industriellen Energieumsatzes insgesamt und nach Branchen in Deutschland. Ein wichtiges Element beim Energieumsatz stellen die industriellen Eigenanlagen dar, auf deren Technologie, effiziente Bewirtschaftung unter Beachtung von rationeller Energieverwendung sowie Klimaschutz und Luftreinhaltung die Kapitel 4 bis 7 eingehen. Der Kostenaspekt der industriellen Energieversorgung mit den Prinzipien der Preisbildung für industrierelevante Energieprodukte am Energiemarkt und bei der internen betriebswirtschaftlichen Kostenverrechung ist Gegenstand der Kapitel 8 bis 10. Die daran folgenden Kapitel 11 und 12 schließlich beschreiben die politik- und marktbedingten Rahmenbedingungen, soweit diese für die industrielle Energiewirtschaft von Bedeutung sind. Neben diesen Einzelthemen ergeben sich Querschnittsaufgaben, die die betriebliche Energieversorgungskette einschließlich der Energienutzung betreffen. Hierzu gehören das Last- und Beschaffungsmanagement ebenso, wie das an Bedeutung zunehmende Risikomanagement, das in den Kapiteln 13 bis 16 einschließlich der zugehörigen Instrumente beschrieben wird.

A. Der Energieumsatz der Industrie

2. Höhe und Struktur des Energiebedarfs der Industrie

Der Energiebedarf der Industrie zeichnet sich trotz wachsender Produktion durch einen langfristigen Abwärtstrend aus. Damit unterscheidet sich die Industrie deutlich von den noch weiter wachsenden Verbrauchssektoren Verkehr und Haushalte. Strukturseitig lässt sich eine Zunahme der vielseitig einsetzbaren Energiearten Strom und Erdgas feststellen. Dieser Trend - insbesondere beim Stromverbrauch - ist darauf zurückzuführen, dass das Wachstum an Wertschöpfung zunehmend in hoch mechanisierten und automatisierten Produktions- und Umwandlungsverfahren erwirtschaftet wird.

2.1 Energiebilanz Deutschland

Dem Energiewirtschaftler stehen als Datenbasis für eine Analyse des Energiebedarfs und dessen Struktur Statistiken des Statistischen Bundesamtes, des Bundesministeriums für Wirtschaft, der Arbeitsgemeinschaft für Energiebilanzen (AGEB, Mitglieder sind relevante Energiewirtschaftsverbände und wirtschaftswissenschaftliche Forschungsinstitute) sowie des Statistischen Amtes der Europäischen Gemeinschaften (EUROSTAT) zur Verfügung. Eine Auswahl dieser Statistiken mit dem Schwerpunkt industrieller Verbrauch veröffentlicht der VIK mit der periodisch erscheinenden VIK Statistik der Energiewirtschaft. Es ist zu beachten, dass die genannten Statistiken z.T. nach unterschiedlichen energiewirtschaftlichen Definitionen und methodischen Ansätzen aufgebaut und daher nur eingeschränkt vergleichbar sind. Ferner seien auf statistisch relevante Veränderungen der Datenbasis insbesondere durch die deutsche Wiedervereinigung sowie durch eine neue Klassifizierung der Wirtschaftszweige ab 1995 hingewiesen.

Die Energiebilanzen der AGEB nehmen nach ihrer Struktur und Aussagekraft eine zentrale Stellung im Energiedatensystem ein. Sie werden von der Energiepolitik, von Unternehmen und Verbänden der Energiewirtschaft sowie den mit Energieforschung befassten wissenschaftlichen Instituten als wesentliche Datenbasis u. a.

für Analysen und Prognosen genutzt. Sie bilanzieren den mengenmäßigen Fluss der Energieträger von der Aufkommens- über die Umwandlungs- bis zur Endverbrauchsstufe. Die Stufe der Umwandlung der Energieträger in Nutzenergien der jeweiligen Verbrauchssektoren (im Falle der Industrie Prozesswärme, Raumwärme, mechanische Energie, Beleuchtung und Information / Kommunikation) wird dort nicht dargestellt [1]. Das Kapitel 3.2 widmet sich speziell diesem Thema.

Die Abb. 2.1 zeigt in stark vereinfachter Form das Energieflussbild für die Bundesrepublik Deutschland, wobei die von der AGEB bearbeiteten Bilanzbereiche dunkel angelegt sind. Die Energieumwandlungskette beginnt mit der Primärenergie, also dem Energieinhalt der Energierohstoffe in ihrer natürlichen Form vor der technischen Umwandlung. Zu den Energierohstoffen zählen fossile Energieträger wie Kohle, Öl und Erdgas sowie nukleare Energie und die sogenannten regenerativen Energieträger (Wasserkraft, Wind- u. Sonnenenergie).

Der Primärenergieverbrauch ergibt sich in der Bilanz aus dem gesamten inländischen Energieaufkommen - das ist die importierte zuzüglich der im Inland gewonnenen Energie- abzüglich der exportierten Mengen und der Anteile, die nicht in den direkten Verbrauch fließen, sondern gebunkert werden. Wie die Tabelle in Abb. 2.2

Abb. 2.1 Energieflussbild Deutschland
(Die zur Bilanz der AGEB gehörenden Bereiche sind dunkel angelegt.)

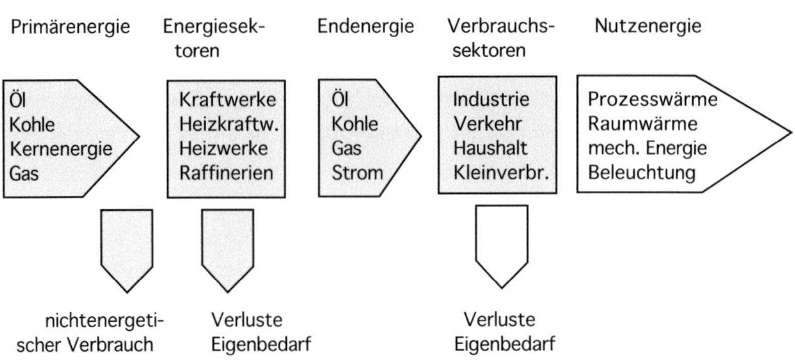

zeigt, hat sich die Importabhängigkeit im Zeitraum von 1991 bis 2001 bei moderatem Wachstum des gesamten Energieaufkommens deutlich von 64% auf 76% erhöht (Import geteilt durch Aufkommen im Inland). Gründe sind die Abnahme des Kohleverbrauchs bei gleichzeitiger Zunahme insbesondere des Erdgasverbrauchs. Hauptenergieträger ist das Mineralöl.

	1991	2001
Gewinnung im Inland	186	126
Import / einschl. Bestandsentnahme	338 / 344	410 /412
Energieaufkommen im Inland	530	538
Primärenergieverbrauch	499	497
Verbrauch und Verluste im Energiesektor	149	138
nichtenergetischer Verbrauch	30	36
Endenergieverbrauch	320	323

Abb. 2.2 Kerndaten aus Primärenergie-, Umwandlungs- und Endenergiebilanz der AGEB für Deutschland in Mio. Tonnen SKE

Nach Reduzierung der Primärenergie um die Umwandlungs- und Leitungsverluste, den Eigenbedarf bei der Energiegewinnung (u.a. Kohleförderung) und -umwandlung und den nichtenergetischen Verbrauch - das sind alle Nutzungsarten der Energieträger, bei denen nicht der Energieinhalt, sondern die stofflichen Eigenschaften im Vordergrund stehen - weist das Energieflussbild den Endenergieverbrauch aus (s. Abb. 2.1). Endenergie ist der rein energetisch genutzte Teil des Energieangebotes im Inland und umfasst alle Energieträger, die der Erzeugung von Nutzenergien in den Verbrauchssektoren dienen. Hierzu zählen Öl, Gas, Strom Kohle und Fernwärme.

Die Statistiken der AGEB bilanzieren auf der Ebene der Endenergie die verschiedenen Energieträger gleichgewichtig. Die Qualitätsunterschiede der Energien werden demzufolge nicht berücksichtigt. Aus Sicht des Ressourcenverbrauchs ist daher eine Transformation der Endenergiemengen auf die Ebene der Primärenergien - also unter Anrechnung der energieindividuellen verlustbehafteten Umwandlung in den Energiesektoren - notwendig. Die hierfür maßgebende Größe ist der energetische Nutzungsgrad, der für Strom überschlägig mit 31% und für die Gruppe der fossilen Energieträger mit 91% angesetzt werden kann (Auswertungen auf Basis AGEB Energiebilanzen 1995).[1]

Der über alle Energiearten gemittelte Primärenergienutzungsgrad längs der Umwandlungskette von der Primärenergie zur Endenergie hat sich im Zehnjahreszeitraum 1991 bis 2001 von ca. 70% auf 72% verbessert (vgl. Abb. 2.2). Hieran waren generell erhöhte Nutzungsgrade in den Umwandlungsanlagen ebenso beteiligt wie Veränderungen im Primärenergiemix mit einem Mengenrückgang bei der Kohle mit gleichzeitigem Anstieg des Erdgaseinsatzes.

Der Endenergieverbrauch wird nach den Verbrauchssektoren Industrie (definiert als Übriger Bergbau zuzüglich Gewinnung von Steine und Erden, zuzüglich Verarbeitendes Gewerbe)[2] sowie Verkehr, Haushalt und Kleinverbraucher (Gewerbe / Handel / Dienstleistungen) aufgeschlüsselt und kann an Hand der Abb. 2.3 bezüglich der relativen und absoluten Veränderungen in der Periode 1991 bis 2001 beurteilt werden. Größter Verbrauchssektor sind 2001 die privaten Haushalte mit einem Anteil von ca. 30%. Zum gleichen Zeitpunkt entfallen auf den Sektor Industrie ein Viertel des gesamten Endenergieverbrauchs (60% dieses Verbrauchs ist den fünf energieintensive Branchen zuzuordnen: Steine und Erden, Eisen schaffende Industrie, NE-Metallindustrie, Chemische Industrie, Papiergewerbe). Der relative Wert war in dem betrachteten Zeitraum ebenso rückläufig wie der absolute Verbrauch. Damit unterscheidet sich der Sektor Industrie deutlich vom Verkehr und den privaten Haushalten, die beide eine steigende Tendenzen aufweisen.

Die Abnahme des industriellen Energieverbrauchs in den 90er Jahren ist in erheblichem Maße auf den wirtschaftlichen Einbruch in den neuen Bundesländern zu

[1] Der primärenergetischen Bewertung von Strom aus Kernenergie und erneuerbaren Energiequellen liegen in den AGEB-Statistiken besondere Festlegungen zu Grunde.

[2] Maßgebend für die Abgrenzung ist die Klassifikation der Wirtschaftszweige des Stat. Bundesamtes, Ausgabe1993 (WZ 93), die die bis 1994 geltende Systematik des Produzierenden Gewerbes (SYPRO) abgelöst hat. Wegen unterschiedlicher Abgrenzungen sind die Angaben von 1995 an mit denjenigen der Vorjahre nur bedingt vergleichbar.

rückzuführen, in dessen Folge auch der Energiebedarf um fast zwei Drittel zurückging. Dagegen blieb der Verbrauch in den alten Bundesländern nahezu unverändert [2]. Bei der Beurteilung des Endenergieverbrauchs ist auch zu beachten, dass der Brennstoffeinsatz in industriellen Eigenanlagen, wie in Kraft-Wärme-Kopplungsanlagen, nicht vollständig, sondern nur bezüglich der Wärmeerzeugung im Endenergieverbrauch der AGEB -Statistik ausgewiesen wird. Der Brennstoffeinsatz zur Stromerzeugung wird in der übergeordneten Umwandlungsbilanz der Energiesektoren insgesamt verbucht.

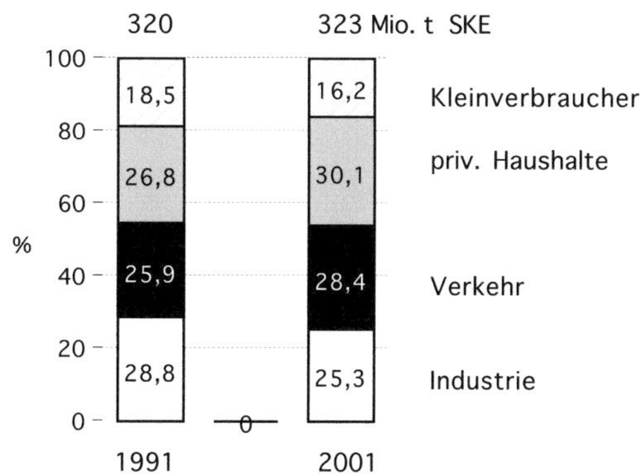

Abb. 2.3 Struktur des Endenergieverbrauchs in Deutschland nach Verbrauchssektoren in den Jahren 1991 und 2001
Quelle: AGEB 9 / 2002

Die zukünftige Entwicklung des Endenergieverbrauchs der Industrie unterliegt makroökonomischen und industriebezogenen Randbedingungen. Zur Makroökonomie gehört u. a. die Energie- und Klimapolitik mit ihren nationalen und internationalen Aspekten. In einer wissenschaftlichen Prognose mit mittelfristigem Zeithorizont, wird unter der Voraussetzung eines Wachstums der Industrieproduktion von jährlich 2,1% ein Anstieg des Endenergieverbrauchs von ca. 5% bis zum Jahre 2010 (Bezugsjahr 1998) mit daran anschließendem konstanten Niveau prognostiziert [3]. Bezüglich der strukturellen Veränderungen wird angenommen, dass der Anteil energieintensiver Produktionen konstant bleibt. Ferner wird - wie bereits in der Vergangenheit zu beobachten - unterstellt, dass auch in Zukunft neu errichtete

Produktionsanlagen energieeffizienter arbeiten als vergleichbare ältere Anlagen. Voraussetzung ist allerdings ein unternehmensfreundliches Klima bei der Gestaltung der Energiepolitik.

Die in den Verbrauchssektoren aus den Endenergien gewonnenen Nutzenergien bilden bei der energetischen Nutzung das Endglied der Umwandlungskette (Abb. 2.1). Nutzenergie ist die Energieform, die der Verbraucher letztendlich benötigt. Hierzu zählen Prozess- und Raumwärme, mechanische Energie für eine Vielzahl unterschiedlicher Anwendungen, Beleuchtung sowie Energie für Information und Kommunikation. Nutzenergien werden überwiegend am Ort und zum Zeitpunkt des Verbrauchs mittels technischer Energiewandler wie z.B. Elektromotoren bereitgestellt.

Das nachfolgende Kapitel befasst sich mit der internen Energiebilanz des Verbrauchssektors Industrie. Dabei ist der Eingangsparameter die von außen bezogene Energie. Der Begriff Bezugsenergie berücksichtigt alle bezogenen Energien einschließlich der für die Eigenerzeugung von Strom notwendigen Energiemenge und unterscheidet sich damit von dem Begriff Endenergie, wie er in der Systematik der nationalen Energiebilanzen in der Regel angewandt wird.

2.2 Energiebilanz der Industrie

2.2.1 Betriebsinterner Energiefluss

Das Energieflussbild in der Abb. 2.4 gibt eine Übersicht über die energiewirtschaftlichen Verflechtungen eines Industriebetriebs an Hand der internen Umwandlungs- und Nutzungskette. Neben der dort dargestellten energetischen Nutzung bezieht die Industrie häufig Primär- und Sekundärenergieträger zur stofflichen Verwertung bspw. als Rohstoffe für chemische Verfahren.

Die Industrie ist in die allgemeine Energieversorgung sowohl bezugs- als auch abgabeseitig eingebunden. Bei der Einspeisung der Industrie in die öffentlichen Netze handelt es sich im Wesentlichen um elektrische Energie, in geringerem Maße um Wärme für die Nahwärmeversorgung. Die Bezugsenergie wird entweder direkt als Endenergie genutzt (Strom, Fernwärme) oder in Form handelsüblicher

Brennstoffe wie Erdgas, Kohle öder Öl in Eigenanlagen betriebsintern in Endenergien umgewandelt. Die wesentlichen Zielenergien dieser Umwandlungsprozesse sind Strom und Wärme, in geringerem Umfang Druckluft und Kälte. Wegen des hohen Transportaufwandes wird der Wärmebedarf fast ausschließlich standortgebunden in Eigenanlagen auf der Basis gekoppelter Prozesse wie der Kraft-Wärme-Kopplung bereitgestellt. Im Rahmen von Kooperationen mit kommunalen und zunehmend auch überregionalen öffentlichen Versorgern ist jedoch ein ansteigender Trend zur Fremdversorgung auch mit Wärme zu beobachten. Der Anteil der Stromeigenerzeugung am Gesamtverbrauch der Industrie ist demgegenüber mit etwa 20% vergleichsweise gering (Kap. 2.2.4).

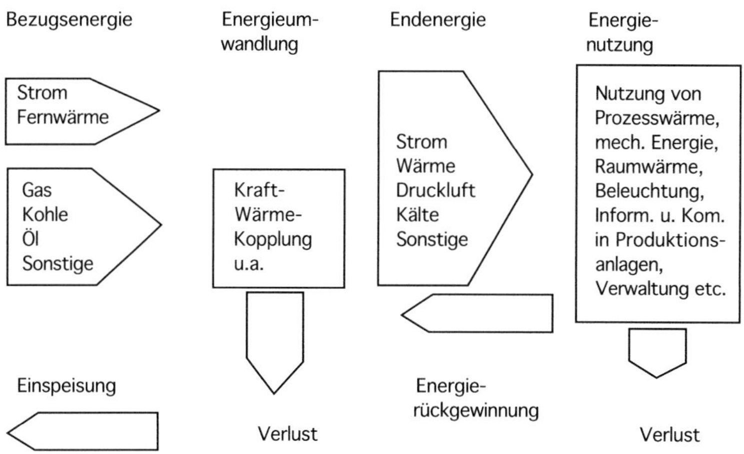

Abb. 2.4 Energiefluss betriebsintern (nur energetische Nutzung)

Die betriebsintern bereitgestellten Endenergieträger wie Strom, Wärme, Druckluft und Kälte dienen in den Produktionsprozessen der Erzeugung von Nutzenergien, die eine Vielzahl von Energiedienstleistungen wie u.a. Heizen, Kühlen, Transportieren, Mischen, Stoff umwandeln und Beleuchten erledigen (s. Abb 2.4). Die Nutzung des Energieinhalts der Endenergieträger wie auch die Energieumwandlung in den Eigenanlagen ist mit Verlusten behaftet. Über die Höhe der Verluste entscheiden bei der gesamtheitlichen Optimierung der Prozesse in der Regel wirtschaftliche, zuweilen auch technische Kriterien. Bei der Nutzung der Effizienzpotenziale bedient sich die Industrie einer breiten Palette von Verfahren der rationellen Energieverwendung, die sowohl Einzelprozesse als auch - mit den Mitteln der stofflichen und energetischen Integration - ganze Standorte betreffen (Kap. 5). Eine besondere Bedeutung hat dabei die Energierückgewinnung einschließlich der energetischen Nutzung von Produktionsrückständen.

2.2.2 Einflussfaktoren des Energiebedarfs

Der Energiebedarf der Industrie wird durch eine Reihe von Einflussfaktoren bestimmt, die sich sowohl auf äußere - überwiegend gesamtwirtschaftliche - wie auch industrieinterne Ursachen gründen. Sie unterscheiden sich, wie die Tabelle 2.5 im Einzelnen zeigt, nach direkter Einwirkung auf die Höhe des Nutzenergiebedarfs und nach Einflussnahme auf die Effizienz der standortinternen Energieumwandlung. So gesehen wirken sich konjunkturelle Zyklen auf die produzierte Menge und infolgedessen auf die Höhe der Nutzenergie und damit den Bedarf an Bezugsenergie aus. Strukturelle Einflüsse wie Änderungen am Produktmix, Produktverlagerungen, neue Produkte, Produktinnovation, Produktelimination sowie Änderungen der Produktionstiefe können ebenfalls Effekte bezüglich der Höhe des Nutzenergiebedarfs zur Folge haben. Ähnlich Auswirkungen auf den Nutzenergiebedarf hat die Umgebungstemperatur, die primär den Raumwärmebedarf und die Wärmeverluste auf den Transport- und Verteilungswegen mit starken jahreszeitlichen Schwankungen beeinflusst. Mit der Höhe des Nutzenergiebedarfs sind in der Regel auch Effizienseffekte in Umwandlungsanlagen auf Grund grundsätzlicher physikalischer Gesetzmäßigkeiten verbunden, die jedoch in diesem Zusammenhang von untergeordneter Bedeutung sind.

Die im vorangegangenen Absatz dargestellten Einflüsse auf den Energieverbrauch wirken sich kurzfristig aus und sind auf Grund ihrer unmittelbaren Koppelung an die variablen Faktoren Konjunktur und Temperatur reversibel. Demgegenüber haben Maßnahmen zur rationellen Energienutzung häufig eine langfristige Wirkung und sind faktisch irreversibel. Sie können sowohl durch Reduzierung des Nutzenergiebedarfs - z. B. im Zuge von Verfahrensoptimierungen innerhalb der Produktionsprozesse - als auch über eine Effizienz steigernde Gestaltung der Energieinfrastruktur die Höhe und die Struktur der Bezugsenergie beeinflussen. In diesem Zusammenhang kommt den Eigenanlagen, insbesondere dem Betrieb von gekoppelten Umwandlungsprozessen - wie der KWK -eine besondere Bedeutung zu (vgl. Kap. 4).

Einflussfaktor	Wirkung
konjunkturelle Entwicklung	beeinflusst über die Produktmenge den Energiebedarf
strukturelle Änderung der Produktion und/oder Produktpalette (Änderung des Produktmix, Produktionsverlagerungen, neue Produkte,Produktinnovation, Produktelimination,Änderungen der Produktionstiefe etc.	beeinflusst die Energieintensität der Produktion
rationelle Energienutzung	reduziert den Energiebedarf nach Menge bzw. Leistung
Energiepreise	beeinflussen die Wirtschaftlichkeit von Energiesparprojekten
Mechanisierungsgrad der Produktion	erhöht den Strombedarf
Eigenanlagen zur Energieumwandlung und Energieinfrastruktur	beeinflussen über ihre Effizienz Höhe und Struktur der Bezugsenergie
Temperatur	beeinflusst den Wärmebedarf

Abb. 2.5 Faktoren, die den industriellen Energiebedarf beeinflussen

Maßnahmen zur rationellen Energienutzung bei Verfahrensoptimierungen im Produktionsbereich und in der Energieinfrastruktur haben den Energieverbrauch der Industrie nachhaltig reduziert (vgl. Kap. 4 u. 5). Ihre Realisierung unterliegt weitgehend betriebswirtschaftlichen Kriterien, wobei nicht so sehr kurzfristige Preisbewegungen auf den Energiemärkten als vielmehr langfristige Prognosen die Grundlage für Entscheidungen bilden. Die Reduktionserfolge lagen, wie im Kap. 2.3 dargestellt, in der Vergangenheit überwiegend im Wärmebereich, währenddessen der von den Produktionsstrukturen stark abhängige Stromverbrauch eine gegenläufige Tendenz zeigt (vgl. Kap. 2.2.4).

2.2.3 Primärenergiebedarf

Die Höhe des Primärenergieverbrauchs in der Industrie wird im Wesentlichen durch den Nutzenergiebedarf und die Effizienz auf der Umwandlungs- und Nutzungsseite, seine Struktur hingegen von allgemeinen energiewirtschaftlichen Rahmenbedingungen bestimmt. Hierzu zählen die folgenden Faktoren:

- Verfügbarkeit der Primärenergieträger
- Preise
- gesetzliche Rahmenbedingungen
- verfügbare Technologie für Umwandlungsanlagen

Bis Anfang der sechziger Jahre stand, abgesehen von wenigen Ausnahmen, ausschließlich Stein- oder Braunkohle als Brennstoff zur Verfügung. In dieser Situation nutzten Industriebetriebe Standort- und damit Kostenvorteile, die sich aus einer günstigen geographischen Lage zu Kohlerevieren ergaben. Beispiele sind die Industrieansiedlungen im Einzugsbereich des Rheinischen Braunkohlereviers. Öl und Erdgas brachten in der Folgezeit einen starken Verdrängungsdruck, der jedoch gegen Ende der siebziger Jahre wegen drastischer Preissteigerungen zu einer Rückbesinnung auf die preisgünstigere Kohle führte. In den Folgejahren wurde parallel mit dem Ausbau der Kernenergienutzung in der öffentlichen Versorgung auch in energieintensiven Großbetrieben die Möglichkeit der Strom- und Prozessdampferzeugung durch betriebsnahe Kernkraftwerke untersucht. Diese Ideen scheiterten jedoch an den hohen Sicherheitsauflagen, den hohen spezifischen Investitionskosten vergleichsweise kleiner Anlagen sowie an der öffentlichen Akzeptanz.

In der Vergangenheit hatten umweltpolische Vorgaben des Gesetzgebers einen bedeutenden Einfluss auf die Struktur des Primärenergieeinsatzes in Eigenanlagen der Industrie. In diesem Zusammenhang ist neben der Technischen Anleitung zur Reinhaltung der Luft (TA -Luft) insbesondere die Großfeuerungsanlagen-Verordnung (GFAVO), die 1983 rechtskräftig wurde, zu nennen (vgl. Kap. 6). Betriebe mit Eigenanlagen, die unter diese Verordnung fielen, sahen sich bei einer wirtschaftlichen Beurteilung möglicher Alternativen zur Emissionsminderung häufig zum Wechsel auf einen emissionsärmeren Brennstoff gezwungen, anstatt aufwendige Rauchgasreinigungsanlagen nachzurüsten. Hinzu kamen freiwillige Leistungen der Industrie wie die Selbstverpflichtung zur Reduktion von CO_2-Emissionen, die sich zu einem anerkannten Politikinstrument entwickelten und dazu führten, dass neben der Strategie der rationellen Energienutzung auch primärenergieseitige Maßnahmen verstärkte Beachtung fanden.

Technologische Entwicklungen stehen in Wechselwirkung mit den oben skizzierten Faktoren des energiewirtschaftlichen Umfeldes. Als ein Beispiel aus der Vergangenheit kann die Wirbelschichttechnologie angesehen werden, die in der Phase des politisch gewollten Primats der Steinkohleverstromung den wirtschaftlichen und umweltverträglichen Einsatz fester Brennstoffe auch in vergleichsweise kleinen, und damit für den industriellen Bereich nutzbaren Einheiten ermöglichte. Ein weiteres Beispiel sind Entwicklungen in der Gasturbinentechnik, die den verstärkten Einsatz von Erdgas auch im industriellen Maßstab fördern.

Der Verbrauch der Industrie an energetisch genutzten Primärenergieträgern - darunter sind Brennstoffe für die Eigenanlagen zu verstehen - hat im Zehnjahreszeitraum 1991 bis 2001 deutlich und zwar um rund 20% abgenommen (s. Abb. 2.6). Der Rückgang ist sowohl auf rationelle Energienutzung und als auch auf produktionsseitige Strukturveränderungen zurückzuführen. Diese führten primär zu einer Verminderung des Prozesswärmebedarfs, der als wesentliche Führungsgröße den Primärenergieträgerbedarf bestimmt. Die statistischen Daten berücksichtigen auch den bereits angesprochenen Trend zu wachsender Fremdversorgung von Industriestandorten. Dadurch kommt es zu statistischen Umgliederungen, wobei der Primärenergieverbrauch der ausgegliederten Umwandlungsanlagen der öffentlichen Versorgung zugerechnet wird.

Die Struktur der eingesetzten Primärenergieträger hat sich in dem betrachteten Zehnjahreszeitraum signifikant zu Gunsten von Erdgas verändert. Sein Anteil stieg von 49,2 % auf 61%. Die Zunahme beim Gas [3] erfolgte überwiegend zu Lasten der Kohle, insbesondere der Rohbraunkohle nebst deren Veredlungsprodukten.

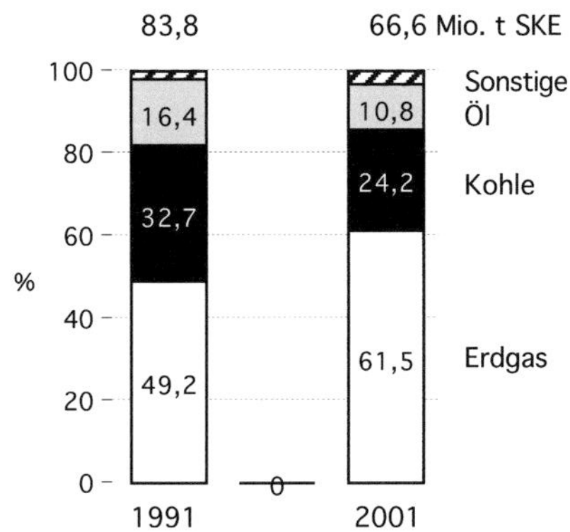

Abb. 2.6 Struktur des Brennstoffverbrauchs der Industrie in Deutschland in den Jahren 1991 und 2001
Quelle : AGEB 9/02, VIK Statistik der Energiewirtschaft 2000/2001 Tafel 106 a, eigene Berechnungen

Auch Heizöl verlor an Bedeutung, wobei die Verluste sowohl bei den schweren als auch leichten Fraktionen liegen. Die relative Zunahme des Erdgasverbrauchs zu Lasten von Kohle und Öl erfolgte anlagenseitig überwiegend im Zuge der Stilllegung älterer Kohle- und Ölfeuerungen.

2.2.4 Strombedarf

Der Stromverbrauch der deutschen Industrie ist im Zeitraum 1993 bis 2000 um 15% gestiegen und betrug im Jahr 2000 216 Mrd. kWh, entsprechend etwa 42% des Gesamtverbrauchs in Deutschland (vgl. Abb. 2.7 u. 2.8).

[3] Die Statistik führt unter dem Begriff Gas neben Erdgas auch Hoch- und Koksofengase, die wie Erdgas als Brennstoff zum Einsatz kommen.

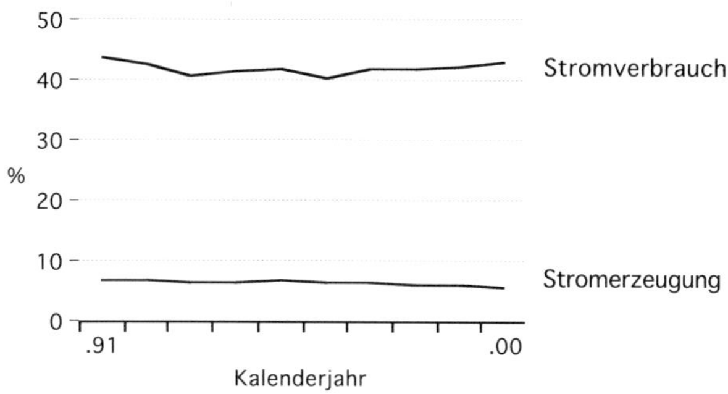

Abb. 2.7 Anteil der Industrie am Stromverbrauch (netto) und der Stromerzeugung (brutto) in Deutschland
Quelle: VIK Statistik der Energiewirtschaft 2000/2001

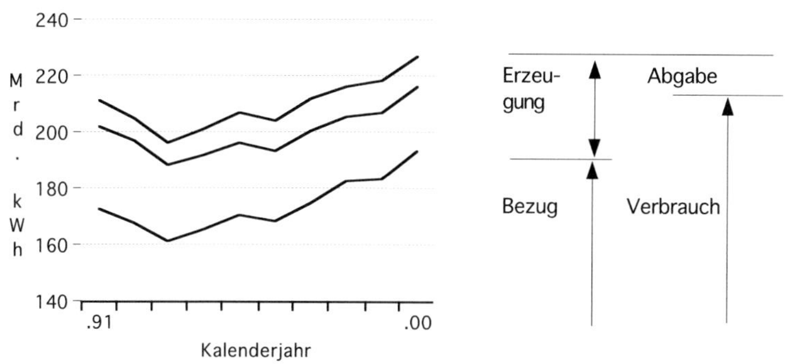

Abb. 2.8 Strombilanz der Industrie in Deutschland in Mrd. kWh
Quelle: VIK Statistik der Energiewirtschaft 2000 / 2001, Tafel 111,112

Die Industrie ist damit der Sektor mit dem höchsten Stromverbrauch. Nach einem Rückgang Anfang der neunziger Jahre - die Gründe waren tiefgreifende Umstrukturierungen insbesondere in weiten Bereichen der Grundstoffindustrie der Neuen Bundesländer - ist seit etwa 1993 eine deutlich ansteigende Tendenz zu beobachten. Am gesamtdeutschen Industrieverbrauch sind die Neuen Bundesländer mit nur ca. 11% beteiligt.

Der Beitrag des in Eigenanlagen der Industrie erzeugten Stroms zum gesamten inländischen Stromaufkommen zeigt eine leicht rückläufige Tendenz und betrug im Jahre 2000 etwa 6% (vgl. Abb. 2.7). Angenähert 30% dieser Stromerzeugung wird nicht am Erzeugungsort genutzt, sondern als Überschussmenge in die Netze der öffentlichen Versorgung eingespeist oder an andere Betriebe abgegeben.

Die Bilanz aus Eigenerzeugung, Bezug, Abgabe, und Verbrauch ist in der Abb. 2.8 dargestellt. Es zeigt sich, dass die Industrie den weitaus überwiegenden Teil des Strombedarfs mit Bezügen aus den Netzen der allgemeinen Versorgung deckt. Im Jahre 2000 entfielen hierauf etwa 87 %, während der Rest in Eigenanlagen erzeugt wurde. Diese werden aus wirtschaftlichen Gründen überwiegend mit hoher Benutzungsdauer betrieben, so dass Verbrauchsschwankungen über externe Bezüge ausgeregelt werden. Der Eigenerzeugungsgrad der Industrie ist rückläufig, wobei er 1980 in den Alten Bundesländen noch 20% betrug. Dies ist einerseits eine Folge des durch Wärmeeinsparungen und produktionsseitige Strukturveränderungen verursachten Rückgangs des Potenzials an Kraft-Wärme-Kopplung, andererseits eine Folge der Ausgliederung von Eigenanlagen.

Neben der verbrauchten Strommenge ist das Lastprofil - die zeitliche Verteilung der Energiemengen - ein wesentliches Merkmal des Strombedarfs. Die Strommenge ergibt sich dabei mathematisch aus der Fläche unter der Lastkurve, deren höchster Punkt ein Maß für die bezogene Leistungsspitze darstellt.

Die einzelnen Verbrauchssektoren unterscheiden sich signifikant bezüglich ihrer Lastkurven. Die Industrie weist auf Grund der aus wirtschaftlichen Gründen gebotenen hohen zeitlichen Auslastung der Produktionsanlagen, die bei Mehrschichtbetrieben besonders ausgeprägt ist, eine gleichmäßige Lastverteilung auf und unterscheidet sich insbesondere vom Sektor Haushalte mit seinen starken täglichen Verbrauchsspitzen. Viele energieintensive Betriebe bedienen sich darüber hinaus in Abstimmung mit den Energienutzern eines dynamischen Lastmanagements mit dem Ziel, Verbrauchsspitzen zu kappen und damit Belastungstäler aufzufüllen (vgl. Kap. 14).

Andere Strategien des Lastmanagements sind darauf gerichtet, zusätzlichen Strombedarf mit möglichst geringer Steigerung der Leistungsspitze darzustellen.

Der realisierbare wirtschaftliche Nutzen kann nur im Rahmen einer ganzheitlichen Kostenanalyse einschließlich der in der Regel nicht kostenneutralen produktionsseitigen Maßnahmen ermittelt werden.

Langfristige Prognosen zum zukünftigen Stromverbrauch der Industrie gehen von einem weiteren Wachstum aus [3]. Begründet wird diese Entwicklung unter anderem mit fortgesetzten strukturellen Veränderungen auf Seiten der Energienutzer und einem andauernden Trend zur Substitution von Brennstoff durch Strom.

2.3 Spezifischer Energieverbrauch

Es ist üblich, als Effizienzindikator der Industrie den spezifischen Energieverbrauch (=Energieverbrauch bezogen auf Bruttowertschöpfung) zu bilden. Die Bezugsgröße Bruttowertschöpfung beschreibt die wirtschaftliche Leistung einer Wirtschaftseinheit (Unternehmen, Wirtschaftszweig). Sie ist definiert als die Summe der von einer Wirtschaftseinheit produzierten Waren und Dienstleistungen abzüglich der von anderen Wirtschaftseinheiten bezogenen Vorleistungen (Rohstoffe, Vorprodukte, Handelswaren).

Wie die Abb. 2.9 zeigt, hat die Bruttowertschöpfung im Zehnjahreszeitraum von 1991 bis 2001 um gut 10% zugenommen, wohingegen der spezifische Endenergieverbrauch eine deutlich gegenläufige Tendenz aufweist und bei einem jährlichen Mittelwert von 2,3% um fast 30% abnahm [2]. Eine differenzierte Betrachtung nach Energieträgern macht deutlich, dass dieser Rückgang ursächlich auf die starke Verringerung des spezifischen Brennstoffverbrauchs um rund 35% zurückzuführen ist, während der spezifische Stromverbrauch nur um etwa 10% abnahm. Dieser stark divergierende Verlauf zwischen dem spezifischen Strom- und Brennstoff- bzw. Endenergieverbrauch beschränkt sich nicht auf das Zeitfenster 1991/ 2001, sondern ist das Ergebnis eines kontinuierlichen Langfristprozesses. Bereits seit 1971 nahm der spezifische Brennstoffverbrauch mit einem jährlichen Mittel um 3,1%, der spezifische Stromverbrauch jedoch vergleichsweise wenig um nur 0,4% ab [2]. Dieser Trend erklärt sich aus dem zunehmenden Einsatz der vielseitig nutzbaren Energie Strom, was ursächlich auf den bereits erwähnten technologischen und strukturellen Wandel in der Industrie während der letzten Jahrzehnte zurückzuführen ist. Das Wachstum an Wertschöpfung wird zunehmend in neuen hoch mechanisierten und automatisierten Produktionsverfahren des Verarbeitungs- und Veredlungssektors und weniger in energieintensiven Produktionen und Branchen erwirtschaftet. Hinzu kommen weitere den Stromverbrauch fördernde Effekte, die mit dem Betrieb von Umwelttechnologien verbunden sind. Schließlich sollte nicht übersehen werden, dass rationelle Energienutzung im Wärmebereich häufig nicht stromverbrauchsneutral erfolgen kann (u.a. Hinzufügen von Zwischenkreisläufen, Abführen von nutzbarer Restwärme).

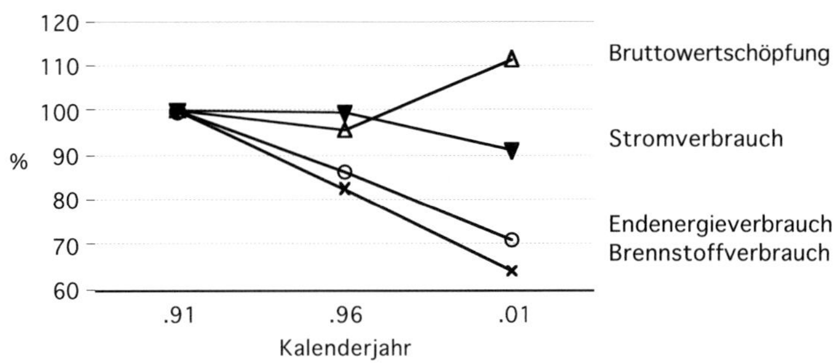

Abb. 2.9 Bruttowertschöpfung (in Preisen von 1995) sowie Strom-, Brennstoff- und Endenergieverbrauch der Industrie
Quelle: DIW-Wochenbericht 50/02, eigene Berechnungen

Der deutliche Rückgang beim spezifischen Brennstoff- und damit beim Endenergieverbrauch ist weitgehend auf Einsparungen im Wärmebereich als Folge rationeller Energienutzung und struktureller Veränderungen zurückzuführen. Etwa ein Viertel kann dem strukturellen Wandel - der Veränderung der Anteile einzelner Branchen und brancheninternen Veränderungen -, der überwiegende Teil jedoch Effizienzverbesserungen zugerechnet werden [2]. Beide Effekte zusammengenommen waren so stark, dass die an sich verbrauchssteigernde Produktionszunahme überkompensiert wurde, und der Endenergieverbrauch auch als absolute Größe rückläufig war (vgl. Seite 10, Abb. 2.3).

Mit Blick auf den Zeitbedarf, in dem sich Ersparnispotenziale realisieren lassen, gibt es im Allgemeinen erhebliche Unterschiede. Maßnahmen zur rationellen Energienutzung an bestehenden Produktionsanlagen mit partieller Verfahrensüberarbeitung und Optimierung führen häufig kurz- bis mittelfristig zum Erfolgen. Den erzielbaren Erträgen sind jedoch aus technischen und wirtschaftlichen Gründen häufig enge Grenzen gesetzt. Demgegenüber ist der Zeitaufwand für strukturelle Veränderungen bzw. die Errichtung von Neuanlagen in der Regel länger und folgt marktorientierten Zyklen oder der wirtschaftlichen Nutzungsdauer der betroffenen Produktions- wie auch Energieumwandlungsanlagen. Die Maßnahmen sind vielfach mit einen hohen innovativen Potenzial ausgestattet und können insbesondere im Energiebereich zu beträchtlichen Einsparungen führen.

Aus der Analyse der langfristigen Entwicklung des spezifischen Endenergieverbrauchs lässt sich folgern, dass sich Wirtschaftswachstum und Energieverbrauch entkoppelt haben. Der Anstieg der Energieeffizienz vollzog sich überwiegend stetig und weitgehend unabhängig von der Entwicklung der Energiepreise. Insbesondere lassen die statistischen Daten keine unmittelbaren Reaktionen auf die dramatischen Preissteigerungen in den siebziger und achtziger Jahren erkennen. Andererseits kann jedoch kein Zweifel daran bestehen, dass langfristig hohe Energiepreise die Wirtschaftlichkeit von Energiesparprojekten steigern und deren Realisierung fördern werden.

Es kann davon ausgegangen werden, dass die energiebezogenen Effizienzpotenziale in der Industrie noch nicht vollständig ausgeschöpft sind, so dass sich auch in Zukunft der für die Vergangenheit aufgezeigte Trend fortsetzen wird. Triebfedern werden ein weiter wachsender Kostendruck aber auch die branchenübergreifend eingegangenen Selbstverpflichtungserklärungen der Industrie zur CO_2-Reduktion (vgl. hierzu Kap. 6 u. 11) sein. Allerdings werden auch in Zukunft wirtschaftliche und in zunehmendem Maße durch Gesetze der Physik definierte natürliche Grenzen zu beachten sein und weitere Effizienzsteigerungen dämpfen.

2.4 EU-weiter Vergleich

Gegenstand des Vergleichs ist der Stromverbrauch als wichtiger energiewirtschaftlicher Kennwert. Mit angenähert einem Viertel des Stromverbrauchs der EU-Industrie (EU-15-Staaten) führt Deutschland als größte Industrienation in der EU die Verbrauchstabelle mit deutlichem Abstand an (vgl. Abb. 2.10). Es folgen Frankreich, Italien und Großbritannien mit Anteilen zwischen 16% und 12% sowie die Ländergruppe Spanien, Schweden und die Niederlande, deren anteiliger Verbrauch Werte zwischen ca. 8% und 4% erreicht . Eine spartenbezogene Analyse zeigt, dass die Chemische Industrie der EU als größter Spartenverbraucher für ca. 18% des insgesamt verbrauchten EU-Industriestroms verantwortlich ist.

Bei der Aufteilung des jeweiligen nationalen Stromverbrauchs auf die einzelnen Verbrauchssektoren lassen sich deutliche länderspezifische Unterschiede feststellen (vgl. Abb. 2.11). Auffallend hoch ist mit fast 50% der Industrieanteil in Italien. Die Spreizung zwischen Italien und den dicht beieinander liegenden Ländern Frankreich und Großbritannien beträgt rund 15 Prozentpunkte. Dem relativ hohen Industrieverbrauch Italiens steht ein vergleichsweise niedriger Verbrauch in den Sektoren Haushalt und Kleinverbraucher gegenüber. Mit dem niedrigen In-

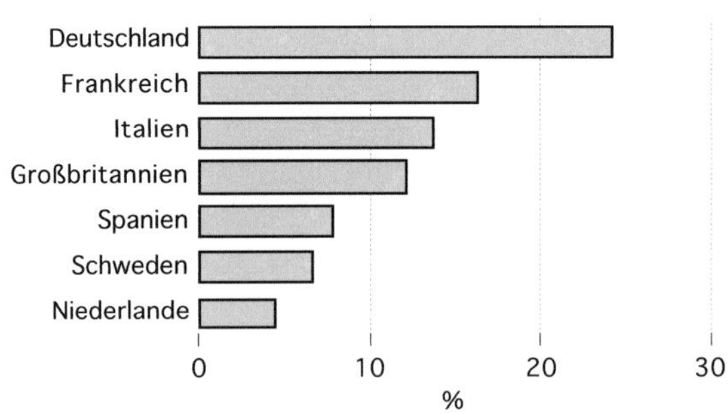

Abb. 2.10 Stromverbrauch (netto) der Industrie eines Landes bezogen auf den gesamten Industrieverbrauch der EU-15, Stand 1997
Quelle: EUROSTAT

dustrieanteil in Frankreich und Großbritannien korrespondiert andererseits ein hoher Anteil insbesondere im Sektor Haushalte. Der Industrieanteil Deutschlands liegt bei 42% und unterscheidet sich damit nur geringfügig von Spanien, Schweden und den Niederlanden.

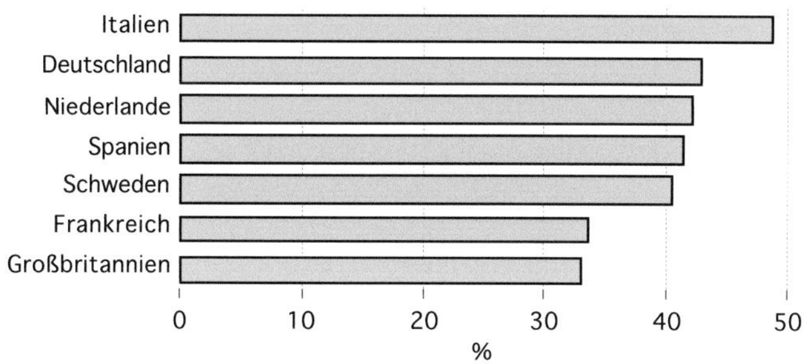

Abb. 2.11 Stromverbrauch (netto) der Industrie am Gesamtverbrauch eines Landes, Stand 1997
Quelle: EUROSTAT

3. Branchenspezifische und anwendungsbezogene Analyse des industriellen Energiebedarfs in Deutschland

Der Energieverbrauch der deutschen Industrie war in der Vergangenheit erheblichen Änderungen nach Menge und Struktur unterworfen. Gründe waren einerseits der industrielle Strukturwandel mit einem Rückgang energieintensiver Branchen, andererseits ein langfristig angelegtes Bemühen, den Produktionsfaktor Energie möglichst zu minimalen Kosten bereit zu stellen und eine nachhaltige Verringerung der CO_2-Emissionen zu erreichen (s. Klimaschutzerklärung der deutschen Industrie vom März 1996).

In Folgenden wird ein kurzer Überblick über die Besonderheiten der Energieverwendung in ausgewählten Industriebranchen gegeben.

3.1 Energieverbrauch nach Industriebranchen

Der gesamte Primärenergieverbrauch der einzelnen Industriebranchen resultiert aus dem direkten Brennstoffeinsatz vor Ort und dem durch Fremdstrombezug aus Kraftwerken der öffentlichen Versorgung indirekt verursachten Primärenergieeinsatz. Industriebranchen mit einem hohen Eigenversorgungsanteil - insbesondere auf Basis gekoppelter Energieumwandlung wie KWK - profitieren dabei von der in der Regel höheren Effizienz und den vermiedenen Transportverlusten.

In der Abb. 3.1 ist der Primärenergieverbrauch für eine Reihe von Industriebranchen für das Jahr 1998 dargestellt [4].[4] Den getrennt ausgewiesenen Anteil für den Strombezug erhält man durch Multiplikation des jährlichen Nettostrombezugs (bezogener Strom abzüglich abgegebener Strom) mit dem spezifischen Brennstoffein-

[4] Im dem zitierten Monitoring-Bericht des RWI erfolgt die Klassifizierung der Wirtschaftszweige nach der alten Systematik SYPRO. Ab 1995 gilt die neue Systematik WZ 93, die teilweise zu erheblichen Veränderungen führt.

satz in den Kraftwerken der öffentlichen Versorgung.[5] Die mit deutlichem Abstand führenden Primärenergieverbraucher sind mit rund 210 bzw. 200 Mrd. kWh/a die Chemische Industrie sowie die Eisen schaffende Industrie. Es folgen die NE-(Nicht-Eisen-) Metallindustrie sowie die Zellstoff- und Papierindustrie mit etwa 60 bzw. 57 Mrd. kWh. An diesem Ranking haben sich bei allgemein steigendem Pro-

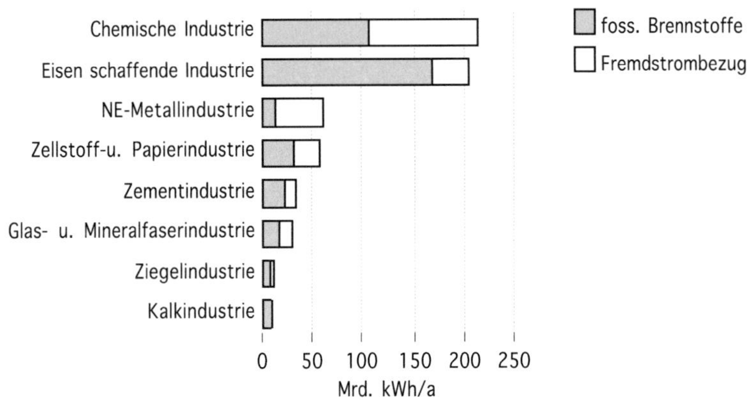

Abb. 3.1 Gesamter Primärenergieverbrauch 1998 aus Einsatz fossiler Brennstoffe und Fremdstrombezug nach Industriebranchen (SYPRO-Systematik, vgl. Fußn. 2 , S. 8)
Quelle: RWI-Monitoring -Bericht 1999

duktions- und sinkendem Energieverbrauchsindex keine wesentlichen Änderungen ergeben. Die Spezifika der sechs größten Energieverbraucher werden im Folgenden erläutert.

In der *Chemischen Industrie* verursachte der Netto-Fremdstrombezug 1998 50% des gesamten Primärenergieverbrauchs dieser Branche (Abb. 3.1). Wegen der Übernahme großer KWK-Eigenanlagen durch öffentliche Stromversorger stieg dieser Anteil in der Folgezeit an. Unter den in den Chemie-eigenen Kraftwerken

[5] Der durchschnittliche spez. Brennstoffeinsatz in Kraftwerken der öffentlichen Versorgung in Deutschland wird in der VDEW-Statistik ausgewiesen.
Es wird ein Wert von 10,434 GJ/MWh zu Grunde gelegt.

eingesetzten Regelbrennstoffen ist Erdgas mit einem Anteil von zwei Dritteln der wichtigste Energieträger. Sein Anteil stieg in der Vergangenheit zu Lasten der festen Brennstoffe (Steinkohle, Braunkohle), die 1998 mit noch 11% beteiligt waren. Heizöl stellt rund 20% des Brennstoffeinsatzes. Diese Brennstoffbilanz berücksichtigt nur die energetisch verwendeten Energien. Daneben steht die stoffliche Verwendung, wie bspw. der Einsatz von Erdgas für die Ammoniaksynthese.

Die Chemische Industrie war 1998 mit einem Verbrauch von rund 50 Mrd. kWh der größte industrielle Stromverbraucher in Deutschland. Das entspricht einem Viertel des gesamten Stromverbrauchs der deutschen Industrie. Großverbraucher sind die Chlor-Elektrolysen, die allein einen Stromverbrauch von jährlich 8 bis 9 Mrd. kWh aufwiesen [5]. Die Eigenerzeugungsquote (einschließlich Einspeisung in fremde Netze) lag bei rund 25%. Sie ist seit 1992 rückläufig (Abnahme des Prozesswärmebedarfs, Ausgliederung von Kraftwerken).

Charakteristisch für viele Chemiestandorte ist ein komplexer Stoff- und Energieverbund, der eine wesentliche Voraussetzung für die Wettbewerbsfähigkeit der chemischen Grundstoffindustrie sowie deren Folgeprodukte bildet. Daneben bestehen bspw. im Rahmen von Industrieparks oder mit kommunalen Versorgungsunternehmen z.T auch Verbundstrukturen mit benachbarten Unternehmen. Typisch für derartige Standorte sind hoch integrierte in der Regel zentrale Energiesysteme im Wesentlichen auf KWK-Basis. Der Grad der Komplexität hängt von der Anzahl der Energiearten (Strom, Dampf , Kälte, Druckluft, Kühlwasser) sowie deren Qualitätsanforderungen (Temperaturen, Drücke) ab. Häufig sind die Produktionsbetriebe durch Wärmerückgewinnung und die Bereitstellung thermisch nutzbarer Produktionsrückstände in die Energieversorgung eingebunden.

Für die Nutzung von Energiesparpotenzialen spielt die energetische Prozess- und Standortoptimierung eine besondere Rolle. Dabei zeichnet sich zunehmend der Trend ab, Maßnahmen nicht nur isoliert auf einzelne Anlagen anzuwenden, sondern diese auf ganze Anlagenkomplexe auszudehnen (Total-Site-Analysen). Als geeignetes Werkzeug hat die Pinch-Analyse (vgl. Kap. 5.1) inzwischen weitgehende Verbreitung gefunden. Als ein weiteres Mittel zur Unterstützung der rationellen Energienutzung hat sich der Einsatz moderner Prozessleitsysteme erwiesen.
Die erheblichen wärmeseitigen Effizienzsteigerungen haben dazu geführt, dass

sich eine gegenläufige Entwicklung beim Wärme- und Strombedarf ergibt. Hierzu trägt trotz partieller Einsparungen beim Stromverbrauch eine zunehmende Mechanisierung der Prozessanlagen bei. Der sich weiter öffnenden Strom-Dampf-Schere begegnet man in Einzelfällen durch einen Systemwechsel bei den Eigenanlagen durch Übergang auf flexible GuD-Anlagen bei der KWK.

Als stromseitige Verbrauchsschwerpunkte gelten Standorte mit Chlorelektrolysen. Durch Verfahrensumstellungen konnte der Elektrolysestrom um 15 bis 20% verringert werden (u.a. Umstellung der Amalgam- auf Membrantechnik). Der allgemein hohe Bedarf an mechanischer Energie in der Chemischen Industrie geht mit entsprechend hoher elektromotorischer Leistung einher. Hier wurden Einsparpotenziale durch den Einsatz energetisch optimierter Elektromotoren und elektronischer Drehzahlregelungen genutzt (vgl. hierzu. Kap. 5.2).

In der *Eisen schaffenden Industrie* ist der Fremdstrombezug und damit der indirekte Verbrauch an Primärenergieträgern (ca. 18% am Gesamtverbrauch der Branche) verglichen mit dem der Chemischen Industrie niedrig. Dem steht ein hoher Verbrauch an fossilen Energieträgern an den einzelnen Standorten gegenüber. Etwa 56% dieser Energieträger ist Steinkohlenkoks, das wichtigste Reduktionsmittel für die Roheisenerzeugung. Steinkohle und Heizöl haben als kostengünstige Ersatzreduktionsmittel in der Vergangenheit an Bedeutung gewonnen und erreichten 1998 einen Anteil von 21%. Auf Erdgas entfällt I5% des Primärenergieeinsatzes [4,6,7].

Die Strukturen eines integrierten Hüttenwerkes mit den verschiedenen stoff- und energieumwandelnden Prozessen zeichnen sich durch komplexe Energieverbundsysteme aus. So fallen bei der Roheisen- und Kokserzeugung energetisch nutzbare Hochofen -und Koksofengase als Koppelprodukte an. Diese werden ebenso wie das bei der Stahlerzeugung freigesetzte Konvertergas in Winderhitzern, Koks- und Walzwerksöfen und für die Stromerzeugung in den Hütten- und Verbundkraftwerken eingesetzt. Zum Ausgleich von Bedarfsspitzen wird Strom und Erdgas extern bezogen. Das integrierte Hüttenwerk ist energetisch weitgehend autark.

In der Vergangenheit führten technologische Änderungen zu Energiesparmaßnahmen und zur Optimierung der Energieverbundwirtschaft in den einzelnen Prozessstufen der Hüttenwerke. Diese betrafen die Einsparung und Substitution von Energieträgern u.a. durch eine energieeffizientere Koksherstellung, die Verminderung des Reduktionsmittelverbrauchs sowie die Substitution des Kokseinsatzes beim Hochofenprozess durch Einblasen von Kohlenstaub und Öl. Weitere Maßnahmen betrafen die Absenkung des Wärmeverbrauchs der Sinteranlagen und der Winderhitzung. Darüber hinaus führte der Trend zur Produktion in immer weniger Hochöfen hoher Leistung zu einer Verminderung des spezifischen Energieeinsatzes.

Auf der Ebene der Stahlerzeugung und -verarbeitung konnten durch Verfahrensänderungen ebenfalls merkliche Energiespareffekte in vielen Teilbereichen sowie in Schlüsseltechnologien realisiert werden. Beispielhaft sei hier der kontinuierliche Übergang auf die Stranggusserzeugung genannt. Eine weitere Minderung des Energieeinsatzes wird zukünftig für möglich erachtet [4,6,7].

Unter der Branchenbezeichnung *NE-Metallindustrie* (Aluminium, Kupfer, Blei, Zink) sind industrielle Produktionen mit untereinander stark differierender Energieintensität zusammengefasst. 1998 betrug der gesamte Energiebedarf dieser Branche 60 Mrd. kWh. Dominierend ist die stromintensive Aluminiumindustrie.

Etwa 80% des gesamten Primärenergieverbrauchs der NE-Branche wird durch extern bezogenen Strom verursacht (Abb. 3.1). Bei den vor Ort eingesetzten Primärenergien hat sich in den vergangenen Jahren ein Wandel von festen Brennstoffen (Steinkohle, Steinkohlekoks) hin zu Erdgas vollzogen [4]. Zur Reduktion des Energieverbrauchs trugen u. a. strukturelle Änderungen bei den Produktionen, neue Produktionsverfahren und die Ertüchtigung von Altanlagen (u.a.. Modernisierung der Vorwärmöfen beim Warmwalzen von Aluminium) bei.

Die *Zellstoff- und Papierindustrie* verbrauchte 1998 56% der gesamten Primärenergie direkt in den Papierfabriken überwiegend an Standorten mit KWK-Anlagen. Zwei Drittel dieser Brennstoffmenge war Erdgas, der Rest Steinkohle (20%), Schweres Heizöl und Braunkohleprodukte [4]. Zusätzlich gehen in die Brennstoffbilanz Sonderbrennstoffe ein, die für die Zellstoff- und Papierindustrie eine erhebliche Bedeutung haben (in Abb. 3.1 nicht erfasst). Dabei handelt es sich um Produktionsrückstände wie Rinde, Sulfidablauge sowie Faser- und Papierrückstände (CO_2-neutrale, nachwachsende Brennstoffe), die mit 15% zum übrigen Brennstoffeinsatz beitragen.

Das Papiergewerbe weist mit angenähert 34% eine vergleichsweise hohe Eigenerzeugungsquote beim Strom auf. Der Grund hierfür ist in dem hohen zeitgleichen Prozesswärme- und Strombedarf zu sehen, der eine wichtige Voraussetzung für die Wirtschaftlichkeit einer gekoppelten Erzeugung von Dampf und Strom bildet. Bei der Papierherstellung liegen die Schwerpunkte des Energieverbrauchs in der Halbstoffherstellung (Mahlprozess) sowie den Trocknungsprozessen. Mit der Substitution von energieintensiven Anlagen zur Erzeugung von Holzstoff durch Altpapier verarbeitende Anlagen konnte der spezifische Energieeinsatz merklich gesenkt werden. Dies gilt ebenso für den Trocknungsvorgang, bei dem durch rationelle Energienutzung der Dampfverbrauch erheblich gesenkt werden konnte. Da die Dampferzeugung in den Kraftwerksanlagen der Papierfabriken weitgehend durch den Wärmebedarf der Trocknung bestimmt wird, ging mit deren energetischer Optimierung die traditionell hohe Stromeigenerzeugung der Papierfabriken in KWK-Anlagen erheblich zurück. Diesen Trend konnte man durch moderne GuD-Anlagen mit hoher Stromkennziffer abschwächen [4].

Der von der *Zementindustrie* insgesamt verursachte Verbrauch an fossilen Brenntoffen betrug 1998 33 Mrd. kWh. Davon entfielen 31% auf den Strombezug (vgl. Abb .3.1). 80% der bei der Zementherstellung direkt eingesetzten fossilen Energieträger waren feste Brennstoffe (Steinkohle, Braunkohlenstaub). Den Rest bildeten im wesentlichen Petrolkoks und schweres Heizöl [4]. In der Vergangenheit gelang es zunehmend, Substitutionsbrennstoffe wie u.a heizwertreiche Abfälle oder Altreifen einzusetzen (in den Zahlen der dargestellten Bilanz nicht erfasst).

Die Zementindustrie ist technologisch eine weitgehend homogene Branche. Der thermische Energieverbrauch resultiert im wesentlichen aus dem Energiebedarf für das Brennen des Klinkers bei der Zementherstellung. Stromverbrauchende Verfahrensschritte sind die Rohmaterialaufbereitung, das Brennen und Kühlen des Klinkers sowie die Zementmahlung. Wesentlich für die Höhe des Stromverbrauchs ist die Feinheit der Aufmahlung, wobei steigende Anforderungen in der Vergangenheit zu einem Anstieg des Stromverbrauchs führten. Bei den thermischen Verfahrensschritten (u. a. Ofentechnik, Klinkerkühlertechnik, Abhitzenutzung) konnten durch den verstärkten Einsatz energiesparender Technologien und Anlagenoptimierungen deutliche Effizienzsteigerungen realisiert werden [4].

Zu den größeren Energieverbrauchern zählt auch die *Glas- und Mineralfaserindustrie* mit einem Gesamtverbrauch an Primärenergieträgern von 29 Mrd. kWh im Jahre 1998 (Abb. 3.1). 42% davon verursachte der Strombezug. Über 80% des Vor-Ort-Einsatzes an fossilen Energieträgern entfiel auf Erdgas, der Rest auf Heizöl. Große Brennstoffverbraucher sind die Glasschmelzen. Ihnen galt auch die besondere Aufmerksamkeit bezüglich Steigerung der thermischen Wirkungsgrade der Glasschmelzwannen. Der Einsatz von Strom stieg in den vergangenen Jahren. Gründe waren u.a. die zunehmende Automatisierung, der Betrieb zusätzlicher und aufwendigerer Umweltschutzanlagen und eine höhere Verarbeitungstiefe mit nachfolgenden Veredlungsprozessen [4].

3.2 Verwendungen der Energie[6]

3.2.1 Struktur des Endenergieverbrauchs

Im Jahre 2000 betrug der Endenergieverbrauch der Industrie in Deutschland 672 Mrd. kWh, entsprechend einem Viertel der Endenergie in Deutschland (Abb. 3.2, vgl. auch Abb. 2.3). Etwa zwei Drittel davon dienten der Bereitstellung von Prozesswärme, die damit der Hauptverwendungszweck war. Unter den Energieträgern überwogen fossile Brennstoffe wie Erdgas und Kohle, wohingegen sich der Einsatz elektrischer Energie auf die Anwendungsfälle, bei denen Strom verfahrenstechnische oder kostenseitige Vorteile bietet, beschränkte.

Ein bedeutender Verbrauchsschwerpunkt sind Industrieöfen, die mehr als die Hälfte der gesamten industriellen Prozessenergie umsetzten. Betroffen sind die Bereiche Eisen und Stahl, Zement und Ziegel, Glas- und NE -Metalle [9].
Etwa 20% der Endenergie diente 2000 der Bereitstellung von mechanischer Ener-

[6] Grundsätzlich ist zu beachten, dass die Aufteilung des Energieeinsatzes auf die einzelnen Nutzungs- oder Anwendungsarten statistisch nicht erfasst wird. Grundlage sind spezifische Analysen [8].

gie durch den bevorzugten Energieträger Strom. Nur in Ausnahmefällen werden hierfür Brennstoffe eingesetzt (Antrieb von Pumpen und Verdichtern durch Dampfturbinen). Der Raumwärmebedarf hatte mit 9,3% einen vergleichsweise geringen Anteil.

Der jeweilige Verbraucher kann von der bereitgestellten Endenergie nur einen Teil nutzbringend umwandeln. Maßgebend ist der Nutzungsgrad, der im Fall der Prozesswärme mit etwa 60% geschätzt wird [10]. Der Rest geht überwiegend als Abwärme mit niedriger Temperatur verloren. Der Rückgang des Prozesswärmebedarfs ist insbesondere auf Erfolge bei der Verbesserung der Wärmenutzungsgrade von Einzelanlagen und -komponenten sowie auf energetische Optimierung von Systemen und ganzen Standorten zurückzuführen.

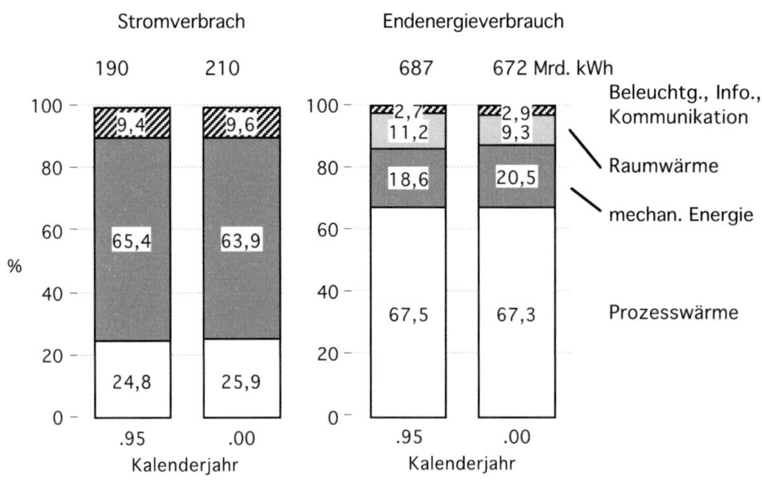

Abb. 3.2 Strom- und Endenergieverbrauch der Industrie nach Anwendungszwecken, Quelle: AGEB, VDEW-Projektgruppe Nutzenergiebilanzen, IfE / TU München [10]

Insgesamt war der Endenergiebedarf der deutschen Industrie im betrachteten Zeitraum 1995 bis 2000 rückläufig. Ursache hierfür waren die Einsparungen im Wärmebereich. Demgegenüber hat der Bedarf an mechanischer Energie zugenommen (Abb. 3.2).

3.2.2 Struktur des Stromverbrauchs

Wie in den vorangegangenen Kapiteln bereits dargestellt wurde, ist der Stromverbrauch der Industrie in der Vergangenheit kontinuierlich angestiegen (s. Abb. 2.8) . Im Zeitraum 1995 bis 2000 betrug dieser Zuwachs etwa 10%. Schlüsselt man den Verbrauch nach Verwendungszecken auf, zeigt sich die überragende Bedeutung der Stromnutzung für die Bereitstellung mechanischer Energie. Zwei Drittel des Verbrauchs entfallen allein auf diesen Nutzungssektor (Abb. 3.2). Der hohe Anteil an Antriebsaufgaben hat dazu geführt, dass elektrische Antriebssysteme mit Elektromotoren als zentrale Funktionselemente bei der Suche nach Einsparpotenzialen im Zentrum der Überlegungen stehen (geeignete Verfahren s. Kap. 5.2). Etwa ein Viertel des Stromverbrauchs dient der Bereitstellung von Prozesswärme. Verbrauchsschwerpunkte sind die Elektrostahlerzeugung, die Herstellung von NE-Halbzeugen, der Betrieb von Wärmebehandlungsöfen sowie die elektrische Beheizung von Apparaten, Behältern und Produktleitungen. Die Verwendung von Strom hat in diesem Bereich in den letzten Jahren deutlich zugenommen. Knapp 10% des industriellen Stromverbrauchs entfallen auf Beleuchtung, Information und Kommunikation sowie zum Betrieb von prozessleittechnischen Anlagen (Abb. 3.2).

3.3 Energiekostenintensität nach Industriebranchen

Zur Kennzeichnung der Energiekostenintensität benutzt das Statistische Bundesamt in seinen Veröffentlichungen den Parameter Energiekostenanteil am Bruttoproduktionswert. Dabei bezeichnet der Bruttoproduktionswert den Wert der in einer Periode erstellten Güter oder Dienstleistungen einer Branche abzüglich der von anderen Unternehmen gelieferten Vorleistungen. Unter Energiekosten weist die amtliche Statistik die Kosten für den Wareneingang, demnach die Kosten für den Energiebezug aus. Diese Definition führt zu einer gewissen Beliebigkeit bei der

Einschätzung der Belastung durch Energiekosten; denn sie berücksichtigt nicht die unterschiedlichen Versorgungskonzepte in der Industrie. Bei Unternehmen, die ihre Nutzenergien wie Wärme oder Druckluft nicht aus Eigenanlagen sondern extern beziehen, führt diese statistische Abgrenzung zu wirklichkeitsnahen Werten, während Eigenerzeuger mit zusätzlichen Kosten für die betriebsinterne Energiebereitstellung (Kapital-, Personal- und sonstige Betriebskosten) zu niedrig bewertet werden. Unbeschadet der grundsätzlichen Kritik an der Systematik der Datenerhebung wird diese amtliche Statistik im Folgenden für einen ersten Branchenvergleich genutzt, da exakte statistische Unterlagen, die die unterschiedlichen Versorgungskonzepte der einzelnen Branchen vergleichbar abbilden, zur Zeit nicht vorliegen. Die Kenntnis der Veröffentlichungen des Statistischen Bundesamtes ist auch deswegen von Bedeutung, weil sie häufig in der politischen Diskussion Verwendung finden.

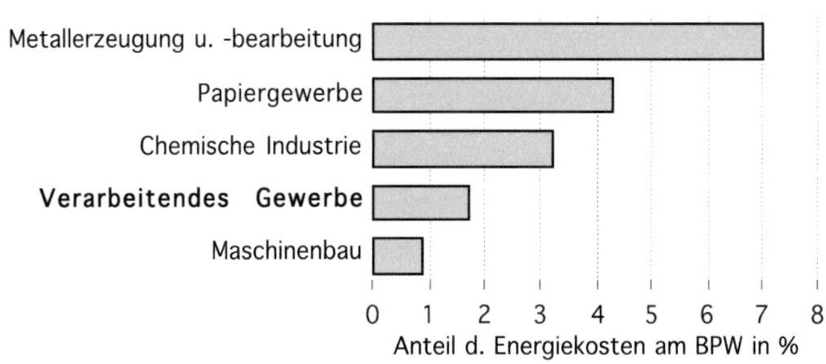

Abb. 3.3 Anteil der Energiekosten am Bruttoproduktionswert für ausgewählte Industriebranchen 1998 (WZ 93-Systematik, s. Fußn. 2, S. 8)
Quelle : Statistisches Bundesamt, Wiesbaden

Das Bild 3.3 zeigt die Energiekostenanteile einiger ausgewählter Branchen für das Jahr 1998 auf Basis der Veröffentlichungen des Statistischen Bundesamtes. Auffällig ist die große Spreizung der Energiekostenbelastungen. Während der Maschinenbau lediglich 0,9 % aufweist, liegt die Metallerzeugung und -bearbeitung mit ihren energieintensiven Produktionen bei 7 %. Die Papierindustrie wie auch die Chemieindustrie liegen mit 4,3 bzw. 3,2 % ebenfalls deutlich über dem Durchschnittswert des Verarbeitenden Gewerbes insgesamt.

Aus Sicht der industriellen Energiewirtschaft sind vertiefte branchen- bis hin zu produktspezifischen Analysen für die Definition der jeweils maßgebenden Energiekostenintensität und daraus abgeleiteter Kennwerte wie beispielsweise die Wettbewerbsrelevanz von Energiekosten unumgänglich. Pauschale statistische Daten reichen hierzu in der Regel nicht aus. Diesbezügliche Untersuchungen zeigen, dass insbesondere in energieintensiven Branchen mit einem komplexen Produktionsverbund wie z.B. der Chemischen Industrie die Energiekostenbelastung der einzelnen Produktionsstufen in Betracht zu ziehen ist. Dabei stellt die Stufe der Grundstoffproduktionen mit ihrer zum Teil weit über dem Branchendurchschnitt liegenden Energiekostenintensität eine Schlüsselfunktion für die Wettbewerbsfähigkeit einer großen Anzahl von Folgeprodukten dar. Standortentscheidungen richten sich infolgedessen häufig an der Wettbewerbsfähigkeit dieser Grundstoffproduktionen aus [5].

B. Die Bewirtschaftung der industriellen Eigenanlagen

4. Energieumwandlung in Eigenanlagen

Zu den wesentlichen Aufgaben der betrieblichen Energiewirtschaft gehört es, flexibel auf Veränderungen im Umfeld zu reagieren. Der Anpassungsdruck ergibt sich nicht nur aus dem externen Umfeld durch Änderungen in den politischen Zielsetzungen und auf den Energiemärkten sondern auch betriebsintern durch strukturellen Wandel bei den Energienutzern. Hinzu kommt der allgegenwärtige Kostendruck sowie die Notwendigkeit, die Effizienz der Energiebereitstellung und Nutzung stetig zu verbessern. Dabei sind neben kurzfristigen Maßnahmen insbesondere auch langfristig bindende Entscheidungen, wie sie für Investitionen in Eigenanlagen typisch sind, betroffen.

In der Vergangenheit verursachten die so genannten Ölkrisen der siebziger und achtziger Jahre durch dramatische Preissprünge bei den Primärenergien in weiten Bereichen der industriellen Energieversorgung eine brennstoffseitige Neuorientierung bei den Eigenanlagen. In der Folgezeit leitete dann der Gesetzgeber mit der Großfeuerungsanlagen-Verordnung einen erheblichen Investitionsschub in Abgasreinigungstechniken ein, indem er das zulässige Emissionsniveau standardisierte. Davon war auch die Industrie mit ihren Eigenanlagen betroffen, die kostenseitig wegen der vergleichsweise kleinen Anlagen in vielen Fällen besonders betroffen war und eine deutliche Steigerung der Betriebskosten hinnehmen musste. Schließlich vollzog sich mit der Liberalisierung der Märkte für Strom und Gas der lang angestrebte Wandel zu mehr Wettbewerb, dem sich nun zwangsläufig auch die betriebliche Eigenerzeugung zu stellen hatte. Aktuell verlangen insbesondere das weltweit hohe Energiepreisniveau und nationale wie internationale Klimaschutzprogramme gezielte Reaktionen der betrieblichen Energiewirtschaft.

Industrielle Eigenanlagen werden unter den jeweils betriebsspezifischen Rahmenbedingungen geplant, errichtet und betrieben. Die Bereitschaft eines Industriebetriebes, in Eigenanlagen zu investieren, wird letztlich von unternehmenspolitischen und betriebswirtschaftlichen Aspekten bestimmt. Anders als die öffentlichen

Energieversorger, bei denen die Energieanlagen zum Kernbereich der wirtschaftlichen Aktivitäten gehören, rechnet die Industrie die der Energieversorgung dienenden Betriebe und Anlagen in der Regel dem Infrastruktur- oder Nebenanlagenbereich zu. Unter diesem Blickwinkel wird es verständlich, dass die Entscheidungswege für ein derartiges Projekt häufig besonders mühsam sind, wobei die Möglichkeit, alternativ in ein Projekt des Kernbereichs zu investieren, dabei häufig eine besondere Rolle spielt. Unabhängig vom Ziel einer geplanten Investition wird das Unternehmen einheitlich hohe Renditevorgaben und gleichgewichtige Risikokriterien als Grundvoraussetzung für ein erfolgreiches Projekt verlangen.

4.1 Langfristige Entwicklungstrends

Die nachfolgenden Analysen beziehen sich auf die industriellen Stromerzeugungsanlagen und ihre Entwicklung in den vergangenen etwa zwei Jahrzehnten[7]. An ihnen lassen sich die Merkmale und Strukturen der jeweils zugehörigen Kraftwerksprozesse am deutlichsten aufzeigen. Anlagen zur reinen Wärmeerzeugung haben nur eine untergeordnete Bedeutung, da die Industrie in der Vergangenheit Stromerzeugungspotenziale auf der Basis gekoppelter Prozesse wie der Kraft-Wärme-Kopplung weitgehend ausgeschöpft hat. Hinzu kommt, dass sich bei den reinen Wärmeerzeugern keine wesentlichen technologischen Veränderungen vollzogen haben.

In den beiden Diagrammen 4.1 und 4.2 ist die Entwicklung der Stromerzeugung in der Industrie einerseits nach den eingesetzten Brennstoffen, andererseits nach

[7] Die den Analysen zu Grunde liegenden statistischen Daten beziehen sich auf das verarbeitende Gewerbe als gleichbedeutend mit dem Verbrauchssektor Industrie. Damit werden die Energieanlagen des Stein- und Braunkohlebergbaus einschließlich der Brikettherstellung, die in den Statistiken des Statistischen Bundesamt in der Regel zur Industrie gerechnet werden, nicht erfasst. Dieses Vorgehen trägt der Tatsache Rechnung, dass diese Kraftwerke von öffentlichen Versorgern betrieben werden und der erzeugte Strom überwiegend in deren Netze eingespeist wird. Desweiteren ist zu beachten, dass die statistischen Zahlenreihen ab 1990 Deutschland gesamt - also einschließlich der neuen Bundesländer - erfassen. Damit sind diese Daten mit denen vor 1990 im strengen Sinne nicht vergleichbar. Es wird sich jedoch zeigen, dass die Trendaussagen trotz dieser statistischen Ungenauigkeiten ihre Bedeutung behalten. Hinsichtlich der Leistungen der erfassten Anlagen besteht bei dem Datenmaterial eine Leistungsbegrenzung nach unten, sodass Anlagen mit einer installierten Nennleistung kleiner als 1000 kVA nicht erfasst sind. Aus diesem Grunde sind Blockheizkraftwerke, die überwiegend unter diese Grenze fallen, nicht berücksichtigt.

der Art der Antriebsmaschine und damit nach den wesentlichen Strukturmerkmalen des Dampfkraftprozesses für die Jahre 1980, 1992 und 1998 dargestellt.

Die Engpassleistung [8] der von der Industrie betriebenen Stromerzeugungsanlagen hat in dem in Rede stehenden Zeitraum trotz Zunahme des Strombedarfs (vgl. auch Abb. 2.8, S. 17) und Hinzurechnung der neuen Bundesländer von etwa 9300 MW auf 7600 MW und damit um fast 20% abgenommen. (Es kann ausgeschlossen werden, dass diese Abnahme durch einen möglichen Zuwachs bei den kleinen Anlagen unter 1000 kVA , die hier nicht erfasst sind, zu einem wesentlichen Teil kompensiert würde. Vielmehr ist auch in dem unteren Leistungssegment von einem ähnlichen Trend auszugehen.) Gründe für die deutliche Abnahme liegen in Umschichtungen bei der Strombeschaffung, bei der die eigene Kondensationsstromerzeugung zu Gunsten des externen Bezugs eingeschränkt wurde. Außerdem hat die Abnahme des Bedarfs an Prozesswärme das Potenzial an Kraft-Wärme-Kopplung reduziert (vgl. Kap. 2).

Abb. 4.1 Engpassleistung der industriellen Stromerzeugungsanlagen nach Brennstoffarten (größer 1000 kVA Nennleistung, ab 1992 einschl. neue Bundesländer), Quelle: VIK Statistik der Energiewirtschaft

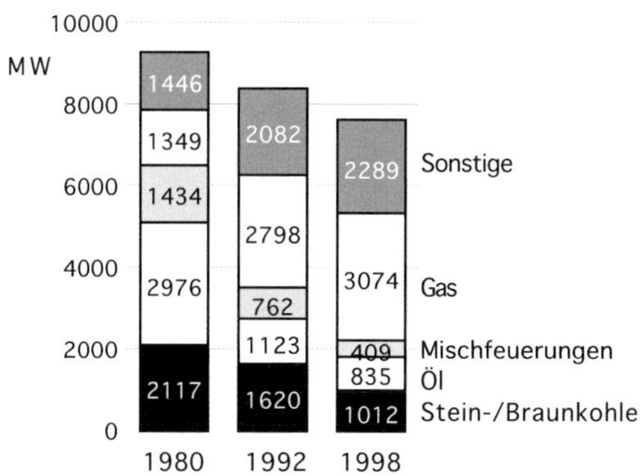

---

[8] Die Engpaßleistung eines Kraftwerkes ist die durch den leistungsschwächsten Anlagenteil begrenzte, höchste dauernd ausfahrbare Wirkleistung. Sie wird auf die Generatorklemmen bezogen.

Die Abnahme der installierten Leistung geht eindeutig zu Lasten der Stromerzeugungsanlagen auf Basis der konventionellen Brennstoffe Stein-, Braunkohle und Heizöl. Dagegen haben Erdgaskraftwerke deutlich hinzugewonnen. In dieser Entwicklung zeigt sich der Trend zu Kraftwerken mit geringen spezifischen Emissionen und gleichzeitig geringer Kapitalbindung, der in der Vergangenheit durch den Wegfall gesetzlicher Restriktionen (Kohlevorrangpolitik, Verstromungsgesetze) und Auflagen der Großfeuerungsanlagen-Verordnung sowie gegenwärtig in zunehmendem Maße durch klimapolitische Zielsetzungen gefördert wird. Die zukünftige Entwicklung wird im wesentlichen von der mittel- bis langfristigen Beschaffungssituation beim Erdgas und den Marktpreisen für Strom bestimmt werden.

Eine merkliche Zunahme verzeichnen auch Stromerzeugungsanlagen auf der Basis sonstiger Brennstoffe mit Abfällen aus der Produktion, mit Kokerei- und Hochofengasen. Damit zeigt sich die zunehmende Bedeutung stofflich-energetischer und rein energetischer Verbundstrukturen in der Industrie. Mit der thermischen Verwertung von Produktionsabfällen lassen sich konventionelle Brennstoffe substituieren, sofern die verfahrens- und kesseltechnischen Voraussetzungen erfüllt sind und im Übrigen den emissionsrechtlichen Vorgaben Rechnung getragen wird (vgl. Kap. 6). Diese Vorteile nutzen wegen günstiger Voraussetzungen insbesondere Betriebe in den Sparten Stahl, Chemie sowie Petrochemie (Kap. 5).

Die Abb. 4.2 bildet die Entwicklungen bei den Antriebsmaschinen zur Stromerzeugung ab. Diese stellen zwar nur eine einzelne Komponente der Gesamtanlage dar; auf Grund ihrer Kernfunktion charakterisieren sie jedoch wesentliche Merkmale des jeweiligen Umwandlungsverfahrens. Gegendruckturbinen sind charakteristisch für Kraft-Wärme-Kopplungsanlagen, indem sie den Dampf - im Gegensatz zu klassischen Kondensationsturbinen - nur teilweise für den Generatorantrieb entspannen und den verbleibenden Energieinhalt in Form von Prozesswärme der Produktion zur Verfügung stellen. Auch in Entnahmen-Kondensationsturbinen werden Teilströme des Dampfes nicht kondensiert und für Produktionszwecke auf einem erhöhten Druckniveau abgegeben. Gasturbinen stehen in der Industrie in der Mehrzahl der Anwendungsfälle auch für die gekoppelte Erzeugung von Strom und Dampf. Dieser wird in einem Abhitzedampferzeuger unter Nutzung der heißen Gasturbinenabgase gewonnen.

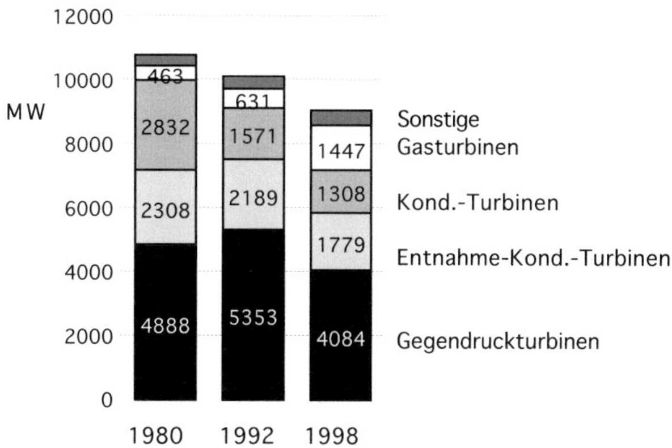

Abb. 4.2 Leistung der Antriebsmaschinen in der Industrie nach Maschinenarten (größer 1000 kVA Nennleistung, ab 1992 einschl. neue Bundesländer)
Quelle: VIK Statistik der Energiewirtschaft, eigene Berechnungen

Seit 1980 hat die installierte Nennleistung der Gegendruck- und Entnahme-Kondensationsturbinen trotz Einbeziehung der neuen Bundesländer um fast 20% abgenommen. Andererseits hat sich die installierte Leistung der Gasturbinen verdreifacht, wozu die vergleichsweise rasche Realisierbarkeit, die bereits erwähnte günstige Beschaffungssituation beim Erdgas, die niedrigen Emissionen und die geringe Kapitalbindung beitrugen. Ende der neunziger Jahre kam es bei der Realisierung mehrerer größerer Gasturbinenprojekte zu Kooperationen zwischen Industrie- und öffentlichen Versorgungsunternehmen, die die Anlagen auf Industriegelände errichteten und betrieben.

In der Gesamtbilanz verlief die Abnahme der industriellen Stromerzeugungsleistung zu Lasten der Kondensationsprozesse. Der Stellenwert einer vom Wärmebedarf unabhängigen, also frei disponiblen Stromerzeugung, scheint demnach an Bedeutung verloren zu haben. Als Gründe können hohe Kosten und günstige Einkaufsmöglichkeiten für Strom angenommen werden. Dies schließt andererseits jedoch nicht aus, dass unter liberalen Marktbedingungen Kondensationsanlagen als betriebliches Instrument des Risikomanagements wirtschaftlich sinnvoll sein können (vgl. hierzu Kap. 15.2.1).

Zusammenfassend lässt sich aus der Abb. 4.2 ableiten, dass sich die Strukturen der Stromerzeugung in dem gewählten Zeitfenster signifikant verändert haben. Die industrielle Energiewirtschaft reagierte damit offensichtlich mit hoher Flexibilität auf die einleitend bereits erläuterten Veränderungen im Umfeld. Die im Einzelnen getroffenen Maßnahmen basierten wegen der Vielzahl der individuellen Versorgungskonzepte auf unterschiedlichen Ausgangssituationen, wobei die ideale "Grüne-Wiese-Lösung" wohl nur in Ausnahmefällen realisiert werden konnte.

4.2 Zentrale und dezentrale Energieversorgung

Die Bedarfsmerkmale der industrietypischen Nutzenergien (u.a. Prozesswärme, -kälte, mechanische Energie, Raumheizwärme) eignen sich in bevorzugtem Maße für den Aufbau energiebezogener Verbundstrukturen. Die Gründe liegen im Allgemeinen in den charakteristischen Merkmalen industrieller Produktionen, die auf eine hohe Ausnutzung ihrer Anlagen ausgerichtet sind. Die Folge sind eine hohe Benutzungsdauer und und zugleich eine ausgeprägte Gleichzeitigkeit beim Bedarf nach den verschiedenen Energien. Damit liegen günstige bedarfsstrukturelle Voraussetzungen für die Realisierung von Koppelprozessen wie beispielsweise der KWK vor.

Generell lässt sich zeigen, dass das Potenzial für energiebedingte Koppelprozesse mit dem Grad der Dezentralisierung der Versorgungsstrukturen zunimmt (Abb. 4.3). Auf der Ebene der zentralen Energieumwandlung versorgen überwiegend große Kondensationskraftwerke die Allgemeinheit mit elektrischer Energie. Diese Flächenversorgung wird durch die Anwendung hoher Spannungen, die die Wirtschaftlichkeit der elektrischen Energieübertragung über große Distanzen sichert, ermöglicht. Der Verbraucher ist frei in seiner Standortwahl und nicht an den Ort der Erzeugung gebunden. Aus wirtschaftlichen Gründen verbietet sich eine analoge großflächige Verteilung von thermischen Energieträgern wie z.B. Dampf. Die Wärmeerzeugung muss daher verbrauchernah erfolgen. Dieser Forderung wird eine

Standortzentrale mit KWK-Anlagen, wie sie für großräumige Industrieanlagen mit einer Vielzahl von Verbrauchern typisch ist, gerecht. Diese Standortzentralen stellen aus wirtschaftlichen und technischen Gründen in aller Regel nur wenige standardisierte Energiearten (Strom, Dampf) und -qualitäten (Temperaturen, Drücke) zur Verfügung. Dabei sind deren Parameter so gewählt, dass sie den Anforderungen der Vielzahl der Verbraucher mindestens genügen. Nicht selten übertreffen sie das für den einzelnen Nutzer individuelle Niveau mit der Folge einer nicht optimalen Energienutzung.

Allgemeine Energieversorgung	zentrale Energieumwandlung (flächenbezogen)	große Kondensations- und Heizkraftwerke
Industrielle Energieversorgung mit Eigenanlagen	standortnahe Energieumwandlung (standortbezogen)	gekoppelte Energieumwandlung vornehmlich auf Basis KWK
	produktionsintegrierte Energieumwandlung (prozessbezogen)	kleine passgenaue Verbundsysteme

Abb. 4.3 Strukturmerkmale der allgemeinen und der industriellen Energieversorgung

Die Standortzentrale steht häufig im wirtschaftlichen Wettbewerb zu Unterzentralen oder zu einer Vielzahl kleinerer dezentraler Umwandlungsanlagen, deren Vorteil in einer hohen Passgenauigkeit bezüglich der nutzerseitig geforderten spezifischen Energieparameter besteht. In diesem Fall spricht man häufig von produktionsintegrierter Energieumwandlung (vgl. Abb. 4.3). Die Standortzentrale wird in der Regel dann als vorteilhafter angesehen, wenn bei gleichem Standard an Versorgungssicherheit die größenbedingte Kostendegression und höhere Umwandlungseffizienz den höheren Verteilungsaufwand und die Strukturnachteile gegenüber der dezentralen prozeßbezogenen Energieumwandlung mindestens kompensiert.

4.3 Verbundsysteme

Bei gleichzeitigem Strom- und Wärmebedarf ist der Betrieb von KWK-Anlagen in der Industrie die Regel. Die Struktur dieser Anlagen richtet sich nach den nutzerseitigen Anforderungsprofilen, die im Wesentlichen durch den Wärmebedarf als Führungsgröße definiert sind. Reicht die eigene Stromerzeugung für die Versorgung der Produktionsstätten nicht aus, wird Zusatzstrom aus dem öffentlichen Netz bezogen. Übersteigt andererseits die Stromerzeugung den betrieblichen Bedarf, kann der überschüssige Strom in das öffentliche Netz gegen eine Vergütung eingespeist werden. Die Versorgungsstruktur größerer Industriestandorte mit mehreren Energiearten und -qualitäten zeichnet sich häufig durch eine hohe Komplexität aus.

Industrielle KWK-Anlagen sind - wie bereits im vorangegangenen Kapitel dargelegt - standortgebunden und weisen in der Regel einen hohen Integrationsgrad mit den Energie verbrauchenden Produktionsbetrieben auf. Merkmal dieser Integration können neben der Vielzahl der spezifisch bereitzustellenden Energiearten und -qualitäten die Übernahme der thermischen Entsorgung von Produktionsabfällen, die Berücksichtigung differenzierter Anforderungen bezüglich der Versorgungssicherheit einzelner Verbraucher sowie auch die Koordinierung der disponiblen Stillstände der Energieanlagen mit gegebenenfalls auftretenden Produktionsintervallen sein.

Da standardisierte Anforderungsprofile die Ausnahme sind, wird es die KWK-Anlage "von der Stange " nicht geben und der Planer wird sich bei der Errichtung neuer Anlagen oder bei der Änderung bestehender Anlagen intensiv mit den Energieanforderungen und dem Kostenrahmen, den der Nutzer im Hinblick auf die Wettbewerbsfähigkeit seiner Produkte als noch tragbar erachtet, auseinander zu setzen haben. Neben der zentralen Energiebereitstellung kann die bereits erwähnte auf einen bestimmten Verbraucher zugeschnittene produktionsintegrierte Energieanlage eine der planerischen Optionen sein. Entscheidend ist letztendlich die Auswirkung auf die Gesamtkosten der Energieversorgung eines Industriestandortes.

4.3.1 Prinzip eines Industriekraftwerks

Das in der Abb. 4.4 gewählte dampfseitige Schaltbild eines größeren Industriekraftwerkes steht für eine Kraft-Wärme-Kopplung mit den Zielenergien Prozesswärme auf den beiden Druckstufen Hochdruck (HD) und Niederdruck (ND) sowie Strom und Druckluft. Die vorgestellte Struktur könnte sowohl historisch gewachsen sein als auch als Neuanlage ("Grüne-Wiese-Anlage") verstanden werden.

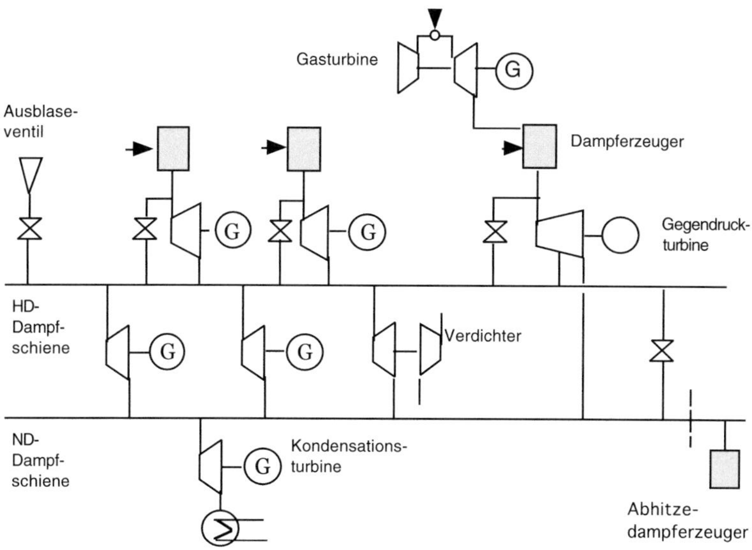

Abb. 4.4 Beispiel für dampfseitige Schaltung eines Industriekraftwerkes

Der Dampf wird hochdruckseitig in drei Dampferzeugern produziert, wobei in einem Fall eine Gasturbine vorgeschaltet ist. Diese wird mit Erdgas während die übrigen beiden Kessel sowohl mit konventionellen auch zusätzlich mit Ersatzbrennstoffen - wie mit Abfällen aus der Produktion - betrieben werden können. Gegendruckturbinen entpannen den Dampf auf das Niveau der beiden Dampfschienen. In die Niederdruckschiene speist ein außerhalb des Kraftwerks betriebener Abhitze-Dampferzeuger eines Produktionsbetriebs ein. Ebenfalls an der Niederdruckschiene befindet sich eine Kondensationsturbine, die eine vom Wärmebedarf der Produktionsbetriebe unabhängige Dampfsenke darstellt und damit eine zusätzliche ungekoppelte Stromerzeugung erlaubt.

Wir nehmen an, dass im Normalbetrieb der Dampfverbrauch die Strom- und Drucklufterzeugung bestimmt (wärmegeführter Betrieb). Außerdem sind Betriebszustände möglich, bei denen zur Sicherung der Stromversorgung eine partielle Entkopplung des Stroms- vom Dampfverbrauch Vorrang hat. Für diese notwendige Flexibilisierung des Betriebs sind spezielle Betriebsmittel wie Umleitventile an den Dampfturbinen und ein Dampf-Ausblaseventil vorgesehen.

Kapazität, Struktur und die Funktionen des vorgestellten Kraftwerks sollen so ausgelegt sein, dass sie den Zielen der Energieversorgung eines Industriestandortes genügen. Diese sind durch eine ausreichende und gesicherte Versorgung, durch Wirtschaftlichkeit sowie Umwelt- und Klimaschutz definiert. Zusätzlich soll das Industriekraftwerk eine produktionsunterstützende Funktion wahrnehmen.

Die Forderung nach einer **ausreichenden und gesicherten Versorgung** trifft für jene Energiearten zu, die, wie Prozesswärme und Druckluft, in aller Regel nicht am Markt beschafft werden können. Sie lässt sich durch die Anzahl, die Größenstufung der Erzeugungseinheiten und durch Reserveeinheiten in der Weise darstellen, dass nach Ausfall der größten Erzeugungseinheit die Versorgung der Produktionsbetriebe noch gewährleistet ist (vgl. auch Kap. 15.2.2.2). Da produktionsbedingte tages- und jahreszeitliche Bedarfsschwankungen zu erwarten sind, reicht eine statische Kapazitätsbetrachtung nicht aus. Vielmehr ist eine ausreichende Regelfähigkeit des Gesamtsystems eine wichtige Voraussetzung für eine bedarfsgerechte Energiebereitstellung nach Menge und Qualität, die sich im wesentlichen mit den Parametern Temperatur und Druck bei den rohrleitungsgebundenen Energien sowie Spannung und Frequenz beim Strom beschreiben lässt.

Hohe Anforderungen an die Betriebssicherheit der gekoppelten Erzeugung von Dampf und Strom stellen ungeplante Ereignisse dar, bei denen das interne elektrische Netz in Folge einer Störung im öffentlichen Netz von diesem getrennt wird und infolgedessen nach Öffnung des Kuppelschalters in den Inselbetrieb gehen muss (vgl. Abb. 4.5, S. 48). Sofern vor der Störung extern Strom bezogen wurde, ergibt sich nun zunächst eine Unterbilanz. Um das Gleichgewicht zwischen Angebot und Nachfrage wieder einzustellen, müssen elektrische Verbraucher, die in der Priorität nachrangig sind, nach einem vereinbarten Programm abgeschaltet werden. Die Führungsgröße bei Inselbetrieb ist nun nicht mehr der Dampfverbrauch sondern der verbliebene Stromverbrauch, sodass die Dampfdruckregelung von der stromseitigen Frequenzregelung entkoppelt werden muss. Auf der Dampfseite wird dieser hoch dynamische Betriebszustand durch die bereits erwähnten Betriebsmittel wie Dampfumleitstationen und Ausblaseventil unterstützt. Sollte es unter diesen Bedingungen zu einem kompletten Kraftwerksausfall kommen, kann die Gasturbine die Möglichkeit bieten, ohne externe Unterstützung das elektrische Netz wieder aufzubauen.

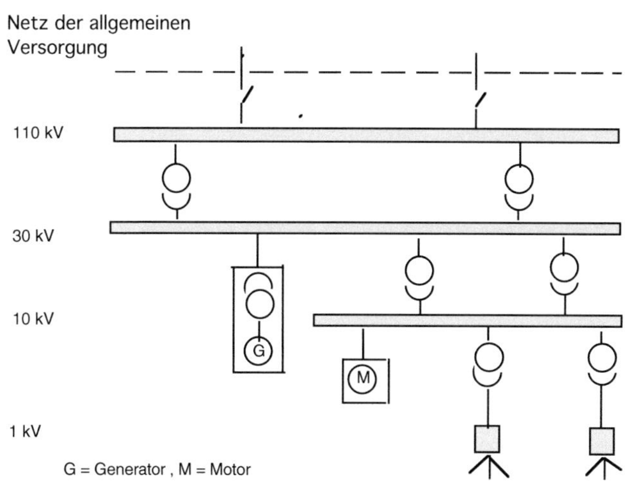

Abb. 4.5 Beispiel eines elektrischen Verteilnetzes an einem Industriestandort

Neben einer sicheren und ausreichenden Versorgung nimmt die **Wirtschaftlichkeit** der Eigenerzeugung und damit die Möglichkeit flexibler betrieblicher Reaktionen auf sich ändernde Anforderungen der Energienutzer und des Energiemarktes einen hohen Stellenwert ein. Die hierzu notwendigen kurzfristig verfügbaren Steuerungsmechanismen haben die Minimierung der variablen Kosten (Brennstoffmenge und -art, zugekaufter Strom) zum Ziel. Die fixen Kosten (u.a. Kapital- und Personalkosten) bleiben dabei weitgehend unberührt (vgl. auch. Kap. 14.2). Die betrieblichen Optionen für eine kostenbezogene Einsatzoptimierung der Anlagen liegen in der Wahl unterschiedlicher Dampferzeuger und Brennstoffe, der Wahl der Stromerzeugungsaggregate mit der jeweils günstigsten Stromausbeute sowie der Möglichkeit der Kondensationsstromerzeugung. Auf der Basis eines mathematischen Modells kann dem Kraftwerkspersonal ein Instrument an die Hand gegeben werden, das für den jeweiligen Bedarf auf der Dampf- und Stromseite die kostengünstigste Versorgungsalternative vorgibt.

Die Kraft-Wärme-Kopplung ist in weiten Bereichen der relevanten Anlagenparameter der getrennten Erzeugung hinsichtlich **Umwelt- und Klimaschutz** überlegen (s. Kap. 6.4.3.2). Wesentlichen Einfluss haben die eingesetzten Brennstoffe und die Stromkennzahl (s. Kap. 4.3.2.1) der Stromerzeugungsaggregate. Während die Brennstoffe direkt auf die Emissionen einwirken, bestimmt die Stromkennzahl über das Maß der Stromeigenerzeugung die Höhe des Bezugs an CO_2-reicherem Kondensationsstrom aus dem öffentlichen Netz und damit über die indirekt verursachten Emissionen.

Die **Produktionsunterstützung und Standortintegration** der Energieversorgung geht über die bedarfsgerechte Bereitstellung des wichtigen Produktionsfaktors Energie hinaus. Sie umfasst neben der thermischen Verwertung von kraftwerksgängigen Abfallströmen aus der Produktion die Einbindung exothermer Energieströme aus den verschiedenen Produktionsprozessen in das zentrale Energieversorgungssystem. Hochtemperierte Abwärme kann nach einem Wärmeaustausch direkt der zentralen Wärmeversorgung eines Standortes zugeführt oder in ein Heizsystem eingekoppelt werden. Abwärme mit niedriger Temperatur hingegen bedarf einer vergleichsweise aufwendigen Wärmetransformation, um sie anschließend einer Nutzung zuführen zu können. Die im Einzelfall zu treffenden Maßnahmen sind in hohem Maße standortspezifisch und lassen sich in der Regel nicht standardisieren. Der Grad der Integration von Energieumwandlung und Produktion ist spartenabhängig und kann wie in der Eisen schaffenden Industrie und der Petrochemie sehr weitreichend sein.

4.3.2 Basisvarianten

4.3.2.1 Schaltungen mit Gegendruck- und Gasturbinen

Die klassische KWK-Anlage bestehend aus Dampferzeuger und Gegendruckturbine ist in der Industrie seit vielen Jahrzehnten zur Versorgung der Produktionen mit Dampf und Strom im Einsatz. In der einfachsten Variante wird der vom Dampferzeuger bereitgestellte Dampf in der Gegendruckturbine entspannt und anschließend als Prozessdampf weitergenutzt. Die Alternative wäre ein einfacher Dampferzeuger und Strombezug zu Marktbedingungen (Abb. 4.6).

Die besondere Eignung für den industriellen Bereich ergibt sich primär aus der Möglichkeit, ein breites Spektrum von Regelbrennstoffen einsetzen und darüber hinaus geeignete Produktionsabfälle als Ersatzbrennstoffe thermisch nutzen zu können.

Kraftwerksschaltungen mit Gasturbinen haben trotz der weitgehenden Beschränkung auf ein enges Brennstoffband - Erdgas, leichtes Heizöl und in Ausnahmefällen ausgewählte Produktionsrückstände - in den letzten Jahren ständig an Bedeutung gewonnen (vgl. Kap. 4.1). Gründe sind die vergleichsweise hohe Effizienz, niedrige spezifische Investitionskosten, eine breite Leistungspalette sowie eine hohe Flexibilität bei Auslegung und Betrieb. Zudem erlaubt der modulare Aufbau der Anlagen eine vergleichsweise kurzfristige Planung und Errichtung.

In der Basisvariante treibt die Gasturbine einen Generator zur Stromerzeugung an. Die noch heißen Gasturbinenabgase erzeugen in einem nachgeschalteten Dampferzeuger den Prozessdampf. Wegen des hohen Restgehalts an Sauerstoff besteht die Möglichkeit, im Abhitze-Dampferzeuger eine Feuerung zu betreiben, mit der

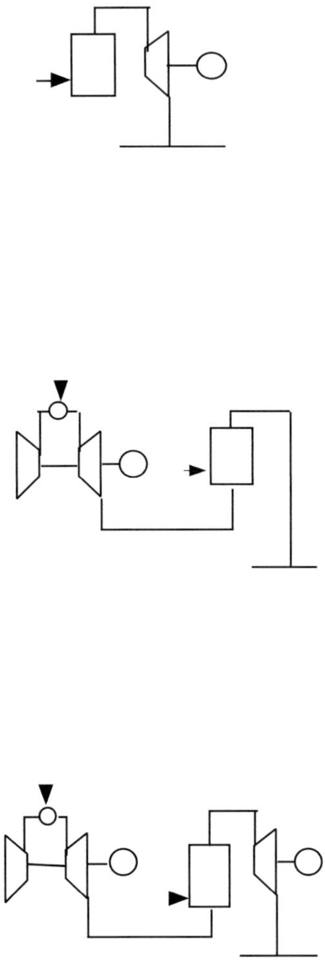

Dampferzeuger mit Gegendruckturbine

Diese klassische Variante der KWK wird in der Industrie seit Jahrzehnten eingesetzt. Der Dampf wird hinter der Turbine nicht kondensiert, sondern bedarfsgerecht dem Verbraucher zugeführt. Vorteile sind der einfache Aufbau, die vergleichsweise hohe Brennstoffausnutzung und ein breites Spektrum möglicher Brennstoffe. Die Stromkennzahl ist vergleichsweise niedrig. Die betriebliche Flexibilität ist eher eingeschränkt.

Gasturbine mit Abhitze-Kessel

Die ca. 500°C heißen und sauerstoffreichen (15 % O2) Abgase der Gasturbine werden in einem Abhitze-Kessel zur Dampferzeugung genutzt. Eine Zusatzfeuerung erhöht die Dampfmenge. In Verbindung mit einem Frischlüfter lässt sich die Dampferzeugung unabhängig von der Gasturbine aufrecht erhalten. Der Brennstoffeinsatz ist auf Erdgas und leichtes Heizöl beschränkt. Die Stromkennzahl ist - bei verminderter Brennstoffnutzung - vergleichsweise hoch. Die Anlage zeichnet sich durch eine hohe betriebliche Flexibilität aus.

Gas- und Dampfturbinen-Heizkraftwerk (GuD)

Der im Abhitze-Kessel erzeugte Dampf wird in einer Gegendruckturbine bis auf den Prozessdampfdruck entspannt. Mit dieser Kraftwerksanordnung lassen sich die höchsten Stromkennzahlen erreichen.

Abb. 4.6 KWK-Basisvarianten

das Strom-Dampf-Verhältnis in einem weiten Bereich variiert werden kann. Die Stromerzeugung lässt sich weiter steigern, wenn der Dampf bei ausreichend hohem Erzeugungsdruck vor Abgabe in einer Dampfturbine auf das Nutzerniveau entspannt wird (Abb. 4.6).

Neben dem Einsatz in Kraftwerksprozessen bieten sich in industriellen Verbundstrukturen weitere Nutzungsmöglichkeiten für Gasturbinen. Diese Konzepte haben das Ziel, die thermische Energie der Turbinenabgase möglichst weitgehend zu nutzen. Beispiele sind die direkte Abgaswärmenutzung für Trocknungsprozesse oder Gasturbinen mit abgasbeheizter Absorptionskältemaschine (s. Kap. 4.5, Kraft-Wärme-Kälte-Kopplung). Wegen der in der Regel direkten Nutzernähe und des individuellen Zuschnitts ist dieser Einsatzbereich die Domäne kleinerer Leistungseinheiten.

4.3.2.2 Verbrauchernahe Konzepte mittlerer bis kleiner Leistung

Motor-Blockheizkraftwerke (BHKW)

Blockheizkraftwerke haben im dezentralen Nahwärmebereich inzwischen eine breite Anwendung gefunden. Sie werden häufig als betriebsbereite Module vom Hersteller geliefert und in unmittelbarer Nähe des Verbrauchers aufgestellt, so dass sich ausgedehnte Verteilungsanlagen für Strom und Wärme erübrigen. Der Leistungsbereich der handelsüblichen Anlagen reicht von wenigen Kilowatt bis hin zu einigen Megawatt elektrischer Leistung.

Zentrale Anlagenkomponente der Blockheizkraftwerke ist eine Verbrennungskraftmaschine, die einen Generator zur Stromerzeugung antreibt (Abb. 4.7). Beim Betrieb der Kraftmaschine fällt Wärme sowohl mit dem Kühlwasser und Schmieröl als auch in den heißen Verbrennungsgasen an, die dann in einem Wärmeaustauscher für die weitere Nutzung gewonnen werden kann. Häufig ergänzt ein zusätzlicher Spitzenkessel die Wärmebereitstellung.

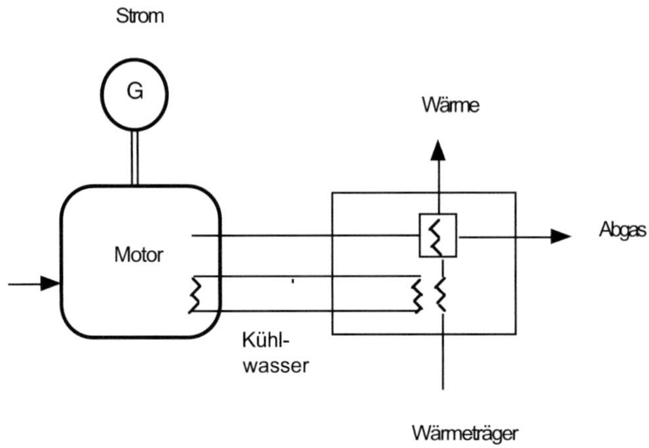

Abb. 4.7 Prinzip eines Motor-Blockheizkraftwerks

Als Antriebsmaschinen eignen sich grundsätzlich sowohl Verbrennungsmotoren (Gas-Ottomotoren und Dieselmotoren) als auch Gasturbinen (Kleingasturbinen, unterhalb 500 kWel auch Mikrogasturbinen). Im Vergleich zu Gasturbinen weisen Motoren deutlich höhere elektrische Wirkungsgrade (Abb. 4.8) und Gesamwirkungsgrade (85% bis über 90%) auf. Turbinen liefern den Löwenanteil der Nutzwärme mit ihrem hochtemperierten Abgasstrom, während bei Verbrennungsmotoren der größte Teil der Abwärme im Kühlwasser bei vergleichsweise niedriger Temperatur anfällt. Bezüglich Lebensdauer geben die Motorenhersteller Laufzeiten von 40000 bis 100000 Stunden an [11, 12, 13].

In Industrie und Gewerbe waren 1998 über 800 Motor-BHKW (>40 kW) mit einer Gesamtleistung von ca. 450 MW - entsprechend etwa 40% aller installierten Anlagen - in Betrieb. Als Brennstoffe wurde bei 60% dieser Anlagen Erdgas, bei 31% Heizöl EL eingesetzt. Gasturbinen-Antriebe sind dagegen nur selten anzutreffen [13].

Häufig bildet der produktionsnahe Einsatz von BHKW-Anlagen zur gekoppelten Erzeugung von Strom und Wärme die Basis für die Nutzung weiterer Verbundpotenziale. Ein Beispiel ist die Einbindung von Trocknungsprozessen etwa in der Keramikindustrie oder in Ziegeleien in das BHKW-Konzept. Für diese Zwecke eignen

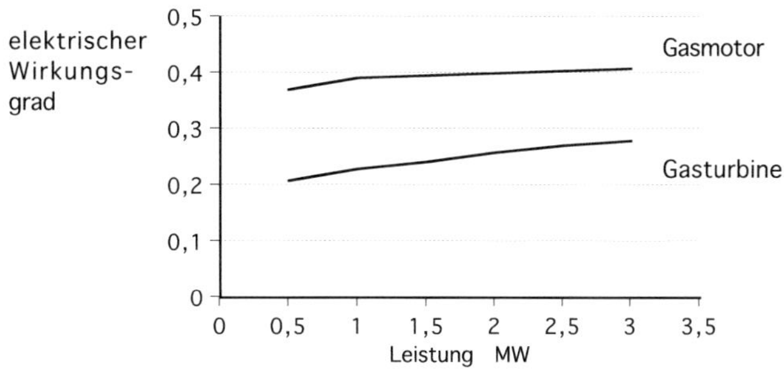

Abb. 4.8 Elektrischer Wirkungsgrad von Gasmotor- und Gasturbinen-BHKW
Quelle: Herstellerangaben

sich neben größeren Gasmotoren in besonderem Maße Gasturbinen. Da die Abgase direkt mit dem zu trocknenden Gut in Kontakt kommen, werden hohe Energienutzungsgrade erreicht. Die Flexibilität der Wärmebereitstellung kann auch in diesen Anwendungsfällen durch eine Zusatzfeuerung erhöht werden.

Eine weitere Verbundvariante sieht die Nutzung der Abwärme zum Betrieb einer Absorptionskälteanlage vor (s. Kap. 4.5). Sofern sich der Kältebedarf antizyklisch zum Wärmebedarf verhält, führt dies zu einer Erhöhung der BHKW-Nutzungsdauer und damit der Wirtschaftlichkeit des gesamten Prozesses. Generell gilt, dass eine hohe Passgenauigkeit die Wirtschaftlichkeit der integrierten Prozesse positiv, andererseits jedoch die Flexibilität im Falle produktionsbedingter Verfahrensänderungen negativ beeinflusst.

Brennstoffzellen-Blockheizkraftwerke

Brennstoffzellen sind elektrochemische Wandler, die Wasserstoff oder wasserstoffreiche Gase mit Sauerstoff oder Luft zu Wasser umsetzen und bei diesem Prozess auf direktem Wege elektrische Energie und Wärme erzeugen (Abb. 4.9). Der Wasserstoff wird der Anode zugeführt und dort an einem Katalysator in Elektronen (e-) und Ionen (H^+) aufgespaltet. Die Ionen wandern durch den Elektrolyten zur Kathode, wo sie sich mit dem der Kathode zugeführten Sauerstoff und den

Elektronen aus dem Verbraucherstromkreis zu Wasser verbinden. Bei dieser elektrochemischen Umsetzung entsteht Gleichstrom und Wärme sowie Wasser. Da die maximale elektrische Spannung einer einzelnen Zelle sehr gering ist, schaltet man für technische Anwendungen mehrere Einzelzellen zu Zellstapeln (Staks) in Reihe zusammen. Ein Wechselrichter setzt den Gleichstrom in Wechselstrom um. Die erzeugte Wärme wird mit Hilfe eines geeigneten Kühlsystems abgeführt.

Neben reinem Wasserstoff bietet sich Erdgas als Energieträger für Brennstoffzellen an. Seine besonderen Vorteile sind die weitreichende Verfügbarkeit und eine leistungsfähige Infrastruktur (alternativ auch Methanol, Kohlegas, Klärgas und Biogas möglich). Das Erdgas wird in einem vorgeschalteten Reformer mit Wasserdampf katalytisch zu Wasserstoff umgesetzt, wobei der in der Brennstoffzelle gewonnene Wasserdampf bei ausreichender Arbeitstemperatur zum Betrieb des Reformers dienen kann.

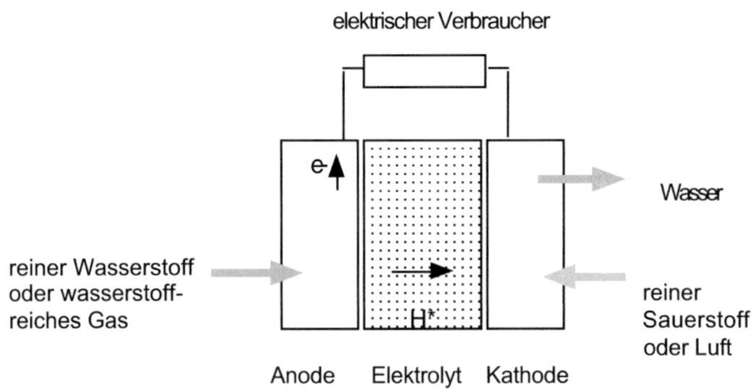

Abb. 4.9 Funktionsprinzip der Brennstoffzelle

Die Brennstoffzellenentwicklung hat zu einer Reihe unterschiedlicher Systeme mit spezifischen Anwendungsprofilen geführt, über die die Tafel in der Abbildung 4.10 einen Überblick gibt [14]. Als relevante Unterscheidungsmerkmale gelten die Arbeitstemperatur und die verwendeten Elektrolyte. Zu den Niedertemperatur-Systemen zählen die PEMFC- und PAFC-Zellen, zum Hochtemperatur-Bereich die

MCFC- und SOFC-Zellen. Die Hochtemperatursysteme bieten die Möglichkeit, Dampf bei hoher Temperatur auszukoppeln, um damit beispielsweise eine Dampfturbine zu betreiben.

Am weitesten entwickelt und bereits kommerziell im Leistungsbereich um 200kW (elektrische Leistung) angeboten wird die PAFC-Technologie. Darüber hinaus sind Demonstrationsanlagen in einem weiten Leistungsbereich in Betrieb (weltweit größtes Brennstoffzellen-BHKW mit 11 MWel bei Tokyo Electric Power Company). Alle anderen Systeme befinden sich derzeit noch in der Versuchssphase.

Alle hier vorgestellten Brennstoffzellensysteme zeichnen sich durch hohe elektrische Wirkungsgrade aus, die nach derzeitigem Status zum Teil über denen der konkurrierenden Systeme wie Motor-BHKW, Gasturbine und GuD-Kraftwerk liegen. Dieser Vorteil lässt sich anhand des Prinzips der elektrochemischen Energieumwandlung erklären, die nicht der Begrenzung durch das theoretische Maximum des Carnot-Prozesses unterliegt. Die energetischen Gesamtwirkungsgrade dagegen - bewertet an Hand der Energieausbeute an Strom und Wärme - erreichen maximal das Niveau der herkömmlichen Systeme. Beim exergetischen Gütegrad, dem für die Effizienz maßgebenden Qualitätsparameter, sind die Hochtemperaturzellen allerdings diesen Systemen überlegen (s. Kap. 4.3.2.3, Abb 4.16).

Insgesamt lässt sich feststellen, dass Brennstoffzellen für den stationären Einsatz eine hohe Effizienz bei der Energieumwandlung, geringe Schadstoffemissionen, die Möglichkeit des modularen Aufbaus und geringen Verschleiß aufweisen. Betriebliche Einschränkungen ergeben sich sicherlich durch die vergleichsweise geringe Brennstoffflexibilität. Betriebserfahrungen zur Lebensdauer und betriebliche Zuverlässigkeit liegen noch nicht vor. Eindeutig negativ fallen die aktuell noch hohen spezifischen Investitionskosten - ein Mehrfaches der Konkurrenzsysteme - ins Gewicht. [9] Bei der Frage nach der Eignung für den industriellen Einsatz darf zudem nicht übersehen werden, dass sich auch bei den Kokurrenzsystemen der Trend zur weiteren Optimierung fortsetzt [15, 16].

[9] Mitte 2000 ist bei der Infraserv Höchst eine PAFC-Brennstoffzellenanlage mit 200 kW Strom- und 220 kW Wärmeleistung in Pilotbetrieb gegangen. Die Zelle wird mit Wasserstoff bei einer Betriebstemperatur von 200°C gespeist. Die Investitionskosten betragen rund 0,75 Mio. Euro, mithin 3800 Euro / kWel gegenüber 500 bis 1000 Euro / kWel bei konventionellen Systemen (s. VGB PowerTech, 1/2002, S. 12)

	Elektrolyt	Arbeitstemperatur °C	Entwicklungsstand	Einsatzbereiche	Anlagenwirkungsgrad (elektr.)
PEMFC (Polymer Electrolyte Membrane Fuel Cell)	Protonen leitende Membran	70-90	Labor, erste Versuchsanlagen	Kleinstanwendungen, BHKW	40-50%
PAFC (Phosphoric Acid Fuel Cell)	konzentrierte Phosphorsäure	170-200	kommerziell verfügbar	BHKW	40-45%
MCFC (Molten Carbonate Fuel Cell)	Alkalikarbonatschmelzen	650	Labor, erste Versuchsanlage	BHKW Kraftwerke	55-60%
SOFC (Solid Oxide Fuel Cell)	Yttrium-stabilisiertes Zirkondioxid	900-1000	Labor, erste Versuchsanlage	BHKW Kraftwerke	60-70%

Abb. 4.10 Brennstoffzellen im Vergleich
Quelle : [14]

4.3.2.3 Bewertung und Kenngrößen von Energieumwandlungsprozessen

Die im Kapitel 4.3.2.1 beschriebenen KWK-Varianten lassen sich durch Kenngrößen charakterisieren und miteinander vergleichen. Dabei ist neben der Definition der Bilanzgrenzen und des zugehörigen Betriebspunktes eine grundsätzliche Unterscheidung zwischen der energetischen und exergetischen Effizienzbewertung zu treffen. Während rein energetisch definierte Kenngrößen wie der energetische Wirkungsgrad nur die energetischen Mengenverhältnisse wiedergeben, berücksichtigt die exergetische Bewertung die thermodynamische Güte der Energieumwandlung und der unterschiedlichen Energiearten.

Der energetische Ansatz

Der energetische **Gesamtwirkungsgrad** einer KWK-Anlage ist definiert als das Verhältnis der Summe der nutzbar abgegebenen Zielenergieströme - d.h. elektrische Leistung P_{el} und Wärmestrom $\dot{Q}$ - zum zugeführten Energiestrom $\dot{Q}_{zu}$ [17]:

$$\eta = \frac{P_{el} + \dot{Q}}{\dot{Q}_{zu}} \tag{4.1}$$

Er ist bei einer konkreten Anlage abhängig vom Lastpunkt. Insofern unterscheidet er sich vom Nutzungsgrad, der sich auf einen bestimmten Meßzeitraum bezieht und sich ändernde Betriebszustände beispielsweise als Monats -oder Jahresnutzungsgrade integral abbildet.

Wendet man die Gleichung 4.1 auf die Schaltungsvariante mit Gasturbine, Abhitzekessel inklusive Zusatzfeuerung und nachgeschalteter Dampfturbine an (Abb. 4.6) lässt sich der Gesamtwirkungsgrad wie folgt darstellen:

$$\eta = \frac{P_{elG} + P_{elD} + \dot{Q}}{\dot{Q}_{zuG} + \dot{Q}_{zuD}} \tag{4.2}$$

Darin ist P_{elG} die von der Gasturbine , P_{elD} die von der Dampfturbine abgegebene elektrische Leistung und $\dot{Q}_{zuG}$ die der Gasturbine sowie $\dot{Q}_{zuD}$ die dem Abhitzedampferzeuger zugeführte Brennstoffleistung. Mit Hilfe des Sankey-Diagramms in der folgenden Abbildung lassen sich diese Leistungsflüsse anschaulich dem Gesamtprozess zuordnen:

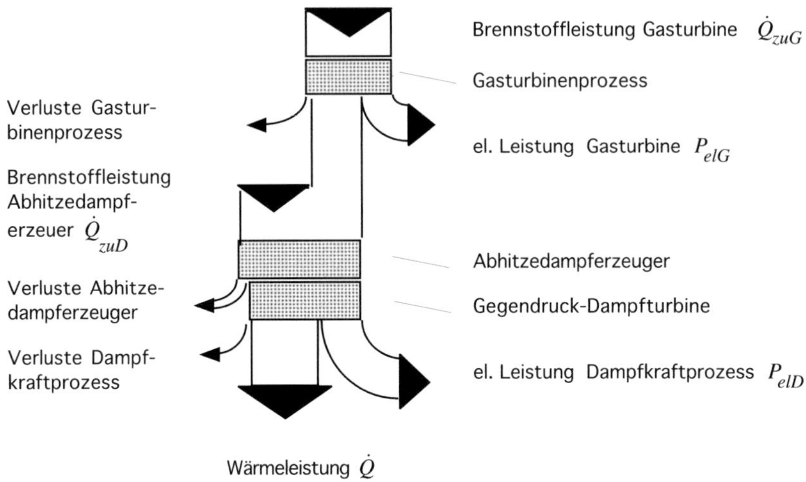

Abb. 4.11 Sankey-Diagramm eines GuD-Prozesses in KWK-Schaltung, (vgl. auch Abb. 4.6)

Der Gesamtwirkungsgrad nach Gleichung 4.2 lässt sich auch aus den Wirkungsgraden und weiteren Kennwerten der Teilprozesse berechnen. Hierzu wird der Wirkungsgrad des Gasturbinenprozesses η_G und der des nachgeschalteten Dampfturbinenprozesses η_D eingeführt, die ihrerseits von weiteren prozessinternen Wirkungsgraden abhängen. So ergibt sich η_G aus der Multiplikation des inneren thermodynamischen Wirkungsgrades der Gasturbine η_{thG} mit ihrem mechanischen Wirkungsgrad η_{mG}, aus dem Generatorwirkungdgrad η_{genG} und dem Eigenbedarfswirkungsgrad η_{eigG}. Entsprechende Zusammenhänge gelten für η_D. Die energetische Verknüpfung des Gasturbinen- mit dem Dampfturbinenprozess erfolgt über den Dampferzeuger mit den Kennwerten β als das Verhältnis der Brennstoffleistung des Dampfkraftprozesses zu der des Gasturbinenprozesses und dem Ausnutzungsgrad η_a des Dampferzeugers. Mit den vorangegangenen Definitionen kann die Gleichung 4.2 wie folgt transformiert werden [18, 19]:

$$\eta = \eta_a \eta_D + \frac{\eta_G}{1+\beta}\left(1 - \frac{\eta_a \eta_D}{\eta_{mG}\eta_{genG}\eta_{eiG}}\right) \tag{4.3}$$

Die Größe β nimmt bei reinem Abhitzebetrieb den Wert Null an. Ohne Abhitzeeinspeisung von der Gasturbine und Wärmezufuhr allein durch die Dampferzeugerfeuerung ergibt sich $\beta = \infty$. Gleichzeitig mit β ändert sich die Wärmeübertragung im Dampferzeuger und damit der Ausnutzungsgrad η_a, der bei Betrieb ohne Abhitzeeinspeisung seinen maximalen Wert erreicht.

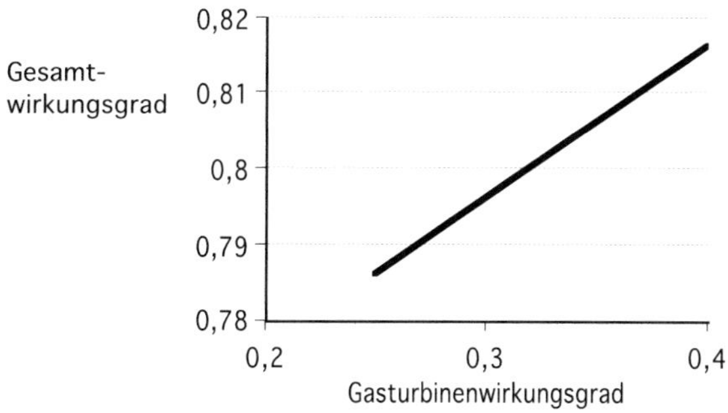

$\beta = 0$, $\eta_a = 0{,}8$, $\eta_D = 0{,}92$, $\eta_{mG}\eta_{genG}\eta_{eiG} = 0{,}92$

Abb. 4.12 Gesamtwirkungsgrad als Funktion des Gasturbinenwirkungsgrads nach Gl. 4.3

Wir haben gesehen, dass der Gesamtwirkungsgrad nach Gleichung 4.3 von mehreren sich zum Teil gegenseitig beeinflussenden Parametern bestimmt wird. Unter diesen nimmt der Gasturbinenwirkungsgrad mit seinen Bestimmumgsfaktoren eine Kernfunktion ein. Um diesen Zusammenhang exemplarisch darzustellen, wollen wir in der Gleichung 4.3 für den Ausnutzungsgrad konstant $\eta_a = 0{,}8$ und reinen Abhitzebetrieb, d.h. $\beta = 0$, annehmen. Auch die übrigen Parameter werden trotz variabler Gasturbinenwirkungsgrade konstant in die Gleichung 4.3 eingesetzt. Mit diesen Annahmen ergibt sich gemäß Abbildung 4.12 bei einer Erhöhung des Gasturbinenwirkungsgrades von 25% auf 40% eine lineare Zunahme des energetischen Gesamtwirkungsgrades von 78,5% auf 81,5%. Zu den hohen Gasturbinenwirkungsgraden gehört eine entsprechend hohe Stromerzeugung, sodass eine vergleichsweise geringe Abgaswärmeleistung in den Abhitzekessel gelangt, der diese Wärme nach Maßgabe des Ausnutzungsgrades η_a an den Dampfprozess überträgt. Mit wachsender Zusatzfeuerung nimmt der Einfluss des Gasturbinenwirkungsgrades auf den Gesamtwirkungsgrad ab.

Bei der Diskussion der Gleichung 4.3 ist zu beachten, dass der Gasturbinenwirkungsgrad nur für einen bestimmten Lastpunkt der Turbine und eine bestimmte Ansaugtemperatur eindeutig definiert ist. Betriebliche Laständerungen oder sich ändernde Ansaugbedingungen haben demzufolge Auswirkungen auf die übrigen Prozessparameter der KWK-Anlage einschließlich Abhitzedampferzeuger und nachgeschalteter Dampfturbine. Beispielsweise vermindert sich mit steigender Ansaugtemperatur der angesaugte Luftmassenstrom bei gleichzeitig zunehmender Abgastemperatur, was die niedrigeren Wirkungsgrade des Gasturbinenprozesses erklärt. Außerdem geht der Abgasmassenstrom zurück. In Summe führen steigende Gasturbinenabgastemperatur und zurück gehender Massenstrom zu einer sinkenden Dampfproduktion im Dampferzeuger und zu einer Veränderung seines Nutzungsgrades. Als Folge wird die nachgeschaltete Dampfturbine geringer beaufschlagt und verändert damit auslegungsbedingt ihren momentanen Wirkungsgrad.

Die Abbildung 4.13 zeigt für zwei Gasturbinen unterschiedlicher Nennleistung die Veränderung des Wirkungsgrades mit der Ansaugtemperatur. Die leistungsstärkere Turbine hat auf Grund des Größeneffektes und konstruktionsbedingt insgesamt ein höheres Wirkungsgradniveau. Beide Turbinen erreichen ihren maximalem Wirkungsgrad zwischen etwa 0°C und +5°C, und verlieren demgegenüber bei +30°C zwischen 1,3 und 2 Prozentpunkte.

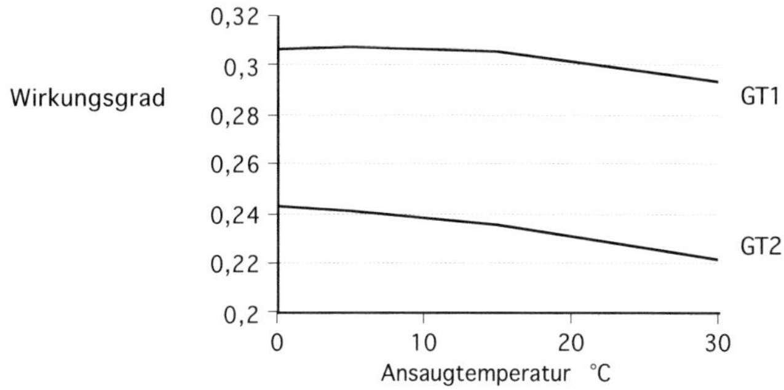

Abb. 4.13 Gasturbinenwirkungsgrad über Ansaugtemperatur, GT1 mit 7,3 MW, GT2 mit 1,6 MW
Quelle: KAWASAKI Gas Turbine Europe Gmbh, 2002

Neben dem energetischen Gesamtwirkungsgrad ist die **Stromkennzahl** als das Verhältnis der abgegebenen elektrischen Nettoleistung zum nutzbaren Nettowärmestrom eine häufig benutzte Kenngröße von KWK-Anlagen :

$$\sigma = \frac{P_{el}}{\dot{Q}} \tag{4.4}$$

Sie ist ebenso wie der Wirkungsgrad für einen bestimmten Lastpunkt einer Anlage definiert, kann aber auch integral auf ein Zeitintervall mit variablen Betriebszuständen bezogen werden.

Den Gesamtwirkungsgrad einer KWK-Anlage hatten wir gemäß Gleichung 4.3 aus dem Quotienten der Summe der nutzbaren Energieströme zur zugeführten Energie gebildet. Möchte man einen Teilwirkungsgrad allein für die abgegebene elektrische Leistung definieren, stellt sich die Frage nach dem dieser Leistung zuzurechnenden primärenergieseitigen Teilstrom und damit nach dem Ziel einer derartigen Bewertung. So lässt sich bspw. die Stromerzeugung in einer KWK-Anlage auf den zusätzlichen Brennstoffverbrauch beziehen, der über die reine Wärmeerzeugung in einem einfachen separaten Dampferzeuger hinausgeht. Man erhält auf diese Weise den sogenannten **Substitutionswirkungsgrad** η_{subst} des gekoppelten Prozesses. Diese Kenngröße lässt sich mit dem dem separaten Dampferzeuger zuzuführenden Wärmestrom $\dot{Q}_{ref}$ wie folgt bilden:

$$\eta_{subst} = \frac{P_{el}}{\dot{Q}_{zu} - \dot{Q}_{ref}} = \frac{\eta_{el}}{1 - \frac{\eta - \eta_{el}}{\eta_{ref}}} \tag{4.5}$$

$$\text{mit} \quad \eta_{el} = \frac{P_{el}}{\dot{Q}_{zu}} = \frac{\eta}{1 + \frac{1}{\sigma}} \tag{4.5.1}$$

und $\eta_{ref} =$ Wirkungsgrad des Referenz-Dampferzeugers

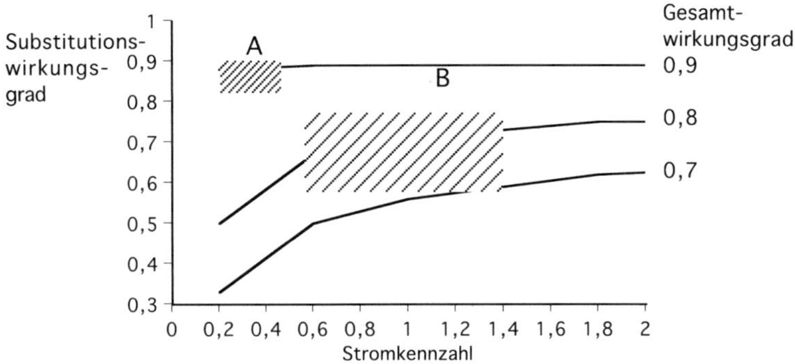

Abb. 4.14 Substitutionswirkungsgrad von KWK-Anlagen nach Gleichung 4.5
Bereich A: Heizkraftwerk mit Dampferzeuger und Gegendruckturbine,
Bereich B: Heizkraftwerk mit Gasturbine, $\eta_{ref} = 0{,}9$

Die Auswertung der Gleichung 4.5 liefert ein Kennfeld, wie dies beispielhaft in der Abbildung 4.14 mit parametrisch variierten Werten für den Gesamtwirkungsgrad dargestellt ist. Für die ungekoppelte Wärmeerzeugung in einem separaten Dampferzeuger wurde ein Referenzwirkungsgrad von 0,9 berücksichtigt. In dem Kennfeld ist der Bereich für Heizkraftwerke in der Variante Dampferzeuger mit nachgeschalteter Gegendruckturbine ("A") und der Bereich für ein Gasturbinenkraftwerk in KWK-Schaltung markiert ("B"). Allgemein zeigt diese Darstellung, dass die Substitutionswirkungsgrade von KWK-Anlagen als Maß für die Ressourcenschonung mit Werten zwischen etwa 60 und 90% die Wirkungsgrade konventioneller Kondensationsstromerzeugung deutlich übertreffen (aktueller Durchschnittswert in Deutschland ca. 38%). Dabei liegen die Werte von KWK-Varianten mit Dampferzeugern und Gegendruckturbinen über denen für die Gasturbinenvarianten.

KWK-Anlagen mit Dampferzeugern und Gegendruckturbinen zeichnen sich durch hohe Gesamtwirkungsgrade um 90% und vergleichsweise niedrige Stromkennzahlen aus ("A"). Ihre Stromausbeute hängt im wesentlichen von den Frischdampfparametern und dem Turbinengegendruck, mit dem die Wärmenutzer beliefert werden, ab. Demgegenüber ist die Stromkennzahl von KWK-Anlagen mit Gasturbinen in einem weiten Bereich variierbar ("B"). Sie lässt sich durch das Verfahren der Dampferzeugung (Abhitze-Dampferzeuger mit oder ohne Zusatzfeuerung) und den Aufwand für die Stromerzeugung (ausschließlich Gasturbine oder GuD-Schaltung mit zusätzlicher nachgeschalteter Dampfturbine) beeinflussen. So erreichen Gasturbinen mit einfacher Abhitzenutzung Stromkennzahlen um 0,6. Der Bereich hoher Stromkennzahlen ist typisch für Kombi-Anlagen mit nachgeschalteten Dampfturbinen. Bei diesen Anlagekonzepten ist die Höhe der Stromausbeute von der Gasturbinenauslegung, dem Grad der Zusatzfeuerung sowie vom Gegendruck der Dampfturbine abhängig. Die Gesamtwirkungsgrade variieren entsprechend ihrer Auslegung in einem weiten Bereich (ca. 70% bis 85%).

Der exergetische Ansatz

Exergie, Anergie und Gütegrad

Zur Bewertung von Energiewandlungsprozessen hatten wir im vorangegangenen Kapitel den Wirkungsgrad als das Verhältnis des Zielenergiestromes zum zugeführten Energiestrom - in der Regel ein Brennstoff - definiert. Dieser Bewertungsansatz ist unvollständig, da er die Abwertung der Energie bei der Energieumwandlung außer Acht lässt. Dies zeigt sich insbesondere bei einem Vergleich der Wirkungsgrade eines Kondensationskraftwerks mit ca. 40% mit dem eines einfachen Heizkessels mit einem Wert um 90%. Die beiden Prozesse liefern Energieträger mit unterschiedlichen Qualitäten: Während der elektrische Strom praktisch beliebig in andere Energieformen umwandelbar ist, trifft dies beim heißen Wasser des

Heizkessels nur sehr eingeschränkt zu. Die unterschiedliche Umwandlungsfähigkeit und damit Arbeitsfähigkeit der Energieträger bewertet man mit der Größe **Exergie.** Der energetische Ansatz hat beim Vergleich von Umwandlungsprozessen nur dann seine Berechtigung, wenn die zugeführten und abgegebenen Energien jeweils den gleichen Exergieanteil aufweisen, wie dies beim Vergleich zweier Heizkessel zutriff, die warmes Wasser gleicher Temperatur liefern und beide bspw. mit Erdgas betrieben werden. Den nicht arbeitsfähigen Energieanteil bezeichnet man mit **Anergie**.

Das im vorangegangenen Kapitel eingeführte Sankey-Diagramm lässt sich für die Darstellung der Exergie- und Anergieflüsse modifizieren, indem man die einzelnen Energieströme in ihre beiden Komponenten aufteilt (Abb. 4.15) [19]. Mit dieser Variante des Sankey-Diagramms trägt man den naturgesetzlich vorgegebenen beiden Hauptsätzen der Thermodynamik Rechnung: Die Summe aus Exergie- und Anergie-Fluss bleibt auf jeder Stufe der Umwandlung konstant und genügt damit dem 1. Hauptsatz. Andererseits vermindert sich der Exergiefluss durch Irreversibilitäten während des Umwandlungsvorganges und führt zu einer entsprechenden Erhöhung des Anergieflusses (2. Hauptsatz).

Die Abbildung 4.15 zeigt qualitativ Sankey-Diagramme für eine Heizungs- und eine KWK-Anlage. In beiden Fällen steht am Anfang der Energieumwandlungskette die zugeführte Energie beispielsweise in Form fossiler Brennstoffe. Brennstoffe wie Erdgas oder Kohle haben einen Exergiegehalt von angenähert 100%. Die beiden Umwandlungsverfahren unterscheiden sich bezüglich der Zielenergien: Im Fall des Heizkessels ist dies die Wärme, im Fall der KWK-Anlage Wärme und elektrische Energie. Ein Blick auf die Exergiebilanz zeigt, dass im Heizkessel ein Großteil der Exergie vernichtet und in Anergie umgewandelt, in dem gekoppelten Prozess dagegen Exergie zur Erzeugung von Strom genutzt wird.

In Anlehnung an den im vorangegangenen Kapitel (s. Gl. 4.1) definierten energetischen Gesamtwirkungsgrad eines Umwandlungsprozesses lässt sich nun der **exergetische Wirkungsgrad oder Gütegrad** als Quotienten aus der Summe der Zielexergien zu den insgesamt zugeführten Exergien bilden (Gl. 4.6):

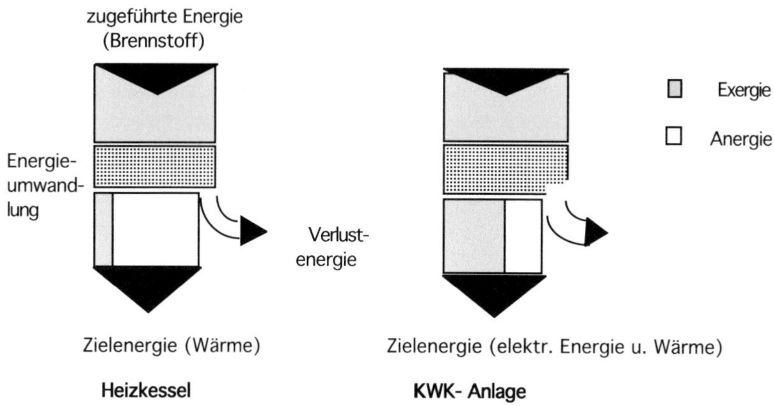

Abb. 4.15 Exergie-/ Anergie-Flussbild einer Heiz- und KWK-Anlage

$$Gütegrad = \frac{\sum Zielexergien}{\sum zugeführte\ Exergien} \tag{4.6}$$

Eine Energieumwandlung ohne Exergieverlust würde dem theoretischen Grenzfall mit einem Gütegrad von 1 entsprechen.

In der Abbildung 4.16 sind die Gesamtwirkungsgrade und Gütegrade ausgewählter Energieumwandlungsprozesse gegenübergestellt. Einfache Heizkessel zeichnen sich durch einen hohen energetischen Wirkungsgrad von über 90% aus, während der exergetische Gütegrad nur einen Wert von etwa 15% erreicht. Damit kommt zum Ausdruck, dass 85% der mit dem Brennstoff eingebrachten Exergie verlorengeht und in Anergie umgewandelt wird. Der zusätzliche Exergieverlust in Folge des Wärmeübergangs von den Raumheizkörpern an die kältere Raumluft ist damit noch nicht berücksichtigt.

Im Vergleich zum einfachen Heizkessel weisen alle übrigen in der Abbildung 4.16 bewerteten Prozesse eine deutlich höhere exergetische Effizienz aus. Ihre Gesamtwirkungsgrade liegen dagegen wegen höherer anlagenbedingter energetischer Verluste unter dem des Heizkessels. Für die beiden Umwandlungssysteme mit reiner Stromerzeugung - konventionelles Kondensationskraftwerk und GuD-Kraftwerk - wäre der elektrische Wirkungsgrad für den theoretischen Grenzfall einer Kondensation auf Umgebungstemperaturniveau gleich dem Gütegrad. Moderne GuD-Kraftwerke erreichen Gütegrade um ca. 60%.

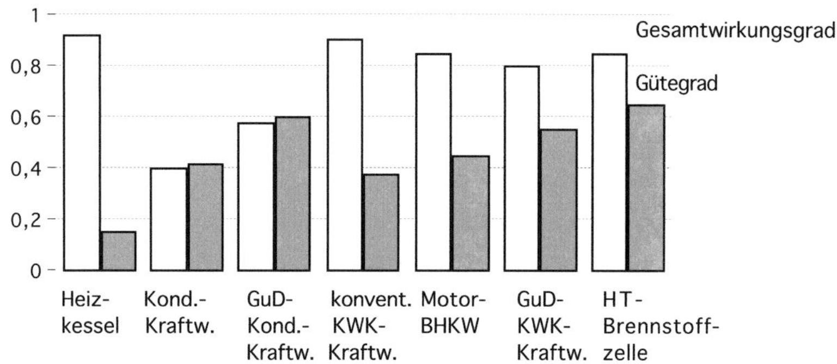

Abb. 4.16 Energetischer Gesamtwirkungsgrad und Gütegrad ausgewählter Energieumwandlungsprozesse
Quelle: Heß [20], eigene Berechnungen

Die KWK-Systeme (konventionelles KWK-Kraftwerk, Motor-BHKW, GUD-KWK-Kraftwerk u. HT-Brennstoffzelle) weisen durchweg einen hohen energetischen Gesamtwirkungsgrad auf, während es erhebliche Unterschiede bei den Gütegraden gibt. Spitzenreiter ist hier die Hochtemperatur- Brennstoffzelle (vgl. Kap. 4.3.2.2, Abb. 4.10). Die großtechnisch im Einsatz befindlichen KWK-Anlagen sind mit Gütegraden zwischen etwa 40% und 55% dagegen weniger effizient, wobei die konkreten Werte vom jeweiligen Temperaturniveau der Nutzwärme abhängen und - wie dies im Falle industrieller Prozesswärme hoher Temperatur zutrifft - durchaus darüber liegen können. Bei einem exergetischen Vergleich der reinen Stromerzeugungs- mit den KWK-Anlagen zeigt sich, dass diese im Allgemeinen bei vergleichsweise hohen Gesamtwirkungsgraden dem Kondensationsprozess nicht überlegen sind [20].

Exergiegewinn durch KWK

Die technische Alternative zur KWK ist die Kondensationsstromerzeugung in Verbindung mit der Wärmeerzeugung in einem einfachen Heizwerk. Wie wir an Hand der Abbildung 4.16 gesehen haben, unterscheiden sich die Gütegrade dieser drei Standard-Prozesse erheblich voneinander. In besonderem Maße trifft dies bei einem Vergleich des Kondensationskraftwerks mit dem einfachen Heizwerk (Heizkessel) zu. Der exergetische Vorteil eines konkreten KWK-Prozesses wird daher weitgehend vom nachgefragten Strom-Wärme-Verhältnis abhängen.

Zur Identifikation der relevanten Prozess-Parameter einer KWK-Anlage beziehen wir uns auf die Definitionsgleichung für den exergetischen Gütegrad (Gl. 4.6), die mit dem Zielexergiestrom - das ist die elektrische Energie P_{el} und der Exergiestrom der Wärme $\dot{E}_Q$ - und dem Exergiestrom des zugeführten Brennstoffs $\dot{E}_{Br} \approx \dot{m}_{Br} \cdot H_u$ die folgende Form annimmt:

$$\zeta = \frac{P_{el} + \dot{E}_Q}{\dot{m}_{Br} \cdot H_u} \tag{4.7}$$

$\dot{E}_Q$ lässt sich aus der Umgebungstemperatur T_u und der thermodynmischen Mitteltemperatur

$$T_m = \frac{T_1 - T_2}{\ln \frac{T_1}{T_2}} \tag{4.8}$$

mit T_1 und T_2 als Temperaturintervall der abgegebenen Wärme $\dot{Q}$ wie folgt berechnen [19]:

$$\dot{E}_Q = \left(1 - \frac{T_u}{T_m}\right) \cdot \dot{Q} \tag{4.9}$$

Für die drei in Betracht zu ziehenden Prozesse Kraft-Wärme-Kopplung - Index "KWK"- , Kondensationskraftwerk - Index "Kond" - und Heizwerk - Index "HW"- erhält man nun mit η als energetischen Wirkungsgrad die folgenden Gleichungen für die Gütegrade:

$$\zeta_{KWK} = \eta_{KWK} - \frac{T_u}{T_m} \cdot \frac{\eta_{el}}{\sigma} \qquad (4.10)$$

(σ und η_{el} s. Gl. 4.4 bzw. 4.5)

$$\zeta_{Kond} \approx \eta_{Kond} \qquad (4.11)$$

$$\zeta_{HW} = \eta_{HW} \left(1 - \frac{T_u}{T_m}\right) \qquad (4.12)$$

Zur Beschreibung des spezifischen Exergiegewinns durch die KWK wird der Exergieverlust des gekoppelten Umwandlungsprozesses von dem der beiden getrennten Prozesse abgezogen und auf die abgegebene Nutzwärme bezogen. Die auf dieser Basis formulierte Gleichung 4.13 enthält mit dem Gütegrad ζ, dem Wirkungsgrad η und der Stromkennzahl σ nur noch die jeweils relevanten Prozessparameter:

$$\Delta\dot{e}_v = \frac{\Delta\dot{E}_v}{\dot{Q}} = \frac{\sigma}{\eta_{Kond}}\left(1-\zeta_{Kond}\right) + \frac{1}{\eta_{HW}}\left(1-\zeta_{HW}\right) - \frac{1+\sigma}{\eta_{KWK}}\left(1-\zeta_{KWK}\right) \qquad (4.13)$$

Die Auswertung der Gleichung 4.13 führt zum Diagramm 4.17, in dem der Exergiegewinn über dem Kondensationswirkungsgrad für Stromkennzahlen von 0,4 und 0,9 aufgetragen ist. Man sieht dort, dass die Summe der Exergieverluste der getrennt arbeitenden Prozesse größer als der Exergieverlust des Koppelprozesses, die gekoppelte Energieumwandlung der getrennten also in weiten Bereichen der relevanten Parameter exergetisch überlegen ist. Dieser Vorteil wird allerdings um so geringer, je höher der Wirkungsgrad des Kondensationsprozesses und je kleiner die Stromkennzahl des gekoppelten Prozesses ist. Im Grenzfall eines GuD-Kraftwerks mit einem Gütegrad von angenähert 60% und niedriger Stromkennzahl kann der Vorteil des gekoppelten Prozesses auch gegen Null gehen. Hohe Stromkennzahlen, wie sie für Gasturbinenanlagen typisch sind, erhöhen die exergetischen Vorteile der Kraft-Wärme-Kopplung.

In analoger Weise wie in der Gleichung 4.13 lässt sich auch die spezifische Energieersparnis der gekoppelte Energieumwandlung definieren:

$$\Delta\dot{q}_{Br} = \frac{\Delta\dot{Q}_{Br}}{\dot{Q}} = \frac{\sigma}{\eta_{Kond}} + \frac{1}{\eta_{HW}} - \frac{1+\sigma}{\eta_{KWK}} \tag{4.14}$$

Die Wirkungsgrade der drei Prozesse stehen für die Energieeffizienz und dienen der Energiemengenbewertung, ohne die Qualität der Umwandlung zu berücksichtigen. Werden gleiche Qualitätsgrade der Zielenergien und der zugeführten Energien bei den in Frage stehenden Erzeugungsvarianten unterstellt, hat die energetische Betrachtung ihre Berechtigung. Letztlich ist dann die Variante mit dem geringeren Bedarf an zugeführter Energie die insgesamt vorteilhaftere. Soweit unter diesen Bedingungen der gekoppelte Prozess weniger Energie verbraucht als die getrennte Erzeugung, liegt eine höhere energetische Effizienz vor und es wird Energie eingespart.

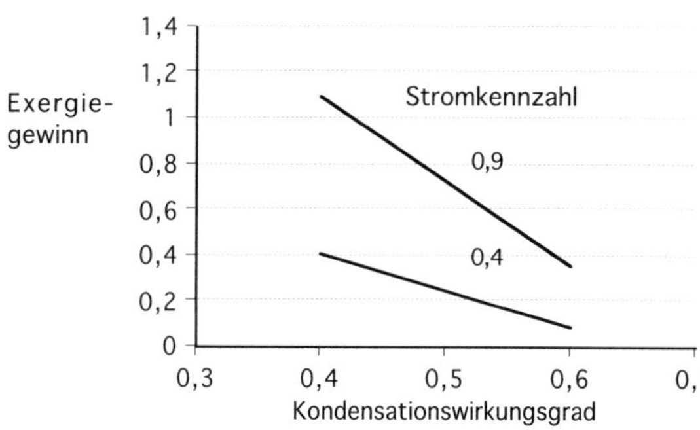

$$\eta_{el} = 0{,}3 \; bei\; \sigma = 0{,}4\,,\; \eta_{el} = 0{,}4 \; bei\; \sigma = 0{,}9\,,\; T_u = 293K\,,\; T_m = 400K$$
$$\eta_{HW} = 0{,}92\,,\; \eta_{KWK} = 0{,}9 \; bei\; \sigma = 0{,}4\,,\; \eta_{KWK} = 0{,}85 \; bei\; \sigma = 0{,}9$$

Abb 4.17 Spez. Exergiegewinn bei KWK gegenüber getrennter Erzeugung von Strom und Wärme nach Gleichung 4.13

Wie das Diagramm 4.18 zeigt, ist die Höhe der spezifischen Energieersparnis ähnlich wie der Exergiegewinn in der Abbildung 4.17 abhängig von der Stromkennzahl des KWK-Prozesses und dem Kondensationswirkungsgrad des Referenzkraftwerks. Bei einem hohen Kondensationswirkungsgrad und gleichzeitig niedriger Stromkennzahl nähert sich dieser Vorteil allerdings dem Wert Null an.

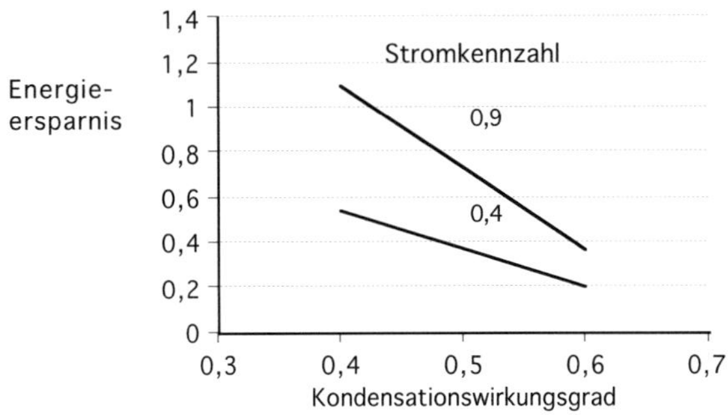

$$\eta_{HW} = 0{,}92\ ,\ \eta_{KWK} = 0{,}9\ bei\ \sigma = 0{,}4\ ,\ \eta_{KWK} = 0{,}85\ bei\ \sigma = 0.9$$

Abb. 4.18 Spez. Energieersparnis bei KWK gegenüber getrennter Erzeugung von Strom und Wärme (Kondensationskraftwerk und Heizwerk) nach Gleichung 4.14

4.3.3 Die Schlüsselkomponenten industrieller Eigenanlagen

Für die Eigenanlagen der Industrie steht die wirtschaftliche sowie bedarfsgerechte und gesicherte Nahversorgung der Produktionsbetriebe im Vordergrund . Hinsichtlich ihrer wirtschaftlichen und energetischen Effizienz sind neben strukturellen Kriterien die Schlüsselkomponenten wie Gas- und Dampfturbinen sowie Wärmeerzeuger verantwortlich. Die folgenden Ausführungen befassen sich mit deren wesentlichen Merkmalen sowie den relevanten Entwicklungstrends.

Gasturbinen

Die letzten Jahre brachten eine erhebliche Steigerung der Gasturbinenwirkungsgrade bis in die Nähe von 40%, der Leistungen bis in den 300 MW-Bereich und der auf den durchgesetzten Gasmassenstrom bezogenen spezifischen Leistung. Spitzenreiter beim Wirkungsgrad sind die für den stationären Betrieb modifizierten

Flugtriebwerke (sog. Aeroderivate). Darüber hinaus gelang es, durch neuartige Verbrennungssysteme die NO_x-Emissionen deutlich zu senken. Die in der Abb. 4.19 dargestellte Zuordnung von **Gasturbinenleistung und -wirkungsgrad** beruht auf den Angaben namhafter Hersteller für eine Auswahl der am Markt angebotenen Produkte. Generell ergibt sich ein Zusammenhang zwischen Leistung und Wirkungsgrad. Turbinen kleinerer Leistung haben niedrigere Wirkungsgrade als die in der Regel neu entwickelten Maschinen großer Leistung. Insbesondere im unteren Leistungsbereich gibt es erhebliche Wirkungsgradunterschiede bei den einzelnen Herstellern und Turbinentypen. Die stationären Varianten von Flugtriebwerken sind in dem Diagramm besonders gekennzeichnet.

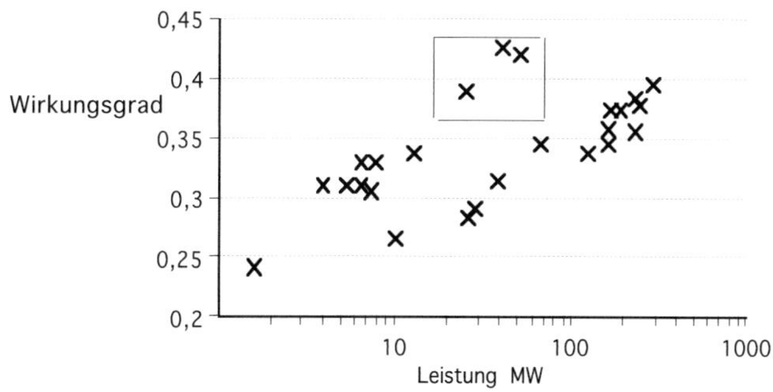

Abb. 4.19 Gasturbinenwirkungsgrade namhafter Hersteller (Aeroderivate sind besonders gekennzeichnet)
Quelle: Herstellerangaben

Die Neuentwicklungen hoch effizienter Gasturbinenanlagen im oberen Leistungssegment sind eine Folge der starken Nachfrage für den Einsatz in kombinierten Gas- und Dampfturbinen- Anlagen (GuD) in der allgemeinen Stromversorgung. Sie entsprechen dem wachsenden Bedarf an schnell zu errichtenden Erzeugungskapazitäten. Der untere eher industrietypische Leistungsbereich wurde dagegen in der Vergangenheit weniger stark nachgefragt. Hinzu kommt, dass sich die Entwicklungsziele beim GuD-Prozess in Kondensationsschaltung zielgenauer definieren lassen, als dies für die komplexen Anforderungen in der Industrie der Fall ist, wo weitgehend offene Koppelprozesse in KWK-Schaltung betrieben werden.

Allgemein sehen die Hersteller beim Wirkungsgrad der Gasturbine weitere Entwicklungspotenziale. Dabei ist der entscheidende Parameter die Brennkammeraustrittstemperatur, die auch die spezifische Leistung (Verhältnis Turbinenleistung zum Gasmassenstrom) und damit die Größe der Gasturbine bestimmt [22, 23, 24]. Zu den diese Temperatur begrenzenden Parametern gehören neben den Materialien die Kühltechnik der von den heißen Gasen berührten Bauteile. Mit steigender Temperatur werden von den Materialien nicht nur verbesserte Kriech- und Ermüdungseigenschaften sondern auch ein erhöhter Oxidations- und Korrosionswiderstand verlangt. Diesem anspruchsvollen Belastungsprofil kann ein einzelnes Material nicht gerecht werden, vielmehr sind zusätzliche Wärmedämm- und Korrosionsschutzschichten erforderlich. Die diesbezüglichen Versuche stellen zur Zeit eines der kritischen Entwicklungsgebiete dar [22]. Sofern sich die Erwartungen bestätigen und die Entwicklungen erfolgreich abgeschlossen werden können, könnten in den nächsten Jahren die Brennkammeraustrittstemperatur bei Anlagen in Schwerbauweise auf über 1500°C und bei Flugtriebwerken auf bis zu 1700°C angehoben werden. Als Folge werden die Wirkungsgrade dann deutlich über 40% liegen.

Da in der Industrie der Anlagenpark in der Regel knapp bemessen ist, spielen Verfügbarkeit und Lebensdauer der Eigenanlagen eine herausragende Rolle. Daher wird robusten und langfristig bewährten Komponenten häufig der Vorzug vor solchen gegeben, die zwar hoch innovativ sind, andererseits jedoch eine langfristige Verfügbarkeit noch nicht nachgewiesen haben. Dem Ziel eines sicheren Betriebs mit hoher Verfügbarkeit dienen Diagnose- und Monitoring-Systeme, mit denen Gasturbinen zunehmend ausgerüstet werden. Ziel dieser Entwicklung ist es, die Revisionsintervalle zustandsorientiert zu verlängern, um auf diese Weise die Verfügbarkeit unter Beachtung wirtschaftlicher Randbedingungen zu erhöhen. Damit treten die festen Revisionsintervalle immer mehr in den Hintergrund und der Betreiber wird in die Lage versetzt, Stillstände flexibel zu planen und sie den Bedürfnissen des Energiebetriebes und der zu versorgenden Energienutzer anzupassen. Gerade dieser Aspekt hat für industrielle Betreiber einen hohen Stellenwert.

Für Gasturbinen gelten ähnlich wie bei Feuerungen in Dampferzeugern Emissionsobergrenzen (u.a. TA-Luft). Dabei ist der kritische Emissionsparameter der Anteil an Stickoxiden in den Verbrennungsgasen. Den Herstellern ist es durch umfangreiche Forschungsarbeiten (gleichmäßige Temperaturverteilung, kurze Verweilzeit in der Brennzone) gelungen, die Emissionen insbesondere bei Erdgas erheblich zu senken. Bei Einsatz flüssiger Brennstoffe sind unter ungünstigen Bedingungen alternative Maßnahmen wie Wasser-oder Dampfeindüsung zur Emissionsminderung üblich [22].

Dampfturbinen

Dampfturbinen werden in vielfältigen Ausführungen und Leistungen als Antriebe für Generatoren, Pumpen, Kompressoren und Gebläse in der Energie- und Medienversorgung eingesetzt. Diesem vielfältigen Bedarf begegnen die Hersteller zum Teil mit modularen Baukastensystemen.

Nach Dampfdruck am Turbinenaustritt unterscheidet man Kondensations- und Gegendruckturbinen. **Kondensationsturbinen** werden überwiegend in Dampfkraftwerken zur Stromerzeugung betrieben, wo sie in einen geschlossenen Dampfkraftprozess eingebunden sind. Der im Dampfkessel erzeugte Dampf gelangt nach der Entspannung und Abgabe der Nutzarbeit in der Turbine in einen Kondensator, in dem er bei niedrigem Druck verflüssigt und anschließend in den Prozess zurückgeführt wird. Typisch für große Anlagen ist die mehrgehäusige Bauweise mit Hoch-, Mittel- und Niederdruckteil. Die Leistung einwelliger Turbosätze reicht bis über 900 MW.

Gegendruckturbinen gehören zu den Kernkomponenten der industriellen Energieverbundsysteme insbesondere in der KWK. Sie bauen das nutzbare Dampfgefälle nur teilweise unter Arbeitsleistung ab. Der Entspannungsenddruck des Dampfes richtet sich nach der weiteren Nutzung. Der Markt hält Turbinen dieser Bauart in einem breiten Leistungsspektrum von etwa 50 kW bis zu 200 MW bereit. Um insbesondere kleine Dampfmengen mit guten Wirkungsgraden zu verarbeiten, werden Getriebeturbinen eingesetzt, bei denen die auslegungsbedingt hohe Drehzahl der Turbine auf die der angetriebenen Maschine (Generator, Pumpe) herabsetzt wird.

Bei **Entnahmeturbinen** durchströmt der Frischdampf den Hochdruckteil der Turbine, bevor ein Teilstrom für Prozessdampfzwecke entnommen wird. Der Rest fließt durch den Niederdruckteil der Turbine in ein Dampfnetz niedrigeren Drucks oder in einen Kondensator. Entnahmeturbinen dienen in besonderem Maße der Flexibilität gekoppelter Energieumwandlungssysteme, indem sie Lastverlagerungen zwischen den Strom- und Dampfnetzen ermöglichen.

Dampfturbinen sind robuste Anlagen, die von langjähriger Erfahrung in Fertigung und Betrieb profitieren. Als Ergebnis zeichnen sie sich durch eine lange Lebensdauer mit in der Regel hoher Verfügbarkeit aus. Gerade im industriellen Bereich sind Anlagen mit über 300000 Betriebsstunden keine Seltenheit. Die umfangreichen Betriebserfahrungen werden in Richtlinien und Empfehlungen veröffentlicht und stehen damit allen Betreibern zur Verfügung [25].

Eines der wesentlichen Ziele der Dampfturbinenentwicklung der letzten Jahre war die Steigerung der Leistung und der **Wirkungsgrade**, wobei die Optimierung des Niederdruckteils und die Technologie der Endstufen großer Kondensationsturbinen im Vordergrund stand [26]. Daneben bemühte man sich um eine weitere Verbesserung des Dampfkraftprozesses insgesamt, um den steigenden Anforderungen an Wirtschaftlichkeit und Umweltschutz gerecht zu werden. Im Blickpunkt standen hier in erster Linie die geschlossenen Kondensationsprozesse in konventioneller und GuD-Schaltung. Nutznießer dieser Entwicklung waren also weniger die Industrieturbinen, deren geringere Leistung und kleinere Dampfvolumina zu engen Strömungskanälen und damit zu vergleichsweise verlustreichen Turbinenbeschaufelungen führen.

Der konstruktiv eingebaute Wirkungsgrad einer Dampfturbine verschlechtert sich mit der Betriebszeit. Die Gründe hierfür können in einer Zunahme der durch Ablagerungen und Oberflächenveränderungen - korrosions- bzw. erosionsbedingt - an den vom Dampf berührten Kanäle und S chaufeloberflächen oder in einer Verschlechterung der inneren Dichtungen der Turbine liegen. Diese Effekte wirken sich bei engen Strömungskanälen relativ stärker als bei großen Querschnitten aus. Ein Teil der Verluste ist reversibel und kann durch entsprechende Instandhaltungsmaßnahmen ausgeglichen werden. Als Vorbeugung kommt einer hohen Dampfqualität eine besondere Bedeutung zu.

Eine bedeutende Rolle für den sicheren und wirtschaftlichen Turbinenbetrieb spielen die Revisionen. Sie stellen häufig den größten Posten der betriebsabhängigen

Kosten dar. Sie ergeben sich einerseits aus den Kosten für die Revisionsmaßnahme selbst, andererseits aus den indirekten Kosten, die mit der Nichtverfügbarkeit der Turbinenanlage während der Revision und ggf. der externen Beschaffung der ausfallenden eigen erzeugten Strommenge zusammenhängen. Der zu wählenden Revisionsstrategie kommt daher eine besondere Bedeutung zu.

Es gilt als gesichert, dass vorbeugende Revisionen die Wahrscheinlichkeit für ungeplante Ausfälle signifikant reduzieren. Da sowohl der Lebensdauerverbrauch wichtiger Turbinenbauteile als auch der Materialverschleiß und gegebenenfalls Ablagerungen betriebszeitabhängige Vorgänge sind, ist die Festlegung der optimalen Revisionszeitpunkte eine der Kernaufgaben einer erfolgreichen Instandhaltungsstrategie. Entscheidungshilfen bieten hier Empfehlungen, die auf der Basis langjähriger Erfahrungen vieler Betreiber erarbeitet wurden und fortwährend den neuesten Erkenntnissen angepasst werden (s. Kap. 4.6).

Wärmeerzeuger

Wärmeerzeuger in ihren verschiedenen technischen Ausführungen dienen der Übertragung der im Brennstoff enthaltenden Energie an einen Wärmeträger (primär Dampf u. Wasser). Im Allgemeinen zählt zum Wärmeerzeuger neben den Wärmeaustauschern für Verdampfung und Überhitzung die Feuerung einschließlich der Brennstoffaufbereitung und -zuführung. Die Errichtung und der Betrieb unterliegen gesetzlichen Vorgaben.[10] Eine ausführliche Einführung in die Dampferzeugertechnik und den -betrieb vermittelt [27]. Man unterscheidet die Wärmeerzeuger nach den Kesselbauarten in Flammrohr-Rauchrohrkessel und Wasserrohrkessel (s. Tafel in Abb. 4.20).

Flammrohr-Rauchrohrkessel sind in der Industrie in großer Anzahl als Dampf - oder Heißwassererzeuger in Betrieb. Kennzeichnend für diese Bauart ist das große im Kessel befindliche Wasservolumen. Aus konstruktiven und wirtschaftlichen

[10] Dampfkesselverordnung (DampfkV) mit zugehörigen Technischen Regeln für Dampfkesseln (TRD) u.a., Bundesemissionsschutz - Gesetz (BlmSchG) mit Großfeuerungsanlagen-Verordnung (GFAVO), Wasserhaushaltsgesetz, Abfallgesetz sowie Verwaltungsvorschriften wie Technische Anleitung zur Reinhaltung der Luft (TA-Luft) und Technische Anleitung zum Schutz gegen Lärm (TA-Lärm) u.a..

Gründen sind sie bezüglich Leistung (max .24 t/h Dampf bei 2 Flammrohren) und Dampfdruck (max. 30 bar) begrenzt. Als Brennstoffe sind überwiegend Öl oder Gas üblich, während Kohle, Holz oder Abfälle Sonderkonstruktionen erfordern. Insbesondere bei Öl- und Gasbetrieb ist ein hoher Automatisierungsgrad die Regel.

Wasserrohrkessel sind auf Grund ihrer Bauart für den mittleren bis hohen Leistungsbereich (bis über 2000 t/h Dampf) geeignet. Sie bestehen aus Rohren, die als Wand- und Bündelheizflächen die in der Feuerung freigesetzte Wärme an das Wasser und den Dampf übertragen. Das Rohr als Konstruktionselement erlaubt eine große Flexibilität bei der konstruktiven Auslegung und Anpassung an unterschiedliche örtliche Gegebenheiten, Brennstoffe und Feuerungen.

Bauart	Wasser-Dampf-System	Feuerungssystem
Flammrohr-Rauchrohrkessel Wasserrohrkessel	Naturumlauf Zwangumlauf Zwangdurchlauf Sonderverfahren	Feuerungen für - feste Brennstoffe Rostfeuerung Staubfeuerung Wirbelschicht-feuerung - flüssige Brennstoffe - gasförmige Brennstoffe Mischfeuerungen

Abb. 4.20 Dampferzeuger-Bauarten

Dampferzeuger in Wasserrohrbauart unterscheidet man nach der Ausführung des Verdampfersystems. Beim Naturumlaufsystem nutzt man das unterschiedliche spezifische Gewicht von Wasser und heißem Wasser-Dampf-Gemisch für die Zirkulation im Verdampfer, während bei den Zwangssystemen diese durch Umwälzpumpen unterstützt wird. Naturumlaufsysteme können wegen der mit höheren Drücken kleiner werdenden Differenz zwischen den spezifischen Gewichten von Wasser und Dampf nur bis etwa 180 bar betrieben werden. Eine weitere Steigerung der Dampfparameter erfordert daher ein Zwangsumlaufsystem.

Die verstärkte Nachfrage nach GuD-Anlagen bei den öffentlichen Versorgern und der Industrie führte zu einem wachsenden Bedarf an Abhitzedampferzeugern auch größerer Leistung. Die Wasser-Dampf-Systeme dieser Dampferzeuger werden wie die der konventionellen Anlagen entsprechend den betrieblichen Erfordernissen und Dampfparametern gewählt. Maßgebliche Impulse für die Auslegung lieferte die fortschreitende Gasturbinenentwicklung, hier namentlich die Abgasströme und -temperaturen, die heute bei modernen Turbinen über 600°C liegen. Als Konsequenz lassen sich durchaus die in der konventionellen Kraftwerkstechnik üblichen Dampftemperaturen von bis zu 560°C erreichen [28]. Mit einer Zusatzfeuerung kann die Dampferzeugung vom jeweiligen Lastzustand der Gasturbine entkoppelt und die dampfseitige Flexibilitäten erhöht werden. Eigenanlagen der Industrie sind häufig, um dem Bedarf nach mehreren Druckstufen gerecht zu werden, dampfseitig mit komplexen Mehrdrucksystemen ausgestattet.

In der Industrie nimmt die Wärmerückgewinnung und die Nutzung von Abwärme aus Produktionsprozessen einen hohen Stellenwert ein. Bei ausreichend hohen Temperaturen und Abgasmengen eignen sich **Abhitzekessel** zur Heißwasser- und Dampferzeugung (zur Niedertemperatur-Abwärmentzung s. auch Kap. 5.4). Sie werden in großer Anzahl in den verschiedensten Prozessen u. a. der Chemischen Industrie, der Stahl- und Glasindustrie wie auch in Raffinerien betrieben. Nicht selten deckt der auf diesem Wege gewonnene und in das Energieverbundsystem eingespeiste Abhitzdampf einen wesentlichen Teil des Dampfbedarfs eines Industriestandortes. Bei einer wirtschaftlichen Beurteilung einer Abhitzenutzung sind nicht nur die Investitions-, Betriebs- und eingesparten Brennstoffkosten sondern gegebenenfalls auch die dadurch geminderte Stromerzeugung einer zentralen KWK-Anlage von Bedeutung. In diesen Fällen ist eine übergreifende wirtschaftliche Optimierung des Gesamtsystems angezeigt.

Die **Feuerung** ist ein integraler Bestandteil des Wärmeerzeugers. Ihre Auslegung wird wesentlich bestimmt durch den Brennstoff, wobei man zwischen Feuerungen für feste, flüssige und gasförmige Brennstoffe unterscheidet. Um flexibel auf den Brennstoffmarkt und Produktionsabfälle reagieren zu können, findet man in der Industrie häufig Mischfeuerungen. Der feuerungstechnische Aufwand für eine effiziente und umweltgerechte Verbrennung wie auch die Brennstoffaufbereitung ist für feste Brennstoffe am aufwendigsten. Übliche Feuerungstechnologien sind Rost-, Staub- und weniger häufig Wirbelschichtfeuerungen. Rostfeuerungen stellen robuste Konstruktionen dar und sind für ein breites Brennstoffband bei nur geringem Aufbereitungsaufwand geeignet. Für kleinere bis mittlere Leistungen (bis etwa 100t/h Dampf) stellen sie wirtschaftliche Lösungen dar. Staubfeuerungen, in denen der getrocknete und fein gemahlene Brennstoff in der Schwebe verbrennt, werden bis zu höchsten Leistungen gebaut. Ihre Wirkungsgrade übertreffen die der Rostfeuerungen erheblich.

Bei den Verfahren zur Reduktion kraftwerksseitiger luftgängiger Emissionen (im Wesentlichen Staub, Schwefeldioxid und Stickstoffoxide) unterscheidet man feuerungstechnische von sekundärseitigen Maßnahmen. Erstere haben das Ziel, die Bildung von Schadstoffen durch eine entsprechende Feuerungsregelung zu minimieren, während sekundärseitige Maßnahmen (Staubfilter, REA- und DENOX-Anlagen) der möglichst weit gehenden Abscheidung der in den Rauchgasen verbliebenen Schadstoffe dienen.

Eine Sonderstellung für mittlere und kleinere Leistungen nehmen Wirbelschichtfeuerungen ein.[11] Sie eignen sich daher bevorzugt für industrielle Energieanlagen. Das verfahrenstechnische Prinzip besteht darin, dass eine Schüttung aus feinem inerten Material (Quarzsand mit Kalkstein) durch einen Luftstrom in der Schwebe gehalten wird. In dieses Wirbelbett wird der Brennstoff, in der Regel Kohle, eingebracht und bei 800°C bis 900°C verbrannt. Bei den niedrigen Verbrennungstemperaturen ist die Bildung von Stickoxiden gegenüber konventionellen Feuerungen deutlich vermindert.[12] Durch Kalkzusatz wird ein großer Teil des Brennstoffschwefels eingebunden, sodass sekundärseitig lediglich ein Staubfilter erforderlich ist.

---

[11] Das Prinzip der Wirbelschicht ist aus der Verfahrenstechnik seit langem bekannt. Mit der Verschärfung der Umweltgesetzgebung wurde es für die Energietechnik interessant.

[12] Bei Wirbelschichtfeuerungen gibt es unterschiedliche Verfahren: stationäre Wirbelschicht, zirkulierende Wirbelschicht, mit Überdruck arbeitende Wirbelschicht

Energetische Verwertung von Produktionsabfällen

Im betrieblichen Abfallmanagement rangiert die energetische Verwertung von Produktionsabfällen hinter der Vermeidung und der stofflichen Verwertung. Hinzu kommt, dass die Möglichkeiten der Mitverbrennung von Abfällen in Kraftwerksfeuerungen durch emissionsrechtliche sowie kessel- und feuerungstechnische Randbedingungen erheblich eingeschränkt sind.

Bei der Mitverbrennung von Abfällen in den Feuerungen von Wärmeerzeugern sind die Emissionsrichtlinien der 17. BImSchV für Abfallverbrennungsanlagen [29] in Verbindung mit der 13. BImSchV (Großfeuerungsanlagen-Verordnung, GFAVO) zu beachten [30]. Dieser gesetzliche Rahmen bildet ein Forderungsraster, an dem man die emissionsrelevanten Inhaltsstoffe der in Betracht gezogenen Abfälle spiegelt und damit ein emissionsrechtliches Eignungsraster erhält (s. Abb. 4.17) [31]. Stellt sich heraus, dass zur Einhaltung von Emissionsgrenzwerten aufwendige Nachrüstungen auf der Rauchgasseite des Dampferzeugers erforderlich sind, ist die Wirtschaftlichkeit der gesamten Maßnahme häufig in Frage gestellt.

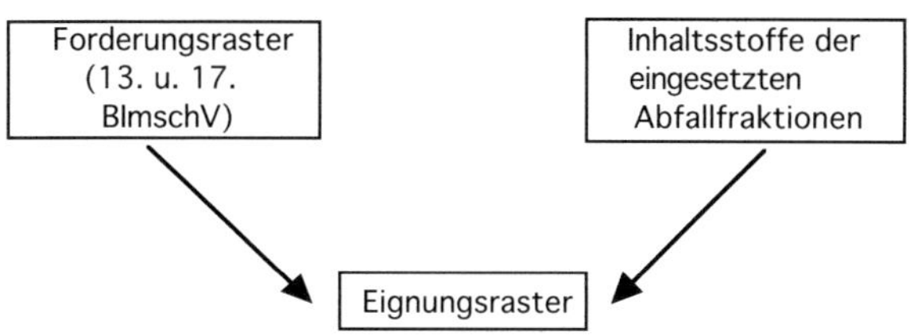

Abb. 4.21 Prüfung der emissionsrechtlichen Eignung für die Abfallmitverbrennung

Neben den emmisionsrechtlichen Aspekten sollten die Abfälle bezüglich Aufbereitung, Lager- und Förderfähigkeit ebenso wie bezüglich des Zünd- und Ausbrandverhaltens dem Regelbrennstoff - Kohle, Heizöl oder Erdgas - ähnlich sein. Eine Mitverbrennung ist beispielsweise dann ausgeschlossen, wenn die Gefahr der Selbstentzündung oder Toxizität besteht. Außergewöhnliche Korrosions- und Verschmutzungserscheinungen an den Wärmeerzeugerheizflächen sind wegen der komplexen Zusammenhänge in der Regel nicht prognostizierbar und ausschließlich im Langzeitversuch unter Betriebsbedingungen abzuklären.

Die Mitverbrennung von Abfällen führt zu einer Kosten reduzierenden Substitution des Regelbrennstoffs. Allerdings kann dieser Vorteil durch Kosten für einmalige Maßnahmen an der Dampferzeugeranlage und zusätzlichen Aufwand beim Personal und den Hilfsenergien sowie gegebenenfalls durch verminderte Wirkungsgrade geschmälert werden.

4.3.4 Kostenbetrachtungen bei KWK-Anlagen

Wir wollen im Folgenden die Kosten einer KWK-Anlage mit den Zielenergien Strom und Wärme analysieren. Dabei sei das Hauptaugenmerk auf die Wirtschaftlichkeit der Anlage unter den Bedingungen variabler Brennstoffkosten gerichtet. Der Einfachheit halber soll es sich um Grundlastbetrieb mit hoher wärme- und stromseitiger Benutzungsdauer handeln, wie dies für industrielle Grundstoffproduktionen häufig zutrifft.

Im Falle des gleichzeitigen Bedarfs der beiden Energien Wärme und Strom stehen einem Betreiber grundsätzlich die beiden folgenden Möglichkeiten für deren Bereitstellung offen: Entweder er erzeugt die Wärme in separaten Dampferzeugern und bezieht den gesamten Strom am Markt oder er entscheidet sich für einen gekoppelten Umwandlungsprozess. Den Ausschlag wird letztendlich eine Wirtschaftlichkeitsanalyse geben, für die unterschiedliche Kalkulationsmodelle zur Verfügung stehen. Eine häufig genutzte Variante stellt die mit den Marktpreisen konkurrierenden spezifischen Stromkosten einer KWK-Anlage in den Mittelpunkt der Beurteilung. Diese lassen sich aus den Gesamtkosten der Anlage vermindert um die Kosten einer reinen Dampferzeugung berechnen.

Das Kalkulationsmodell für die spezifischen Stromkosten k_{el} führt zu der Gleichung 4.15, in der b die für Strom und Wärme einheitlich gewählte jährliche Benutzungsdauer darstellt :

$$k_{el} = \frac{K_{KWK} - K_{ref}}{P_{el} \cdot b} \quad \text{in } \frac{Cent}{kWh_{el}} \tag{4.15}$$

Die auf das Jahr bezogenen Kostenelemente K_{KWK} für die Gesamtkosten der KWK - Anlage und K_{ref} für die Kosten der reinen Dampferzeugung setzen sich jeweils aus einem variablen - brennstoffabhängigen - und einem fixen - investitionsabhängigen - Term zusammen. Der variable Term lässt sich mit dem Brennstoffpreis p_{Br}, den Wirkungsgraden η für die KWK-Anlage und η_{ref} für die Dampferzeugeranlage sowie der Stromkennzahl σ näher beschreiben, während der fixe Term die spezifischen Investitionskosten und einen Faktor für den Kapitaldienst f_{KD} und einen für weitere betriebliche Aufwendungen f_{SK} enthält. Damit werden Kosten für Zinsen und Abschreibungen sowie für Instandhaltung, Personal sowie Hilfs- und Betriebsstoffe berücksichtigt.

Mit den oben vereinbarten Größen lässt sich die Gleichung 4.15 nun wie folgt umformen:

$$k_{el} = \underbrace{\left[\frac{1 + \frac{1}{\sigma}}{\eta} \cdot p_{Br} + \frac{i_{KWK}}{b} \cdot \left(f_{KD} + f_{SK} \right)_{KWK} \right]}_{\text{Gesamtkosten der KWK}} - \underbrace{\left[\frac{p_{Br}}{\sigma \cdot \eta_{ref}} + \frac{i_{ref}}{\sigma \cdot b} \cdot \left(f_{KD} + f_{SK} \right)_{ref} \right]}_{\text{Kosten der reinen Dampferzeugung}} \tag{4.16}$$

Grundsätzlich lässt sich an Hand der Gleichung 4.16 für jeden der kostenrelevanten Parameter eine Sensitivitätsanalyse durchführen. Dabei ist der Einfluss der Fixkostenparameter bezüglich Größe und Eintrittswahrscheinlichkeit einer Wertänderung geringer als der der variablen Kosten, die von den zum Teil hoch volativen Brennstoffpreisen bestimmt werden. Diese bilden damit den wesentlichen wirtschaftlichen Risikofaktor für jede industrielle Eigenerzeugungsanlage. Mit den Annahmen für die Abbildung 4.22 geht bspw. eine Brennstoffpreiserhöhung von 66% mit einem Anstieg der spezifischen Stromerzeugungskosten von rund 35% einher. Bei unveränderten Strompreisen am externen Markt kann damit ein erheblicher

Verlust an Wettbewerbsfähigkeit für die industrielle Eigenanlage verbunden sein. Andererseits würde jedoch eine konvergente Entwicklung bei den Brennstoff- und Strompreisen - steigender Brennstoffpreis und gleichzeitig steigender Strompreis am Markt - diesen negativen Effekt verringern.

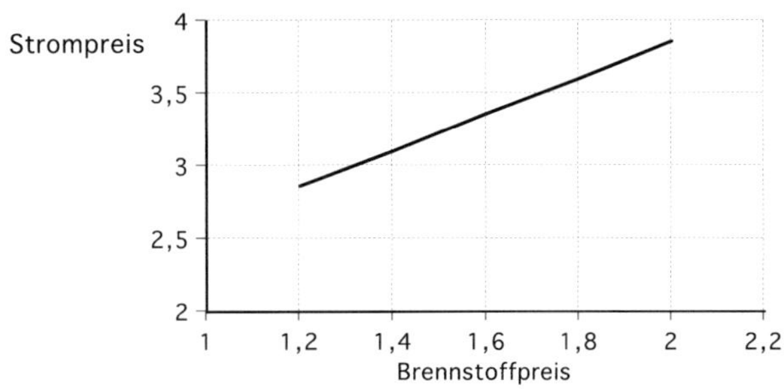

$\sigma = 0{,}7,\quad \eta = 0{,}88,\quad b = 7000\frac{h}{a},\quad i_{KWK} = 600\frac{Euro}{kW_{el}},\quad i_{ref} = 25000\frac{Euro}{kW},$

$\eta_{ref} = 0{,}9$, Abschreibung 10 Jahre, Zinssatz 4% pro Jahr (Die übrigen Parameter wurden praxisnah gewählt.)

Abb. 4.22 Zusammenhang von Strom- und Brennstoffpreis in Cent/kWh nach Gleichung 4.16

4.4 Druckluftversorgung

Druckluft wird in der Industrie in vielfacher Weise zum Betreiben von Maschinen und Werkzeugen, als Fördermittel und in der Steuerungstechnik eingesetzt. Ihr Vorteil sind die universelle Verwendbarkeit auch in brand- und explosionsgefährdeten Bereichen sowie die gute Speicherbarkeit, die beim Ausfall der Erzeugungsanlagen die Versorgung sicherheits- oder umweltrelevanter Verbraucher gewährleisten kann. Nachteilig sind die hohen Kosten. Eine detaillierte Einführung in die Drucklufttechnik bietet u.a. [32].

Für die Drucklufterzeugung bieten die Hersteller eine breite Palette unterschiedlicher Verdichterbauarten an. Wesentliche Kenngrößen sind der Verdichtungsenddruck und das geförderte Volumen :

Kolbenverdichter (auch als Hubkolbenverdichter bezeichnet) eignen sich für geringe Förderströme und hohe Verdichtungsenddrücke. Nachteilig sind die vielen Verschleißteile (Zylinder, Kolben,Ventile).

Schraubenverdichter arbeiten wie Kolbenverdichter nach dem Verdrängungsprinzip. Bei dieser Bauart greifen Schraubenrotoren paarweise ineinander und verdichten bei der Drehbewegung die angesaugte Luft. Ihr optimaler Einsatzbereich liegt bei geringen Förderströmen und mittleren Verdichtungsenddrücken. Sie gelten als robuste Maschinen.

Bei großen Fördersströmen und niedrigen bis mittleren Verdichtungsenddrücken setzt man die nach dem Strömungsprinzip arbeitenden **Kreiselverdichter** (auch als Turboverdichter bezeichnet) ein. Sie zeichnen sich durch eine stoßfreie Förderung und ölfreie Druckluft aus. Hochleistungskreiselverdichter findet man beispielsweise in Gasturbinen.

Die verdichtetet Luft enthält beim Verlassen des Verdichters in der Regel Verunreinigungen in Form fester, flüssiger und dampfförmiger Partikel. Darüber hinaus überführt der Verdichtungsvorgang die Luft in einen Zustand hoher relativer Feuchtigkeit, so dass es bei einem Entspannungsvorgang der verdichteten Luft zur Wasserbildung kommt. Zum Schutz der Verbrauchsanlagen ist daher eine **Druckluftaufbereitung** erforderlich. Diese richtet sich nach dem Verwendungszweck der Luft und kann aus mechanischen Abscheideeinrichtungen für feste und flüssige Verunreinigungen und einer Lufttrocknungsanlage bestehen. Bei geringen Anforderungen an den Trocknungsgrad genügt eine Trocknung der verdichteten Luft durch Kühlung. Bei Verwendung für Regel- oder Steuerzwecke sind aufwendigere Verfahren wie Adsorptionstrockner üblich, bei denen in einem kontinuierlichen Prozess hohe Trocknungsgrade erreichbar sind. Dabei wird die feuchte Luft über ein Adsorptionsmittel - meistens Silikagel - geleitet, an dem sich der Wasserdampf anlagert. Bei Erschöpfung des Adsorptionsmittels übernimmt warme Luft die Regenerierung.

Die Struktur einer zentralen Drucklufterzeugung - gekennzeichnet durch die Anzahl der Erzeugungseinheiten, deren Einheitenleistungen sowie die Art der Antriebsmaschinen (Elektromotor oder Dampfturbine) - richtet sich u.a. nach dem Grad der gewünschten Versorgungssicherheit. In ein diesbezügliches Sicherungskonzept sind gegebenenfalls auch dezentrale Erzeugungsanlagen, die in Verbrauchernähe betrieben werden, einzubeziehen. Eine Entscheidung in der Frage zentraler oder dezentraler Besicherung setzt eine sorgfältige Kostenanalyse voraus. Die Frage der Versorgungssicherheit spielt in der Regel auch bei der Konzeption des **Druckluftverteilnetzes** mit den zugehörigen technischen Betriebsmitteln eine wichtige Rolle.

Druckluftspeicher operieren in Wechselwirkung mit den Erzeugungsanlagen. Sie können sowohl kurzzeitige Bedarfsspitzen ausgleichen als auch zeitlich begrenzt den Netzdruck bei Ausfall von Erzeugungseinheiten stabilisieren.

Druckluft ist ein teurer Energieträger. Seine Verwendung sollte daher auf die absolut notwendigen Fälle beschränkt bleiben, in denen sich aus verfahrens- oder sicherheitstechnischen Gründen ein Einsatz anderer Energiearten verbietet. Neben den aufzuwendenden Energiekosten belasten Instandhaltungs- und Kühlmittelkosten die Drucklufterzeugung. Besondere Bemühungen verdient daher die Suche nach wirtschaftlichen Effizienzpotenzialen. Ein Beispiel kann die Nutzung der bei der Verdichterkühlung anfallenden Niedertemperaturwärme sein.

4.5 Kälteversorgung

Die Kältetechnik nimmt innerhalb der Energie- und Medienversorgung eine zunehmend wichtige Rolle ein. Zu den Kältegroßverbrauchern zählt die Industrie, hier insbesondere die Chemische und Petrochemische Industrie, die Kälte in vielfältiger Weise in verfahrenstechnischen Prozessen u.a. zum Abführen von Reaktionswärme, zum Auskondensieren von Gasen und zur Rückgewinnung von Lösungsmitteln einsetzt. Unverzichtbar ist die Kältetechnik in der Lebensmittelindustrie, wo sie bestimmte Produktions- und Verteilungsketten erst ermöglicht. Die Kältetechnik ist ein breites technologisches Wissensgebiet. Ziel der folgenden kurzen

Abhandlung ist es, dem Energiewirtschaftler eine erste Einführung zu geben, die sich auf die Darstellung wichtiger Kälteverfahren und energiewirtschaftlicher Bewertungskriterien beschränkt. Die Grundlagen hierzu wurden der Fachliteratur entnommen, die auch für eine Vertiefung der Materie empfohlen werden [33, 34].

Aufgabe einer Kältemaschine ist die Kühlung eines Raumes oder Systems, dem zu diesem Zweck Wärme bei niedriger Temperatur entzogen, die anschließend bei höherer Temperatur an die Umgebung abgeführt wird. Hierzu gibt es eine große Vielfalt unterschiedlicher Verfahren. In der Fachliteratur ist es üblich, diese nach prozessorientierten (physikalischen) Merkmalen oder anwendungsorientiert nach konventioneller oder Tieftemperaturtechnik (ab etwa -110°C) zu unterteilen. In der vorliegenden Einführung beschränken wir uns auf zwei wichtige Grundprinzipien von Kälteanlagen, die Kompressions- und die Absorptionskälteanlage. Die Kompressionskälteanlage ist in der Industrie wegen ihrer technologischen Vorzüge (u. a. betriebssicher, flexibel) und wegen ihres großen Leistungsbereichs weit verbreitet.

Die Abb. 4.23 zeigt das Prinzip eines Kompressions- und eines Absorptionskälteprozesses. In beiden Fällen spricht man von linkslaufenden Kreisprozessen. Als Arbeitsmittel dient ein sogenanntes Kältemittel, das im Verdampfer verdampft wird und dabei die Wärme $\dot{Q}_0$ aus der zu kühlenden Umgebung (kalte Seite) aufnimmt.

Der Dampf wird bei der **Kompressionskältemaschine** von einem mechanischen Verdichter angesaugt und unter Temperaturanstieg auf den höheren Druck des Kondensators verdichtet. Hierzu wird dem System die Arbeit P zugeführt . Im Kondensator (warme Seite) wird dem Dampf die gesamte vom Arbeitsmedium aufgenommene Energie in Form der Wärme $\dot{Q}_K$ entzogen. Dadurch sinkt die Temperatur und es kommt zur Verflüssigung. Das Kondensat wird sodann auf den Verdampfungsdruck gedrosselt und gelangt in den Verdampfer zurück.

Die Bauart der eingesetzten mechanischen Verdichter (Kolben-, Schrauben- und Turboverdichter, vgl. auch Kap. 4.4) richtet sich nach der Leistung der Kälteanlage. Anlagen mit hoher Kälteleistung sind in der Regel mit Turboverdichtern sowie antriebsseitig mit Verbrennungs- oder Elektromotoren bzw. Dampfturbinen ausgerüstet. Insgesamt ist damit ein weiter Leistungsbereich abgedeckt.

Der Verdichter der **Absorptionsk ltemaschine** besteht aus dem Absorber, dem Austreiber und dem Lösungsmittelkreislauf mit einer Pumpe. Im Absorber wird der Kältemitteldampf unter Abgabe der Absorptionswärme $\dot{Q}_A$ an einem geeigneten Stoffgemisch absorbiert. Diese Lösung wird mit einer Pumpe auf den Kondensatordruck gebracht und in den Austreiber gefördert, in dem von außen zugeführte Heizwärme $\dot{Q}_H$ das Kältemittel von der Lösung trennt. Dieses gelangt über ein Drosselventil zurück in den Absorber. Das Kältemittel vollzieht nach Verlassen des Absorbers den bereits von der Kompressionsanlage bekannten Prozessweg über Kondensator, Drosselventil und Verdampfer. Die Absorptionskältemaschine bedarf nur einer sehr geringen mechanischen Leistungszufuhr für die Pumpe. Die wesentliche Antriebsenergie ist der Heizwärmestrom $\dot{Q}_H$.

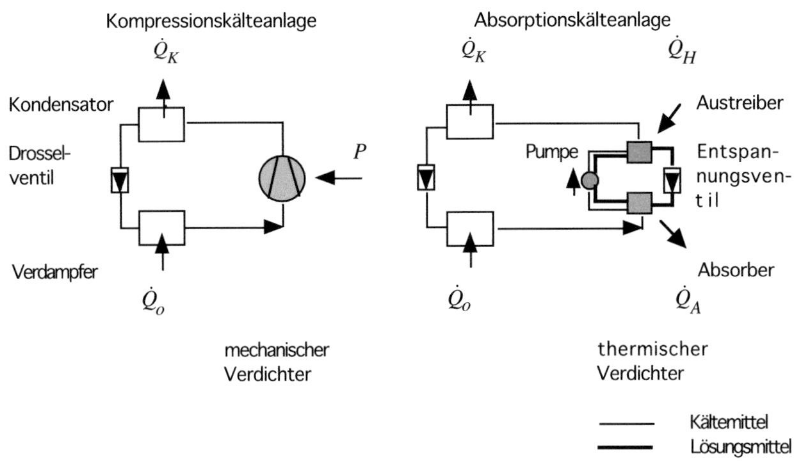

Abb. 4.23 Fließbild einer Kompressions- und einer Absorptionskälteanlage

Kältemaschinen auf Absorptionsbasis zeichnen sich durch einen vergleichsweise geringen Wartungsaufwand aus. Ihr spezifischer Vorteil zeigt sich jedoch insbesondere dann, wenn es gelingt, sie in Energieverbundprozesse einzubinden. Derartige Einsatzgebiete können sich im Bereich der Klimatisierung und der industriellen Prozesskälte bei Nutzung eines Heizwärmestroms (z. B. Abwärme mit etwa 80 °C bis 120 °C) ergeben. Auch bietet sich die Kombination mit KWK-Prozessen an (vgl. hierzu auch Kap. 4.3.2.1). In diesen Fällen lässt sich ein erheblicher Effizienzgewinn mit wirtschaftlichen Vorteilen dann realisieren, wenn es gelingt, die Auslastung der KWK-Anlage in Zeiten geringen Prozesswärmebedarfs durch einen phasenverschobenen Kältebedarf zu verbessern (Kraft-Wärme-Kälte-Kopplung) .

Die beschriebenen Prozesse für die Kompressions- und Absorptionskältemaschine sind einfache Basisprozesse. Energetische Optimierungen lassen sich bei höherem apparativen Aufwand durch Prozessmodifikationen wie bspw. mehrstufige Verdichtung und Entspannung erreichen.

Zur energetischen Bewertung von Kältemaschinen bedient man sich verfahrensspezifischer Kenngrößen (s. Tafel in Abb. 4.24). Für Kompressionskältemaschinen gilt die Leistungszahl ε_k als das Verhältnis von abgegebener Kälteleistung $\dot{Q}_0$ zu aufzuwendender Verdichterleistung P (typische Werte: 2 bis 3 , abhängig von der Kühlraum- und Umgebungstemperatur). Bei Maschinen auf Absorptionsbasis ergibt sich eine entsprechende Kenngröße mit dem Wärmeverhältnis ξ, das aus der abgegebenen Kälteleistung $\dot{Q}_0$ und dem zugeführten Heizwärmestrom $\dot{Q}_H$ gebildet wird (typische Werte: 0,50 bis 0,6). Wie die Definitionen zeigen, verbietet sich ein Vergleich der unterschiedlichen Prozesse an Hand der beiden Kennzahlen. Im Fall der Kompressionskältemaschine dient hochwertige mechanische Energie - also reine Exergie - als Antriebsenergie, während bei der Absorptionskältchine Wärme - also eine exergetisch minderwertigere Energieform mit einem hohen Anergieanteil - ausreicht, um die Anlage anzutreiben (zum Exergie-Begriff s. Kap 4.3.2.3). Dieser thermodynamische Vorteil der Absorptionskälteanlage sollte nicht dadurch zunichte gemacht werden, dass die zugeführte Wärme durch die Verbrennung von Erdgas oder Öl, demnach zu 100 Prozent aus Brennstoffexergie, bereitgestellt wird. Optimale Bedingungen für den Einsatz einer Absorptionskälteanlage liegen dann vor, wenn ein geeigneter Abwärmestrom zur Verfügung steht.

Bei der Kälteversorgung größerer Industriestandorte stellt sich häufig - wie auch bei der Versorgung mit anderen Medien - die Frage nach der zweckmäßigen Struktur, wobei sich sowohl zentrale als auch dezentrale Lösungen anbieten. Beide Versorgungsvarianten sind in der Praxis anzutreffen. Bei der zentralen Lösung befinden sich die Verdampferstationen bei den einzelnen Kältenutzern und gegebenenfalls auch in deren Regie. In der Kältezentrale wird der Kältemitteldampf verdichtet und die Kondensatorwärme über Kühlwerke an die Umgebung abgeführt. Die zentrale Lösung erfordert umfangreiche Vorleistungen für die Errichtung und Betriebsführung der Kältezentrale sowie des Kältetransport- und Verteilnetzes. In diesem Fall stellt sich für neu hinzukommende Verbraucher keine Alternative. Aus wirtschaftlichen Gründen werden sie sich an die Zentrale anschließen, es sei denn, die Besonderheiten des Bedarfs -wie z.B. extreme Kältetemperaturen - können mit der bestehenden zentralen Versorgung nicht angeboten werden.

Besondere Situationen wie beispielsweise ein notwendiger Anlagenersatz oder der Übergang auf geänderte Technologien können geeignete Anlässe sein, gleichzeitig auch Strukturveränderungen vorzunehmen. Generell gilt jedoch, dass sich die ideale "Grüne-Wiese-Lösung " in der Regel nicht realisieren lässt.

Wärmepumpen arbeiten nach dem Prinzip der Kältemaschine [33]. Wie diese hebt die Wärmepumpe Wärme auf eine höhere Temperatur, in diesem Fall vom Umgebungsniveau auf das Heizniveau. Die Bewertung erfolgt an Hand der Leistungszahl nach Gleichung 4.17 mit $\dot{Q}_{HZ}$ als nutzbarem Heizwärmestrom und P als zugeführter mechanischer Antriebsenergie.

$$\varepsilon_{WP} = \frac{\dot{Q}_{HZ}}{P} \tag{4.17}$$

Als Antriebsaggregat für den Verdichter der Kompressionswärmepumpe kann ein Elektro- oder Verbrennungsmotor dienen.

Abb. 4.24 Kennwerte von Kompressions- und Absorptionskälteanlagen

	Kompressionskältemaschine	Absorptionskältemachine
Physikalischer Kühleffekt	Verdampfen des Kältemittels	
Antriebsenergie	mechanische Energie (Verbrennungs-, Elektromotor,Dampfturbine)	Wärmeenergie (u. a. industrielle Abwärme, typischer Temperaturbereich 80 °C bis 120 °C)
Verdichtung	mechanischer Verdichter	thermischer Verdichter (s. Abb 4.23)
Effizienz-Kennzahlen	*Leistungszahl* (Verhältnis Kälteleistung zu Verdichterleistung) : $\varepsilon_k = \frac{\dot{Q}_0}{P}$ (s. Abb 4.23, abhängig von Kühlraum- und Umgebungstemperatur) Anhaltswert: (Umgebungstemp. 300 K, Kühlraumtemp. 350 K) : $\varepsilon_K \approx 2 \ldots 3$ s. [33]	*Wärmeverhältnis* (Verhältnis Kälteleistung zu Heizwärmestrom) : $\xi = \frac{\dot{Q}_0}{\dot{Q}_H}$ (s. Abb. 4.23, abhängig von Kühlraum-, Umgebungs- und Heizwärmetemperatur) Anhaltswert: $\xi = 0{,}5 \ldots 0{,}6$ s. [33]

Beim energetischen Vergleich von Wärmepumpen mit anderen Heizsystemen, bedient man sich einer weiteren Kennzahl, der sog. Heizzahl

$$\omega_{WP} = \frac{\dot{Q}_{HZ}}{\dot{m}_{Br} H_u} = \varepsilon_{WP} \eta_{EM} \eta_{el} \tag{4.18}$$

mit $\dot{m}_{Br} H_u$ als Brennstoffwärmeleistung. ε_{WP} soll in diesem Fall die Leistungszahl einer von einem Elektromotor angetriebenen Wärmepumpe entsprechend Gl. 4.17, η_{EM} der Wirkungsgrad des Elektromotors und η_{el} der Wirkungsgrad der Stromerzeugung und -verteilung sein.

Soll eine Wärmepumpe die Heizzahl einer konventionellen Heizanlage

$$\omega_{HK} = \frac{\dot{Q}_{HZ}}{\dot{m}_{Br} H_u} \tag{4.19}$$

übertreffen, gilt die folgende Bedingung:

$$\varepsilon_{WP} > \frac{\omega_{HK}}{\eta_{EM} \eta_{el}} \tag{4.20}$$

Bei $\omega_{HK} = 0{,}9$, $\eta_{EM} = 0{,}92$ und $\eta_{el} = 0{,}32$ muss die Leistungszahl ε_{WP} mindestens den Wert 3 erreichen.

4.6 Instandhaltung

Die Instandhaltung von Energieanlagen ist eine der Kernaufgaben des betrieblichen Energiemanagements. Ihre strategische und operative Ausgestaltung hat einen bedeutenden Einfluss auf die Wirtschaftlichkeit, die Sicherheit und den Umweltschutz der betrieblichen Versorgungseinrichtungen.

Bei den vielfältigen Instandhaltungsaufgaben können sich die Betriebe auf ein umfangreiches Erfahrungswissen, das durch einen lebendigen Erfahrungsaustausch zwischen Betreibern, Herstellern und Versicherern ständig ergänzt und aktualisiert wird, stützen.[14] Das betriebsübergreifend nutzbare Erfahrungswissen beruht auf der Tatsache, dass es sich bei Energieanlagen - insbesondere bei Kraftwerken - um langlebige Anlagen handelt, die unabhängig von Standort und Betreiber in weitgehend ähnlicher Art und Weise geplant, errichtet und betrieben werden. Im industriellen Bereich mit seinen z.T. komplexen Versorgungsstrukturen kommt allerdings ein hohes Maß an spezifischem Standortwissen hinzu. Teilbereiche des Instandhaltungsgeschehens sind durch gesetzliche Vorgaben geregelt.[15]

Die Instandhaltung der industriellen Energieversorgungsanlagen hat sich der Aufgabe zu stellen, trotz knapp bemessener Ressourcen im Anlagenpark das Ziel einer hohen Verfügbarkeit zu erreichen. Hinzu kommt, dass die für Produktionsprozesse wichtigen Sekundärenergierträger wie Dampf, Druckluft oder Kälte standortgebunden sind und sich nicht auf eine Reservehaltung aus standortübergreifenden Verbundnetzen wie beim Strom stützen können.

Ein weiterer industrietypischer Aspekt betrifft die Definition der Gesamtkosten von Instandhaltungsmaßnahmen, zu denen neben den direkten auch die instandhaltungsbedingten Folgekosten wie Ausfallkosten auf der Nutzerseite zu rechnen sind. Für den industriellen Eigenversorger muss es daher eine Selbstverständlichkeit sein, die energienutzenden Produktionen in die strategischen und operativen Entscheidungsprozesse zur Instandhaltung einzubeziehen. Dazu kann u.a. die Vereinbarung eines bezüglich der Versorgungssicherheit geordneten Verbraucherkatasters, die Synchronisation von Anlagenstillständen im Energie- und Produktionsbereich, die Vereinbarung abschaltbarer Leistung oder die gemeinsame Nutzung von Instandhaltungsressourcen wie Werkstätten und Personal gehören. In besonderen Situationen können sich auch zeitlich differenzierte Anforderungen an die Verfügbarkeit der Energien ergeben. So können außergewöhnliche Produktionskampagnen in Folge hoher Nachfrage nach Produkten eine entsprechend hohe energieseitige Lieferbereitschaft verlangen, welche unter normalen Produktionsbedingungen wirtschaftlich nicht zu vertreten wäre.

---

[14] u. a. VGB-Richtlinien und -Empfehlungen

[15] Dampfkesselverordnung (DampfkV) mit zugehörigen Technischen Regeln für Dampfkessel (TRD), Druckbehälterverordnung u.a.

Das Thema Instandhaltung nimmt in der Fachliteratur einen breiten Raum ein. Neuere Veröffentlichungen betonen die Bedeutung moderner Informationstechnologien und wissensbasierter Arbeitsmethoden bei Instandhaltung und Betriebsführung [35]. Im Rahmen der folgenden Ausführungen kann nur ein kurzer Überblick über die Materie gegeben werden. Wesentliche Aspekte sind dabei die Störungs- und Schadensformen, die daraus abgeleiteten Instandhaltungsstrategien und eine kritische Betrachtung der Instandhaltungskosten.

4.6.1 Störungs- und Schadensformen

Die Kenntnis der Beanspruchungsursachen und der daraus zu erwartenden Störungs- und Schadensformen ist die Grundvoraussetzung für die Entwicklung von Strategien und Maßnahmen zur Gewährleistung eines sicheren und wirtschaftlichen Betriebs technischer Anlagen. Spontanes Versagen einer Anlagenkomponente oder eines Bauteils auf Grund fehlerhafter Auslegung und Montage sowie unzulässiger Betriebsweise entzieht sich dagegen einer Erfassung im Rahmen einer vorausschauenden Strategieentwicklung. Die Grundmuster der einzelnen Beanspruchungsarten wie bspw. Materialerschöpfung durch hohe Temperaturen und Drücke sind in der Fachliteratur ausführlich beschrieben. Problematisch wird eine Bewertung jedoch dann, wenn mehrere Beanspruchungsarten sich überlagern, wie dies bei technischen Anlagen häufig der Fall ist. Hier spielt das spezifische Erfahrungswissen eine bedeutende Rolle.

Die Tafel 4.25 gibt einen Überblick über typische Beanspruchungen und die daraus resultierenden Störungs- und Schadensformen, von denen Kraftwerkskomponenten betroffen sein können. Hohe Temperaturen und Drücke, die zu einer zeitabhängigen **Materialerschöpfung** führen (Zeitstandbeanspruchung) treffen insbesondere für die Berohrung von Dampferzeugern, für Dampfleitungen sowie Behälter und Turbinen zu. Die Physik dieser Beanspruchungsart und der daraus folgenden Materialerschöpfung einschließlich ihrer Zeitfunktion ist weitgehend bekannt und kann analytisch beschrieben werden. Mit modernen Online-Diagnosesystemen (Lebensdauerzähler) kann zu jedem Zeitpunkt die noch verbleibende Restlebensdauer innerhalb vorgegebener Toleranzen ermittelt werden.

Beanspruchung	Störungs-/Schadensform	betroffene Anlagenkomponente
hohe Temperaturen hohe Drücke	Materialerschöpfung	Dampferzeuger Dampfleitungen, Behälter Turbinen
Korrosion Verzunderung mechanischer Verschleiß	Materialabtrag	Dampferzeuger Dampfleitungen, Behälter Turbinen Staub-/Ascheleitungen Kessellüfter Pumpen Kohlemühlen
hoch-/niederfrequente Lastwechsel	Bauteilbruch (Dauerbruch)	Turbinen Generatoren Verdichter Pumpen Dampfleitungen
Verschmutzungen Ablagerungen	Wirkungsgradverlust	Dampferzeuger Turbinen Kühle, Kondensatoren Filter

Abb. 4.25 Beanspruchungen sowie Störungs- und Schadensformen

Eine prinzipiell anders geartete Beanspruchung, die zu einem oberflächennahen **Materialabtrag** führt, stellen Korrosionen, Verzunderungen und mechanischer Verschleiß dar. Hiervon sind häufig die Rauchgasseite von Dampferzeugern und Innenbauteile von Turbinen betroffen.Trifft eine Korrosionsbeanspruchung mit einer mechanischen Beanspruchung zusammen, kommt es zu komplexen Schädigungsformen, die sich einer analytischen Bewertung noch weitgehend entziehen. Man ist in derartigen Fällen auf erfahrungsbasierte Inspektionen der betreffenden Anlagenkomponente angewiesen.

Zu den mechanischen Beanspruchungen zählen auch hoch- und niederfrequente Lastwechsel, die im Extremfall einen **Bauteilbruch** zur Folge haben können. Diese Beanspruchungen können analytisch beschrieben und, wie bspw. bei der Schwingungsüberwachung von Turbomaschinen, betrieblich überwacht werden. Eine weitere Kategorie möglicher betrieblicher Beeinträchtigungen stellen Verschmutzungen und Ablagerungen u.a. an Dampferzeugerheizflächen, Turbinenbeschaufelungen, Rauchgasfiltern oder Kühlern dar, die sich häufig in **Wirkungsgradverluste** oder Leistungsminderungen äußern.

Bei den dargestellten Schadensmechanismen handelt es sich um zeitabhängige Vorgänge, die die Bauteillebensdauer in Abhängigkeit von Art und Höhe der jeweiligen Beanspruchung und der Auslegung des Bauteils bestimmen. Die Lebensdauer eines Dampferzeugers bspw. ist auslegungsbedingt auf nominal 200000 Betriebsstunden begrenzt. Diesen Abnutzungsvorrat bringt die Anlage vom Hersteller mit. Während des Betriebes erschöpft sich dieser Vorrat nach einer beanspruchungsspezifischen Zeitfunktion, sofern keine vorbeugenden Maßnahmen ergriffen werden.

Wir können uns den Abbau des Abnutzungsvorrats über die Zeit in etwa so vorstellen, wie es die Abbildung 4.26 modellhaft zeigt. Oberhalb der Schadensgrenze reicht der Abnutzungsvorrat zur Funktionserfüllung aus, unterhalb kann es zur Funktionsstörung kommen. Um eine sichere Funktionserfüllung zu gewährleisten, legt man den Warnzeitpunkt zeitlich vor die theoretische Schadensgrenze, um auf diese Weise etwaige Toleranzbreiten bei den Schädigungsmechanismen zu berücksichtigen.

Bei Kenntnis der Beanspruchungsart lassen sich, soweit dies wirtschaftlich vertretbar ist, Lebensdauer verlängernde Maßnahmen ergreifen. Hierzu zählt die Reduzierung der Beanspruchung bspw. durch Absenken von Temperaturen oder Leistungen (gängiges Vorgehen bei Beanspruchungen im Zeitstandbereich). Lassen betriebliche Zwänge diese Maßnahme nicht zu, bietet sich eine Bauteil- oder Anlagenertüchtigung an, mit der der Abnutzungsvorrat wieder erhöht wird.

4.6.2 Instandhaltungsstrategien

Man unterscheidet grundsätzlich zwischen vorbeugenden und störungsbedingten Strategien (s. Abb. 4.27). Entsprechend werden die Instandhaltungsmaßnahmen vor - mit dem Ziel einer Schadensvermeidung - bzw. nach den Eintreten eines Schadensereignisses ergriffen. Vorbeugende Strategien können zeit- oder zustandsbezogen orientiert sein. Das Prinzip Zeitbezug kennzeichnet Instandhaltungsmaßnahmen, wie diese zum Beispiel bei Revisionen an Kesseln oder Turbinen nach jeweils vordefinierten Zeitintervallen üblich sind. Demgegenüber basiert die zustandsbezogene Strategie auf einer durch Erfahrungswissen oder Messwerte möglichst weitgehend gesicherten Beschreibung des Anlagenzustands.

Eine größere Energieanlage wird man in den seltensten Fällen durchgängig einer einzelnen Instandhaltungsstrategie zuordnen können. Zweckmäßig ist vielmehr eine komponentenbezogene Klassifizierung. Zuordnungskriterien können sich u. a. aus einer besonderen Bedeutung für die Anlagensicherheit, den Umweltschutz oder die Wirtschaftlichkeit ergeben. Bei geringen Risiken ist die **störungsbedingte Strategie** ("Havarie-Strategie") zweifelsfrei die wirtschaftlichste. Sie nutzt

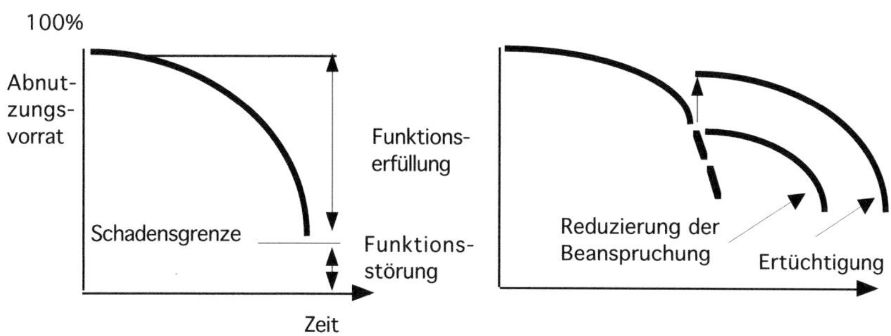

Abb. 4.26 Abbau des Abnutzungsvorrats ohne (links) und mit Lebensdauer verlängernden Maßnahmen (rechts)

den eingebauten Abnutzungsvorrat vollständig aus. Die notwendige Instandsetzung ist zeitlich nicht planbar. Beispielhaft können unter diese Strategie Komponenten fallen, die redundant vorhanden sind oder deren Funktion während der Instandsetzung durch eine entsprechende Reservehaltung abgesichert werden kann.

Bei den vorbeugenden Strategien nimmt die **zeitbezogene** im Kraftwerksbereich eine bedeutende Rolle ein. Betroffen sind sicherheitsrelvante Komponenten wie Dampferzeuger und Druckbehälter, die behördlichen Auflagen wie der Dampfkessel- bzw. der Druckbehälterverordnung unterliegen. Das Instandhaltungsvorgehen basiert auf wiederkehrenden Prüfungen, die an feste Zeitintervalle gebunden sind. Die damit verbundene punktuelle Erfassung des Anlagenzustands bildet die Grundlage für gegebenenfalls erforderliche Instandsetzungsmaßnahmen. Bei entsprechenden Befunden können die Revisionsintervalle durch außerordentliche Prüfungen modifiziert werden.

Auch die Instandhaltung von Dampf- und Gasturbinen, die keiner behördlichen Regulierung unterliegen, richtet sich an einer zeitorientierten Strategie aus. Hierzu liegt ein umfangreiches Erfahrungswissen vor, das in Empfehlungen der Fachver-

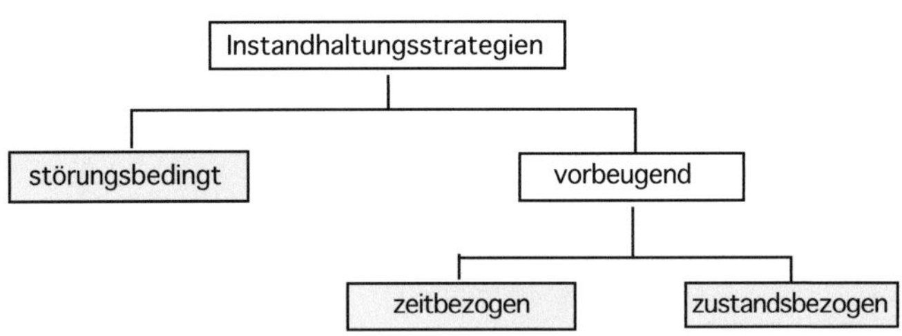

Abb 4.27 Systematik der Instandhaltungsstrategien

bände, der Hersteller und Versicherer gefasst ist. Maßgebend für die Revisionsintervalle sind dabei die kumulierten lebensdauerrelevanten Belastungen einzelner Komponenten. Wegen ihrer Schlüsselfunktion für den Kraftwerksprozess insgesamt wird man aus Verfügbarkeitsgründen Stromerzeugungsaggregate und Dampferzeuger sowie Druckbehälter möglichst synchron für anstehende Instandhaltungsmaßnahmen außer Betrieb nehmen.

Eine **zustandsbezogene** Instandhaltung setzt eine kontinuierliche Diagnose des Abnutzungsgrades voraus, um einen nicht disponiblen Anlagenausfall zu vermeiden. Je umfassender der Anlagenzustand an Hand betrieblicher Diagnostik oder auf Grund spezifischer Erfahrung bekannt ist, um so effizienter ist diese Vorgehensweise. Bei Turbinen gibt bspw. die Messung des Schwingungsverhaltens und dessen zeitlicher Veränderung dem Fachmann die Möglichkeit, Trendanalysen zu entwickeln, um einen Revisionszeitpunkt frühzeitig in den betrieblichen Ablauf einzuplanen. Ein weiteres Beispiel ist die Überwachung von Komponenten- und Prozesswirkungsgraden, um an Hand gegebenenfalls vorliegender Historiedaten und Kenngrößen Rückschlüsse auf den Anlagenzustand zu ziehen.

Die Bedeutung der zustandsbezogenen Strategie hat in den vergangenen Jahren deutlich zugenommen. Als Grund sind die moderne Informationstechnologie und die Weiterentwicklung der Messgeräte anzusehen, die eine erweiterte Erfassung und Nutzung von Daten und Informationen aus den Prozessen erlauben [35]. Mit der am tatsächlichen Instandhaltungsbedarf orientierten zustandsbezogenen Strategie ist der Betrieb eher als bei der zeitbezogenen eher in der Lage, Kostensenkungspotenziale zu erschließen.

4.6.3 Kostenaspekte der Instandhaltung

Die Wahl der geeigneten Instandhaltungsstrategie sollte, soweit im Hinblick auf die Erfüllung gesetzlicher Auflagen überhaupt Freiheitsgrade bestehen, nach wirtschaftlichen Gesichtspunkten erfolgen. In der betrieblichen Praxis erweist sich dieses Ziel häufig als eine äußerst komplexe Aufgabe, da nicht nur die direkten Instandhaltungskosten sondern auch instandhaltungsbedingte Folgekosten zu beachten sind.

Grundlage für eine wirtschaftliche Instandhaltung ist eine komponenten- und bauteilbezogene Instandhaltungsstrategie. Je konsequenter diese Differenzierung erfolgt, um so höher sind die wirtschaftlichen Vorteile. So wird man einer Anlage, die in absehbarer Zeit stillgelegt werden soll, nur noch das unbedingt notwendige Maß an Instandhaltung zukommen lassen. Insbesondere wird man auf lebensdauerrelevante Ertüchtigungen verzichten. Für Bauteile oder Komponenten, die weder Sicherheitsfunktionen erfüllen noch für den Umweltschutz von Bedeutung sind, kann die störungsbedingte Instandhaltung, also der Betrieb bis zum endgültigen Versagen, die geeignete Lösung sein. Anders verhält es sich bei Instandhaltungsobjekten mit einem höheren Gefährdungspotenzial, bei denen die Freiräume für wirtschaftliche Optimierungen - vielfach allein schon wegen der zu beachtenden Regelwerke - eingeschränkt sind. Der Forderung nach Wirtschaftlichkeit ist in diesen Fällen immer dann Genüge getan, wenn die notwendigen Instandhaltungsmaßnahmen mit minimalen Kosten erledigt werden.

Beispiele für wirtschaftliche Gestaltungsmöglichkeiten bieten Instandhaltungsmaßnahmen, die den Wirkungsgrad einer Komponente und gleichzeitig deren Verfügbarkeit betreffen, wie dies bspw. bei inneren Ablagerungen von Gasturbinen der Fall ist. Sofern eine Online-Reinigungen nicht möglich sind, stellt sich die Frage nach der wirtschaftlich optimalen Häufigkeit von Reinigungsstillständen, die die Verfügbarkeit der Anlage negativ beeinfussen. Beide Aspekte - Wirkungsgrad und Verfügbarkeit bzw. Häufigkeit von Stillständen - haben einen Einfluss auf die Gesamtkosten des Betriebes, deren Minimum sich mit einer entsprechenden Datenbasis bestimmen lässt.

Wir wollen im Folgenden unterstellen, dass durch die Reinigung einer Turbinenbeschaufelung eine Regenerierung des Wirkungsgrades, der sich mit der Betriebszeit zunehmend verschlechtert hat, erreicht werden kann, und die hierzu erforderlichen Maßnahmen jeweils während eines im Voraus geplanten Anlagenstillstands erfolgen. Die Berechnung des zeitlich variablen Stromerzeugungswirkungsgrades soll auf Basis kontinuierlich gewonnener Messwerte erfolgen. Die gesamten Kosten für einen Reinigungsvorgang wollen wir mit KV bezeichnen (s. Abb. 4.28). Wir unterstellen weiterhin, dass der Betrieb den Verlust an eigener Stromerzeugung sowohl während der Reinigungsstillstände als auch als Folge der Wirkungsabnahme extern zu Kosten beziehen muss, die über den Kosten der

Eigenerzeugung liegen. Die Kosten der Wirkungsgradabnahme wollen wir mit KF bezeichnen. Mit steigender Häufigkeit der Reinigungsmaßnahme wachsen die kumulierten Kosten KV an, während die Kosten KF abnehmen. In der Abbildung 4.28 ist KV und KF und das Gesamtkostenminimum, das mit der gesuchten optimalen Reinigungshäufigkeit zusammenfällt, qualitativ dargestellt.

Im Allgemeinen stellt sich die Bildung der Gesamtkostenfunktion wesentlich komplexer als in dem gewählten Beispiel dar. Darüber hinaus dürfte die Datenbasis, die eine wesentliche Voraussetzung für die Bestimmung der einzelnen Kostenpositionen bildet, in den meisten Betrieben nicht vorliegen. Die zwangsläufige Folge ist dann eine suboptimale Lösung, bei der häufig nur die direkten Instandhaltungskosten minimiert werden. Wesentliche Vereinfachungen können sich ergeben, wenn die Energiebereitstellungsseite über ausreichende Reservekapazitäten und organisatorische Mittel verfügt, um bei Nichtverfügbarkeit von Erzeugungseinheiten kostenrelevante Rückwirkungen auf der Bedarfsseite - wie im Beispielfall - weitgehend auszuschließen.

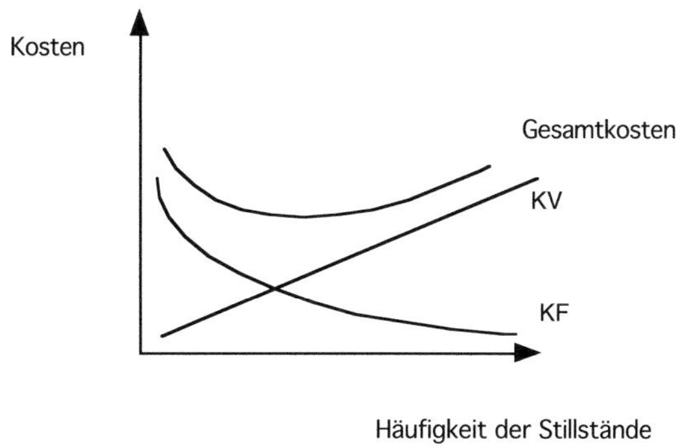

Abb. 4.28 Prinzip der Gesamtkostenbildung für eine periodische Turbinenreinigung

5. Rationelle Energieverwendung

Während sich das Kapitel 4 mit Technologien zur rationellen Energieumwandlung in industriellen Eigenanlagen befasst, steht im vorliegenden Kapitel die Energienutzung in den Produktionsbetrieben im Vordergrund. Dabei erlaubt die große Vielfalt unterschiedlicher Prozesse nur die Darstellung einiger ausgewählter Querschnittstechnologien, wobei der Schwerpunkt auf der Wärmenutzung liegt. In diesem Bereich konnten in der Vergangenheit erhebliche Einsparpotenziale realisiert werden.

Bezüglich branchenbezogener Analysen wird auf das Kapitel 3 verwiesen.

5.1 Wärmenutzung

Ein etabliertes Werkzeug zur Optimierung der Wärmewirtschaft insbesondere kontinuierlicher verfahrenstechnischer Prozesse stellt die **Pinch-Technik** dar. Ihre Entwicklung geht auf die späten siebziger Jahre zurück [36, 37]. Seitdem hat sich ihre Anwendung deutlich erweitert. Sie wird sowohl bei einzelnen Anlagen als auch zur Optimierung ganzer Standorte mit Erfolg eingesetzt. Der Anwendungsschwerpunkt liegt in der chemischen Industrie und hat sich dort zu einem selbstverständlichen Element bei der Planung und der betrieblichen Optimierung verfahrenstechnischer Prozesse entwickelt.

Die Pinch-Technik ist ein systematisches Werkzeug zur optimalen Nutzung der verfügbaren Wärme innerhalb und zwischen Produktionsprozessen mit dem Ziel einer Kostenminimierung. Das Ergebnis des Optimierungsprozesses ist eine maximal vertretbare prozessinterne Wärmeintegration bei minimalem externen Heiz- und Kühlbedarf. Grundlage für die Durchführung einer Pinch-Analyse ist das Verfahrensfließbild mit den Stoff- und Energiebilanzen des jeweiligen Prozesses. Dieses dient der Erstellung wesentlicher Analyseinstrummente wie der *Summenkurven (Composite Curves)* und der *Wärmestromprofile (Grand Composite Curves)*, die ihrerseits zur Struktur des Wärmeübertragungsnetzes und zur Dimensionierung der Wärmeaustauscher führen. Letztendliches Ziel ist eine Kostenschätzung zur Beurteilung der Wirtschaftlichkeit einer Wärmeintegrationsmaßnahme.

5.1.1 Einzelprozesse

In der Regel besteht der zu untersuchende verfahrenstechnische Prozess aus Stoffströmen, die von definierten Eingangstemperaturen auf definierte Zieltemperaturen aufgeheizt (kalte Ströme) und aus Stoffströmen, die abgekühlt werden (heiße Ströme). Die Pinch-Technik löst die Aufgabe, die maximale Wärmeintegration zu finden, durch Bildung der Summenkurven für die kalten und heißen Ströme. Die gewonnenen Summenkurven werden so einander zugeordnet, dass die Temperaturdifferenzen zwischen den heißen und kalten Strömen - unter Beachtung des zulässigen Mindestmaßes an Temperaturdifferenz am Pinch - minimiert werden.

Die wesentlichen Schritte der Pinch-Technik werden im Folgenden an einem Beispielprozess näher erläutert (Abb. 5.1):[16] Wir können dort je zwei kalte (A und C) und warme Ströme (B und D) erkennen. Der kalte Strom A beispielsweise muss von 50°C auf die Zieltemperatur 100°C aufgeheizt werden. Hierzu ist ein Wärmestrom von 75 kW erforderlich, den der heiße Produktstrom D, der seinerseits gekühlt werden muss, abgibt. In der Tabelle zur Abb. 5.1 sind für alle vier Ströme die Temperaturen t_{Ein} und t_{Ziel} (Eingangs- und Zieltemperatur) sowie die z u übertragenden Wärmeleistungen h aufgeführt.

Mit Hilfe dieser Daten kann nun für die heißen und kalten Stoffströme je ein t-h-Diagramm (Temperatur-Enthalpiestrom-Diagramm) erstellt werden (Abb. 5.2). Sofern die spez. Wärmekapazität c_p in den betrachteten Temperaturintervallen - wie im vorliegenden Beispiel - als konstant angenommen werden kann, ergeben sich jeweils lineare Beziehungen zwischen t und h. Das gemeinsame t-h-Diagramm oder die *Summenkurve* (*Composite Curve*) der kalten und heißen Ströme erhält

---

[16] Das Beispiel wurde einer Internet-Veröffentlichung von Keuken & de Koning B.V., 1998, entnommen.

man, indem man im horizontalen Überlappungsbereich der t-h -Diagramme die Punkte mit dem niedrigsten und höchsten Enthalpiestrom miteinander verbindet (Abb. 5.2, rechte Seite). Die so gebildeten Summenkurven stellen das Basiswerkzeug der Pinch-Technik dar.

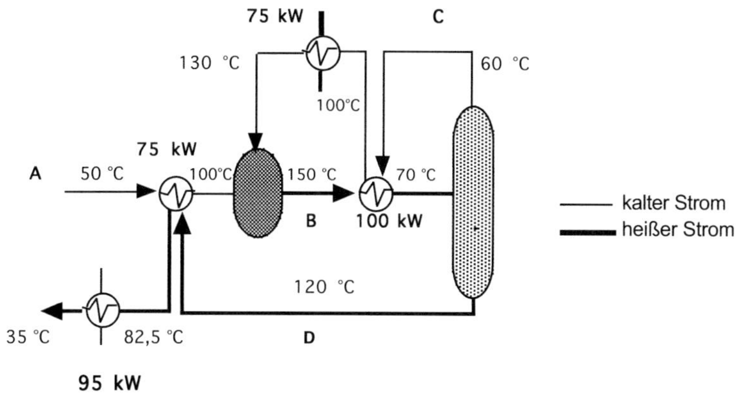

Stoff-Strom	Typ	Eingangstemp. t_{ein} °C	Zieltemp. t_{Ziel} °C	Enthalpiestrom $h = \dot{H} = \dot{m}c_p\Delta t$ kW	$h/\Delta t$ kW/°C
A	kalt	50	100	75	1,50
B	heiß	150	70	100	1,25
C	kalt	60	130	175	2,50
D	heiß	120	35	170	2,00

Abb. 5.1 Heiße und kalte Ströme im Beispielprozess (Ausgangssituation)

Damit Wärme vom heißen auf den kalten Strom technisch übertragen werden kann, muss eine ausreichend hohe "treibende" Temperaturdifferenz vorliegen. Dementsprechend werden die beiden Summenkurven so einander zugeordnet, dass die heiße Kurve insgesamt über der kalten liegt. Der Punkt mit dem geringsten vertikalen Abstand $\Delta t_{\min}$ trägt die Bezeichnung *Pinch* (Abb. 5.3). Durch horizontale Verschiebung der Kurven gegeneinander kann die Temperaturdifferenz verändert werden. Eine Vergrößerung führt zu einer kleineren vertikalen Überlappung der beiden Kurven und damit zu einem geringeren internen Wärmeaustausch. Als Folge vergrößert sich der externe Heiz- und Kühlbedarf. In umgekehrter Richtung stellt sich der maximale interne Wärmeaustausch bei einem Minimum an externem Energiebedarf dann ein, wenn Δt am Pinch den kleinsten technisch zulässigen Wert erreicht.

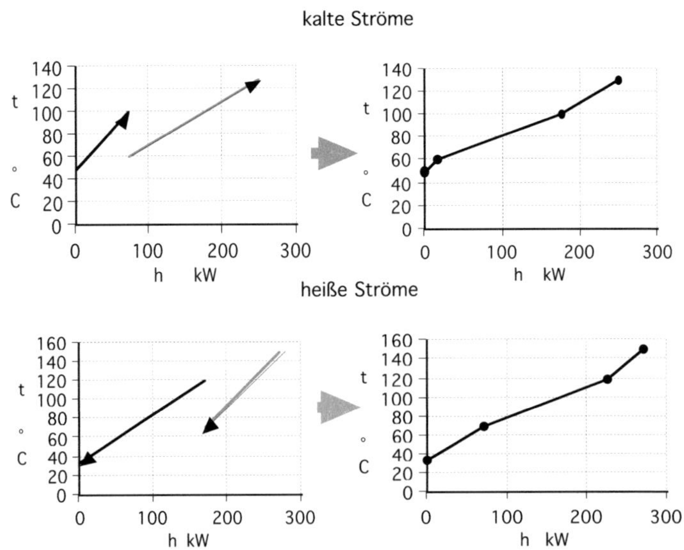

Abb. 5.2 Bildung der Summenkurven (rechts)

Das wirtschaftliche Optimum einer Wärmeintegrationsmaßnahme muss nicht mit der oben definierten kleinsten technisch realisierbaren Temperaturdifferenz am Pinch zusammenfallen; denn mit sinkendem $\Delta t_{\min}$ steigen die Investitonskosten für die technische Realisierung der Wärmeübertragung. Die Kosten aus der externen Energiebilanz verhalten sich gegenläufig. Im Endeffekt interessiert also das $\Delta t_{\min,opt}$, das zu einem Minimum bei den Gesamtkosten führt.

Der Optimierungsprozess mündet in ein gegenüber Abbildung 5.1 geändertes Verfahrensfließbild (Abb. 5.4). Während ursprünglich eine externe Heizleistung von 75 kW und eine Kühlleistung von 95 kW erforderlich war, genügt nach der Optimierung eine Heizleistung von 35 kW und eine Kälteleistung von 55 kW. Dieser Vorteil wird durch eine Modifikation des Wärmeübertragungsnetzes erkauft, ohne dass die wesentlichen Prozessparameter verändert wurden. Grundsätzlich sollte jedoch eine Änderung der Verfahrensparameter nicht ausgeschlossen werden, da hierdurch unter Umständen ein noch größeres Ersparnispotenzial erschlossen werden kann[17].

Mit Hilfe der Summenkurven haben wir Auskunft über die Höhe der extern zuzuführenden Energien erhalten. Über deren Qualitäten (Temperatur-/Druckstufe) sowie die Integration von Energieumwandlungsanlagen (KWK-Anlagen u. a.) kann das *Wärmestromprofil* Auskunft geben. Es lässt sich ebenfalls aus den Summenkurven gewinnen [38].

Nicht in jedem Fall kann der theoretische Kostenvorteil einer Wärmeintegrationsmaßnahme auch tatsächlich realisiert werden. Dies trifft immer dann zu, wenn übergeordnete betriebliche Aspekte wie eine nicht zu vertretende Komplexität der Anlagen - mit der Folge einer höheren Störanfälligkeit - betroffen sind oder der übliche Sicherheitsstandard negativ beeinflusst wird.

5.1.2 Standortintegration

Bei Standorten mit einer größeren Anzahl verfahrenstechnischer Anlagen führt die getrennte energetische Optimierung der Einzelprozesse nicht notwendigerweise zu dem gewünschten Gesamtoptimum. Analog zur Prozessintegration auf der stoff-

[17] Für die Optimierungsaufgaben stehen umfangreiche Software-Anbote zur Verfügung, u.a. in AUST, E. / SCHOLL, S. : Wärmeintegration als Element der Verfahrensbearbeitung, Chemie Ingenieur Technik (71) Nr. 7, 1999, S. 674 - 679

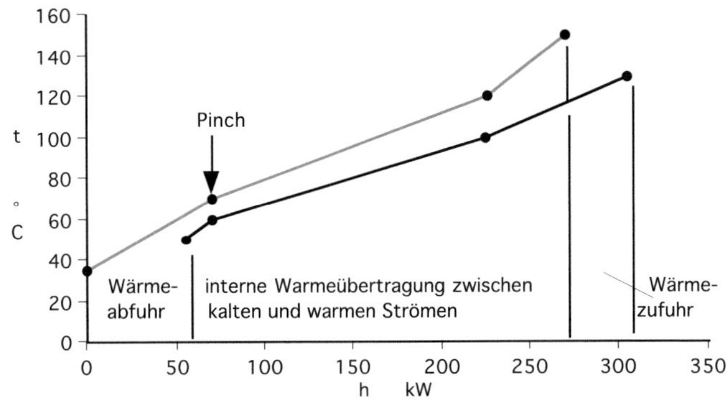

Abb. 5.3 Summenkurven der heißen und kalten Ströme mit Lage des Pinch im t-h-Diagrramm

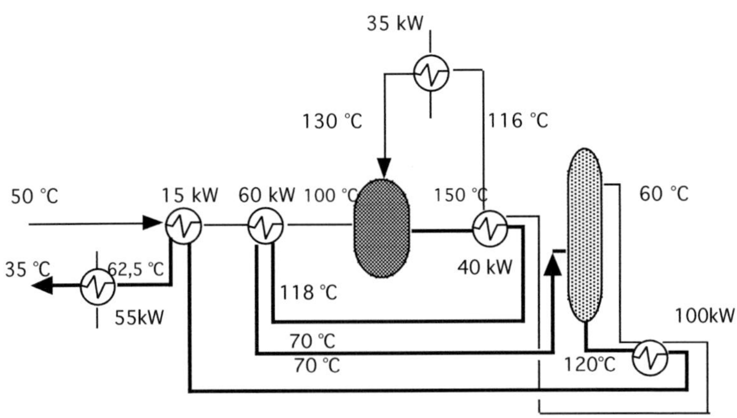

Abb. 5.4 Verfahrensfließbild des optimierten Prozesses (vgl. Abb. 5.1)

lichen Ebene ist die *energetische Standortintegration* ein Mittel, um suboptimale Lösungen zu vermeiden. Die Analyse ganzer Standorte bedient sich analoger Hilfsmittel wie die der Einzelanlagen. Dabei nimmt die *Standortsummenkurve,* die aus den Wärmestromprofilen der Einzelanlagen gebildet wird, eine wesentliche Funktion bei der Lösung der Aufgaben ein. Die Standortanalyse liefert neben der ganzheitlichen internen Wärmeintegration auch Aussagen zur extern zuzuführenden Heiz- und Kühlleistung [38].

5.2 Stromnutzung

Zwei Drittel des industriellen Stromverbrauchs werden in Deutschland in elektromotorischen Antrieben zur Erzeugung mechanischer Nutzenergie umgesetzt (vgl. Abb. 3.2). Sie stehen daher bei der Suche nach Einsparpotenzialen im Zentrum des Interesses. Die Struktur elektrischer Antriebe erlaubte es den Herstellern, sich bei der Suche nach Effizienz steigernden Technologien auf klar definierte Aufgabengebiete zu konzentrieren. Diese betreffen die energetische Optimierung von Elektromotoren und die elektronische Drehzahlregelung von Antrieben. Trotz ausgereifter Produkte mit deutlichen Effizienzverbesserungen ist deren Marktdurchdringung allerdings noch gering.

Elektronische Drehzahlregler führen dem Motor zu jeder Zeit nur soviel Energie zu, wie er für seine Antriebsaufgabe benötigt. Hohe Verluste z.B. durch Drosselung eines Förderstromes werden dabei vermieden. Die Wirtschaftlichkeit drehzahlgeregelter Antriebe richtet sich primär nach der Häufigkeit von Teillastphasen und instationären Betriebszuständen. Beim Einsatz energetisch optimierter Elektromotoren lassen sich dagegen während der gesamten Betriebszeit des Motors Einsparpotenziale realisieren. Die Umstellung auf diese Motoren ist in der Regel kurzfristig und ohne längere Anlagenstillstände und umfangreiche Eingriffe in die betroffene Anlage möglich.

Trotz der offensichtlichen Vorteile energetisch optimierter Antriebssysteme gibt es Hemmnisse für deren Einsatz. Zum Teil sind dies Wirtschaftlichkeitskriterien, die bei nicht ausreichender Rendite eine aus Effizienzsicht durchaus wünschenswerte Investition verbieten. Ein weiteres Hemmnis stellen die komplexen Marktstrukturen für Elektromotoren dar, von denen nur ein geringer Anteil direkt über den Handel an die Endabnehmer gelangt. Der überwiegende Teil wird über Komponenten- und Anlagenhersteller vertrieben, so dass die Effizienzmerkmale für den Endabnehmer nur noch bedingt wahrnehmbar sind.

5.2.1 Energetisch optimierte Elektromotoren

Bereits Ende der 70er-Jahre - als Antwort auf die erste Ölpreiskrise - haben einzelne Hersteller Energiesparmotoren entwickelt. Mit fortschreitender technischer Entwicklung und unter neuen energiepolitischen Zielsetzungen ergab sich zunehmend die Notwendigkeit, mehr Markttransparenz zu schaffen, um dem Kunden die Motorenauswahl zu erleichtern. Ein geeignetes Mittel war die standardisierte Klassifizierung der Motoren nach Effiziensklassen.

Ende der 90er Jahre einigten sich die europäischen Hersteller von Elektromotoren auf eine einheitliche Wirkungsgradklassifizierung.[18] Die Einigung sieht vor, dass zukünftig alle 2- und 4-poligen Niederspannungs-Drehstrommotoren von 1 bis 100 kW wirkungsgradbezogen klassifiziert werden. Danach sind die effizienzverbesserten Motoren den Klassen EEF1 und EEF2, die herkömmlichen Motoren der Klasse EEF3 zuzuordnen (s. Abb. 5.5, gültig für 2-polige Motoren) [39].

Zur Verbesserung der Motorwirkungsgrade setzt man mehr und/oder qualitativ verbesserte Materialien (Kupfer, Aluminium, Eisenbleche) ein. Der Wirkungsgradgewinn ist, wie die Abb .5.5 zeigt, im Wesentlichen leistungsabhängig.

[18] Grundlage ist eine freiwillige Selbstverpflichtung zwischen der EU und der CEMEP (europäische Vertretung der nationalen Herstellerverbände von Elektromotoren) aus dem Jahre 1999, in der man sich u.a. auf eine Reduzierung des Verkaufs von Motoren mit herkömmlichen Wirkungsgraden einigte.

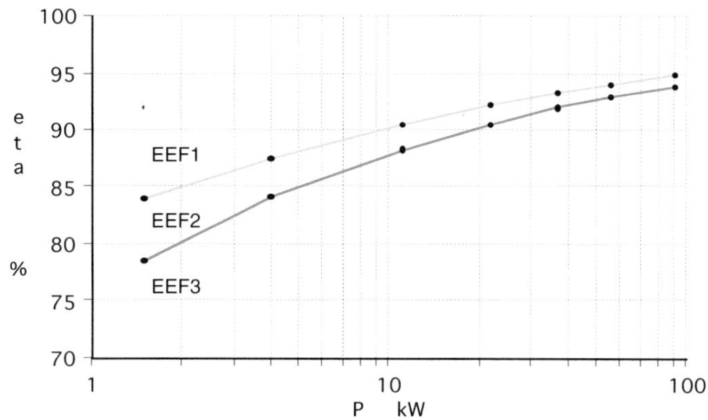

Abb. 5.5 Wirkungsgradklassifizierung für 2-polige Motoren, Quelle : ZVEI

5.2.2 Drehzahlveränderbare elektrische Antriebe

Bei vielen Antriebsaufgaben in der Industrie treten Betriebsphasen mit Teillast auf. Beispiele sind Pumpen und Ventilatoren, deren Förderströme entsprechend den Anforderungen der zu versorgenden Prozesse zeitbezogen angepasst werden. Bei geeigneter Wahl der Antriebs- und Regelsysteme lassen sich z. T.erhebliche wirtschaftliche Vorteile realisieren [40].

Am Beispiel von Pumpenantrieben, auf die mehr als die Hälfte des industriellen Stromverbrauchs für mechanische Antriebe entfällt, lassen sich die grundlegenden physikalischen Gesetzmäßigkeiten zeigen (Abb. 5.6): Der Betriebspunkt B einer Pumpe stellt sich dort ein, wo die Förderhöhen von Pumpe und Anlage gleich groß sind. Er ist identisch mit dem Schnittpunkt der Pumpenkennlinie $H(q)$ (auch als Drosselkurve bezeichnet) mit der Anlagenkennlinie $HA(q)$.

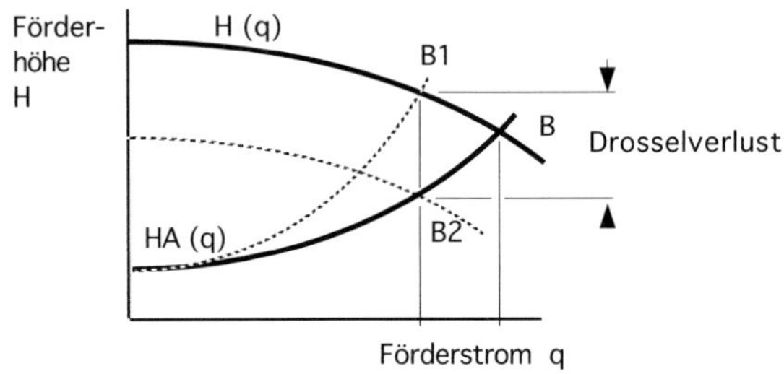

Abb. 5.6 Ändern des Förderstroms einer Kreiselpumpe durch Drosselung (Verschieben des Betriebspunktes auf der Drosselkurve H(q) von B nach B1) und durch Drehzahlanpassung (Verschieben des Betriebspunktes auf der Anlagenkennlinie HA(q) von B nach B2)

Ändern sich nun die Betriebsverhältnisse und wird beispielsweise ein kleinerer Förderstrom verlangt, gibt es vom Grundsatz her zwei Möglichkeiten, den neuen Betriebspunkt einzustellen. Sie beruhen entweder auf einer Anpassung der Anlagenkennlinie $HA(q)$ durch Drosselung oder Beipassschaltung oder auf einer Veränderung der Pumpendrehzahl $H(q)$.

Bei der Drosselung wird durch Vergrößern des Durchflusswiderstands - bspw. einer Armatur - die Fördermenge bei gleichzeitiger Erhöhung der Förderhöhe erniedrigt. Die Lage des Betriebspunktes ändert sich in Abb 5.6 dann von B nach B1. Bei einer Drehzahländerung dagegen wird die abgesenkte Fördermenge im Betriebspunkt B2, also bei einer deutlich geringeren Förderhöhe, erreicht. Die Differenz der Förderhöhen an den Betriebspunkten B1 und B2 wird als Drosselverlusthöhe bezeichnet. Da die aufzuwendende Leistung an der Pumpe dem Produkt aus der Förderhöhe H und dem Förderstrom q proportional ist, ist der energetische Vorteil der Drehzahlregelung gegenüber der Drosselregelung augenfällig.

Einen exemplarischen Systemvergleich der Leistungsbilanz von Drossel- und Drehzahlregelung bei einer Pumpenanlage zeigt die Abb. 5.7. Von beiden Systemen wird 100% Nutzleistung zur Verfügung gestellt, die aufzuwendende Einspeiseleistung ist bei Drehzahlregelung jedoch um über 40% geringer. Das Beispiel verdeutlicht, dass primär das Mengenregelungsverfahren die energetische Güte des Systems prägt und erst in zweiter Linie Wirkungsgradeinflüsse der Einzelkomponenten wie Motor oder Transformator.

Neben der Regelung von Fluidströmen gibt es eine große Anzahl weiterer Einsatzgebiete für drehzahlveränderbare Antriebe. Hierzu zählen u.a. Werkzeugmaschinen, Fördermaschinen und Antriebe für Aufzüge.

Eine Schlüsselkomponente für die Drehzahlregelung von Elektromotoren ist der Frequenzumrichter, dessen Entwicklung Anfang der 70er begann und inzwischen eine hohe Entwicklungsreife erreicht hat. Das Leistungsspektrum reicht von wenigen Watt bis zu etlichen MW. Die durch Wärmeentwicklung bedingten Verluste sind gering (< 5%) und spielen in der Gesamtbilanz eines Antriebs nur eine untergeordnete Rolle. Insbesondere durch den Einsatz der Mikroelektronik gelang es, die Basis für wirtschaftliche Anwendungen deutlich zu erweitern.

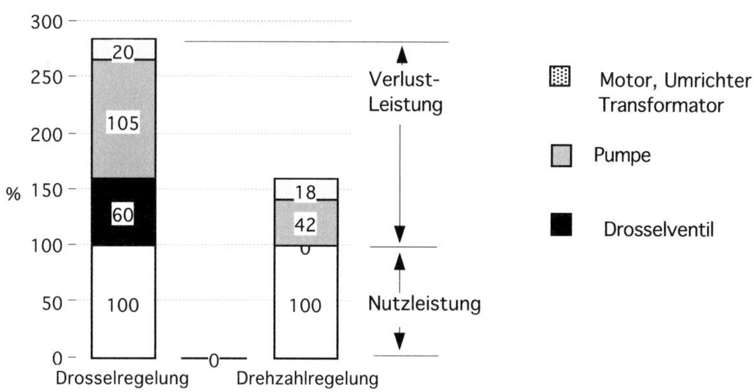

Abb. 5.7 Systemleistungsbedarf bei Drossel- und Drehzahlregelung
Quelle: ZVEI-Broschüre "Energiesparen mit elektrischen Antrieben"

5.2.3 Kraftübertragung durch Getriebe

Drehstrommotoren haben hohe Drehzahlen, die zum Teil erheblich über denen der niedrigtourigen Arbeitsmaschinen liegen. In diesen Fällen kommen Getriebe zur Drehzahlreduzierung zum Einsatz.

	Stirnrad	Kegelrad	Schnecke
Wirkungsgrad je Stufe %	ca.98		ca. 50...96

	Flachriemen	Keilriemen	Zahnriemen	Kette
Wirkungsgrad %	ca. 96...98	92 ...94	96...98	

Abb. 5.8 Wirkungsgrade von Getrieben, Quelle: ZVEI

Getriebe verursachen wie Frequenzumrichter zusätzliche Verluste, die je nach Bauart in weiten Bereichen variieren (s. Abb. 5.8). Die höchsten Wirkungsgrade pro Stufe erreichen mit ca. 98% Stirn- und Kegelradgetriebe, während mit Schneckengetrieben lediglich Wirkungsgrade von ca. 50 bis 96% realisierbar sind. Riementriebe gibt es in verschiedenen Ausführungen. Sie dienen nicht nur der Kraftübertragung von der Motorwelle auf die Welle der Arbeitsmaschine, sondern in vielen Fällen auch der Drehzahluntersetzung. Die energetischen Wirkungsgrade reichen je nach Ausführung von ca. 92% (unterer Bereich von Keilriemen) bis 98 % (oberer Bereich von Flach- und Zahnriemen). Die Wirkungsgrade von Kettentrieben liegen im Bereich derer von Flachriemen.

5.3 Druckluftnutzung

Druckluft ist in vielen Bereichen der Fertigungs- und Produktionstechnik ein unverzichtbarer und vielseitig verwendbarer Energieträger, der Kraft und Geschwindigkeit mit hoher Präzision und weitgehend gefahrloser Handhabung verbindet. Mit ihr sind mechanische Bewegungsabläufe auch auf kleinstem Raum speziell im Bereich der Regelung und Steuerung möglich. Druckluft konkurriert mit anderen Energieträgern wie insbesondere elektrischem Strom. Für den Nutzer ist infolgedessen ein sorgfältiger Wirtschaftlichkeitsvergleich unumgänglich, sofern Sicherheitsaspekte die Wahlmöglichkeiten nicht einschränken.

Seit Jahren weist die Pneumatik als wichtiges Anwendungsfeld der Druckluft deutliche Zuwachsraten auf. Der hohe Entwicklungsstand in weiten Bereichen der Automatisierungstechnik und der druckluftbetriebenen Roboter - bspw. in der Automobilindustrie - wäre ohne Druckluft nicht zu erreichen gewesen. Weitere Anwendungsgebiete sind der Schüttguttransport oder Druckluft als Prozessmedium bei Trocknungs- und Belüftungsaufgaben. In explosionsgeschützten Produktionsbereichen übernimmt Druckluft eine wichtige sicherheitsrelevante Funktion.

Dem Vorteil der vielseitigen Verwendbarkeit und einfachen sowie sicheren Handhabung stehen als Nachteil die hohen Kosten gegenüber. Druckluft ist der teuerste konventionelle Energieträger für industrielle Verwendungen. Nur etwa 10% der primärseitig eingesetzten Energie - in der Regel die elektrische Antriebsenergie - stehen als mechanische Expansionsarbeit in den Druckluftgeräten und Arbeitsmaschinen beim Verbraucher zur Verfügung. Der Grund sind die hohen Verluste beim Verdichtungsvorgang in den Kompressoren (vgl. auch. Kap. 4.4).

Druckluft wird in der täglichen Praxis häufig als "Hilfsenergie“ betrachtet, dessen Kostenrelevanz vielfach nicht wahrgenommen wird. Gründe hierfür können in den Kostenstrukturen liegen, die eine separate Erfassung der Druckluftkosten nicht vorsehen. Auch sind zuweilen getrennte Verantwortungsbereiche und organisatorische Barrieren für die unzureichende Kostentransparenz und damit ungenügende Realisierung von Ersparnispotenzialen verantwortlich.

Wegen der Bedeutung für übergeordnete Umweltziele haben sich nationale und internationale Untersuchungen mit der Thematik einer rationellen Druckluftverwendung befasst. Laut VDMA liegt das geschätzte jährliche Einsparpotenzial bei den zur Zeit in Deutschland betriebenen Druckluftsystemen bei etwa 5 TWh entsprechend 1% des Stromverbrauchs in Deutschland [41]. Analysen der EU kommen auf ein technisches und wirtschaftliches Ersparnispotential von ca. 30%, das über einen Zeitraum von etwa 15 Jahren realisiert werden könnte [42]. Diese pauschalen Feststellungen können zwar politischen Programmen dienen, dem einzelnen Industriebetrieb sind sie in der Regel wenig hilfreich. Für ihn zählen die real vorliegenden betrieblichen Fakten einschließlich der wirtschaftlichen Zwänge, die sich häufig einer externen Beurteilung entziehen. Andererseits sind viele Betriebe nicht in der Lage, zweckdienliche Analysen und Konzepte für eine Optimierung der Druckluftsysteme zu erstellen, so dass sie sich externer Expertise bedienen müssen. Diese kann beispielsweise bei den Herstellern in der Druckluftindustrie oder bei geeigneten Instituten abgerufen werden.[19]

Prinzipiell können Ersparnispotenziale längs der gesamten Prozesskette der Druckluftbereitstellung bestehend aus Antrieb, Verdichter, Druckluftaufbereitung, Verteilung und Verwendung liegen. Den Schwerpunkt bildet zweifelsohne die Erzeugungsanlage, deren Auslegung (Verdichtertyp, Größenstaffelung bei mehreren Einheiten) an erster Stelle über die Wirtschaftlichkeit entscheidet. Zu einer komplexen Aufgabenstellung gestaltet sich dabei in der Regel die Auskopplung der anfallenden Verdichterwärme, deren Nutzung wegen des niedrigen Temperaturniveaus häufig Schwierigkeiten bereitet. Nur in seltenen Fällen ist eine Verwendung der anfallenden Wärme zur Raumbeheizung wegen der geringen jährlichen Benutzungsdauer wirtschaftlich. Bei Kälte- oder Klimatisierungsbedarf stellt gegebenenfalls die Adsorptionskältetechnik eine geeignete Nutzungsvariante dar (vgl. auch Kap. 4.5). Im Übrigen wird auf die Fachliteratur u.a. unter [43] verwiesen.

[19] Der Maschinen- und Anlagenbauverband (VDMA) , das Fraunhofer Institut für System- und Innovationstechnik (ISI) und die Deutsche Energie Agentur (dena) haben ein Aktionsprogramm " Druckluft effizient " entwickelt. Im Rahmen dieses Programms sollen u. a. Informationen auch an Hand von Demonstrationsprojekten - angeboten werden. Eine breit angelegte Messkampagne dient dazu, Daten für Analysen bereitzustellen. Das Programm hat eine Laufzeit von 4 Jahren. Die Initiatoren erhoffen sich von diesem Programm eine signifikante Verbesserung der Effizienz von Druckluftanlagen.

Wegen der großen Vielfalt unterschiedlicher Nutzungstechnologien und -verfahren verbieten sich in diesem Zusammenhang detaillierte Empfehlungen für den Drucklufterzeuger und -nutzer. Allgemein gilt sicher die Forderung nach sparsamem Umgang mit Druckluft, die sich wie folgt präzisieren lässt:

- Druckluft sollte ausschließlich dort eingesetzt werden, wo sie durch keinen anderen Energieträger ersetzt werden kann. Die häufigste Alternative ist elektrischer Strom.
- Große und weit verzweigte Druckluftanlagen können erhebliche Leckageverluste aufweisen. Die Ursachen sind in der Regel vergleichsweise ein fach auszumachen und liegen meistens in einer ungenügenden Wartung. Unnötige Verluste ergeben sich auch durch Leerlauf und missbräuchlichen Einsatz.
- Eine wichtige Rolle für eine jederzeit bedarfsorientierte Erzeugung der Druckluft spielt eine übergeordnete Systemregelung, mit deren Hilfe unwirtschaftliche Teillast- und Leerlaufzeiten sowie nicht benötigte Druckspitzen vermieden werden.

5.4 Energierückgewinnung

Energierückgewinnung (End-of-the-Pipe-Technology) ist im Rahmen der energetischen Optimierung einer der möglichen Maßnahmen zur Reduzierung des Energiebedarfs industrieller Produktionsprozesse. Sie rangiert auf einer Prioritätenskala hinter der Minimierung des Nutzenergiebedarfs und der Prozessoptimierung (u.a. Reduzierung von Energieverlusten, energie- und materialeffizientere Fahrweise); denn wenn es gelingt, Abfallenergie ganz zu vermeiden, erübrigen sich Maßnahmen zu ihrer Rückgewinnung. Beispiele zeigen, dass bei einem Wirtschaftlichkeitsvergleich Energierückgewinnungsmaßmahmen vergleichsweise schlecht abschneiden [44]. Das schließt jedoch nicht aus, dass im Einzelfall erhebliche Ersparnispotenziale mit guter Wirtschaftlichkeit realisierbar sind. Bei bestehenden Produktionsanlagen stellt sie häufig die einzige Möglichkeit für eine Effizienzverbesserung dar.

Um suboptimale Lösungen zu vermeiden, sind die engen Wechselbeziehungen zwischen der energetischen und der verfahrenstechnischen Optimierung eines Prozesses zu beachten (s. Abb. 5.9). Erfahrungsgemäß werden die besten Erfolge dann erzielt, wenn es gelingt, bereits in einem möglichst frühen Stadium, d.h. bei der Verfahrensentwicklung und -planung, die beteiligten Fachbereiche zusammenzuführen. Eingriffe in bestehende Prozesse sind häufig nur mit erheblichem Aufwand verbunden und führen nur zu Teilerfolgen. Die in den vorangegangenen Kapiteln 5.1.1 und 5.1.2 vorgestellten Verfahren für eine übergreifende Wärmeintegration nach dem Prinzip der Pinch-Analyse kann als Beispiel für die Notwendigkeit eines ganzheitlichen Vorgehens gelten.

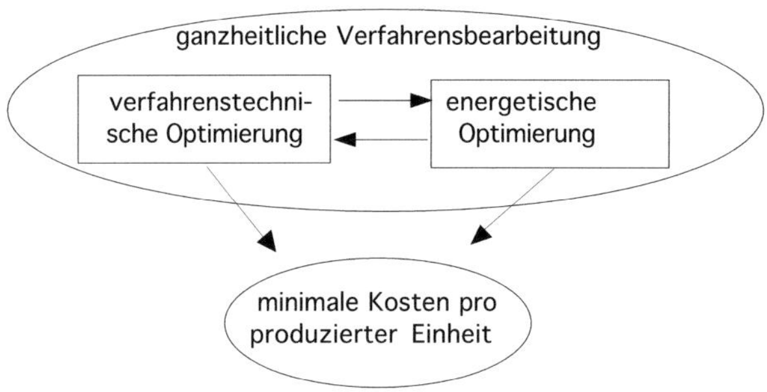

Abb. 5.9 Ganzheitliche Verfahrensbearbeitung als Voraussetzung für minimale Kosten pro produzierter Einheit

Die Tabelle in der Abbildung 5.10 zeigt typische Verfahren mit Anwendungsbeispielen für Energierückgewinnungsverfahren:

Lange Zeit galt die **Abwärmenutzung**, d.h. die Nutzung der fühlbaren Wärme in gasförmigen oder flüssigen Abfallströmen, wegen ihrer vergleichsweise breiten Anwendung und technologischen Vielfalt als Synonym für Energierückgewinnung. Ihre Bedeutung und gleichzeitig auch die Notwendigkeit weiterer Verbesserungen wird dadurch unterstrichen, dass 1995 in Deutschland 40% der erzeugten Prozesswärme als Abwärme verloren ging [46]. Dabei sollte jedoch nicht übersehen werden, dass es durchaus physikalische und technische Grenzen für eine effizientere Nutzung gibt.

	Anwendungen, beispielhaft
Abwärmenutzung	Nutzung der Abwärme aus Produktionsprozessen Wärmerückgewinnung in raumlufttechnischen Anlagen u.a.
Nutzung der Verbrennungsenthalpie von Produktionsabfällen	Verbrennung von Produktionsabfällen mit Wärmeauskopplung thermische Abluftreinigung mit Wärmeauskopplung u.a.
Nutzung der in Rest- oder Prozessgasen gespeicherten Exergie	Einsatz von Entspannungsmaschinen zur Gewinnung mechanischer Energie

Abb. 5.10 Energierückgewinnungsverfahren mit Anwendungen

Ein Beispiel für technologische Grenzen bei der Nutzung der eingesetzten Energie bieten Dampferzeuger in Kraftwerken. Sie nutzen die Wärme der sich bei der Verbrennung der Brennstoffe bildenden Rauchgase einerseits zur Verdampfung und Überhitzung des Dampfes wie auch zur Vorwärmung der Verbrennungsluft und der Brennstoffe. Bei dieser Nutzung ergeben sich wegen des Säuretaupunkts der Rauchgase, der sich brennstoffabhängig einstellt und im Bereich von 100°C bis 120°C liegt, technologische Grenzen, so dass die Restwärme nicht nutzbar ist und über den Kraftwerksschornstein an die Umwelt abgegeben wird. Die unter diesen Bedingungen erreichbaren Wirkungsgrade der Dampferzeuger liegen bei etwa 90%.

Industrieöfen, in denen 1995 in Deutschland mehr als die Hälfte der gesamten industriellen Prozessenergie umgesetzt wurde, bilden einen Schwerpunkt der industriellen Energienutzung. Betreiber der Öfen sind u.a. Stahlwerke und Kokereien sowie Hersteller von Walzstahl, Zement und Glas. Wie bei Dampferzeugern in Kraftwerken ist die Nutzung der Enthalpie der Rauchgase zur Vorwärmung der Verbrennungsluft eine der klassischen Verfahren der Abgaswärmenutzung. Vielfach wird das Rauchgas auch zur Gutvorwärmung eingesetzt. Die Realisierung weiterer Effizienzsteigerungen hängt u.a. davon ab, inwieweit es zukünftig gelingt, für die Wärmeübertragungsanlagen Sonderwerkstoffe für korrosive und hochtemperierte Gase zu entwickeln und wirtschaftlich einzusetzen [45].

Im Gegensatz zu der eher standardisierten Situation bei Kraftwerksdampferzeugern fällt die Abwärme bei industriellen Produktionsprozessen auf den unterschiedlichsten Temperaturniveaus an. Hinzu kommt, dass sich die Trägermedien dieser Abwärme bezüglich ihrer physikalischen und chemischen Eigenschaften vielfältig unterscheiden. Unter diesen Bedingungen sind weniger standardisierte als vielmehr situationsgerechte Einzellösungen gefragt.

Generell stellt das Temperaturniveau der Abwärme ein entscheidendes Nutzungskriterium dar. Ein häufig in industriellen Produktionsprozessen auftretender Temperaturbereich der Abwärme liegt bei etwa 100°C bis 300°C. Im Falle der direkten Verwendung kann diese Abwärme ohne Energieumwandlung beispielsweise zur Trocknung eines geeigneten Gutes oder für Raumheizzwecke genutzt werden. Daneben bieten sich energetische Umwandlungsprozesse an, die auf niedrigen Eingangstemperaturen beruhen. Beispiele sind die Verwendung von Niedertemperaturwärme als Antriebsenergie für einen Kälteprozess (vgl. auch. Kap. 4.5) oder die Ver-stromung auf Basis organischer Fluide (Organic Rankine Cycle, ORC) .

Der Kreisprozess einer ORC-Anlage ähnelt dem eines konventionellen Dampfkraftprozesses. In einem Wärmeaustauscher mit äußerer Wärmezufuhr wird ein organisches Arbeitsfluid an Stelle von Wasser verdampft und der Dampf anschließend überhitzt. Der Dampf expandiert unter Arbeitsabgabe in einer Turbinen oder einer Schraubenexpansionsmaschine, bevor er seine Restwärme zur Vorwärmung des flüssigen Arbeitsmediums abgibt. Die hierbei geleistete mechanische Arbeit kann in einem Generator in elektrische Energie umgewandelt werden. Anschließend wird der Dampf unter Wärmeabgabe kondensiert. Eine Pumpe erhöht sodann den Flüssigkeitsdruck auf das Expansionsniveau des Arbeitsdampfes. Da der Exergiegehalt des dem Prozess zugeführten Wärmestroms wegen des niedrigen Temperaturniveaus gering ist, kann auch nur eine entsprechend geringe Stromausbeute erwartet werden. ORC-Anlagen bilden wegen noch nicht ausreichender betrieblicher Bewährung und der hohen Investitionskosten in der industriellen Abwärmenutzung zur Zeit eine Ausnahme.[20]

Erhebliche Abwärmenutzungsmöglichkeiten bieten größere Produktionsstandorte der chemischen und petrochemischen Industrie, die durch eine Vielzahl unterschiedlicher verfahrenstechnischer Prozesse und Einzelbetriebe gekennzeichnet sind. Ihr Vorteil besteht darin, dass die örtlicher Nähe der Betriebe zueinander sowie die betriebs- und verfahrenstechnische Kopplung für die energetische Integration besonders geeignet sind. Für die Optimierung der Wärmewirtschaft einzelner Anlagen und ganzer Standorte wird die im Kapitel 5.1 beschriebene Pinch-Technik mit Erfolg eingesetzt.

Eine besondere Form der Abwärmenutzung stellt die Wärmerückgewinnung in raumlufttechnischer Anlagen zur Belüftung und Klimatisierung von Produktionshallen und Verwaltungsgebäuden dar. Durch den Einbau einer Wärmerückgewinnung verringert sich der Heizwärmebedarf und die Anschlussleistung der Anlage. Zu beachten ist, dass mit der Wärmerückgewinnung ein erhöhter Druckverlust und damit ein Anstieg beim Strombedarf einhergeht [46].

Kernkomponenten in Wärmerückgewinnungsanlagen sind die Wärmeaustauscher. Man unterscheidet Systeme, in denen die Wärme direkt durch eine Trennfläche übertragen wird (Rekuperatoren) von Systemen mit Zwischenträgern in Form von Rotationswärmeaustauschern mit umlaufenden meist metallischen oder keramischen Speichermassen oder mit einem separaten Wärmeträgerkreislauf (Regeneratoren). Während früher bei der direkten Wärmeübertragung in der Regel einfache Rohrwärmeaustauscher eingesetzt wurden, sind dies heute hochentwickelte Konstruktionen, die durch ihre Formgebung und die Materialwahl hohe Übertragungsleistungen auch unter schwierigen Betriebsbedingungen gewährleisten.

---

[20] In einem Werk der HEIDELBERGER ZEMENT ging 1999 eine ORC- Anlage zur Verstromung von Niedertemperaturwärme in Betrieb (elektr. Leistung 1,1 MW, elektr. Wirkungsgrad ca. 10 %,Verfügbarkeit 98 %). Wärmequelle ist der Abluftstrom eines Klinkerkühlers mit einer Temperatur von 275 °C. Als Arbeitsmedium des ORC-Prozesses ist Pentan eingesetzt. Aus Sicherheitsgründen ist dem Pentankreislauf ein Wärmeträgeröl- Kreislauf vorgeschaltet (Quelle: HEIDELBERGER ZEMENT)

Die **Nutzung der Verbrennungsenthalpie von Produktionsabfällen** oder energetisch ergiebiger Koppelprodukte wie beispielsweise die bei der Roheisen- und Kokserzeugung anfallenden Hochofen -und Koksofengase ist eine weitere Methode der industriellen Energierückgewinnung. Soweit es sich um kraftwerksgängige Abfälle ausreichender Menge handelt, können diese direkt konventionelle Brennstoffe in industrieeigenen Kraftwerkskesseln substituieren (zu den Technologien und gesetzlichen Rahmenbedingungen s. Kap. 4.3.3).

Für schwierige Abfälle stehen spezielle Müllverbrennungsanlagen mit geeigneter Aufbereitung und Rauchgasreinigung zur Verfügung, in denen in nachgeschalteten Wärmeaustauschern Dampf erzeugt wird.

Eine weitere Variante bilden industrielle Abluftreinigungsanlagen mit Wärmerückgewinnung. Sie dienen der Reinigung der Prozessabluft auf thermischem oder katalytischem Wege. Sie haben sich seit langem unter den unterschiedlichsten Einsatzbedingungen bewährt. Welches der beiden Verfahren zum Einsatz kommt, hängt u. a. von der Schadstoffart und ihrer Konzentration ab. Die Verbrennung erfolgt entweder autotherm oder unter Zugabe eines konventionellen Brennstoffes. Die Übertragung der Rauchgaswärme an einen geeigneten Wärmeträger - z.B. Dampf- erfolgt in einem speziellen Wärmeaustauscher.

Erdgaslieferanten übergeben großen Verbrauchern das Erdgas häufig mit hohem Transportdruck direkt aus den Ferngasleitungen. Um das Erdgas in das mit geringerem Druck betriebene unternehmensinterne Netz einspeisen zu können, muss der Druck in Reduzierstationen erniedrigt werden. Dies kann mit Hilfe von Entspannungsturbinen geschehen, die die im Erdgas gespeicherte Druckenergie in mechanische Energie umwandeln und somit die gespeicherte Exergie nutzbringend zur Strom- oder Drucklufterzeugung verwerten. Auf diesem Wege wird die von den Ferngasnetzbetreibern aufgebrachte Verdichtungsarbeit nach Abzug der Transport- und Umwandlungsverluste von den Erdgasverbrauchern zu einem erheblichen Teil zurückgewonnen. Die Alternative wäre eine verlustbehaftete Druckreduzierung in einfachen Drosselorganen. Die gewonnene Energie steht dem Erdgaskunden jedoch keineswegs kostenlos zur Verfügung; denn er hat schließlich mit dem Erdgaspreis auch die spezifische Verdichtungsarbeit bereits bezahlt. In Analogie zu dem beschriebenen Beispiel gibt es in vielen verfahrenstechnischen Prozessen nutzbare Exergie-Rückgewinnungspotenziale in Prozess- und Restgasen. Voraussetzung ist, dass ein Fuid eine Prozesskette mit unterschiedlichen Druckniveaus durchläuft, die sich für eine Umwandlung in mechanische Energie eignet.

Zur Energieumwandlung bieten sich Entspannungsmaschinen in unterschiedlicher Bauart an. Hierzu gehören sowohl axial als auch radial durchströmte Turbinen wie auch rückwärts laufende Pumpen, die in Baukastenform in einem weiten Leistungsbereich verfügbar sind. Neuere Entwicklungen beschäftigen sich mit dem Einsatz von Schraubenmotoren zur Energierückgewinnung.

6. Klimaschutz und Luftreinhaltung

In Deutschland ist in den letzten Jahren eine deutliche Entkopplung von wirtschaftlichem Wachstum und der Entwicklung umweltrelevanter Emissionen zu beobachten (s. Abb. 6.1). Im Mittelpunkt stehen dabei die Emissionen luftgängiger Schadstoffe. Während das reale Bruttoinlandsprodukt (BIP) im Zeitraum 1991 bis 2000 um 15% wuchs, nahmen die Schadstoffemissionen - in der Abbildung ist die Entwicklung der CO_2-, NO_x- und SO_2 -Emissionen dargestellt - z. T. erheblich ab.

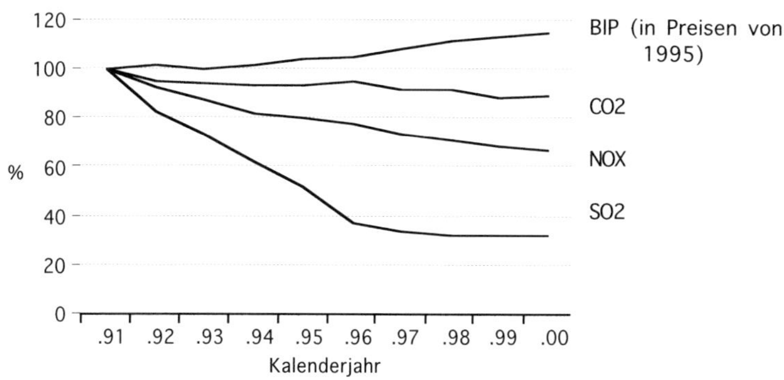

Abb. 6.1 Wirtschaftliche Entwicklung und Schadstoffemissionen in Deutschland (Schätzwerte für die Jahre 1999 und 2000), Quelle: Statistisches Bundesamt, Umweltbundesamt

Schadstoffemissionen entstehen energiebedingt überwiegend in Kraftwerken der öffentlichen Versorgung und der Industrie, in privaten Haushalten, in Handel und Gewerbe sowie im Verkehrssektor. Hinzu kommt eine Reihe industrieller Produktionsprozesse. Die Anteile der einzelnen Emittentengruppen an der gesamten Emissionsfracht unterliegen sektorspezifischen Einflussfaktoren wie Wachstum und Nutzungseffizienz und haben sich in der Vergangenheit unterschiedlich entwickelt. Hierzu trägt auch der Einfluss staatlicher Regelungen bei, die zum Teil von sozialen Aspekten geprägt sind und die einzelnen Emittentengruppen verschieden stark treffen.

Die Begriffe Klimaschutz und Treibhauseffekt haben im Allgemeinen einen globalen Aspekt und sind mit Emissionen von Gasen wie Kohlendioxid, Methan u. a. verbunden (s. Kap. 6.4). Der Begriff Luftreinhaltung bezieht sich auf die Vermeidung der Emissionen an Schwefeldioxid, Stickoxiden und Stäuben, deren Wirkung eher lokal einzustufen ist (s. Kap. 6.5). In Bezug auf Minderungsziele und -strategien gewinnen die Emissionen von Treibhausgasen auf nationaler und internationaler Ebene zunehmend an Bedeutung, während die klassischen Schadstoffe wie Schwefeldioxid und Stickoxide in der öffentlichen Diskussion tendenziell in den Hintergrund treten. Die Gründe für diese Gewichtsverlagerung liegen einerseits in den Erfolgen der Energiewirtschaft, der Industrie und des Sektors Verkehr bei der seit etwa 1980 zu beobachtenden Minderung dieser Schadstoffe andererseits in dem hohen Koordinierungs- und Umsteuerungsbedarf auf internationaler und nationaler Ebene und den höheren Anpassungskosten bei der Reduktion von Treibhausgasen.

Die energiebezogenen Umweltbeeinträchtigungen der Industrie resultieren aus dem Betrieb industrieller Eigenanlagen auf Basis fossiler Energieträger, und zudem - indirekt - aus dem Bezug von Sekundärenergien wie Strom von externen Erzeugern aus dem allgemeinen Versorgungsbereich. Mit der differenzierten Betrachtungsweise nach direkt und indirekt verursachten Emissionen löst man sich von der rein lokal bezogenen Bilanzierung - also von der Frage: Wo entstehen die Emissionen? - und stellt den Verursachungsaspekt als maßgebend in den Vordergrund.

In einem Unternehmen gehören Umwelt- bzw. Klimaschutz wie u. a. Wirtschaftlichkeit zu den Kernzielen, die in enger Wechselbeziehung zueinander stehen (Kap. 6.1). Ihre Umsetzung erfolgt vor dem Hintergrund der jeweiligen umweltpolitischen Rahmenbedingungen (Kap. 6.2) mit den Instrumenten, die der jeweiligen betrieblichen Situation angemessen sind und durchaus zeitlich flexibel gestaltet werden können. Wegen der Komplexität industrieller Energieumwandlungs- und Produktionsprozesse sind für eine optimale strategische und operative Ausgestaltung entsprechende unternehmerische Freiräume unverzichtbar. Dies gilt besonders für den integrierten Umweltschutz, der zunehmend an Bedeutung gewinnt (Kap. 6.3).

6.1 Das Unternehmensziel Umweltschutz

Zwischen den Einzelzielen eines Unternehmens bestehen, wie bereits eingangs ausgeführt wurde, z. T. starke gegenseitige Abhängigkeiten. Dieses läßt sich deutlich an Hand des Wertepaares Wirtschaftlichkeit und Umweltschutz zeigen (Abb. 6.2). Oftmals können ohne größeren Kapitaleinsatz durch einfache Verhaltensänderungen der Beteiligten oder durch organisatorische Maßnahmen mit den Mitteln des Lastmanagements der Energieverbrauch - gleichbedeutend mit Kosten - und gleichzeitig die Emissionen verringert werden (vgl. Kap. 14.1). In Fällen wie diesem geht es häufig nicht um den maximalen Erreichungsgrad nur eines Ziels, sondern um die Optimierung eines Systems von Zielen mit dem Ergebnis einer optimalen Wirtschaftlichkeit bzw. eines optimalen Umweltschutzes.

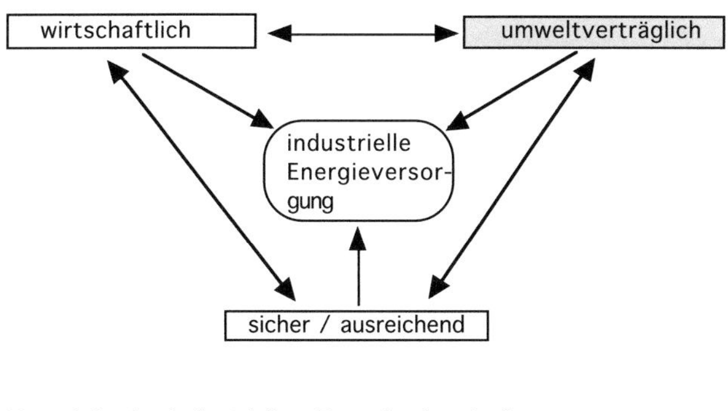

Abb. 6.2 Kernziele der industriellen Energiewirtschaft

Die vielfältigen Abhängigkeiten der Kernziele untereinander lassen sich an Hand einer Aufschlüsselung nach zugeordneten Teilzielen erläutern. Zu diesem Zweck sind in der Abb. 6.3. ausgewählte Teilziele der industriellen Energieversorgung mit wirtschaftlichem, umwelt- und sicherheitsrelevantem Bezug den Stufen des industriellen Energieumsatzes - Beschaffung, Umwandlung / Verteilung und Nutzung -

zugeordnet. Energiebeschaffung und -nutzung sind unternehmensintern in der Regel auch bei kleineren Unternehmen anzutreffen, während sich der Betrieb eigener Umwandlungsanlagen nach der Höhe des Energiebedarfs und den spezifischen Anforderungen der Produktionsbetriebe richtet. Gegenseitige Abhängigkeiten zwischen den Teilzielen sind in der Abbildung dunkel hervorgehoben.

	wirtschaftlichkeits-relevante Ziele	umweltrelevante Ziele	Ziele bezüglich einer sicheren u. ausreichenden Versorgung
Beschaffung	- kostengünstig - Minimierung von Preisrisiken (s. Kap. 15.2.1) - Portfoliomanagement (s. Kap. 14.2.1)	emissionsarme Energieträger (s. Kap. 6.4.3)	- bedarfsgerecht nach Menge u. Leistung - Minimierung kritischer Beschaffungsrisiken (s. Kap. 15.2)
Umwandlung Verteilung	Wirtschaftlichkeit bei Investitionen und sonst. Maßnahmen (s. Kap. 7)	hohe Primärenergienutzungsgrade (s. Kap. 4.3)	- ausreichende Kapazitäten in der Energieumwandlung u. verteilung - Minimierung von kritischen Ausfallrisike (s. Kap. 15.2)
Nutzung	Wirtschaftlichkeit bei Investitionen und sonst. Maßnahmen (s. Kap. 7)	hohe Energieeffizienz (s. Kap. 5)	Setzen von Prioritäten bei Versorgungsengpässen (s. Kap. 15.2)

Abb. 6.3 Aufschlüsselung der Kernziele nach Teilzielen

Die Tabelle 6.3 verdeutlicht die engen Wechselbeziehungen zwischen Umweltschutz und Wirtschaftlichkeit, während das Ziel einer sicheren und ausreichenden Versorgung mit Energien von Umweltschutzaspekten in der Regel deutlich geringer tangiert wird. Die gegenseitige Beeinflussung erstreckt sich über alle Stufen der Energiebereitstellung und -nutzung. Auf der Ebene der Energiebeschaffung ist das Umweltziel, Energieträger mit möglichst geringen spezifischen Emissionen in den Eigenanlagen einzusetzen, mit dem wirtschaftlichen Ziel nach preisgünstigen und mit minimalen Preisrisiken behafteten Energiebezügen in Einklang zu bringen. Auf den Ebenen Umwandlung/Verteilung und Nutzung sind die gegenseitigen Abhängigkeiten noch deutlicher ausgeprägt. Projekte, die bei ausreichender Rentabilität zu einer Effizienzsteigerung und Verbesserung der Umweltsituation eines Betriebs führen, haben die größten Realisierungschancen. Entscheidungsrelevant sind dabei immer die Gesamtkosten eines Projektes einschließlich des finanziellen Aufwands für die Beschaffung der Primärenergien, dessen Prognose mit erheblichen Risiken behaftet sein kann und daher u.U. die Realisierungschancen schmälert. Wirtschaftliche Restriktionen ergeben sich auch dann, wenn mit zunehmender Ausschöpfung von Effizienzpotenzialen die aufzuwendenden Kosten ansteigen, und als Folge die Wirtschaftlichkeit sinkt. Letztendlich erschöpfen sich Maßnahmen dort, wo physikalisch-technische Grenzen erreicht werden.

Wechselbeziehungen zwischen Wirtschaftlichkeit und einer sicheren und ausreichenden Energieversorgung sind seltener. Einer dieser Fälle liegt dann vor, wenn sich ein Unternehmen aus Gründen der Versorgungssicherheit für einen Primärenergiemix, der auch emissionsreiche Brennstoffe wie Kohle enthält, entscheidet, und damit seine Emissionen beeinflusst.

Wie die Tabelle 6.3 im Einzelnen zeigt, hat die Industrie die Möglichkeiten, auf allen Ebenen des Energieumsatzes von der Energiebeschaffung über die -umwandlung und -verteilung bis zur -nutzung auf umweltrelevante Potenziale zuzugreifen. Insofern unterscheidet sie sich von den übrigen Verbrauchssektoren. Diese besondere Situation erlaubt es der Industrie eher, unter mehreren Optionen zu wählen und bei der Umsetzung von umweltbezogenen Zielen jeweils optimale Strategien und Maßnahmen zu wählen. Die Erfolge der Industrie beim Umweltschutz sind u.a. durch diese besonderen Umstände zu erklären.

6.2 Umweltpolitische Instrumente

Mit der Ausgestaltung der Umweltpolitik greift der Gesetzgeber nachhaltig in den betrieblichen Umweltschutz ein. Bei der Beurteilung dieser Instrumente spielen Kriterien wie ökologische Treffsicherheit und ökonomische Effizienz eine wichtige Rolle, wobei aus Sicht der Industrie Wettbewerbsneutralität, Planungssicherheit und die Möglichkeit flexiblen Reagierens zusätzlich im Mittelpunkt stehen. In der Abb. 6.4 ist das umweltpolitische Instrumentarium mit Beispielen aktueller Ausgestaltung, soweit der Energiesektor der Industrie betroffen ist, zusammengestellt. Die Tabelle beschränkt sich auf den Teil der Umweltpolitik, der dem Klimaschutz und der Luftreinhaltung zuzuordnen ist. Sie ist gegliedert nach ordnungsrechtlichen Vorgabe von Grenzwerten, ökonomischen Instrumenten, Selbstverpflichtungen der Industrie, Förderprogramme und organisatorischen Instrumenten.

Das Bundesimmissionsschutz-Gesetz mit den zugehörigen Verordnungen und Verwaltungsvorschriften (u. a. 13. BImSchV für Großfeuerungsanlagen, 17. BImSchV für Anlagen zur Verbrennung von Abfällen, TA-Luft Technische Anleitung zur Reinhaltung der Luft) gibt anlagenbezogene **Emissionsgrenzwerte** als einheitliche Standards vor, die für alle betroffenen Emittenten bindend sind. Die einzelnen Regelwerke lassen dem Anlagenbetreiber nur geringe Freiräume für die Entwicklung von flexiblen Strategien und Maßnahmen. Für die industrielle Energiewirtschaft war in der Vergangenheit insbesondere die Großfeuerungsanlagen-Verordnung das Regelwerk, nach dessen Maßgabe Eigenanlagen umgerüstet bzw. über eine definierte Restnutzungszeit weiterbetrieben wurden. Aus Sicht der Industrie mangelt es zur Zeit trotz Bemühungen der EU um einheitliche Rahmenstandards an einer internationalen Harmonisierung der nationalen Regelwerke.

Im Gegensatz zur ordnungsrechtlichen Vorgabe von Emissionsgrenzwerten lassen **preispolitische Instrumente** wie die Ökosteuer dem Emittenten ein größeres Maß an Freiheit und Flexibilität bei der Wahl seiner Anpassungsreaktionen. Mit der gezielten Preisbeeinflussung versucht der Gesetzgeber, einerseits allgemein die effiziente Nutzung von Energieträgern zu fördern, um damit eine Reduzierung energiegebundener Schadstoffe zu erreichen, andererseits Anreize für den Einsatz bestimmter emissionsarmer Energieträger zu bieten. Orientiert man sich an diesem

Ziel, müssten Brennstoffe mit vergleichsweise geringen spezifischen Emissionen niedriger besteuert werden oder von der Steuer ganz befreit bleiben. Diese Lenkungswirkung lässt die aktuelle Systematik der Ökosteuer jedoch vermissen, sodass nicht klar wird, welche Umweltinanspruchnahme primär vermieden werden soll (Besteuerung von Erdgas, keine Besteuerung von Kohle, vgl. auch. Kap. 11.2).

	Beispiele aktueller Ausgestaltung
Vorgabe von Emissionsgrenzwerten	- Technische Anleitung zur Reinhaltung der Luft (TA-Luft) - Großfeuerungsanlagen-Verordnung (13. BlmSchV) - Verordnung für Anlagen zur Verbrennung von Abfällen (17. BlmSchV)
preispolitische Instrumente marktwirtschaftliche Instrumente	- ökologische Steuerreform - flexible Instrumente des Kyoto-Protokolls wie u. a. der Handel mit Emissionsrechten
Selbstverpflichtungen der Industrie	- Klimaschutzerklärung der deutschen Industrie - Branchenverpflichtungen
Förderprogramme, Subventionen	- Kraft-Wärme-Kopplungsgesetz - Erneuerbare-Energien-Gesetz
Organisatorische Instrumente	- Ökoaudit - Umweltberichte

Abb. 6.4 Auswahl energierelevanter umweltpolitischer Instrumente

Ab Anfang 2005 wird der von der EU vorgeschriebene Handel mit Emissionsrechten als marktwirtschaftliches Instrumentarium eingeführt und auch für energieintensive Industrien verpflichtend werden. Das Prinzip besteht darin, dass ein Unternehmen für jede Tonne Kohlendioxid, die es über ein vom Staat gebilligtes Maß hinaus emittiert, Emissionsrechte erwerben muss. Dieser Handel verläuft im Rahmen einer auf nationaler Ebene genau definierten Obergrenze an Gesamtemissionen und einer zuvor vorgenommen Verteilung der Rechte auf die einzelnen Emittenten oder Emittentengruppen. Das Zusammenspiel von "Deckelung" der Emissionen und Zertifikathandel (cap and trade) soll die volkswirtschaftlichen Kosten für den Klimaschutz auf ein Minimum senken, wobei schlussendlich der Markt den Preis für die Zertifikate bestimmt. Unternehmen, die in effizientere Anlagen investieren, können überzählige Rechte verkaufen, und damit die Wirtschaftlichkeit der Investition steigern (vgl. auch. Kap. 11.5).

Mit **Selbstverpflichtungen** verbindet die Industrie das Ziel, umweltpolitische Vorgaben mit einem Höchstmaß an Flexibilität und Wirtschaftlichkeit zu realisieren. Dabei liegt es im Charakter dieses umweltpolitischen Instrumentariums, dass die Industrie die Zieldefinitionen weitgehend selbst vornimmt. Neben Vereinbarungen der Industrie insgesamt stehen entsprechende Abkommen einzelner Industriebranchen (vgl. Kap. 11.4).

Umweltschutz wird auf vielfältige Weise durch öffentliche Gelder aus EU-, Bundes- und Ländermitteln gefördert. Die **Förderprogramme** sind in der Regel zeitlich begrenzt und dienen der Einführung neuartiger Umweltschutztechnologien bzw. der Unterstützung von Investitionen in effizientere Anlagen. Beispiele für den Energiesektor sind das Kraft-Wärme-Kopplungsgesetz und das Erneuerbare-Energien-Gesetz. Zweck des KWK-Gesetzes ist ein befristeter Schutz der KWK, um besondere Härten der Strommarktliberalisierung zu mildern. Das EEG hat das Ziel, erneuerbare Energien zu einem wesentlichen Standbein der Energieversorgung in Deutschland zu machen. Die Industrie ist durch diese Gesetze weniger als Nutznießer, vielmehr als Träger der daraus resultierenden Belastungen in Folge der Erhöhung der Netznutzungsentgelte betroffen (vgl. Kap. 11.3).

Zu den **organisatorischen Instrumenten** zählt das Ökoaudit, mit dessen Hilfe die Umweltstandards eines Unternehmens mit gesetzlichen Regeln und Vorgaben verglichen werden. Bei positiver Beurteilung stellt ein Umweltgutachter ein Zertifikat aus. Es ist auf die ganzheitliche Behandlung eines Standortes einschließlich der Infrastrukturprozesse ausgerichtet .

6.3 Additiver und integrierter Umweltschutz im industriellen Energiesektor

In der Zielhierachie des betrieblichen Umweltschutzes steht die Vermeidung von umweltrelevanten Schadstoffen an oberster Stelle. Dies betrifft sowohl produktionsbedingte Abfälle und Emissionen als auch Schadstoffe, die bei der Energieumwandlung in den Eigenanlagen auftreten. An energieintensiven Produktionsstandorten sind diese häufig ein wesentlicher Teil der Gesamtemissionen.

Energiewirtschaftliche Strategien zur Vermeidung oder Verminderung umweltschädlicher Emissionen können längs des gesamten Energiebereitstellungs- und -nutzungspfades ansetzen. Dabei unterscheidet man die beiden folgenden Vorgehensweisen: Prozessintegrierter Umweltschutz bedient sich Verfahrenstechniken, bei denen die Bildung von Schadstoffen vermieden bzw. weitestgehend reduziert wird. Demgegenüber nutzt der additive Umweltschutz nachgeschaltete Technologien zur Abscheidung bzw. Umwandlung von Schadstoffen. In vielen Fällen sind die beiden Strategien nicht als Alternativen zu verstehen, sondern wegen ihrer spezifischen Effizienzprofile bei der ökologischen Optimierung als gegenseitige Ergänzung kombiniert im Einsatz.

Additive Umwelttechniken sind spezialisierte Verfahren mit in der Regel hoher Emissionsreduktion, die in die Prozesse integriert oder ihnen nachgeschaltet werden. Sie erfordern keine oder nur unwesentliche Änderungen des betreffenden Prozesses, sodass sie sich auch bei bestehenden Anlagen nachträglich realisieren lassen. Ihr additiver Charakter macht sie bezüglich Zeitpunkt ihres Einsatzes häufig unabhängig von den Erneuerungszyklen des Basisprozesses, sodass eine Realisierung vergleichsweise kurzfristig erfolgen kann. Sie erfordern in der Regel neben Kapital zusätzlichen Energie-, Bedienungs- sowie Instandhaltungsaufwand, verursachen damit zusätzliche Kosten und schmälern den Ertrag. Typische Beispiele aus dem Energiesektor sind Rauchgasreinigungsanlagen für Staub, Schwefeldioxid und Stickoxide hinter Kraftwerkskesseln. Für Kohlendioxidemissionen stehen keine additiven Technologien zur Verfügung. Ihre Reduzierung ist grundsätzlich auf integrierte Umweltschutzmaßnahmen beschränkt.

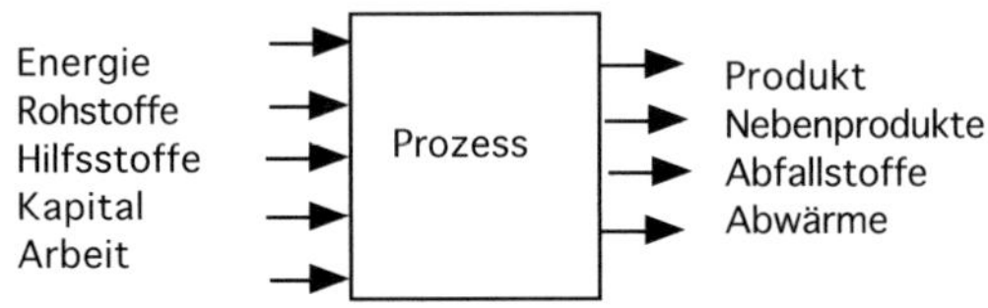

Abb. 6.5 Einflussgrößen eines industriellen Produktionsprozesses
Quelle: nach [47]

	Ökologische Effizienz	Ökonomische Effizienz	Realisierungszeitraum
Additive Umwelttechnik	spezialisierte Technik, daher hohe Emissionsreduktion kaum Minderungstechniken für Treibhausgase verfügbar zusätzlicher Energiebedarf	zusätzliche Kosten	kurzfristig
Integrierte Umwelttechnik	setzt an den Ursachen der Umweltbelastung an, daher breites Reduktionspotenzial für alle umweltrelevanten Emissionen z.T. geringere Reduktion als bei spezialisierter additiver Technik	Potenzial für Kostensenkungen	mehrheitlich langfristig, weitgehend an Innovationszyklen gebunden

Abb. 6.6 Charakterisierung additiver und integrierter Umwelttechnik, Quelle: [48]

Integrierte Umwelttechnologie ist der additiven bezüglich ökologischer und ökonomischer Effizienz vielfach überlegen, da sie an der Quelle möglicher Umweltbelastung - bei energiebedingten Emissionen dem Energieverbrauch - ansetzt (Abb. 6.6).

Mit Rücksicht auf die Vielzahl der die Produktionsprozesse beschreibenden Parameter (s. Abb. 6.5) und im Hinblick auf standortbezogene Verbundstrukturen verbieten sich Suboptimierungen bezüglich einzelner Parameter. Das übergreifende Ziel ist eine ganzheitliche Prozessoptimierung, die in der Regel an Investitionszyklen gebunden ist und damit eine kurzfristige Realisierung nur in Ausnahmefällen erlaubt. Die technischen Maßnahmen reichen von der Auswahl geeigneter Prozesskomponenten bis zur Optimierung einzelner Verfahrensschritte und kompletter Verfahren. Beispiele effizienter Energieumwandlung und rationeller Energienutzung sind in den Kap. 4 und 5 zusammengestellt.

6.4 Klimaschutz

6.4.1 Einbindung der deutschen Industrie in die Klimaschutzprogramme

Ein bedeutender Meilenstein auf dem Wege zu weltweiten Vereinbarungen für den Klimaschutz war die dritte UN-Vertragsstaatenkonferenz in Kyoto im Dezember 1997. Auf dieser Konferenz haben die Vertragsstaaten weitreichende Beschlüsse zur Begrenzung klimawirksamer Gase gefasst und erstmals feste Emissionsminderungsziele akzeptiert. Kern der Beschlüsse ist die Verringerung der Emissionen von sechs Leitgasen (Kohlendioxid, Methan, Stickstoffoxid, Fluor- und Perfluorkohlenwasserstoff sowie Schwefelhexafluorid) um mindestens 5% bis zum Jahre 2012 bezogen auf 1990. Für die EU insgesamt ergibt sich daraus eine Minderungsvorgabe von 8%. Auf der Grundlage des Kyoto-Protokolls wurde im Juni 1998 eine EU-interne Lastenverteilung (Burden-Sharing) vereinbart, wonach Deutschland die Treibhausgasemissionen um bis zu 21% reduzieren soll. Deutschland übernahm damit die größte Minderungsverpflichtung innerhalb der EU, was in absoluten Zahlen rund drei Viertel der von der EU insgesamt zu erbringenden Minderung entspricht.

Bereits vor der Kyoto-Zusammenkunft hatte Deutschland Klimaschutzprogramme angestoßen, die sich unterschiedlicher umweltpolitischer Instrumente bedienten. Hierzu zählt auch die **Selbstverpflichtung zur Klimavorsorge,** die die deutsche Wirtschaft im Jahre 1995 nach intensiven Verhandlungen mit der Bundesregierung abgegeben hat. Kern dieser Erklärung war es, die spezifischen CO_2- Emissionen bzw. den spezifischen Energieverbrauch bis zum Jahre 2005 gegenüber 1990 um 20 Prozent zu reduzieren. Bereits ein Jahr später wurde diese Erklärung aktualisiert, präzisiert und erweitert. Gegenwärtig wird sie unter Federführung des BDI von fünf Spitzenverbänden der deutschen Wirtschaft und 19 Verbänden des Produzierenden Gewerbes getragen. Mitinitiator und Mitunterzeichner der politischen Selbstverpflichtungserklärung der Deutschen Wirtschaft zur Klimavorsorge ist auch der VIK.

Während die Branchenverbände für das Erreichen der Ziele innerhalb der betreffenden Branche zuständig sind, versteht sich der VIK als Querschnittsverband der Deutschen Industrie, der die vielfältigen Aktivitäten zur Klimavorsorge innerhalb der Industrie koordiniert und verstärkt. Ein Beispiel ist der vom VIK herausgegebene "Praxisleitfaden zur Förderung der rationellen Energieverwendung in der Industrie" [52]. Der Leitfaden bündelt die Informationen und Erkenntnisse, die im Verlauf von 10 Workshops zur Förderung der rationellen Energieverwendung an unterschiedlichen Industriestandorten gesammelt wurden und ergänzt diese durch praxisnahe Beispiele.

Die Umsetzung der Selbstverpflichtungserklärung wurde im Rahmen eines Monitorings durch ein unabhängiges wirtschaftswissenschaftliches Institut, das Rheinisch -Westfälische Institut für Wirtschaftsforschung in Essen (RWI), jährlich überprüft und bewertet. Die einzelnen Monitoring-Berichte schildern für das jeweilige Berichtsjahr die Entwicklung von Energieeinsatz und CO_2- Emissionen einschließlich konkreter Minderungsmaßnahmen der an der Selbstverpflichtung beteiligten Verbände sowie die Fortschritte im Hinblick auf das gesteckte Ziel [50]. Als Basis für die Analysen dienten dem RWI die von den einzelnen Verbänden zur Verfügung gestellten Unterlagen (Fortschrittsbericht des VIK s. [51]). Demnach wurden 1998 gegenüber 1990 die CO_2- Emissionen in der deutschen Industrie um 31%, die der öffentlichen Energieversorger um 16% zurückgeführt.

Im Lichte der Monitoring-Berichte vom November 1997 und März 1999 und vor dem Hintergrund der europäischen und nationalen Verpflichtungen sah sich die Deutsche Wirtschaft zur einer Fortführung und Weiterentwicklung der Selbstverpflichtungserklärung zum Klimaschutz aus den Jahren 1995/1996 aufgerufen. Mit der **Vereinbarung zwischen der Regierung der Bundesrepublik Deutschland und der deutschen Wirtschaft zur Klimavorsorge vom 9. November 2000** knüpfen die Vertragspartner unmittelbar an frühere Erklärungen und an die in der Zwischenzeit gemachten Erfahrungen an. In den vorbereitenden Gesprächen zu dieser neuen Vereinbarung hatten sich die Bundesregierung und die deutsche Wirtschaft darauf verständigt, die bisherigen einseitigen Erklärungen auf eine gemeinsame Basis zu stellen und damit auch die beiderseitige Verbindlichkeit der Zusage zu unterstreichen.

Die Wirtschaft übertrifft in der neuen Vereinbarung die zuvor übernommenen Verpflichtungen und sagt nun eine Verminderung ihrer spezifischen Emissionen über alle sechs Kyoto-Gase um insgesamt 35% bis 2012 bezogen auf 1990 zu. Ferner erklärt sich die deutsche Wirtschaft bereit, im Zeitraum bis 2005 eine spezifische CO2-Minderung von 28% gegenüber 1990 zu erreichen. Mit diesem neuen Ziel soll im Jahre 2005 eine zusätzliche CO_2- Minderung von 10 Millionen Tonnen und im Jahre 2012 eine weitere von 10 Millionen t CO_2- Äquivalente gegenüber der bisherigen Selbstverpflichtung realisiert werden. Im Gegenzug erklärt die Bundesregierung, keine ordnungspolitischen Maßnahmen wie ein Energie-Audit zur Durchsetzung klimaschutzpolitischer Ziele zu ergreifen. Zusätzlich will sich die Bundesregierung auf nationaler und EU-Ebene dafür einsetzen, dass der deutschen Wirtschaft bei der Weiterentwicklung von klimapolitischen Vorsorgemaßnahmen im internationalen Vergleich keine Wettbewerbsnachteile entstehen. Dies gilt auch für Maßnahmen im Zusammenhang mit der Fortführung der ökologischen Steuerreform. Das bewährte " Klimaschutz-Monitoring" soll fortgesetzt werden. Die individuellen Minderungsziele der die Vereinbarung tragenden Wirtschaftsverbände orientieren sich dabei an den jeweiligen spezifischen Möglichkeiten des einzelnen Verbandes und gehen zum Teil über die gemeinsame Erklärung hinaus.

In Ergänzung zur Vereinbarung vom 9. November 2000 hat sich die Energiewirtschaft (industrielle Kraftwirtschaft und Stromwirtschaft) am 25. Juni 2001 verpflichtet, die CO_2-Emissionen bis 2010 um weitere 45 Mio. Tonnen pro Jahr zu reduzieren [138]. Dieser Beitrag soll "... durch Erhalt, Modernisierung und Zubau von Anlagen der Kraft-Wärme-Kopplung (einschließlich kleiner Blockheizkraftwerke und der Markteinführung von Brennstoffzellen) mit einem Minderungsziel (Basis 1998) von insgesamt möglichst 23 Mio. Tonnen CO_2 pro Jahr, jedenfalls nicht unter 20 Mio. Tonnen pro Jahr in 2010 erreicht werden. Des weiteren soll eine CO_2-Minderung bis zu 25 Mio. Tonnen pro Jahr bis 2010 über andere Maßnahmen erfolgen, die in den die Selbstverpflichtungen der Wirtschaft konkretisierenden Einzelerklärungen der Energiewirtschaftsverbände näher ausgeführt werden ". Im Gegenzug kündigte die Bundesregierung ein neues Gesetz zur Förderung ökologisch effizienter KWK-Anlagen an (s. Kap. 11.3).

Zur Umsetzung der Selbstverpflichtungserklärungen ist die deutsche Wirtschaft in der Folgezeit mit der **Gemeinsamen Verbändeempfehlung zur Förderung der Kooperativen Kraft-Wärme-Wirtschaft (KKWW) vom 22. Mai 1998** unter Beteiligung von BDI, BGW, DIHT, VDEW, VIK und VKU eine weitere freiwillige Vereinbarung eingegangen, die die Leistungen der Vertragsparteien konkreter beschreibt. In der Grundsatzerklärung hierzu führen die Verbände aus: " Im Rahmen ihrer Klimavorsorge haben es sich die Verbände zur Aufgabe gemacht, an der Schnittstelle zwischen kommunaler/öffentlicher sowie industrieller/gewerblicher Energie- und Kraftwirtschaft ihren Mitgliedsunternehmen integrierte, kooperative und damit ressourcenschonende Energiekonzepte als ständige Orientierungs- und Handlungsleitlinie zu empfehlen" (s. Kap.11.4).

Die empfohlenen Mittel sind insbesondere der verstärkte Einsatz gemeinschaftlich genutzter Anlagen zur gekoppelten Erzeugung von Kraft, Wärme, Kälte und sonstiger Energieprodukte (z.B. Druckluft), die Nutzung industrieller Restwärme und die Umstellung auf Ressourcen schonende und Emissionen vermindernde Anlagen. Dem liegt der Ansatz zu Grunde, dass in vielen Fällen die Nutzung betriebsinterner KWK-Potenziale wegen ungünstiger Bedarfscharakteristiken begrenzt ist, und daher erst die Summe der Energieanforderungen mehrerer Energieverbraucher Investition und Betrieb kostenintensiver KWK-Anlagen modernster Technik wirtschaftlich sinnvoll macht. Dabei ist ein wesentlicher Aspekt eine möglichst hohe Gleichzeitigkeit des Wärme- und Strombedarfs, der sich durch komplementäre Verbrauchsverläufe mehrerer Verbraucher eher realisieren lässt. Das kooperative Versorgungskonzept profitiert darüber hinaus neben den Technologie- von Größendegressionseffekten, die sich in entsprechend niedrigen spezifischen Kosten für die bezogene Energieeinheit äußern. Dieses Konzept spricht insbesondere Betriebe und Einrichtungen an, die sich in unmittelbarer Nachbarschaft zueinander befinden, sodass der kostenintensive Transport der leitungsgebundenen Energien Wärme, Kälte und Druckluft so weit wie möglich minimiert wird.

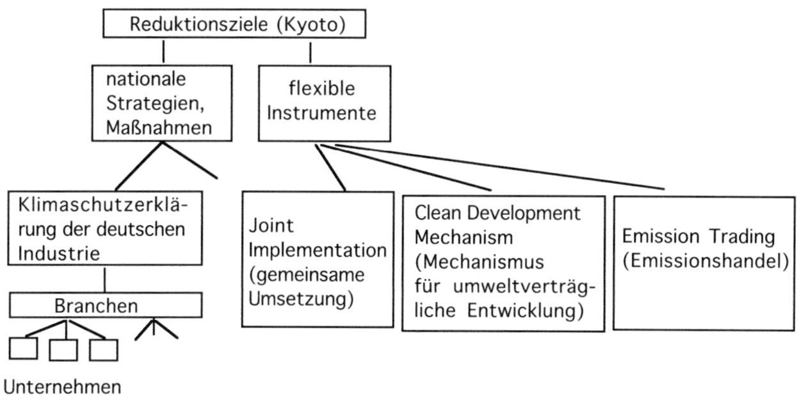

Abb. 6.7 Instrumente zur Reduktion der Treibhausgas-Emissionen

Die Vertragsstaaten haben im Kyoto-Klimaprotokoll 1997 neben den Vorgaben für globale Emissionsreduktionen auch vereinbart, mit welchen Instrumenten das Erreichen dieser Ziele unterstützt werden kann (s. Abb. 6.7). Sie werden unter dem Oberbegriff der sogen. **flexiblen Instrumente** zusammengefasst, von denen auch die produzierende Industrie als Energieverbraucher betroffen ist (Einzelheiten hierzu s. Kap. 11.5, zu den Kostenaspekten dieser Instrumente s. [53])

Eines dieser Instrumente ist das weltweit erste grenzüberschreitende **Handelssystem mit Emissionsrechten (Emission Trading)**, auf das bereits im Kap. 6.2 hingewiesen wurde. Weitere flexible Instrumente des Kyoto-Protokolls betreffen den **Mechanismus für umweltverträgliche Entwicklung (Clean Development Mechanism)**, in dessen Rahmen es den Staaten mit seinen Wirtschaftseinheiten und einzelnen Unternehmen ermöglicht wird, sich die in Entwicklungsländern realisierten Emissionsminderungen auf ihr Konto gutschreiben zu lassen sowie das Instrument der **Gemeinsamen Umsetzung (Joint Implementation)**, nachdem Staaten Emissionsreduktionen untereinander übertragen können. Beide Instrumente stellen demnach Kompensationsmodelle dar. Sie sind bezüglich der inhaltlichen Ausgestaltung kompatibel, beziehen sich jedoch auf unterschiedliche Gruppen von Partnerländern. Ihnen liegt gemeinsam der Ansatz zu Grunde, daß es global - unter dem Gesichtspunkt möglicher Klimaveränderungen - unerheblich ist, wo CO_2 emittiert oder eingespart wird. Letztendlich entscheiden die unterschiedlichen Grenzvermeidungskosten im Geber- und Empfängerland.

6.4.2 Energiebedingte CO_2- Emissionen der Industrie in Deutschland

CO_2 ist das wichtigste klimarelevante Gas mit einem globalen Wirkungsanteil von etwa 50%. In Deutschland verminderten sich diese Emissionen von 1014 Mio. Tonnen in 1990 auf 876 Mio. Tonnen in 2000 (Angaben des Umweltbundesamtes). Damit ist Deutschland zwar nach wie vor absolut der größte Emittent in der EU, gleichzeitig ist es mit einer Reduktion von 15% in dem genannten Zeitraum führend unter den großen EU-Industrienationen. Für diesen Erfolg waren einigungsbedingte Effekte mit verantwortlich, was sich in einem Rückgang der Emissionsminderung in den letzten Jahren zeigt. Die EU insgesamt weist im gleichen Zeitraum lediglich eine Abnahme um 0,5% auf. Etwa 97% der CO_2-Emissionen in Deutschland sind energiebedingt und gehen auf die Nutzung fossiler Energieträger zurück. Rund 3% werden von Industrieprozessen emittiert.

Bei den energiebedingten CO_2-Emissionen (ohne Emissionen aus Prozessen der Produzierenden Industrie) stellt sich die Entwicklung in Deutschland sektoral sehr unterschiedlich dar (Abb. 6.8): Der größte Emittent ist der Energiesektor (Energierzeu- gung / -umwandlung) mit einem Anteil von 43% im Jahre 2000. Bezogen auf das Bezugsjahr 1990 betrug die Abnahme der absoluten Emissionsfracht 18%. Es folgen die Sektoren Verkehr sowie Haushalte und sonstige Kleinverbraucher mit einem Anteil von 22 und 21%. Der Verkehr ist der einzige Sektor, der nicht nur relativ, sondern auch hinsichtlich der absoluten Emissionsfracht gewachsen ist. Die Industrie war 2000 mit 14% der Sektor mit den geringsten CO_2-Emissionen. Der Rückgang der absoluten Emissionsfracht im Bilanzierungszeitraum betrug 31% (bei angenähert unveränderter Bruttowertschöpfung zu Preisen von 1995), wobei makroökonomische Effekte im Zuge der Vereinigung zu den Minderungserfolgen beitrugen. Dieses Ergebnis ist auch Ausdruck der besonderen energiewirtschaftlichen Situation der Industrie, indem sie Minderungspotenziale sowohl auf der Ebene der Energieumwandlung als auch bei der Energienutzung realisieren konnte.

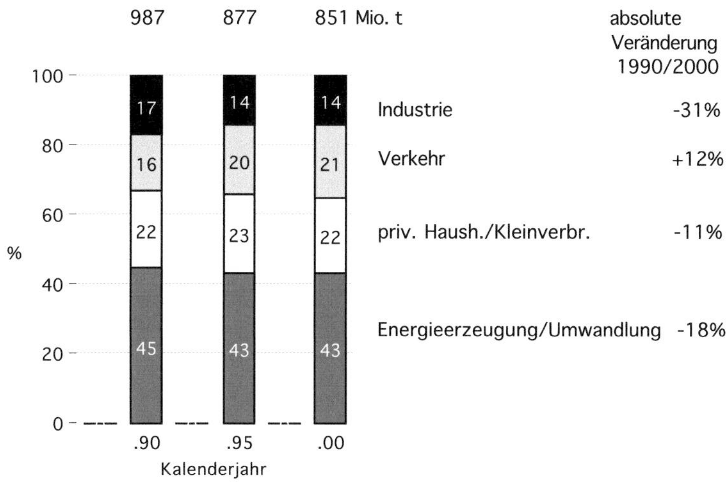

Abb. 6.8 Direkte energiebedingte CO_2-Emissionen nach Sektoren in Deutschland (rechts absolute Veränderungen 2000 gegenüber Basisjahr 1990) Quelle: Umweltbundesamt (Werte für 2000 geschätzt)

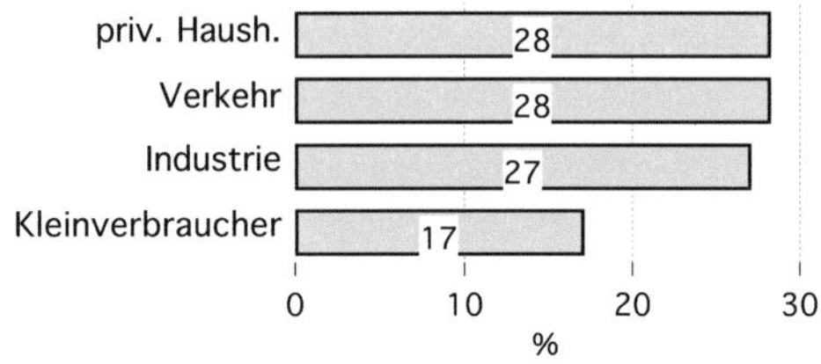

Abb. 6.9 Aufteilung der energiebedingten CO_2 -Emissionen nach Sektoren (Summe aus direkten und indirekten Emissionen) in Deutschland 1999 Quelle: nach [54]

Die Übersicht in der Abb. 6.8 gilt nur für die direkten, also ohne die indirekt - bspw. durch Strombezug - verursachten Emissionen und beruht auf den Statistiken des Umweltbundesamtes.

Die Summe aus direkten und indirekten energiebedingten CO_2-Emissionen in Deutschland in sektoralen Anteilen sind in der Abb. 6.9 dargestellt. Bei dieser Art der Zuordnung werden die Emissionen des Sektors Energieerzeugung und -umwandlung auf die Endverbrauchersektoren Industrie, Verkehr, Haushalte und Kleinverbraucher verursachungsbezogen verlagert, so dass diese mit den indirekten Emissionen zusätzlich belastet werden. Dadurch erhöht sich der Anteil der Industrie auf 27% und erreicht damit etwa die gleiche Höhe wie die Sektoren Haushalt und Verkehr (Bezugsjahr 1999).

Der Anteil der direkten an den gesamten CO_2-Emissionen hat sich in der deutschen Industrie von 1990 bis 1999 deutlich verringert [55]. Die Ursachen liegen u.a. in den strukturellen Veränderungen des industriellen Energiebedarfs, die sich auf Grund rationeller Energieverwendung insbesondere in einer Reduktion des Prozesswärmebedarfs äußern und damit bei gekoppelten Umwandlungsprozessen zu einem höheren Fremdstrombezug führen (s. auch Kap. 5). Ähnliche Effekte ergeben sich aus dem andauernden Trend zur Auslagerung von Eigenanlagen und der Umsetzung von Contracting-Modellen. Diese Entwicklung kann unbeschadet der möglichen wirtschaftlichen Vorteile für den einzelnen Betrieb zu Nachteilen hinsichtlich der Einflussnahme auf die Emissionssituation führen; denn abgesehen von Kooperationsmodellen, bei denen sich die Partner einvernehmlich auf Auslegung und Betrieb einer Anlage einigen, führt die Verringerung der Vor-Ort-Stromerzeugung zu Gunsten des Fremdbezuges und die damit verbundenen Verlagerung der Emissionen auf Fremdanlagen zu einer Einschränkung der Autonomie beim Umwelt- und Klimaschutz.

Die Veränderung der CO_2-Emissionsstrukturen verlief in der Vergangenheit in den einzelnen Industriesparten unterschiedlich (Abb. 6.10). So ist der Rückgang der direkten und die relative Zunahme indirekt verursachter CO_2-Emissionen bei den großen Emittenten Stahl- und Chemie-Industrie besonders offensichtlich.

Abb. 6.10 Energiebedingte CO_2-Emissionen ausgewählter Industriesparten in den Jahren 1990 und 1999
Quelle: nach [55]

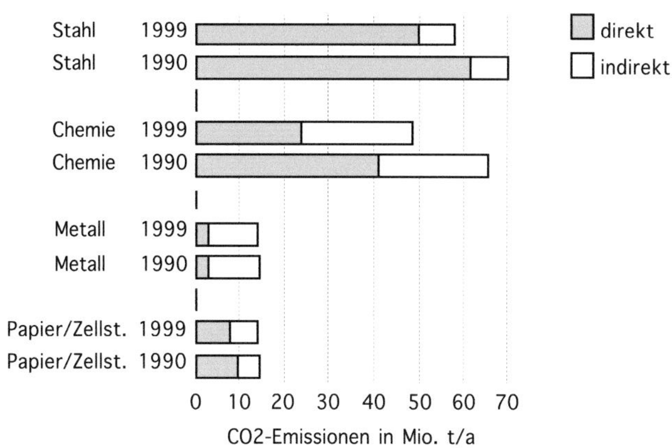

Die beobachtete Entwicklung wurde durch eine Vielzahl von Einzelmaßnahmen mit dem Ziel der Effizienzverbesserung sowohl auf der Ebene der Energieumwandlung als auch der Energieverwendung erzielt (vgl. Kap. 3.1 u. 5). Darunter fallen Maßnahmen zur Modernisierung bestehender Eigenanlagen ebenso wie den Bau neuer bei gleichzeitiger Stilllegung alter Anlagen. Zuweilen trug ein gleichzeitiger Übergang zu emissionsärmeren Brennstoffen wie Erdgas zu einer weiteren Steigerung der positiven Emissionseffekte bei.

Die Ebene der Energieverwendung ist in den fraglichen Sparten durch eine Vielzahl unterschiedlicher Produktionen mit zum Teil hoher Integration und enger Kopplung von Energie- und Produktströmen gekennzeichnet. Spartenübergreifend sind die bereits früher erwähnten Erfolge bei der Reduktion des Prozesswärmebedarfs sowie eine verstärkte Automatisierung mit entsprechender Zunahme des Strombedarfs verantwortlich für die strukturellen Veränderungen des Energiebedarfs. Dabei werden im Bereich der industriellen Grundstoffproduktionen in Zukunft weitere Effizienzerfolge nur mit wachsenden Kosten zu realisieren sein und zunehmend an verfahrenstechnische Grenzen stoßen.

6.4.3 Wesentliche Einflussfaktoren

6.4.3.1 Spezifische CO_2- Emissionen der Brennstoffe

Die Verbrennung der verschiedenen fossilen Energieträger führt zu unterschiedlich hoher CO_2- Bildung (s. Abb. 6.11). Braunkohle weist wegen des vergleichsweise hohen Kohlenstoffanteils mit 0,4 kg CO_2/kWh Brennstoffeinsatz die höchste CO_2-Emission auf. Der wasserstoffreiche Energieträger Erdgas dagegen kommt nur auf 50% dieses Wertes. Die Spreizung zwischen den Energieträgern vergrößert sich noch, wenn man die brennstoffpezifischen Umwandlungsprozesse bei der Stromerzeugung mit den unterschiedlich hohen Wirkungsgraden einbezieht. So lassen sich mit modernen GuD-Kraftwerken auf Erdgasbasis (η = 0,55) spezifische CO_2-Emissionen von 0,36 kg CO_2/ kWh Strom realisieren . Dies entspricht nur 38% der Emissionen eines Braunkohlekraftwerkes neuerer Bauart (η =0,42). Allgemein gilt, dass sich beim konventionellen Kondensationsprozess die Emissionsintensität durch die beiden Parameter Kohlenstoffgehalt der Energieträger und Prozesswirkungsgrad vergleichsweise einfach beschreiben lässt. Gekoppelte Umwandlungsprozesse hingegen wie die Kraft-Wärme-Kopplung bedürfen wegen der Vielzahl der Prozessparameter einer differenzierteren Analyse.

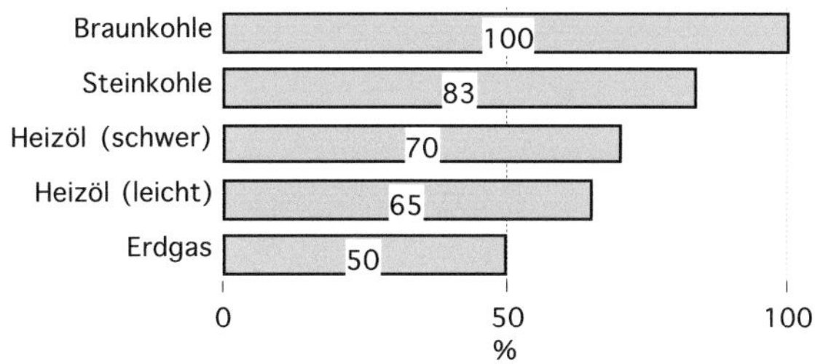

Abb. 6.11 CO_2-Bildung bei der Verbrennung fossiler Brennstoffe

6.4.3.2 CO_2- Emissionen bei der Kraft-Wärme-Kopplung

Der Einsatz der Kraft-Wärme-Kopplung zur Versorgung eines Industriestandortes mit den Zielenergien Strom und Prozesswärme bietet die Möglichkeit, die CO_2-Emissionen im Vergleich zu einer Versorgungsalternative bestehend aus einer Vor-Ort-Dampferzeugung und Strombezug aus dem öffentlichen Netz zu senken. Das Minderungspotenzial ist sowohl vom gewählten Brennstoff als auch von der Umwandlungstechnologie abhängig. Für eine detaillierte Analyse der jeweiligen Emissionssituationen sind umfangreichere Untersuchungen anzustellen [56, 57, 58]. Insbesondere sei auf den Aspekt Gleichzeitigkeit des Wärme- und Strombedarfs bei wärmegeführten Prozessen sowie auf den Betrieb von Reservekapazitäten zur Sicherung der Wärmeversorgung verwiesen. Eine stark vereinfachende, die wesentlichen Einflüsse jedoch verdeutlichende Betrachtung wird im Folgenden vorgestellt.

Die maßgebenden Verfahrensparameter sind der Gesamtwirkungsgrad des KWK-Prozesses η_{KWK} und die Stromkennzahl (Definitionen s . Kap. 4.3.2.3). Mit dem brennstoffbedingten Parameter F_{CO2} wird die auf die Verbrennungsenthalpie bezogene CO_2- Emission eingeführt. Mit diesen Größen lässt sich ein CO_2- Kennwert des KWK-Prozesses - CO_2-Menge bezogen auf abgegebene Nutzwärme - wie folgt formulieren:

$$e_{CO2,\,KWK} = F_{CO2}\,\frac{\sigma+1}{\eta_{KWK}} \qquad \text{in} \quad \frac{kg_{CO2}}{kWh_{Wärme}} \tag{6.1}$$

Für die getrennte Bereitstellung von Wärme und Strom bestehend aus einer Dampferzeugung mit dem Wirkungsgrad η_K und der Stromlieferung mit dem Emissionsfaktor $F_{CO2,öff.}$ der in Betracht zu ziehenden öffentlichen Kraftwerke - in der Einheit kg_{CO2} / kWh_{Strom} - ergibt sich analog:

$$e_{CO2,\,getrennt} = \frac{F_{CO2}}{\eta_K} + \sigma\,F_{CO2,öff.} \qquad \text{in} \quad \frac{kg_{CO2}}{kWh_{Wärme}} \tag{6.2}$$

Das Diagramm 6.12 zeigt die Auswertung der Gleichungen 6.1 und 6.2, wobei für jede Bereitstellungsart - getrennt bzw. KWK - alternativ sowohl Erdgas als auch Steinkohle mit den brennstoffabhängigen Parametern η_{KWK} = 0,8 (Erdgas) bzw. 0,75 (Kohle), $\eta_K = 0{,}95$ (Erdgas) bzw. 0,9 (Kohle) und F_{CO2} = 0, 2 (Erdgas) bzw. 0,33 kg CO_2/kWh (Kohle) berücksichtigt wurde. Der Emissionsfaktor der öffentlichen Stromerzeugung $F_{CO2,öff.}$ geht mit dem Wert 0,57 kg_{CO2}/ kWh_{Strom} in die Berechnung ein [55].

Wie nicht anders zu erwarten war, verbessert unter den getroffenen Annahmen der Wechsel zu dem emissionsärmeren Brennstoff Erdgas bei der reinen Wärmeerzeugung die Emissionssituation der getrennten Energiebereitstellung (1 $\rightarrow$2). Deutlich stärker ist jedoch dieser Effekt bei der KWK ausgeprägt (3$\rightarrow$4). Ein Technologiewechsel von der getrennten zur gekoppelten Energiebereitstellung wirkt sich lediglich bei Erdgas im Bereich höherer Stromkennzahlen deutlich emissionsmindernd aus (2 $\rightarrow$4). Demgegenüber ergeben sich bei Kohle als Primärenergieträger im Bereich kleiner Stromkennzahlen eher Emissionssteigerungen (1$\rightarrow$3). Maximale Emissionsminderungen lassen sich für weite Bereiche der

Stromkennzahl mit einem Ersatz der getrennten Erzeugung auf Basis Kohle durch eine KWK-Anlage auf Erdgasbasis erreichen (1→4). Allgemein zeigt die Analyse, dass nicht in jedem Fall der Technologiewechsel, sondern eher der Wechsel zu einem emissionsärmeren Brennstoff eine merkliche Emissionsminderung zur Folge hat.

6.4.4 Emissionen sonstiger Treibhausgase

CO_2 trägt in Deutschland mit etwa 97% zu den energiebedingten Treibhausgas-Emissionen bei, während der Rest im Wesentlichen auf CH_4 (Methan) und N_2O (Distickstoffmonoxid) zurückzuführen ist (Basis: CO_2-Äquivalente) [59]. Die Hauptemittenten von CH_4 sind der Bergbau und die Gaswirtschaft. N_2O bildet sich unter

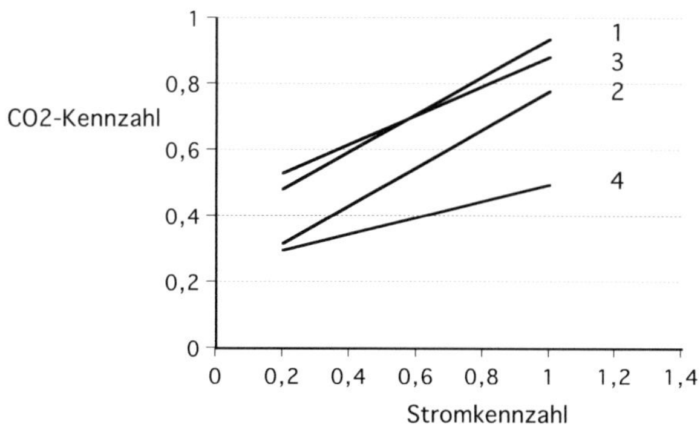

1 getrennte Bereitstellung/ Dampferzeuger Kohle
2 getrennte Bereitstellung/ Dampferzeuger Erdgas
3 KWK Kohle
4 KWK Erdgas

Abb. 6.12 Spezifische CO_2- Emissionen (Summe aus direkten und indirekten Emissionen) bei getrennter und gekoppelter Bereitstellung von Wärme und Strom (Bezugsgröße: abgegebene Wärme)

bestimmten Voraussetzungen bei der Verbrennung fossiler Energieträger. Diese sind speziell bei den vereinzelt in der Industrie anzutreffenden Wirbelschichtfeuerungen gegeben, bei denen es auf Grund der stickstoffoxidarmen Verbrennung bei niedrigen Temperaturen vermehrt zur N_2O-Bildung kommt. Grundsätzlich lassen sich diese Emissionen durch die Prozessführung beeinflussen. Da jedoch der Anlagenbetrieb bezüglich Schadstoffminimierung bei NO_x, SO_2 und CO sowie hoher Energieeffizienz optimiert ist, und außerdem komplexe Zusammenhänge bei der Bildung dieser Emissionen bestehen, lässt sich nur mit unvertretbar hohem wirtschaftlichen Aufwand eine Verbesserung erreichen.

6.5 Luftreinhaltung

Zur begrifflichen Abgrenzung zum Klimaschutz (Kap. 6.4) wollen wir unter Luftreinhaltung den Bereich des betrieblichen Umweltschutzes verstehen, zu dessen Aufgabe der Schutz von Luft, Wasser und Boden vor schädlichen Einwirkungen gehört. Dabei nimmt in der industriellen Energiewirtschaft die Reinhaltung der Luft wegen der damit verbundenen hohen Kosten eine besondere Bedeutung ein. Die Wirkung der Luftschadstoffe stellt sich eher im Nahbereich des Emittenten ein. Dagegen bezieht sich Klimaschutz auf globale klimatische Beeinträchtigungen und die sich daraus ergebenden Aufgaben zur Vermeidung schädlicher Klimagase.

Die für die Luftreinhaltung eingesetzten umweltpolitischen Instrumente stützen sich weitgehend auf ordnungsrechtliche Vorschriften mit konkreten technologie- und anlagenbezogenen Emissionsgrenzwerten. Dabei wird nicht die Höhe der absoluten Emissionsfracht eines Schadstoffes sondern die auf das Rauchgasvolumen bezogene spezifische Emission in Abhängigkeit vom eingesetzten Brennstoff, der Anlagenleistung und zum Teil auch des Anlagentyps verpflichtend vorgegeben. Anreize für eigenverantwortliches flexibles Handeln sind in diesem Feld der Umweltpolitik eher die Ausnahme.[21]

---

[21] EMAS- oder Ökoaudit -Verordnung: Sie regelt die freiwillige Beteiligung gewerblicher Unternehmen an einem Gemeinschaftssystem für das Umweltmanagement und die Umweltbetriebsprüfung.

Diese Art der politischen Einflussnahme begründet man u.a. damit, dass die einzuhaltenden Grenzwerte sich am Stand der Technik orientieren, und der Markt erprobte Minderungstechnologien vorhält, sodass sich die betroffenen Unternehmen jederzeit dieses Angebots bedienen können und eine rasche Umsetzbarkeit gewährleistet ist. Kosten-Nutzen-Aspekte spielen dabei ebensowenig eine wesentliche Rolle wie ökonomische Anreize, die Emissionen unter das vorgeschriebene Grenzniveau zu senken. Die mit den Maßnahmen verbundenen finanziellen Belastungen konnten die öffentlichen Stromerzeuger jedenfalls in der Vergangenheit weitgehend wettbewerbsneutral über die Preise an die Verbraucher weitergeben, wohingegen die betroffenen Energienutzer in der Industrie häufig von Wettbewerbsnachteilen auf den internationalen Märkten betroffen sind. Nachteilige Effekte ergeben sich zudem aus den industrietypischen kleinen bis mittelgroßen Leistungseinheiten mit vergleichsweise hohen spezifischen Kosten für Nachrüstungen oder Ersatzmaßnahmen.

Das zentrale Gesetzeswerk der Luftreinhaltung ist in Deutschland das **Bundesemissionsschutzgesetz (BImSchG).** Unter dieser Gesetzesebene werden in hierarchischer Struktur Vorschriften auf der Verordnungs- und Verwaltungsebene erlassen. **EU-Richtlinien** dienen der Harmonisierung entsprechender einzelstaatlicher Vorschriften und führen häufig zu Novellierungen nationaler Umweltgesetze.

Die industrielle Energiewirtschaft ist mit ihren Eigenanlagen insbesondere wie folgt betroffen:

- Die **Großfeuerungsanlagen-Verordnung (GFAVO, 13. BImSchV)**, in der eine Festschreibung des Entwicklungsstandes fortschrittlicher Verfahren ("Stand der Technik") erfolgt, trat in der ersten Fassung 1983 in Kraft. Sie legt Emissionsgrenzwerte und die zugehörigen Mess- sowie die Überwachungsvorschriften fest. Die Grenzwerte richten sich differenziert nach der Brennstoff- und der Feuerungsart (Staub-, Rost-,Wirbelschichtfeuerung) sowie der Feuerungswärmeleistung (thermische Leistung). Betroffen sind Emissionen aus kohle-, öl- und gasbefeuerten Kraft- und Heizkraftwerken mit einer thermischen Leistung ab 50 MW (bei Gas ab 100 MW). Die Grenzwerte betreffen SO_2, NO_x, CO, HCl, HF sowie Staub.

Die EU hat sich neben einer Festlegung auf nationale Emissionsobergrenzen [60], die die Summe der Emissionsfrachten aller Verbrauchssektoren eines Landes betrifft und die nach 2010 nicht mehr überschritten werden dürfen, im Okt. 2001 auf eine **Großfeuerungsanlagen-Richtlinie** geeinigt [61]. Sie begrenzt Emissionen aus Kraft- und Heizkraftwerken mit einer thermischen Leistung größer 50 MW. Den Mitgliedstaaten ist es freigestellt, zur Umsetzung nationale Pläne mit anspruchsvolleren Grenzwerten und Terminen aufzustellen. Für Deutschland ergab sich daraus die Notwendigkeit, die Großfeuerungsanlagen-Verordnung aus dem Jahre 1983 neu zu fassen. Ziel der Novelle ist es insbesondere, den Ausstoß von Staub und Stickstoffoxiden aus großen Feuerungsanlagen weiter zu senken. In der Begründung für die strengeren Anforderungen wird darauf hingewiesen, dass es bei der Verminderung von Staub und Stickstoffoxiden im Gegensatz zu Schwefeldioxid noch Defizite gibt. Die Neufassung schreibt zusammen mit der TA Luft und der Verordnung über die Verbrennung von Abfällen den gegenwärtigen Stand der Technik von Feuerungsanlagen fest [62].

- Die **17. BImSchV** regelt die Anforderungen an die Emissionsbegrenzung bei der Mitverbrennung von Abfällen in Kraftwerken und Feuerungsanlagen. Sie betrifft damit die energetische Verwertung heizwertreicher Abfälle außerhalb thermischer Abfallbehandlungsanlagen und bietet der Industrie die Möglichkeit, diese in geeigneten Eigenanlagen zu nutzen. Mit den sogenannten Ersatzbrennstoffen können energieäquivalente Mengen an Regelbrennstoffen (= konventionelle Primärenergieträger) kostenmindernd eingespart werden. Je nach Bauart der Feuerungsanlagen können feste und flüssige Abfälle in Betracht gezogen werden. Als typische Beispiele können gelten: Kunststoffe, Holzabfälle, Abfälle aus der Papierindustrie, Altöle, Klärschlämme und diverse produktspezifische Abfälle aus der chemischen Industrie.

Wesentlicher Punkt der Verordnung ist die Anteilsregel, nach der die strengeren Grenzwerte für Abfallverbrennugsanlagen nur für den Teil des Abgasstromes der Feuerungsanlage gelten, der bei der Verbrennung des höchstzulässigen Anteils der Abfälle entsteht.

Die **EU-Richtlinie 2000/76/EG** vom Dezember 2000 dient der Harmonisierung der nationalen Regelungen zur Verbrennung von Abfällen [63]. Die darin vorgeschriebenen Emissionsgrenzwerte entsprechen im wesentlichen denen der 17. BImSchV.

- Die **Technische Anleitung zur Reinhaltung der Luft (TA-Luft)** ist eine Verwaltungsvorschrift für genehmigungsbedürftige Anlagen [64]. Sie schreibt verbindliche Grenzwerte für Emissionen von Luftschadstoffen aus industriellen Anlagen vor. Da die Grenzwerte dem jeweiligen Stand der Technik entsprechen, ist eine regelmäßige Fortschreibung der Vorschrift erforderlich. So wurden beispielsweise in der zur Zeit aktuellen Fassung die Grenzwerte für Stickoxidemissionen an Gasturbinen von 100 auf 75 mg/m3 (Normzustand) herabgesetzt. Die erste Fassung stammt aus dem Jahre 1974. Novellierte Ausgaben erschienen in den Jahren 1983 und 1986 sowie zuletzt im Juli 2002.

Die Erfolge der GFAVO und der TA-Luft zeigen sich in einer deutlichen Reduzierung der energiebedingten Luftschadstoffe (Abb. 6.13, S. 152), zu der die Industrie durch Um- und Nachrüstungen sowie Neubau von Eigenanlagen wesentlich beitrug. Da sich standardisierte Lösungen wegen der Vielzahl unterschiedlicher Energieversorgungs- und Produktionsstrukturen nicht anboten, waren differenzierte Strategien gefragt, die das Anlagenalter-, die Anlagenleistung und die emissionsspezifischen Besonderheiten der eingesetzten Primärenergieträger berücksichtigten. Im Zuge der Umstellungen konnte häufig neben der Reduktion der spezifischen Emissionen auf das vorgegebene Verordnungsniveau durch zusätzliche effizienzsteigernde Maßnahmen wie Ausbau der Kraft-Wärme-Kopplung, Maßnahmen zur Ertüchtigung und Optimierung der Betriebsführung an bestehenden Anlagen sowie durch rationelle Energienutzung (vgl. Kap. 5) das Emissionsniveau zusätzlich vermindert werden.

Bei der verordnungsgerechten Umstellung oder Auslegung von Dampfkesselanlagen unterscheidet man primäre Maßnahmen an der Feuerung zur Vermeidung oder Verminderung der Schadstoffbildung von sekundären Maßnahmen, die die gebildeten Schadstoffe aus den Rauchgasen abscheiden. Im Bereich der primären Maßnahmen gibt es vielfältige Problemlösungen, zu denen auch Technologien und Know-How aus den Produktionsbereichen - insbesondere der chemischen Industrie - nutzbringend eingesetzt werden konnten.

Zu den sekundären Maßnahmen zählen nachgeschaltete Rauchgasentschwefelungsanlagen (REA) zur **Schwefeldioxid-Emissionsminderung** an kohle- und ölbefeuerten Anlagen. Neben Verfahren, bei denen Kalk trocken in die Rauchgase eingedüst wird, gibt es Nassverfahren, die mit Absorptionslösungen arbeiten. Die Anfangsschwierigkeiten durch Korrosion und Erosion beim Betrieb der REA`s sind inzwischen überwunden und die Betreiber können sich heute auf Grund langjähriger Betriebserfahrungen auf eine hohe Verfügbarkeit stützen.

Bei den Verfahren zur Minderung von **Stickstoffoxid-Emissionen** unterscheidet man feuerungstechnische oder primäre Maßnahmen von sekundären Maßnahmen. Primäre Maßnahmen beeinflussen die Bildung von Stickoxiden und werden aus Kostengründen bevorzugt. Die Minderungseffekte lassen sich durch spezielle Brenner (NO_x-arme Brenner)), gegebenenfalls durch Rauchgasrückführung sowie eine verbrennungstechnische Optimierung der gesamten Feuerung erreichen. Sekundärmaßnahmen zur Entstickung nutzen Verfahren ohne Katalysator (selektive nichtkatalytische Reduktion SNCR) oder solche mit Katalysator (selektive katalytische Reduktion SCR).

Für industrietypische kleinere Kraftwerke mit Kohlefeuerung bietet die Wirbelschichttechnik mit vergleichsweise niedrigen Verbrennungstemperaturen um 800 bis 950°C ein weiteres Verfahren zur primären Reduktion von NO_x-Emissionen. Bei diesen Feuerungen wird Luft von unten in den Verbrennungsraum geblasen und dadurch der Brennstoff in der Schwebe verbrannt. Durch die Zugabe von Kalkstein in die Wirbelschicht und den innigen Kontakt zwischen Gasphase und Feststoff gelingt es außerdem, Schwefeldioxid in den Verbrennungsrückstand einzubinden. Neben diesen emissionsbezogenen Vorteilen benötigt die Wirbelschicht nur vergleichsweise kleine Bauvolumen und bietet darüber hinaus die Möglichkeit, ballastreiche Brennstoffe und Abfälle mitzuverbrennen.

Zur **Staubabscheidung** an Dampferzeugerfeuerungen dienen überwiegend nachgeschaltete Elektrofilter. Daneben haben sich Gewebefilter u.a. hinter Wirbelschichten bewährt, bei denen die physikalischen Eigenschaften des abzuscheidenden Staubes für eine elektrische Filterung ungeeignet sind. Ein besonderes Augenmerk richtet sich auf die Abscheidung von Feinststäuben.

Kohlenmonoxid entsteht bei der unvollständigen Verbrennung fossiler Energieträger. In Kraftwerksfeuerungen kann die Höhe der Emission brennstoffabhängig durch primäre d.h. feuerungstechnische Maßnahmen sowie durch die Brennstoffaufbereitung und die Feuerungsbauart beeinflusst werden. Hoher Luftüberschuss vermindert zwar die CO-Bildung, steigert aber andererseit s die Stickoxidbildung und beeinflusst die Wirtschaftlichkeit des Feuerungsbetriebs negativ. Die gezielte Minimierung allein der CO-Emissionen würde damit das Gesamtoptimum des Feuerungsbetriebs verfehlen. Die komplexen Zusammenhänge zwischen der Emissionssituation insgesamt und der Wirtschaftlichkeit einer Feuerung erfordern anspruchsvolle Messung und Überwachungen, um ungewollte einseitige Optimierungen zu vermeiden. Wegen der weitgehenden Beschränkung der CO-Emissionsminderungen auf primäre Maßnahmen nehmen sich die Minderungserfolge auch vergleichsweise gering aus (vgl. Abb. 6.13).

Insgesamt kann die industrielle Energiewirtschaft auf erhebliche Erfolge bei der Luftreinhaltung in der Vergangenheit verweisen. Die Abb. 6.13 zeigt hierzu die Emissionsentwicklung in Deutschland aus Industriefeuerungen seit 1990. Ganz offensichtlich wirken sich vereinigungsbedingte Effekte Anfang der 90er-Jahre wie die Stilllegung großer immissionsintensiver Umwandlungskapazitäten und Brennstoffumstellungen im Zuge wirtschaftlich notwendiger Anpassungen der Energieinfrastruktur großer Industriestandorte aus. So zeigt sich eine deutliche Verringerung insbesondere der Staub- und SO_2-Emissionen bis zum Jahre 1992, die dann in den folgenden Jahren trotz weiteren Anstiegs der Bruttowertschöpfung auf diesem Niveau verharren.

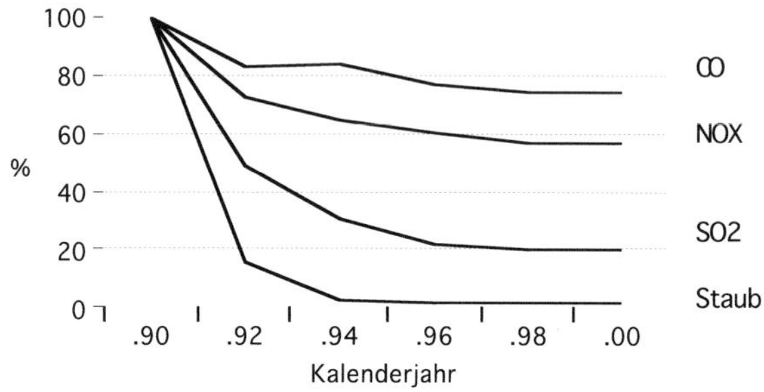

Abb. 6.13 Emissionen aus Industriefeuerungen in Deutschland
Quelle: Umweltbundesamt (vorläufige Angaben für 1996 und 1998, Schätzwerte für 2000)

6.6 Betriebliches Umweltcontrolling

Das betriebliche Umweltcontrolling ist auf alle umweltwirksamen Aktivitäten eines Unternehmens gerichtet und sollte daher integraler Bestandteil des betrieblichen Planungs-, Informations- und Kommunikationssystems sein (vgl. auch Kap. 13). Es ist als Servicefunktion eines auf kontinuierliche Verbesserung basierenden Umweltmanagements eine abteilungsübergreifende Querschnittsaufgabe, die isolierte Vorgehensweisen mit suboptimalen Ergebnissen verhindern soll. Zu den wesentlichen Aufgaben des Umweltcontrollings gehört neben der Analyse der Kosten des Umweltschutzes nebst Identifikation von Einsparpotenzialen das Aufzeigen umweltrelevanter Chancen und Risiken.

Die Einrichtung eines betrieblichen Umweltcontrollings ist eine freiwillige unternehmerische Leistung. Seine jeweilige Ausgestaltung richtet sich nach den allgemeinen branchenspezifischen Umweltschutzanforderungen, der Höhe der individuellen Umweltinanspruchnahme und den damit verbundenen technischen sowie potenziellen gesetzesbezogenen Risiken. Während das Umweltcontrolling in größeren Unternehmen eine unbestritten wichtige Funktion erfüllt, sind kleinere Unternehmen vielfach finanziell und personell nicht in der Lage, eine institutionalisierte

Umweltbilanzierung zu pflegen. Unbeschadet dessen bestehen auch hier vielfach klare Vorstellungen über die relevanten Stoff- und Energieströme, sodass wesentliche Grundlagen für umweltbezogene Entscheidungsprozesse vorliegen.

Zu den häufig benutzten Werkzeugen gehören Umweltkennzahlen (s. Kap. 6.6.1) und Ökobilanzen (s. Kap. 6.6.2), die wegen ihrer besonderen Aussagekraft an Bedeutung gewinnen. Das Know-how und die vom Umweltcontrolling gepflegten Daten und Informationen spielen bei der Organisation von Ökoaudits (s. Kap. 6.6.3) eine maßgebende Rolle. Zum Thema Umweltcontrolling gibt es eine vielfältige Fachliteratur, wobei hier exemplarisch auf das vom Bundesumweltministerium und Umweltbundesamt herausgegebene praxisnahe "Handbuch Umweltcontrolling" verwiesen werden soll [65].

In Unternehmen mit energieintensiven Produktionen ist der Energiesektor wegen der hohen Umweltrelevanz energieumwandelnder Prozesse einer der Hauptobjekte des Umweltcontrollings. Die gegenseitige Abhängigkeit führt dazu, dass das auf die Umwelt gerichtete Controlling mit dem Energiecontrolling (s. Kap. 16) in wesentlichen Aufgaben identisch ist, wie sich auch das Ziel hoher ökologischer Effizienz in vielen Fällen mit dem Ziel einer rationellen Energieumwandlung und -nutzung deckt. Der betrieblichen Energiewirtschaft fällt damit die Aufgabe zu, den übergreifenden Umweltcontrolling-Prozess mit energiebezogenen Informationen und Analysen bezüglich Energiebeschaffung, Umwandlung und Verteilung sowie Nutzung zu unterstützen.

Umweltcontrolling lässt sich wie das klassische betriebswirtschaftliche Controlling (vgl. auch Kap. 16) in die folgenden Teilfunktionen untergliedern:

- Planung
- Kontrolle
- Koordinierung
- Information

Ein mit den allgemeinen Unternehmenszielen konsistenter Umweltschutz kann nur dann erfolgreich realisiert werden, wenn die entsprechende Soll-Konzeption detailliert geplant wird. Die **Planungsfunktion** des Umweltcontrolling kann diesen

Prozess mit entsprechenden Informationen und Vorschlägen in Gang setzen und ihn über weite Strecken mit Analysen und ökologischen sowie ökonomischen Bewertungen unterstützen.

Zur **Kontrollfunktion** gehört die Überprüfung der Ergebnisse von ökologischen Verbesserungsmaßnahmen. Zugehörige Instrumente sind Soll-Ist-Vergleiche mit Abweichungsanalysen, um Probleme möglichst frühzeitig zu erkennen und um Vorschläge zur Gegensteuerung zu entwickeln. Ferner sind im Rahmen der Kontrollfunktion Einsparpotenziale bei den Umweltkosten aufzuzeigen und auf intern oder extern induzierte umweltrelevante Risiken aufmerksam zu machen, die u.U. mit Neuinvestitionen, Anlagenänderungen oder anstehenden Gesetzesvorhaben verbunden sein können.

Die spezifischen Aufgaben der **Steuerungs- und Koordinierungsfunktion** resultieren aus der Vielzahl der an den betrieblichen Stoff- und Energiekreisläufen beteiligten Abteilungen und Zuständigkeitsbereiche. Kompetenzkonflikte sind dabei nicht immer ganz auszuschließen.

Die **Informationsfunktion** dient der Versorgung aller Hierarchieebenen eines Unternehmens mit Umweltinformationen. Hierzu werden Teilinformationen erfasst und bedarfsgerecht aufgearbeitet. Neben den betrieblichen Fakten gehören hierzu auch Informationen aus dem Regulierungsbereich des Gesetzgebers sowie über die Arbeit von Verbänden und Interessenvertretungen. Eine weitere Aufgabe ist der Aufbau und die Pflege interner sowie externer Informationswege. Insgesamt hat sich erwiesen, daß die Ausgestaltung und Qualität der Informationsfunktion entscheidend ist für die Wahrnehmung und Akzeptanz der Arbeit der Umweltcontroller.

6.6.1 Umweltkennzahlen

Umweltkennzahlen haben in der Vergangenheit ebenso wie allgemeine Unternehmenskennzahlen wegen der ständig wachsenden Datenmengen erheblich an Bedeutung gewonnen [66]. Durch sie werden Umweltleistungen der Unternehmen mess- und nachvollziehbar, indem sie diese in konzentrierter Form auch über Perioden hinweg abbilden, und durch die Gegenüberstellung mit vergleichbaren anderen Betrieben die Identifikation eigener Stärken und Schwächen ermöglichen. Auch für die Umsetzung der EMAS-Verordnung [67] und der ISO 14001 [68], die selbst deren Anwendung nicht fordern, können Kennzahlen ebenso hilfreich sein wie für die Einführung von Umweltbilanzen (s. Kap. 6.6.2).

Inzwischen haben sich eine Reihe von Empfehlungen herausgebildet, die die verdichtete Darstellung von Umweltauswirkungen durch aussagefähige numerische Größen sowohl in der internen als auch externen Kommunikation überprüfbar und nachvollziehbar machen. Dabei handelt es sich im Wesentlichen um die folgende Grundsätze [65, 66] :

- Zielorientierung:
  Kennzahlen sollten auf Verbesserungspotenziale hinweisen.
- Ausgewogenheit:
  Kennzahlen sollen die Umweltleistung möglichst repräsentativ darstellen und Problembereiche ebenso wie Chancen ausgewogen wiedergeben.
- Kontinuität:
  Um vergleichende Aussagen zu ermöglichen, sollen Kennzahlen in jeder Periode nach den gleichen Erfassungskriterien aufgestellt werden, sich auf vergleichbare Zeiträume beziehen und in vergleichbaren Einheiten gemessen werden.
- Aktualität:
  Kennzahlen sollten ausreichend häufig und zeithah ermittelt werden.
- Verständlichkeit:
  Kennzahlen sollen für den Anwender klar und verständlich sein und seinen Informationsbedürfnissen entsprechen.

Eine Systematisierung von Umweltkennzahlen kann nach verschiedenen Kriterien erfolgen [65, 66]. Bei einer wirkungsorientierten Gliederung unterscheidet man nach Umweltmanagement-, Umweltleistungs- und Umweltzustandskennzahlen. Umweltmanagementkennzahlen geben bspw. an, welche organisatorischen Maßnahmen das Management unternimmt (z. B. gezielte Mitarbeiterinformationen, Schulungen). Umweltleistungskennzahlen beschreiben die Umwelteinwirkungen des Unternehmens oder eines Standortes (z. B. Input-/Output-bezogene Stoff- und

Energieströme). Mit Umweltzustandskennzahlen wird der unternehmensexterne Zustand der Umwelt beschrieben (z.B. Luftzustand in der Umgebung eines Industriestandorts).

Die Größe und die Umweltsituation eines Unternehmens ist maßgebend dafür, in welchen der drei beschriebenen Kategorien Umweltkennzahlen generiert werden sollten. Für kleinere Unternehmen reicht es häufig aus, sich auf Umweltleistungskennzahlen zu beschränken. Diese sollten für die spezifische Umweltbeeinträchtigung des Unternehmens typisch und konkret beeinflussbar sein. Für große Unternehmen empfiehlt sich auch die Bildung von Umweltmanagementkennzahlen, die indirekt die Umweltleistung beeinflussen. Umweltzustandskennzahlen werden von Unternehmen erhoben, die ggf. hauptverantwortlich für ein Umweltproblem in einer Region sind.

Neben einer wirkungsorientierten Kategorisierung lässt sich die Bildung von Umweltkennzahlen nach statistisch-methodischen Gesichtspunkten unterteilen. In einem ersten Schritt bieten sich hierzu absolute Zahlen ebenso an wie Verhältniszahlen. Ein Beispiel für eine absolute Kennzahl ist die jährlich emittierte Menge an CO_2 oder Staub. Absolute Kennzahlen lassen sich auch aus einer Summen-, Differenz- oder Mittelwertbildung eingesetzter Energieträgermengen und Emissionen bilden. Verhältniszahlen bringen die Umwelteffizienz der Leistungserbringung zum Ausdruck, indem man zur ihrer Bildung zwei korrelierende Größen wie beispielsweise den CO_2- und den entsprechenden Produktausstoß ins Verhältnis setzt.

Absolute Kennzahlen und deren Zeitreihen sind die am häufigsten anzutreffenden numerischen Informationen. Die Zeitreihen erlauben einen einfachen praxisbezogenen Vergleich zeitvariabler Größen. Ihr Nachteil besteht jedoch in der Möglichkeit von Fehldeutungen, wenn insbesondere in der externen Kommunikation keine erklärenden Informationen mitgeliefert werden. So kann bspw. die Zunahmen der CO_2- Emissionen sowohl in einer Produktionssteigerung als auch in einer Effizienzabnahme begründet sein. Produktbezogene Verhältniszahlen wie z.B. Menge CO_2/Produkteinheit verhindern mögliche Fehlinterpretationen. Verhältniszahlen eignen sich auch bei einem Vergleich mehrerer Unternehmen einer Branche, sofern einheitliche Erhebungsrichtlinien und Definitionen dem Verfahren zu Grunde liegen (zur Vorgehensweise beim Benchmarking vgl. auch Kap. 16.2.3).

Die Generierung und Pflege von umweltbezogenen Datenbanken und Umweltkennzahlen kann computergestützt erfolgen. Der Softwaremarkt bietet hierzu ein vielseitiges Angebot, aus dem die Unternehmen entsprechend den speziellen Bedürfnissen und Fragestellungen sowie unter Kostengesichtspunkten wählen können. Zweckmäßig ist eine Anbindung an andere gegebenenfalls bereits vorhandene themenverwandte EDV-Syteme mit entsprechenden Datenschnittstellen wie etwa das Materialwirtschaftssytem.

6.6.2 Ökobilanz

Ökobilanzen betreffen umweltbezogene Analyseverfahren, mit denen die Ressourcen-Inanspruchnahme von industriellen Prozessen oder einzelner Produkte quantifizierbar dargestellt werden kann. Sie können sich auf bestimmte Zeitpunkte, Zeitabschnitte oder den gesamten Lebensweg (Life-Cycle-Assessment LCA) beziehen.

Wegen der vielseitigen Abhängigkeiten sind Ökobilanzen in der Regel auf die Ergebnisse analoger Energie-, Material-, und Stoffbilanzen angewiesen und erfordern daher einen erheblichen Aufwand für die Datenbeschaffung. Bei energieintensiven Produktionen richtet sich ein besonderes Augenmerk auf den energiebedingten Anteil an der prozess- bzw. produktbezogen Umweltbeanspruchung. Beispiele für die Anwendung von Ökobilanzen in der Energiewirtschaft finden sich u.a. bei A. Voß, der im Rahmen von Lebensweganalysen unterschiedliche Stromerzeugungssysteme hinsichtlich ihrer kumulierten Emissionen vergleicht [69].

Der Nutzen von Ökobilanzen lässt sich an zwei Aspekten aufzeigen: Sie führen zu einem tieferen Verständnis der Produktlebenszyklen, indem sie alle Umweltbeeinträchtigungen von der Rohstoffgewinnung über die Herstellung einschließlich der Energieinanspruchnahme bis zur Nutzung und Entsorgung quantifizierbar auflisten und damit Verbesserungspotenziale aufzeigen. Hinzu kommt, dass die Darstellung von Fakten über produktionsbedingte Umweltbeeinträchtigungen zunehmend dem öffentlichen Informationsbedüfnis entspricht und werbewirksam bei Weiterverarbeitern und Endkunden eingesetzt werden kann.

Ökobilanzen werden in der Fachliteratur häufig aus der Sicht von Großunternehmen dargestellt, die sich bezüglich der personellen Ressourcen von kleineren Unternehmen unterscheiden und über spezialisierte Teams für diese Aufgabe verfügen. Generell kann man jedoch Umfang und Detaillierungsgrad der Analysen den jeweiligen betrieblichen Möglichkeiten und Bedürfnissen anpassen. Hilfen zur Erstellung einer Ökobilanz finden sich im Handbuch “Umweltcontrolling “des BMU/ UBA [65]. Die ISO-Normen 14040 bis 14043 beschreiben die Systematik für die Erstellung einer Ökobilanz.

Die im Zusammenhang mit der Ökobilanz gewonnenen Daten und Erkenntnisse zu ökologischen Kausalzusammenhängen können die Entwicklung einer mittel- bis langfristigen Umweltstrategie stützen. Diese schließt umweltorientierte Beschaffung ebenso ein wie die Integration von Ökobilanzen in den Produktentwicklungsprozess mit dem Ziel einer geringen Umweltbeeinträchtigung bei Produktion, Nutzung und Entsorgung. Die Methode der Ökobilanz erlaubt es darüber hinaus, ökologische Optimierungen gezielt vorzunehmen und damit Lösungen zu realisieren, bei denen das Verhältnis zwischen ökologischem Nutzen und dem damit verbundenen Aufwand soweit wie möglich optimiert wird.

6.6.3 Ökoaudit

Unternehmen können sich auf der Grundlage einer EU-Verordnung aus dem Jahre 1993 “... über die freiwillige Beteiligung gewerblicher Unternehmen an einem Gemeinschaftssystem für das Umweltmanagement und die Umweltbetriebsprüfung“ an einem EU-weiten Ökoaudit beteiligen (Kurzbezeichnung EMAS = Enviromental Management and Audit Scheme [67]). Ziel dieser Ökoaudit-Verordnung ist eine auf Eigenverantwortung basierende kontinuierliche Verbesserung des betrieblichen Umweltschutzes.

Die Verordnung sieht im Wesentlichen vor, dass Unternehmen für ihre Standorte eine Umwelterklärung mit Informationen zu den Geschäftsprozessen, Details zum Umweltmanagementsystem sowie mit Daten zu den Umweltwirkungen erstellen und veröffentlichen. Die ordnungsgemäße Durchführung des Ökoaudit-Verfahrens bedarf einer hoheitlichen Überwachung durch einen zugelassenen unabhängigen Gutachter (vergleichbar mit einem Betriebsprüfer). Die Zulassung der Umweltgutachter ist Aufgabe der DAU (Deutsche Akkreditierungs- und Zulassungsgesellschaft für Umweltgutachter mbH). Nach erfolgreicher Überprüfung kann ein Unternehmen den Antrag stellen, in das EMAS-Verzeichnis bei den Industrie- und Handelskammern eingetragen zu werden, um damit die Berechtigung für das Führen des EMAS-Logos zu erhalten.

7. Investitionen in Energieanlagen

In der Industrie stehen Investitionen in Energieanlagen im Wettbewerb mit denen für Produktionszwecke. Beide verfolgen in der Regel das Ziel, die Wettbewerbsfähigkeit des Unternehmens durch eine angemessene Verzinsung des eingesetzten Kapitals zu verbessern. In diesem Fall spricht man von Rendite-Investition. Daneben stehen Investitionen, bei denen Rendite-Effekte nicht im Vordergrund stehen, wie dies bspw. für die Bereiche des Umwelt- oder Arbeitsschutzes häufig typisch ist. Bei Energieanlagen sind in vielen Fällen neben wirtschaftlichen Zielen auch Umweltziele für eine Investitionsentscheidung maßgebend, wie sich am Beispiel der Errichtung moderner Kraftwerken auf Erdgasbasis zeigen lässt.

Bei Rendite-Projekten stellt der Nachweis der Wirtschaftlichkeit eine wichtige Stufe des Entscheidungsprozesses dar. Die Qualität des Wirtschaftlichkeitsnachweises wird entscheidend durch die verwendeten Basisdaten wie die erwartete Preis- oder Absatzentwicklung bestimmt. Damit ist die Problematik der unsicheren Erwartung angesprochen, von der wegen der langfristigen Nutzungszeiträume insbesondere Investitionen in Energieanlagen betroffen sind. In diesen Fällen gewinnen Strategien zur Risikominimierung eine besondere Bedeutung. Zweifelsohne kann auch die persönliche Risikobereitschaft des Entscheidungsträgers eine nicht zu unterschätzende Rolle spielen. Eine ausführliche Behandlung des Themas Investition findet sich unter [70].

7.1 Der Entscheidungsprozess

Investitionen lösen längerfristige Wirkungen aus und können in der Regel nicht kurzfristig revidiert werden. Dies trifft in hohem Maße für Investitionen in Energieanlagen zu. Darüber hinaus ergeben sich häufig Interdependenzen zwischen Investitionsentscheidungen in unterschiedlichen Unternehmensbereichen, wie dies für produktionsbedingte Folgeprojekte in der Energieversorgung der Fall ist. Mit steigender Komplexität der Projektdeterminanten wachsen damit die Anforderungen an den Entscheidungsprozess.

7.1.1 Erkennen eines Investitionsproblems

Der Investitionsentscheidung geht ein vorbereitender Prozess voraus, der in die im Folgenden beschriebenen Phasen untergliedert werden kann: In der ersten Phase - Erkennen eines Investitionsproblems - wird der Anlass für die Investition beschrieben. Wenn die Nutzungsdauer einer Anlage erschöpft oder aus technischen Gründen ein Ersatz angezeigt ist, spricht man von einer **Ersatzinvestition** (vgl. auch Abb. 7.2). Ihr Zweck ist die Sicherung der zukünftigen Leistungserbringung. Ersatzinvestitionen können auch dann notwendig werden, wenn ein wirtschaftlicher Weiterbetrieb nicht mehr gewährleistet ist.

Abb. 7.1 Phasen des Entscheidungsprozesses für eine Investition
Quelle: [71]

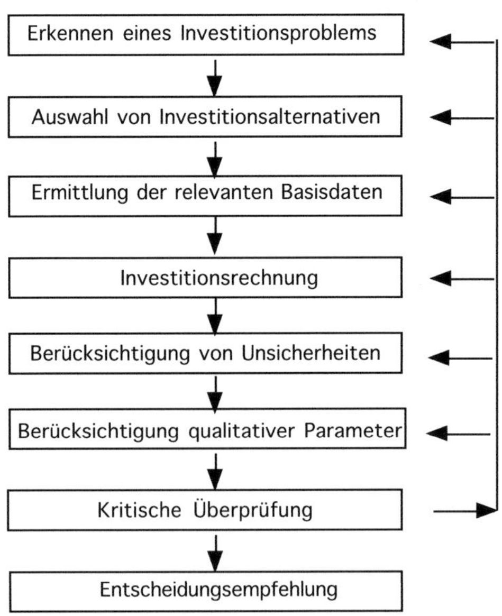

Investitionen, deren primärer Zweck eine kostengünstigere Leistungserbringung ist, werden unter der Kategorie **Rationalisierungsinvestition** geführt (Abb. 7.2). Der Umfang und die Ausgestaltung dieser Investitionen sind vielfältig und können z. B. zum kompletten Ersatz auch größerer Anlagen während ihrer Nutzungsdauer führen. **Neuinvestitionen** sind zur Herstellung neuer bisher nicht produzierter Erzeugnisse zu tätigen. Beispiele sind Investitionen in Energieumwandlungsanlagen, die im Gefolge der Errichtung neuer oder geänderter Produktionsprozesse bisher nicht benötigte Energiearten wie beispielsweise Druckluft oder Dampf bereitstellen. Sofern Kapazitätserweiterungen für bisher schon erbrachte Leistungen betroffen sind, spricht man von **Erweiterungsinvestitionen**.

Investitionsart	Zweck
Ersatzinvestition	Sicherung der Leistungserbringung durch Ersatz alter Anlagen nach Ende der Nutzungsdauer (damit kann ein Rationalisierungseffekt verbunden sein)
Rationalisierungsinvestition	Kostengünstigere Leistungserbringung durch Ersatz oder Änderung vorhandener Anlagen innerhalb ihrer Nutzungsdauer
Neuinvestition	Herstellung neuer (bisher nicht hergestellter) Produkte
Erweiterungsinvestition	Kapazitätserweiterung bisher schon erbrachter Leistungen

Abb. 7.2 Investitionsarten

7.1.2 Auswahl geeigneter Investitionsalternativen

Die Auswahl geeigneter Investitionsalternativen stellt die Basis des weiteren Entscheidungsprozesses dar und ist maßgebend für die technische Qualität und das wirtschaftliche Ergebnis. Diese Schlüsselfunktion verlangt ein hohes Maß an technischer Expertise und Kreativität sowie exakte Kenntnisse der relevanten Kostenstrukturen im Unternehmen und deren Beeinflussbarkeit. Der Umfang der zu analysierenden Alternativen sollte dem Projekt angemessen gewählt werden.

Grundsätzlich zählen zu den Lösungsalternativen neben Eigeninvestitionen auch Fremdinvestitionen. Bei Fremdinvestitionen im Energiebereich im Rahmen eines Kooperations- oder Contractingprojektes - z. B. zur Errichtung und zum Betrieb einer KWK-Anlage - strebt der Betrieb eine langfristige vertragliche Lösung mit einem Kooperationspartner an, die eine der Eigeninvestition gleichwertige Energiedienstleistung erbringt. Vorstellbar sind auch Lösungsalternativen, die ganz oder weitgehend Investitionen in Eigenanlagen vermeiden und statt dessen Lösungen vorsehen, die ausschließlich Maßnahmen bei den Energienutzern vorsehen. Hierzu zählen bspw. Investitionen in Maßnahmen zur rationellen Energieverwendung, die sich auf Höhe und Struktur des Energieverbrauchs auswirken.

Bei in Betrieb befindlichen Anlagen kann die Frage zu prüfen sein, ob ein kompletter oder partieller Ersatz bereits vor Ablauf der ursprünglich geplanten Nutzungsdauer einen positiven wirtschaftlichen Effekt ergibt. Anlass für diese Fragestellung kann eine anstehende größere Instandhaltungsmaßname sein (z. B. Neubeschaufelung eines Turbinenläufers, Erneuerung von Dampfkesselheizflächen), deren Kosten man der Neuanlage gutschreiben könnte. Zur Lösung dieses Ersatzproblems analysiert eine diesbezügliche Wirtschaftlichkeitsbetrachtung neben geeigneten Investitionsalternativen für die Neuanlage (s. o.) den möglichen Weiterbetrieb der alten Anlage. Dieser kann durch die Kosten während der wahrscheinlichen Restnutzungsdauer wie infolge größerer Instandhaltungsmaßnahmen oder gegebenenfalls notwendiger bedarfsbedingter Umrüstungen belastet sein. Die Entscheidungsgrundlage ergibt sich aus der Gegenüberstellung der Kosten und Erträge einer neuen und der alten Anlage während des Vergleichzeitraums.

7.1.3 Ermittlung der relevanten Basisdaten

Sie dienen im Rahmen der Investitionsrechnung zur Beurteilung der relativen oder absoluten Vorteilhaftigkeit einer Variante bzw. beschreiben die nichtmonitären Projektwirkungen (Umweltschutz, Arbeitssicherheit u.a.). Zu den Basisdaten zählen bspw. im Fall einer KWK-Anlage alle mit der Investition direkt verbundenen Kosten, die Kosten für die Bewirtschaftung des Projektes (Personal-, Instandhaltungs- und sonstige Kosten), die Energiebezugskosten und der zu erwartende Energiebedarf. Damit stellt sich das Problem unsicherer Annahmen, für das sich die Anwendung von Sensitivitätsanalysen bewährt hat. Die Bedeutung dieser Frage ist wesentlich davon abhängig, ob es sich um einen Variantenvergleich für ein und dieselbe Energiedienstleistung, demnach um die relative Vorteilhaftigkeit, oder um ein Vorhaben handelt, für das die absolute Vorteilhaftigkeit nachzuweisen ist (bspw. Eigenerzeugung gegen Bezug).

Weitere Basisdaten betreffen die bereits weiter oben angesprochenen nichtfinanziellen Projektwirkungen wie z.B. umweltrelevante Emissionen. In diese Beurteilungskategorie gehören auch Kriterien wie die Flexibilität einer Projektvariante bezüglich ihrer Anpassungsfähigkeit an sich ändernde betriebliche oder wirtschaftliche Rahmenbedingungen. Ziel sollte es sein, auch hier vergleichsfähige Aussagen zu definieren und soweit wie möglich zu quantifizieren (z.B. Emissionsfrachten pro Variante).

7.1.4 Investitionsrechnung

Die Verfahren der Investitionsrechnung werden im Kapitel 7.2 detailliert erläutert. Sie bilden quantitative Entscheidungshilfen und sind notwendige, in vielen Fällen aber nicht ausreichende Voraussetzung für eine Entscheidung (s. weiter unten : Berücksichtigung von qualitativen Verfahren). Grundsätzlich unterscheidet man statische und dynamische Investitionsrechnungen. Bei den statischen Verfahren wird mit Durchschnittswerten gerechnet. Zeitliche Veränderungen von Inputgrößen werden demnach nicht berücksichtigt. Die statischen Verfahren sind hinreichend genau für überschaubare Perioden (z.B. ein Jahr). Für die in der Energiewirtschaft üblichen langen Betrachtungszeiträume von 20 bis 30 Jahren sind sie im Allgemeinen unzureichend. Ihr Vorteil liegt in dem vergleichsweise geringen Rechenaufwand; daher eignen sie sich für erste Überschlagsrechnungen.

Demgegenüber berücksichtigen die dynamischen Verfahren den Zeitwert des Geldes, indem sie die zeitlichen Unterschiede im Anfall der Zahlungsströme einer

Investition wertmäßig erfassen. Das bedeutet: Alle Zahlungen werden auf einen bestimmten Bezugszeitpunkt aufgezinst, sofern sie vor diesem Zeitpunkt anfallen, bzw. abgezinst, sofern sie nach diesem Zeitpunkt erwartet werden. Als Bezugszeitpunkt kann beispielsweise der Beginn der Nutzungsdauer, also die Inbetriebnahme, einer Anlage gelten. Der Nachteil der dynamischen Rechnung besteht in dem hohen Rechenaufwand. Dynamische Investitionsrechnungen wurden in den vergangenen Jahren in der Industrie neben den bislang praktizierten statischen Verfahren verstärkt eingeführt.

7.1.5 Berücksichtigung von Unsicherheiten

Langfristige Investitionsrechnungen sind im Allgemeinen mit Unsicherheiten behaftet. Diese ergeben sich aus einer Unsicherheitssituation bei ergebnisrelevanten Input-Daten wie bspw. den Energiepreisen. Die Rechnungen sind daher durch Verfahren zur Berücksichtigung dieser Unsicherheiten zu ergänzen. Ein übliches Verfahren bedient sich der Sensitivitätsanalyse als Entscheidungshilfe, bei der die Empfindlichkeit des Rechenergebnisses als Folge der Variation des Daten-Inputs untersucht wird [72]. Projekte mit geringer Sensitivität sind mit geringem, solche mit hoher Sensitivität mit hohem Risiko verbunden (s. Kap 15.2.1 bezüglich Risikomanagement).

Bei der Sensitivitätsanalyse wird der Wert der kritischen Input-Größe so verändert, dass sich mit Bezug auf das Projektziel eine günstige und eine ungünstige Ergebnisvariante ergibt. Innerhalb dieser Spreizung sollte das reale Ergebnis erwartet werden können. Zusätzlich kann man einen wahrscheinlichen Fall definieren, der durch einen mittleren Wert gekennzeichnet ist. Für die Investition in ein Energiesparvorhaben ist bspw. der Energiepreis die kritische Input-Größe. Das Szenario mit langfristig hohem Preis stellt damit den günstigen Fall dar und umgekehrt (s. Tabelle in Abb. 7.3).

Häufig enthält die Datengrundlage einer Investitionsrechnung mehrere kritische Größen, die mit unsicheren Erwartungen verbunden sind. Hierzu ist in Abb. 7.3 beispielhaft die Investition in eine KWK-Anlage auf Erdgasbasis mit den beiden kritischen Größen Strom- und Erdgaspreis dargestellt. Das günstige Szenario ist in

	kritische Parameter	günstiger Fall	ungünstiger Fall	wahrscheinlicher Fall
Investition in ein Energiesparvorhaben	Energiepreis	langfristig hoher Energiepreis	langfristig niedriger Energiepreis	mittleres Preisniveau
Investition in KWK-Anlage auf Erdgasbasis	Strompreis u. Erdgaspreis	langfristig hoher Strompreis u. niedriger Erdgaspreis	langfristig hoher Erdgaspreis u. niedriger Strompreis	mittleres Preisniveau

Abb. 7.3 Preisszenarien für Sensitivitätsanalyse (beispielhaft)

diesem Fall durch einen langfristig hohen Strom- und niedrigen Erdgaspreis, während das ungünstige Szenario durch das inverse Preismodell definiert ist. (Die beiden extremen Preismodelle unterstellen eine stark divergierende Entwicklung der Preise, die bei Annahme einer möglichen Konvergenz der beiden Teilmärkte für Strom und Gas jedoch eher als unwahrscheinlich gilt.)

7.1.6 Berücksichtigung qualitativer Parameter

Qualitative Parameter und ihre Beurteilung lassen sich nicht standardisieren und sind meistens unternehmens- und projektabhängig. Beispielhaft seien hier die Folgenden aufgeführt:

- Umweltschutz
- Arbeitsschutz
- Anlagensicherheit
- Bedienbarkeit
- Platzbedarf (soweit nicht wertmäßig zu erfassen)
- Flexibilität (technisch/wirtschaftlich)
- Übereinstimmung mit Unternehmenszielen und -strategien
- Übereinstimmung mit Unternehmensimage

Wie sich an den Beispielen zeigt, sind einfache Ja-/ Nein-Aussagen nur in Ausnahmefällen zielführend. In den meisten der Fälle ergeben sich, insbesondere wenn mehrere Aspekte gleichzeitig zutreffen, komplexe Projektwirkungen, die zudem häufig einer subjektiven Beurteilung unterliegen. Um die Entscheidungswege soweit wie möglich transparent zu gestalten, haben sich hierfür Verfahren wie die Nutzwertanalyse bewährt.

	Flexibilität n_1	CO_2-Bilanz n_2	Platzbedarf n_3	Aggregation $N = w_1n_1 + w_2n_2 + w_3n_3$
Variante 1	8	5	3	N_1= 3,4
Variante 2	4	5	6	N_2= 2,9
Wichtung w	0,2	0,3	0,1	

Abb. 7.4 Beispiel einer Nutzwertanalyse

Ihr Prinzip und die einzelnen Verfahrensschritte lassen sich wie folgt beschreiben [72]: Ein komplexes Entscheidungsproblem wird durch Formulierung von Zielkriterien in abgrenzbare Teilprobleme zerlegt. Die Zielkriterien werden durch den Entscheidungsträger bestimmt und gewichtet. Anschließend wird der Nutzen im Bezug auf ein einzelnes Zielkriterium festgesetzt. Der Gesamtnutzen ergibt sich aus der Aggregation der gewichteten Teilnutzen. Das Beispiel in Abb. 7.4 betrifft die geplante Investition in eine zentrale Drucklufterzeugungsanlage zur Versorgung eines Industriestandortes. Die beiden in engere Wahl gezogenen Investitionsvarianten 1 und 2 sollen zu einem etwa gleich großen wirtschaftlichen Vorteil führen, unterscheiden sich jedoch bezüglich dreier als ebenfalls entscheidungsrelevant definierter Zielkriterien. Im Einzelnen handelt es sich bei den Zielkriterien um die technische Flexibilität der Anlage, die CO_2 - Bilanz und den Platzbedarf. Das Kriterium Flexibilität bezieht sich auf mögliche zukünftige Leistungsanpassungen der Anlage. Die Erreichungsgrade der einzelnen Zielkriterien n_1, n_2 und n_3 werden mit Hilfe einer Wertskala von 0 bis 10 bewertet und mit zusätzlichen Faktoren gewichtet. Die

Summe der so gebildeten Einzelprodukte ergibt die Varianten-Nutzwerte N_1 und N_2. Die Variante 1 ist in dem dargestellten Fall die vorteilhaftere.

7.1.7 Kritische Überprüfung und Entscheidungsempfehlung

Investitionsentscheidungen mit der Realisierung eines Projektes sind in der Regel langfristig bindend bzw. nur mit erheblichen Verlusten korrigierbar. Infolgedessen ist für große risikobehaftete Vorhaben vor Abgabe einer Investitionsempfehlung eine kritische Überprüfung der Entscheidungsgrundlagen (Kap. 7.1 bis 7.1.6) im Rahmen einer Investitionskontrolle angebracht. Diese Kontrolle betrifft die formale Vollständigkeit der Entscheidungsgrundlagen ebenso wie die Überprüfung solcher Größen, die für den Erfolg einer Investition von besonderer Bedeutung sind. Der Prozess kann letztendlich in ein iteratives Verfahren münden, in das einzelne Stufen des Entscheidungsprozesses erneut einbezogen werden. Als Ergebnis können neben der Korrektur oder Erweiterung der Entscheidungsbasis auch kritische Größen definiert werden, die während der Nutzungsphase des Investitionsobjektes mit Vorrang zu überprüfen sind (Ergebniskontrolle).

7.2 Verfahren der Investitionsrechnung

Mit der Investitionsrechnung werden die zu erwartenden finanziellen Wirkungen eines Investitionsvorhabens nachgewiesen [70]. Die unterschiedlichen Berechnungsvorschriften stellen nachvollziehbare rationale Instrumente zum Nachweis der Vorteilhaftigkeit einer Investition dar und bilden damit eine wichtige Stufe auf dem Entscheidungsweg. Bezüglich der Wahl des jeweils anzuwendenden Rechenverfahrens unterscheiden sich Investitionen in Energieanlagen grundsätzlich nicht von Investitionsprojekten für allgemeine Produktionsanlagen.

Häufig soll eine Investitionsrechnung Antworten zu den folgenden drei wesentlichen Fragestellungen geben:

- Ist eine einzelne Investition unter dem Gesichtspunkt der Unternehmensziele (Renditevorgaben) vorteilhaft ?

- Welche von mehreren möglichen Investitionen soll durchgeführt werden (Wahlproblem) ?
- Soll eine bereits vorhandene Anlage durch eine neue ersetzt werden (Ersatzproblem) ?

In den einzelnen Unternehmen werden unterschiedliche Verfahren zur Beantwortung der Fragestellungen bevorzug, wobei man statische und dynamische Verfahren unterscheidet. Die statische Betrachtung wird häufig dann bevorzugt, wenn es darum geht, sich zunächst einen orientierenden Überblick zu verschaffen, um diesen dann im weiteren Verlauf der Bearbeitung mit detaillierteren Informationen und höherem mathematischen Aufwand zu konkretisieren.

In der folgenden kurzen Einführung liegt der Schwerpunkt auf einigen häufig genutzten Verfahren der Investitionsrechnung.

7.2.1 Statische Verfahren

Bei den statischen Verfahren - auch häufig mit " Praktikerverfahren" bezeichnet - werden zeitliche Unterschiede im Anfall wichtiger Input-Größen (Kosten, Zahlungen) wertmäßig nicht berücksichtigt. Sie eignen sich für kurze Perioden wie bspw. ein Jahr. Bei langen Bezugszeiträumen, wie sie für Investitionen in der Energiewirtschaft üblich sind, sind sie in der Regel wegen der zu erwartenden zeitlichen Varianz wichtiger Input-Größen zu ungenau. In diesen Fällen werden die dynamischen Verfahren bevorzugt.

Die in Abb. 7.5 aufgeführten statischen Verfahren lassen sich wie folgt charakterisieren:

Bei der **Kostenvergleichsrechnung** (Gleichung 1, Abb.7.5) werden die Kosten der Investitionsalternativen gegenübergestellt und miteinander verglichen. Das Verfahren arbeitet mit Durchschnittswerten, indem man den Durchschnitt der für die gesamte Lebensdauer der Investition erwarteten Kosten (Betriebskosten und Kapitaldienstkosten) bildet. Die Investition ist vorzuziehen, die die relativ niedrigsten Kosten in der Periode verursacht. Die absolute Vorteilhaftigkeit einer einzelnen In-

Verfahren	Berechnungsvorschrift	Kriterium für Nachweis der Vorteilhaftigkeit einer Variante
Kostenvergleichsrechnung	$K = K_B + I_0\left(\frac{1}{T}+\frac{i}{2}\right)$ (1)	Kosten K relativ geringer (absolute Vorteilhaftigkeit kann nicht ermittelt werden)
Rentabilitätsrechnung	$R = \frac{G}{I_0}$ (2)	absolute Vorteilhaftigkeit: Rentabilität R ist nicht kleiner als die vom Unternehmen vorgegebene Mindestrentabilität relative Vorteilhaftigkeit: bei Varianten mit unterschiedlicher Investitionshöhe ist Rentabilität der Differenzinvestition maßgebend
Amortisationsrechnung	$t_A = \frac{1}{R}$ (3)	absolute Vorteilhaftigkeit: Amortisationszeit t_A überschreitet die vom Unternehmen vorgegebene Höchstamortisationszeit nicht relative Vorteilhaftigkeit: relativ kürzere Amortisationszeit

Abb. 7.5 Verfahren der statischen Investitionsrechnung, K_B = jährliche Betriebskosten, i= Kalkulationszinssatz, G= jährlicher Gewinn der Investition, T =Nutzungsdauer in Jahren, I_0= Investitionsausgaben

vestition kann mit dieser Methode nicht berechnet werden. Bei der **Rentabilitätsrechnung** (Gleichung 2, Abb. 7.5) wird der durchschnittliche Jahresgewinn einer Investition zum Kapitaleinsatz ins Verhältnis gesetz. Als Ergebnis erhält man die durchschnittliche jährliche Verzinsung des eingesetzten Kapitals. Die Investition ist vorzuziehen, die die höchste Rentabilität ergibt. Das Verfahren kann zur Beurteilung der relativen und absoluten Vorteilhaftigkeit herangezogen werden. Absolut vorteilhaft ist eine Investition dann, wenn ihre Rentabilität nicht kleiner ist als der vom Unternehmen vorgegebene Mindestsatz. Die Rentabilitätsrechnung ist das

Verfahren der statischen Investitionsrechnung mit der häufigsten Anwendung. Die **Amortisationsrechnung** (Gleichung 3, Abb. 7.5) ermittelt den Zeitraum, in dem die Investitionsausgaben eines Projektes durch Überschüsse der laufenden Projektzahlungen armortisiert werden. Das Verfahren eignet sich sowohl zum Nachweis der absoluten als auch der relativen Vorteilhaftigkeit eines Investitionsvorhabens.

7.2.2 Dynamische Verfahren

Die dynamische Investitionsrechnung wurde in der Vergangenheit verstärkt eingeführt, wobei sich die bevorzugten Verfahren im Einzelfall unterscheiden [70,72]. Im Unterschied zur statischen Rechnung berücksichtigen diese Verfahren die Tatsache, dass zu unterschiedlichen Zeitpunkten anfallende Einnahmen und Ausgaben ökonomisch nicht gleichwertig sind. Damit wird ein hoher Informationsstand über die Veränderung der relevanten wirtschaftlichen Parameter über die gesamte Nutzungsdauer einer Investition vorausgesetzt.

Bei der **Kapitalwertrechnung**[22] (Gleichung 4, Abb. 7.6) werden sämtliche durch eine Investition hervorgerufenen Ausgaben und Einnahmen mit einem gegebenen Zinsfuß, dem Kalkulationszinsfuß, auf einen Bezugszeitpunkt (Beginn des Planungszeitraumes) abgezinst. Ist der so gebildete Kapitalwert positiv, wird ein Geldvermögenszuwachs erwirtschaftet. Ist er dagegen negativ, vermindert sich das Geldvermögen. Eine Investition ist demnach vorteilhaft, wenn der Kapitalwert einer Investition nicht negativ ist. Im Auswahlfall ist der Investition der Vorzug zu geben, bei der der Kapitalwert am größten ist.

Die **Annuitätenrechnung** (Gleichung 5, Abb. 7.6) ist eine abgewandelte Form der Kapitalwertmethode. Während dort eine Investition nach ihrem Totalgewinn beurteilt wird, ermittelt man bei der Annuitätenmethode den durchschnittlichen Gewinn einer Investition. Hierzu wird der Kapitalwert mit dem sogenannten Wiedergewinnungsfaktor umgerechnet, so dass man gleiche Jahresbeträge (Annuitäten) erhält. Eine Investition ist dann vorzuziehen, wenn die Annuität nicht negativ ist. Bei der

[22] Der Kapitalwert einer Investition zum Zeitpunkt t=0 (Bezugszeitpunkt) ist definiert als Barwert ihrer Nettozahlungen (Einzahlungen minus Auszahlungen).

Durchführung eines Alternativenvergleichs ist die Variante vorzuziehen, bei der die Annuität ihrer Nettozahlungen am höchsten ist. Bei der **Interne-Zinssatz-Rechnung** (Gleichung 6, Abb. 7.6) wird gefragt, mit welcher Rentabilität sich das eingesetzte Kapital während der Lebensdauer einer Investition verzinst.

Abb. 7.6 Verfahren der dynamischen Investitionsrechnung

C_0 = Kapitalwert
N_t = Nettozahlung in der Periode t
i = Kalkulationszinssatz

Verfahren	Berechnungsvorschrift	Kriterium zum Nachweis der Vorteilhaftigkeit einer Variante
Kapitalwertrechnung	$C_0 = \sum_{t=0}^{n} N_t \frac{1}{(1+i)^t}$ (4)	absolute Vorteilhaftigkeit: Kapitalwert ist nicht negativ relative Vorteilhaftigkeit: relativ höherer Kapital wert
Annuitätenrechnung	$a = C_0 \frac{(1+i)^n i}{(1+i)^n - i}$ (5)	absolute Vorteilhaftigkeit: durchschnittlicher Gewinn a ist ≥ 0 relative Vorteilhaftigkeit: größerer durchschnittlicher Gewinn
Interne-Zinssatz-Rechnung	für $C_0 = 0$ ergibt Gl. (4) internen Zinssatz r: $0 = \sum_{t=0}^{n} N_t \frac{1}{(1+r)^t}$ (6)	absolute Vorteilhaftigkeit: interner Zinssatz r ist nicht geringer als Kalkulationszinssatz i relative Vorteilhaftigkeit: interner Zinssatz der Differenzinvestition ist größer als vorgegebener Kalkulationszinssatz

Während bei der Kapitalwertmethode der Zinssatz gegeben und der Kapitalwert gesucht wird, ist bei der Interne-Zinsfuß-Methode umgekehrt der Kapitalwert mit $C_0 = 0$ vorgegeben und der Zinssatz gesucht. De r interne Zinssatz ist demnach der Zinssatz, bei dem der Kapitalwert gleich Null wird. Eine Investition kann dann als absolut vorteilhaft angesehen werden, wenn der interne Zinssatz nicht geringer ist als der vorgegebene Kakulationszinssatz. Beim Vergleich zweier Investitionen A (mit höherer Investitionssumme) und B ist die Investition A dann vorzuziehen, wenn der interne Zinssatz der Differenzinvestition größer als der Kalkulationszinssatz ist.

C. Kosten- und Preisbildung

8. Energiewirtschaftliche Preissysteme

Die Energiemärkte bieten eine Vielzahl unterschiedlicher Produkte. Entsprechend vielgestaltig sind die Preissysteme und deren Differenzierungen innerhalb einer Energieart. Das breite Spektrum ist sowohl eine Folge der unterschiedlichen Kostenstrukturen bei der Produktion und Verteilung der verschiedenen Energien als auch abhängig von der jeweiligen Wettbewerbssituation. Neben festen Einheitspreisen für kurzfristige Energiebezüge, wie sie für Börsenprodukte typisch sind, gibt es Preissysteme mit Arbeits- und Leistungspreisen sowie dynamisierte formelbasierte Preise für längerfristige Liefervereinbarungen.

Bei der Preishöhe bestehen beträchtliche Unterschiede zwischen den verschiedenen Energieträgern und Verbrauchergruppen. Erdgas ist pro Energieäquivalent deutlich teurer als Steinkohle und unterliegt stärkeren Preisschwankungen. Kleinverbraucher und Haushalte zahlen für die Energieeinheit höhere Preise als Großverbraucher in der Industrie, diese wiederum in der Regel höhere Preise als Großhändler und Importeure. (Mit dem Aspekt der Preishöhe für industrielle Verbraucher befasst sich das Kapitel 9.) Gegenstand des vorliegenden Kapitels sind Grundlagen der energiewirtschaftlichen Preissysteme einschließlich der preisbestimmenden Faktoren mit ihren energiearten- und produktspezifischen Differenzierungen.

8.1 Leitungsgebundene Energieträger

Die sog. leitungsgebundenen Energien wie bspw. elektrischer Strom aber auch Dampf sind nur in geringem Umfang und nur mit hohen Kosten speicherbar. Allein Erdgas wird in großen Mengen in Untertagespeichern zum Ausgleich von Bedarfsschwankungen von den Erdgasgesellschaften vorgehalten. Produktion und Bereitstellung beim Kunden muss daher zeitgleich mit dem Verbrauch erfolgen. Diese physikalischen Zwänge bilden letzendlich die Basis, an der sich die Dimensionierung der Erzeugungs-, Transport- und Verteilanlagen auszurichten hat: Die von den Verbrauchern nachgefragte Leistungsspitze ist der maßgebende Parameter für die zu installierende Leistung.

Die Gesamtkosten der Energiebereitstellung sind demnach nicht nur von der erzeugten Energiemenge, sondern ebenso von der installierten Erzeugungs-, Transport- und Verteilungskapazität abhängig. Man unterscheidet daher bei einer verursachungsgerechten Kostenzuordnung arbeits- und leistungsabhängige Kostenelemente, die ein Verbraucher entsprechend seiner Bedarfsstruktur zu entrichten hat.

Im Folgenden wird die Kostenzuordnung und Preisbildung nach Arbeits- und Leistungspreisen exemplarisch an Hand der Stromerzeugung in einem Kraftwerk dargestellt.

8.1.1 Das klassische Preismodell am Beispiel Strom

Leistungsabhängige oder fixe Kosten sind von der erzeugten Energiemenge unabhängig und leiten sich aus den Anlagengütern und deren Bewirtschaftung ab. Im Wesentlichen handelt es sich dabei um Kapitalkosten K_k, Personalkosten K_p, Instandhaltungskosten K_i und sonstige Kosten K_s.

Wie die Kapitalkosten sind auch die an den Betrieb der Anlage gebundenen Personalkosten in der Regel von der erzeugten Energiemenge weitgehend unabhängig und damit feste Kostenbestandteile. Jedenfalls ist davon auszugehen, dass sich kurzfristige kostenrelevante Anpassungen des Personalbestandes z.B. bei einer zeitlich befristeten Stilllegung einer kompletten Erzeugungseinheit nur in Ausnahmefällen realisieren lassen. Ein weiteres fixes Kostenelement sind die Instandhaltungsaufwendungen. Eine exakte verursachungsgerechte Zuordnung dieser Kosten auf die Kategorien fest oder variabel bereitet Schwierigkeiten. Ersatzweise gilt sicherlich die Feststellung als hinreichend genau, dass der weitaus überwiegende Anteil der Instandhaltungskosten lediglich betriebszeitabhängig, also unabhängig von der in einer Periode geleisteten Arbeit ist. Zu den sonstigen

Kosten gehören Versicherungen und investitionsabhängige betriebsinterne Umlagen wie beispielsweise Aufwendungen für die Feuerwehr und ähnliche Dienstleistungen.

Die jährlichen Leistungskosten ergeben sich aus der Summe der einzelnen Kostenelemente zu

$$K_l = K_k + K_p + K_i + K_s \quad \text{in } \frac{Euro}{a} \tag{8.1}$$

sowie der Leistungspreis mit der maßgebenden Leistung *N* zu

$$p_l = \frac{K_l}{N} \quad \text{in } \frac{Euro}{kW \cdot a}\,. \tag{8.2}$$

Die arbeitsabhängigen Kosten sind der erzeugten Energiemenge - in unserem Fall der Strommenge - direkt proportional. Hierzu zählen die Kosten für die Brennstoffe des Kraftwerks, die Entsorgungskosten, der Eigenbedarf des Kraftwerks sowie gegebenenfalls weitere mengenabhängige Kostenelemente. Der Arbeitspreis p_a ist mit den arbeitsabhängigen Gesamtkosten K_a und der Strommenge *A* wie folgt verknüpft:

$$p_a = \frac{K_a}{A} \quad \text{in } \frac{Euro}{kWh_{el}} \tag{8.3}$$

Mit der Definition von Arbeits- und Leistungspreis ist die Basis der individuellen Preisbildung für Verbraucher mit unterschiedlicher Bedarfsstruktur, die durch die jährlichen Benutzungsstunden *n* der maximal nachgefragten Leistung nach Gleichung 8.4 beschrieben wird, bereitgestellt:

$$n = \frac{A}{N} \quad \text{in } \frac{h}{a} \tag{8.4}$$

Der Verrechnungspreis - auch zuweilen als Mischpreis bezeichnet - lässt sich nun aus der folgenden Gleichung berechnen:

$$p = p_a + \frac{p_l}{n} \quad \text{in } \frac{Euro}{kWh_{el}} \tag{8.5}$$

Wie man erkennt, ist der leistungspreisabhängige Anteil und damit der Mischpreis insgesamt um so kleiner, je höher die Ausnutzung der Spitzenleistung - die Benutzungsdauer - ist (vgl. Abb. 8.1).

Aus Kostengründen muss der Verbraucher das Ziel haben, eine möglichst hohe Ausnutzung der zu verrechnenden Spitzenleistung zu erreichen. Hierzu bieten sich sowohl betriebliche als auch verrechnungstechnische Maßnahmen wie die folgenden Verrechnungsmodelle an:

- Mittelwertbildung

  Um die Kostenwirkung einzelner extremer Leistungsspitzen für den Verbraucher abzumildern, wird in der Praxis häufig die Verrechnungsleistung aus dem arithmetrischen Mittel zweier oder dreier - viertelstündig gemessener - Spitzen einer Verrechnungsperiode gebildet.

- Leistungsstufung

  Erhebliche Kostenvorteile ergeben sich bei starken jahreszeitlichen Verbrauchsschwankungen dann, wenn es gelingt, die maßgebende Abrech-

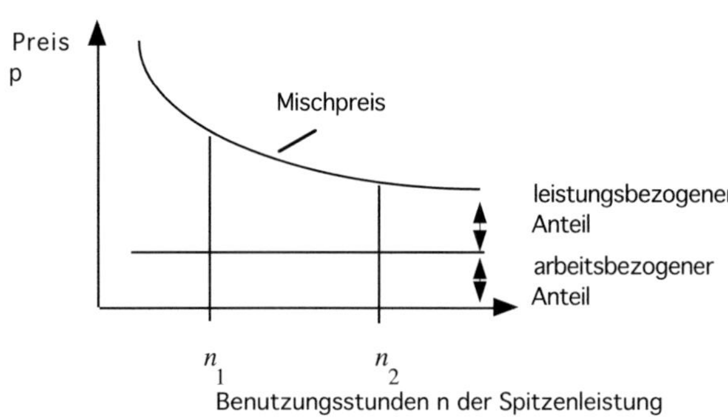

Abb. 8.1 Zusammenhang zwischen Mischpreis und Benutzungsstunden

nungsperiode anstatt z.B. auf ein ganzes Jahr auf kürzere Zeitabschnitte zu beziehen. Die Aufteilung in kürzere Verrechnungsperioden mit entsprechender Stufung der maßgebenden Spitzenleistung *N* führt zu einer höheren verrechnungstechnischen Auslastung für das gesamte Jahr.

Gelingt es, die Lastprofile mehrerer Einzelverbraucher durch betriebliche Maßnahmen gegeneinander zeitlich so zu versetzen, dass die integrale Spitzenleistung kleiner ist als die Summe der einzelnen Spitzen, kann der Betrieb von dem positiven Kosteneffekt einer höheren Auslastung profitieren (s. auch Kap. 14.1 zum Thema Lastmanagement). Die Verrechnungsleistung ergibt sich dann mit dem Gleichzeitigkeitsfaktor r wie folgt:

$$N = r\,\Sigma N_i \qquad \text{mit } r < 1 \tag{8.6}$$

Industrielle Kunden haben u. U. die Möglichkeit, sich weitere Vorteile zu Nutze zu machen, die auf den erzeuger- und nachfrageseitigen Strukturen der Stromlieferanten beruhen:

- Strombezug während niedriger Nachfrage

  Mehrschichtbetriebe können den Vorteil niedriger Strompreise in Zeiten geringerer Nachfrage während der Nachtzeiten sowie an Sonn- und Feiertagen nutzen (Niedertarif). Auch saisonale Preisdifferenzierungen (Sommer/ Winter) können für bestimmte Produktionskampagnen genutzt werden.
- Bezug unterbrechbarer Stromlieferungen

  Der Stromproduzent beteiligt in diesem Fall den Kunden an den Kostenvorteilen, die sich für ihn in Folge höherer Flexibilität und geringerer Reservevorhaltung in Perioden mit Spitzenlast ergeben.
- Gezontes Preismodell

  Dem Prinzip gezonter Preissysteme liegt der Gedanke zu Grunde, Arbeits- und Leistungspreise in Abhängigkeit von der Benutzungsdauer der bezogenen Spitzenleistung zu quantifizieren, um sie auf diese Weise den erzeugerseitigen Kosten besser anzunähern. Begründen lässt sich dieses Vorgehen damit, dass der Stromerzeuger für einen vorgegebenen Bedarf einen bestimmten Kraftwerkstyp mit auslegungsbedingter charakteristischer Kostenstruktur vorhalten muss [73]. Am augenscheinlichsten zeigen sich diese Unterschiede in den Kostenstrukturen bei Spitzenlast- (insbesondere Gaskraftwerke) und Grundlastkraftwerken (Kohlkraftwerke).

Diese bedarfsorientierte Kostenzuordnung führt im Grundsatz zu einem Preissystem, das sich durch mit der Benutzungsdauer steigende Leistungs- und abnehmende Arbeitspreise auszeichnet. Ein zweizoniges Preismodell wie in der Abb. 8.2 führt dann wegen des hohen Arbeits- und niedrigen Leistungspreises bei kleiner Benutzungsdauer zu einer flachen, bei hoher Benutzungsdauer zu einer steilen Preischarakteristik.

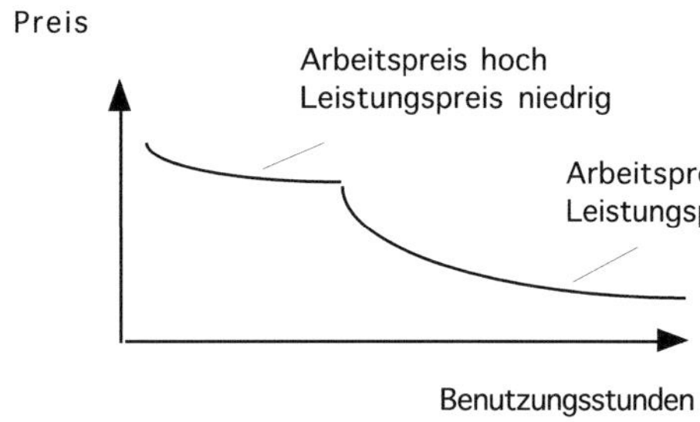

Abb. 8.2 Gezontes Preismodell

Arbeits- wie auch Leistungspreise können marktabhängigen Preisveränderungen unterliegen, denen man insbesondere bei längerfristigen Liefervereinbarungen durch eine Preisgleitung Rechnung trägt. Diese wird durch Preisbindungsfaktoren in den Preisformeln erreicht. Um eine möglichst hohe Transparenz und Überschaubarkeit zu gewährleisten, sind amtlich notierte und veröffentlichte Indexe - z. B. Erdgaspreise, Steinkohlepreise für den Arbeits-, Lohn- oder Investitionsgüterindexe für den Leistungspreis - üblich. Die Indexbindung der Preise lässt eine Vielzahl von Varianten zu. Eine einfache durch multiplikative Verknüpfung der Basispreise mit den Preisbindungsfaktoren f und f_0 gewonnene Preisgleitformel kann wie folgt gebildet werden. (Der Index "0" kennzeichnet jeweils den Ausgangswert.):

$$p = p_0 \frac{f}{f_0} \tag{8.7}$$

Trotz allen Bemühens, eine möglichst realitätsnahe Abbildung der Kostenveränderungen zu modellieren, wird es erfahrungsgemäß zu Diskrepanzen zwischen den realen Kosten und dem Formelwert kommen. Es empfiehlt sich daher, Möglichkeiten für Preisrevisionen vorzusehen.

8.1.2 Nutzungsentgelte für Stromnetze

In sog. All-inclusive-Stromverträgen wird ein Gesamtpreis vereinbart, der sowohl die reine Stromlieferung als auch die zugehörige Netznutzung enthält. In diesem Fall entfällt der Abschluss eines separaten Netznutzungsvertrages[23] zwischen Kunden und Netzbetreiber. Besteht jedoch der Wunsch nach einer höheren Kostentransparenz, kann der Kunde mit dem Stromlieferanten einen reinen Stromlieferungs- und getrennt davon mit dem Netzbetreiber einen Netznutzungsvertrag abschließen.

Der Netzbereich unterliegt als "natürliches Monopol" nicht dem Wettbewerb. Um unter diesen Bedingungen dem Ziel wettbewerbsgerechter Preise zu genügen, sind an die Kostenermittlung und die darauf basierende Preisfindung auf Seiten der Netzbetreiber bestimmte unverzichtbare Forderungen zu stellen, damit ein ausgewogener Interessenausgleich zwischen dem Dienstleister und dem Kunden zustande kommt. So sollte der Kostennachweis den Anforderungen der Kostengerechtigkeit und Kosteneffizienz folgen und es sollten nur Kostenelemente in Ansatz kommen, die in Anbetracht der Kosten- und Erlöslage bei elektrizitätswirtschaftlich rationeller Betriebsführung anfallen.

[23] Der Netznutzungsvertrag unterscheidet sich vom Netzanschlussvertrag, in dem die gegen seitigen Rechte und Pflichten aus dem Netzanschluss geregelt werden. Anschlussabhängige Kosten werden individuell vereinbart. Dabei hängt der Aufwand bei Aufnahme oder Erweiterung der Stromlieferung von den im speziellen Fall erforderlichen Maßnahmen an der Übergabestelle und gegebenenfalls von der Struktur des vorgelagerten Netzes ab.

Bisher dienen die Preisfindungskriterien, die in langfristigen iterativen Verhandlungsprozessen zwischen den Verbänden der Stromkunden aus Industrie und Gewerbe und der Stromwirtschaft in Schritten ab 1998 vereinbart wurden, als Kalkulationsgrundlagen für Netznutzungsentgelte (*VV Strom II plus*, gültig ab 1.1. 2002, vgl. auch Kap. 9.2.3 u. Kap.11.1). Um das Ziel eines zwischen den Beteiligten ausgewogenen Interessenausgleichs zu erreichen, besteht jedoch weiterer Handlungsbedarf. So verlangt die EU von allen Mitgliedstaaten ab dem 1. Juli 2004 die Einrichtung einer Regulierungsbehörde für Strom und Erdgas (s. Kap.11), die in Deutschland am 1. Januar 2005 ihre Arbeit aufgenommen hat.

Bei den relevanten Kosten für die Netznutzung handelt es sich um Aufwendungen, die durch die Bereitstellung der Netzinfrastruktur mit Leitungen, Transformatoren und Schaltanlagen sowie bei der Erbringung von Systemdienstleistungen wie Frequenz- und Spannungshaltung und durch den Aufwand für die Betriebsführung und die Netzverluste entstehen. Maßgebend sind die kalkulatorischen Kosten und die Entgelte strukturell vergleichbarer Netzbetreiber (Vergleichsmarktprinzip).

Zur Zeit wird in Deutschland der von der Handhabung her vergleichsweise einfache entfernungsunabhängige Punkttarif in der Elektrizitätswirtschaft favorisiert. Für die Preisbildung spielt es demnach keine Rolle, wie groß die Entfernung zwischen Einspeisung und zeitgleicher Entnahme ist. Der Kunde erhält Zugang zum Gesamtnetz, sodass sich der Preis u.a. danach richtet, auf welcher Spannungsebene die Stromentnahme erfolgt. Dieses Preismodell setzt eine verursachungsorientierte Aufteilung der Kosten der jeweils überlagerten Netzebene einschließlich Umspannungen auf die unteren Netzebenen voraus, soweit diese nicht den Netznutzern der vorgelagerten Netzebene zuzuordnen sind. Mit dem Prinzip der Kostenwälzung ergibt sich ein Anstieg der Netznutzungsentgelte in Richtung niedrigerer Spannungsstufen.

Neben der Spannungsebene, auf der die Stromentnahme erfolgt, ist die Benutzungsdauer der in der Verrechnungsperiode maximal entnommenen Leistung - als Maß für den Beitrag zur Belastungsspitze einer Netzebene - ein wesentliches Kriterium für die Entgelthöhe. Die Benutzungsdauer errechnet sich gemäß Gleichung 8.4 aus der bezogenen Energiemenge und der maximalen Leistung.

Da die Netzkosten im Wesentlichen aus fixen Kostenelementen erwachsen, handelt es sich bei den Netznutzungspreisen um leistungsabhängige Preise, die jedoch in Leistungs- und Arbeitspreisanteile umgerechnet werden können. Letztendlich sind bei jährlicher Verrechnung für die Bestimmung des Netznutzungsentgeltes die folgenden Angaben gefragt:

- maximale Leistung in kW
- Jahresenergie in kWh/a
- Spannungsebene der Entnahmestelle

Die Preise, auf deren Basis die jeweils individuellen Netznutzungsentgelte bestimmt werden können, werden von den Netzbetreibern regelmäßig veröffentlicht (vgl. Kap. 9.2.3).

8.1.3 Preise an der Strombörse

Merkmale des traditionellen Stromgeschäftes sind bilaterale Verträge, die auf die individuellen Bedürfnisse der Partner zugeschnitten sind (Over-the-Counter-Geschäft, OTC). Die Risiken derartiger Geschäfte sind für den Kunden meistens überschaubar. Mit fortschreitender Öffnung der Energiemärkte hat sich Elektrizität mehr und mehr zu einer Handelsware entwickelt. Ein inzwischen etablierter Handelsplatz ist die Strombörse, auf der standardisierte Stromprodukte in anonymisierter Form gehandelt werden (vgl. Kap.12.3). Neben den großen Produzenten und Händlern bedienen sich auch stromintensive industrielle Stromverbraucher zur Optimierung ihres Beschaffungsportfolios zunehmend der Strombörse. Zuweilen treten sie auch als Anbieter überschüssiger Strommengen vornehmlich aus der Eigenerzeugung auf.

Grundsätzlich unterscheidet man im börslichen Handel den Spotmarkt (physischer Börsenhandel) mit - im Vergleich zum OTC-Geschäft - großen Preisrisiken vom Terminmarkt (Handel mit Finanzprodukten). Beide Märkte ergänzen sich, wobei der Terminmarkt Preisrisiken absichert (vgl. Kap. 15.2.1). Die Funktion der Börse besteht in der technischen und finanziellen Abwicklung des Handels, für die die Börsenteilnehmer Gebühren zu entrichten haben.

Die Preisbildung an der Börse beruht auf den von den Börsenteilnehmern - Anbieter und Nachfrager - für bestimmte Zeitpunkte mitgeteilten Preis- und Mengenpräferenzen (z. B. für eine bestimmte Stunde des folgenden Tages). Diese werden jeweils zu einer Angebots- und Nachfragekurve aggregiert, deren Schnittpunkt den Gleichgewichtspreis und das Gleichgewichtsvolumen bestimmt. Dieser Preis gilt für alle Teilnehmer unabhängig von Größe und Marktmacht. Die Anonymisierung besteht darin, dass der Börsenteilnehmer den Vertrag bspw. über die Stromlieferung in jedem Fall mit der Börse schließt und den dahinter stehenden Erzeuger nicht kennt.

8.1.4 Erdgas

Erdgas ist neben Strom der wichtigste Energieträger in der Industrie. Seine Verwendung erfolgt im Wesentlichen als Primärenergieträger in Heiz- und Kraftwerken sowie nichtenergetisch als Prozessgas für Produktionszwecke. Bei der energetischen Nutzung steht Erdgas in direktem Wettbewerb zu Kohle und Öl. Seine Vorteile - umweltfreundlicher Einsatz, keine Lagerkapazitäten, einfache Handhabung, zunehmende Effizienz der Umwandlungsanlagen (GuD-Prozess) und vergleichsweise geringer Kapital- und Personaleinsatz - ließen in der Vergangenheit den Erdgasanteil am Primärenergieeinsatz in der Industrie kontinuierlich ansteigen (vgl. Kap. 2.2.3).

Die Nutzung von Erdgas setzt auf Seiten der Produzenten und Importeure kostspielige Investitionen voraus. Der Importeur vereinbart mit den Erdgasproduzenten in der Regel extrem langfristige Lieferverträge, wobei Vertragszeiträume von 20 bis 25 Jahren auf Take-or-pay-Basis üblich sind. Die langfristigen Bindungen werden mit dem hohen Kapitalaufwand für die Erdgasanlagen begründet, deren wirtschaftliche Risiken ohne langfristige Abnahmegarantien als untragbar angesehen werden. Take-or-pay-Verträge übertragen das Mengenrisiko an den Importeur, das Preisrisiko hingegen trägt der Produzent. Wie der Produzent hat der Importeur seinerseits Interesse an einer wettbewerbsfähigen Preisgestaltung des importierten Produkts, um die Risiken seiner Investitionen zu minimieren.

Bezüglich des Preises orientieren sich die zwischen Importeur und Produzenten geschlossenen Verträge an der Wettbewerbssituation beim Endverbraucher. Hier gibt der Preis für die Konkurrenzenergie - insbesondere Heizöl, im Industriegeschäft zuweilen auch Kohle - den Maßstab vor. Da die Preise der Konkurrenzenergie ständigen Marktänderungen unterworfen sind, sehen langfristige Lieferverträge meist Preisgleitklauseln vor, nach denen der Erdgasbezugspreis mit einer gewissen zeitlichen Verzögerung auf die Preisentwicklung des Heizöls reagiert. Ausnahmen bilden vergleichsweise kurzfristige Liefervereinbarungen - insbesondere Spotgeschäfte -, mit denen der Erdgaseinkäufer das Bezugsportfolio optimiert.

Die seit den 60er Jahren als wichtiges Element langfristiger Verträge zwischen Gasproduzenten, Importeuren, Weiterverteilern und Endverbrauchern praktizierte **Ölpreisbindung** wird einerseits als Schutz vor der Marktmacht der wenigen großen Erdgasproduzenten und damit als Schutz der Verbraucher vor überzogenen Preisforderungen der Produzenten und als Sicherung der von den inländischen Transporteuren und Verteilern getätigten Investitionen angesehen. Andererseits wird die Ölpreisbindung häufig als Behinderung für die selbständige Bildung eines freien Gaspreises im Erdgasmarkt und die Entwicklung eines effizienten Gas-zu-Gas-Wettbewerbs angesehen. Gegen dieses Argument spricht zuweilen die Erfahrung mit entwickelten Märkten außerhalb Deutschlands. So kann man beobachten, dass sich der nach dem Spotmarktprinzip funktionierende Gasmarkt in Großbritannien trotz fehlender Bindung an Heizöl langfristig an Ölpreisen orientiert [74].

Trotz dieser generellen Eigenheiten des Erdgasmarktes gibt es erhebliche wettbewerbliche und strukturelle Differenzierungen im inländischen Markgeschehen. So können Großverbraucher aus der Industrie im Gegensatz zu Kleinverbrauchern Standortvorteile bei günstiger Lage zu konkurrierenden Transportleitungen oder Auslandsmärkten nutzen. Ein weiteres Beispiel betrifft die Preise der jeweils relevanten Konkurrenzenergien zu Erdgas in den verschiedenen Marktsegmenten. Diese unterscheiden sich erheblich, wie das Beispiel Raumwärme auf Basis Heizöl-L und Stromerzeugung auf Basis Steinkohle verdeutlicht. Man spricht hier von unterschiedlichen Anlegbarkeiten.

Das **Anlegbarkeitsprinzip** besagt, dass die Höhe des Gaspreises dann wettbewerbsfähig - d. h. anlegbar - ist, wenn bspw. ein Industriebetrieb unter Berücksichtigung aller Anwendungsvor- und -nachteile des Erdgases nicht schlechter gestellt ist als bei Einsatz des konkurrierenden Energieträgers wie bspw. Kohle für ein Heizkraftwerk. Letztendlich bedeutet dies auch, dass der Preis, den die Industrie zu zahlen bereit ist, die Höhe des Produzentenpreises für dieses Verbrauchssegment mitbestimmt.

Es bleibt abzuwarten, ob die Ölpreisbindung und die Prinzipien der Anlegbarkeit auf einem liberalisierten Markt mit absehbar langfristigen strukturellen Veränderungen Bestand haben werden [75]. Diese Frage ist insbesondere für den Teilmarkt Stromerzeugung, wo zukünftig mit einem steigenden Erdgasanteil zu rechnen ist, von Bedeutung. Es kann davon ausgegangen werden, dass mit zunehmender Verstromung von Erdgas die Konvergenz der Energiemärkte für die leitunggsgebundenen Energien Strom und Erdgas zunehmen wird. Strom aus Erdgas wird zunehmend in Konkurrenz zur Stromerzeugung aus Kohlekraftwerken treten, und der Erdgaspreis wird sich an den erzielbaren Preisen am Strommarkt messen lassen müssen.

Die traditionellen **Preissysteme für Erdgas** im Industriesektor reichen von einfachen Einheitspreisen bis zu Preisstrukturen auf der Basis arbeits- und leistungsorientierter Preiselemente, die entsprechend der Fristigkeit eines Liefervertrages in Preisgleitformeln gekleidet sein können (vgl. auch Preissysteme bei Strom in Kap. 8.1.1). Einheitspreise sehen einen fixen Preis für jede bezogene Energieeinheit vor. In den zusammengesetzten Preissystemen deckt der Grundpreis die fixen Kosten der Versorgungssysteme und sonstiger gaswirtschaftlicher Leistungen (Leitungen, Speicher, Verdichterstationen, Leistungsvorhaltung). Der Arbeitspreis wird für die bezogene Erdgasmenge entrichtet. Die Ölpreisbindung sowie ggf. die zeitliche Dynamisierung von Kostenelementen wird in den Preisformeln durch Preisbindungsfaktoren, die auf amtlich notierten Indizes beruhen, abgebildet. Die Endpreise beinhalten zusätzlich die jeweils gültige Erdgassteuer (vgl. hierzu Kap. 11.2).

Die Standardverträge mit Ölpreisbindung haben den Nachteil geringer Flexibilität und erheblicher Preisrisiken. Daher werden auch Preismodelle angeboten, die die durch die Ölpreisbindung verursachte Volatilität des Erdgaspreises dämpfen, indem ein Preiskorridor mit Maximal- und Minimalpreisen vereinbart wird. In diesem

Modell bewegt sich der Gaspreis entsprechend der Ölbindung zwischen der oberen und unteren Preisgrenze, wobei der Kunde auf die vollständige Ausschöpfung des durch den Ölpreis vorgegebenen Preissenkungspotenzials zugunsten möglicher Ersparnisse im oberen Preisbereich verzichtet [76]. Andere Preismodelle verzichten vollständig auf die Ölpreisbindung und sehen statt dessen eine Kopplung an den Kohlepreis oder den Spotmarktpreis für Gas vor. Auch Beispiele für die Bindung an die Marktpreise bestimmter Produktionsrohstoffe oder Fertigprodukte eines Industriekunden sind bekannt geworden [75].

Die Kriterien für die Bestimmung der Entgelte und sonstiger Bedingungen für die **Netznutzung** sind aus dem Strombereich (s. Kap 8.1.2) nicht eins zu eins auf Erdgas übertragbar. Vom Grundsatz her unterscheiden sich die beiden Energieträger bezüglich der beiden folgenden, für die Entgeltfindung relevanter Parameter: Im Gegensatz zum Strom findet beim Erdgas ein realer physikalischer Transport über die Gasnetze statt, und zweitens stehen der einheitlichen Qualität der elektrischen Energie beim Erdgas untereinander nicht kompatible Gasqualitäten (hochkaloriges / niederkaloriges Gas, unterschiedliche Druckstufen) gegenüber, für deren Anpassung bei der Ein- bzw. Ausspeisung ein spezifischer Aufwand erforderlich ist.

Daraus ergeben sich im Grundsatz Kostenpositionen für den Transport (Vorhalten einer Transportkapazität einschließlich zugehöriger Systemdienstleistungen bei zeitgleicher und wärmeäquivalenter Ein- und Ausspeisung), den Bilanzausgleich (Ausgleich größeren Mengendifferenzen zwischen Ein- und Ausspeisung) und für die Konditionierung (Aufwand für das Angleichen nicht kompatibler Gasqualitäten).

Neben der sachbezogenen Zuordnung sollten die geltend gemachten Kosten nur in der Höhe zur Kalkulation herangezogen werden, wie sie in Anbetracht der Kosten- und Erlöslage bei gaswirtschaftlich rationeller Betriebsführung anfallen. Eine in der Regel allgemein akzeptierte wichtige Orientierung kann wie beim Strom das Vergleichsmarktprinzip bieten. Darüber hinaus sollte das Netzzugangskonzept den Anforderungen des Gashandels in seinen unterschiedlichen Formen einschließlich des Börsenhandels und dem Prinzip der Diskriminierungsfreiheit genügen.

Das Ziel, auf freiwilliger nicht staatlicher Basis die grundlegenden Regeln eines funktionsfähigen Gaswettbewerbs im Rahmen von Verbändevereinbarungen zu schaffen, konnte in Deutschland wegen zu großer Interessengegensätze von Lieferanten und Kunden bisher nicht erreicht werden. Wie im Falle der elektrischen Energie wird nun die von der EU geforderte Regulierungsbehörde ab 2005 den Gasmarkt überwachen und regeln (s. auch Kap. 11.1).

8.1.4 Wärme

Der industrielle Wärmebedarf wird durch Eigenerzeugung oder in Kooperation mit benachbarten Industriebetrieben bzw. kommunalen oder überregionalen Versorgern in der Regel auf Basis des Wärmeträgers Dampf gedeckt. Dabei stehen Fremdversorgung und Eigenerzeugung häufig im Wettbewerb zueinander. Wegen des hohen Transportaufwands für das Wärmeträgermedium ist für einen Industriebetrieb die Wirtschaftlichkeit einer externen Versorgung primär von der Transportentfernung und den lokalen Gegebenheiten abhängig. Die kostspieligen Investitionen für die Leitung sind auch der Grund dafür, dass der externe Wärmebezug in der Regel an langfristige Lieferverträge gebunden ist. Bei einer Entscheidung zu Gunsten der Fremdbelieferung ist der industrielle Verbraucher gut beraten, im Interesse seiner Verhandlungsposition der Vertragslösung die anlegbaren Kosten einer Eigenversorgung gegenüberzustellen.

Wärmelieferverträge enthalten neben den Preisen Vereinbarungen über die zu gewährleistende Dampfqualität (Druck, Höhe der Überhitzung), den Grad der Sicherheit der Belieferung (u.a. gesicherte Mindestmenge) sowie Mindestabnahmeverpflichtungen. Wie bei langfristigen Bezugsverträgen von Strom oder Erdgas sind auch beim Wärmebezug gesplittete Preissysteme mit Leistungs- und Arbeitspreisen sowie Preisgleitformeln üblich, die die zukünftigen Kostenveränderungen auf der Primärenergie- und Investitionsseite abbilden. Unterschiedliche Dampfdruckstufen und die Höhe der Überhitzung führen darüber hinaus zu Differenzierungen auf Seiten der arbeitsbezogenen Preise.

8.2 Lagerfähige Energieträger

8.2.1 Kohle

In der deutschen Industrie nahm der Bedarf an Kohle (Stein- und Braunkohle) als Brennstoff im Zeitraum 1991 bis 2001 um über 40% ab und betrug 2001 noch ca. 24% des gesamten Bedarfs an Brennstoffen (vgl. Kap 2.2.3). Die Gründe waren überwiegend der abnehmende Energieverbrauch sowie die Stilllegung und Umstellung älterer Umwandlungsanlagen auf den Energieträger Erdgas.

Der **Preis der deutschen Steinkohle** nach Subventionierung entspricht aktuell dem Importkohleniveau. Diese Förderung aus dem Bundeshaushalt beruht auf dem Gesetz zur Neuordnung der Steinkohlesubventionen, in dem sich die Bundesregierung und der Bergbau auf einen entsprechneden Finanzrahmen ab 1998 einigten. In Ausgestaltung dieses Gesetzes wird zur Förderung des Steinkohleabsatzes an die Stromwirtschaft und die industrielle Energiewirtschaft ein degressiv gestalteter Gesamtplafond aus Bundesmitteln bereitgestellt. Mit diesem Systemwechsel von der Ausgleichsabgabe (Kohlepfennig) zur Finanzierung aus Steuermitteln wurde einer langjährigen Forderung der deutschen Industrie entsprochen.[24]

Der Preis der deutschen Steinkohle frei Kraftwerk bildet sich auf Basis der Gesamtkosten für Importkohle frei deutsche Grenze - also einschließlich der Kosten für Seefrachten - zuzüglich der Umschlagskosten im Seehafen und der Binnenfrachtkosten [77]. Da der internationale Kohlenhandel einschließlich des Seetransportes auf Dollarbasis abgewickelt wird, werden die in inländischer Währung ermittelten Preise von der Währungsparität Dollar/EURO beeinflusst. Desweiteren wirkt sich das globale Energiepreisniveau auch auf die Inlandspreise für Steinkoh-

[24] Bis 1997 erfolgte die Förderung der Steinkohle durch eine Ausgleichsabgabe, die der Stromverbraucher auf seine Stromrechnung zu zahlen hatte. Die gesetzliche Basis hierzu bildete das 3. Verstromungsgesetz. Der Verbraucher hatte diese Abgabe sowohl auf den fremd bezogenen als auch auf den eigen erzeugten Strom zu entrichten. Die Gelder gingen an das Bundesamt für Wirtschaft, das die Mehrkosten für den Einsatz der heimischen Steinkohle gegenüber der preisgünstigeren Importkohle aus einem Ausgleichsfond den Stromerzeugern vergütete.

le aus. So hat die Vergangenheit gezeigt, das der Importkohlepreis zwar nur in vergleichsweise begrenztem Maße aber doch merklich auf längerfristige Preisbewegungen des Marktführers Heizöl reagiert (s. Kap. 9.1.2). Dieser Umstand erklärt sich durch die in Hoch- und Niedrigpreisphasen der Konkurrenzbrennstoffe Öl und Erdgas induzierte unterschiedliche Nachfrageintensität nach Steinkohle [77]. Preis entlastend wirkt sich bei der Kohle im Gegensatz zu Erdgas und Heizöl die Befreiung von zusätzlichen staatlichen Abgaben aus.

Für den industriellen Verbraucher können bei der Wahl zwischen deutscher Steinkohle oder Importkohle neben den Kriterien Liefersicherheit und Termintreue folgende Aspekte eine Rolle spielen:

- Da es sich beim Brennstoffbedarf der Industrie in der Regel um vergleichsweise kleine Mengen handelt, kann der Import großer Mengeneinheiten zusätzliche Kosten für Zwischenlagerungen verursachen, die beim direkten Bezug von den Zechen in Deutschland vermieden werden.

- Die Spezifikationen der Feuerung oder der Kesselanlage erfordern in vielen Fällen bestimmte Qualitätsmerkmale wie z. B. Körnung, Aschegehalt und Anteil an flüchtigen Bestandteilen. Sind gewisse Mindeststandards bei einer Lieferung nicht gewährleistet, sind zusätzliche Kosten, die etwa durch Mischen oder Brechen der Kohle anfallen, zu erwarten.

- Eine wichtige Rolle bei der Lieferantenwahl kann die Mengenflexibilität spielen. Dies trifft insbesondere dann zu, wenn die eingesetzte Primärenergiemenge eng mit der Auslastung des Produktionsbetriebs korreliert oder wenn zeitlich begrenzte Produktionskampagnen mit Energie versorgt werden müssen. In diesen Fällen wird der Lieferant Vorteile haben, der bereit ist, Mengenrisiken zu übernehmen.

In den Verträgen zwischen der Industrie und den Produzenten sowie Händlern gibt es ein breites Spektrum unterschiedlicher Preiskonditionen, während die Vertragslaufzeiten eher im kurz- bis mittelfristigen Bereich - d. h. 1 bis 3 Jahre - liegen. Preisgünstige Spotlieferungen haben nur eine untergeordnete Bedeutung, da in der Regel besonderes Augenmerk auf konstante Qualitätsparameter gelegt wird.

Im Spotgeschäft ist diese Qualitätskonstanz vielfach nicht gewährleistet. Generell kann man feststellen, dass sich der Steinkohle-Endverbraucher in der Industrie zur Zeit in einer eher komfortablen Situation befindet, da er in einem wirksamen Wettbewerbsumfeld auf eine ausreichend große Anzahl von Anbietern trifft. Er kann Handelsformen nutzen, die auf dem Weltsteinkohlemarkt seit langem üblich sind und sich auf den Märkten für leitungsgebundene Energien erst allmählich etablieren. Beispielsweise hat sich der Spotanteil am gesamten Einfuhrvolumen in die EU von 14% in 1983 auf 53% in 1998 erhöht [77].

Braunkohle ist ein heimischer Energieträger, der sich - im Gegensatz zur Steinkohle - ohne finanzielle Förderung durch den Staat am Energiemarkt behaupten muss. Ein direkter Wettbewerb zwischen den deutschen Produzenten verbietet sich wegen der vergleichsweise hohen Transportkosten. Die Produktpalette reicht von Rohbraunkohle bis zu einer Reihe veredelter Produkte wie Briketts, Staub und Wirbelschichtkohle. Rohbraunkohle hat in der industriellen Energiewirtschaft praktisch keine Bedeutung mehr. In geringem Umfang werden noch veredelte Produkte eingesetzt, die - abhängig von den spezifischen Bedingungen der jeweiligen Umwandlungsanlage - im Substitutuionswettbewerb mit anderen geeigneten Primärenergieträgern stehen. Die Preisbildung erfolgt weitgehend auf Basis individueller Vereinbarungen, bei denen eher die Kosten möglicher Substitutionsenergien als Listenpreise der Produzenten den Ausschlag geben.

8.2.2 Öl

Der Anteil des Heizöls (schweres und leichtes Heizöl) am Brennstoffbedarf der industriellen Energiewirtschaft war in der Vergangenheit deutlich rückläufig und lag 2001 noch bei ca. 11%. In Konkurrenz zum Erdgas war das Heizöl eindeutig der Verlierer (vgl. Kap. 2.2.3).

Der internationale Ölhandel ist durch eine Vielzahl von Märkten und Kontraktformen gekennzeichnet, die in unterschiedlicher Weise auf die Preisrisiken, die mit dem Ölhandel verbunden sind, reagieren [78]. Hinsichtlich der Fristigkeit der Verträge ist in der Vergangenheit eine deutliche Verschiebung von Langfristverträgen hin zu kurzfristigen Vertragslaufzeiten zu beobachten. Mit zunehmender Bedeutung der Spotpreise haben diese auch die Preise langfristiger Verträge beeinflusst. Zugleich entwickelte sich ein steigendes Interesse an Termingeschäften, um sich zukünftige Preisgarantien zu sichern.

Für den deutschen Mineralölmarkt nimmt der Rotterdamer Spotmarkt, auf dem u.a. Mineralölgesellschaften, Händler und Großverbraucher auftreten, eine Leitfunktion ein. Dort werden täglich Preisnotierungen veröffentlicht (z. B. Platt`s High), so dass eine hohe Preistransparenz gewährleistet ist. Bei einem Angebotsüberhang kommt es sofort zu einem Preisverfall, der sich auf die nachgelagerten Märkte wie Deutschland überträgt [78].

Die Rohölpreise unterliegen nicht nur den Einflüssen der globalen Energiemärkte, sondern in einem erheblichem Maße auch der Währungsrelation EURO/Dollar, die sich sowohl beim Rohstoffpreis als auch bei den Frachtraten auswirkt. Die Kosten für die im Inland anfallenden Transporte bemessen sich nach dem Bestimmungsort und der Chargengröße. Hinzu kommen die staatlich verordneten Abgaben und Steuern (s. auch Kap. 11.2).

9. Energiepreise der einzelnen Teilmärkte

Das vorangegangene Kapitel gibt einen Überblick über die Grundlagen der Preisbildung, während im Folgenden die realen Marktpreise analysiert werden. Da eine rein statische Betrachtung nicht ausreicht, wird wiederholt auf historische Zeitreihen verwiesen, die sowohl dem Verständnis der aktuellen Situation dienen, als auch Trends aufzeigen können.

9.1 Primärenergien

9.1.1 Aufkommen und Herkunft

Die natürlichen Vorkommen des Rohöls, der globalen Leitenergie, liegen zu einem großen Teil in politisch und wirtschaftlich eher instabilen Regionen und unterliegen in besonderem Maße der Abhängigkeit von Kartellen, die das Angebot künstlich verknappen und damit verteuern können. Durch die Preisanbindung haben sich die Preisbewegungen beim Öl in der Vergangenheit auch auf Erdgas übertragen. Im Gegensatz zum Öl sind die Vorräte an Steinkohle global ausgewogener verteilt, so dass die Gefahr politisch implizierter Verknappung in dem Maße nicht besteht.

Die Betroffenheit der deutschen Industrie bezüglich globaler Einflüsse lässt sich dadurch kennzeichnen, dass sie etwa 60% ihres Brennstoffbedarfs aus Erdgas. den überwiegenden Rest aus Kohle deckt (vgl. Kap. 2.2.3). Diesen beiden Energieträgern gilt im folgenden das besondere Augenmerk.

Für Deutschland ist der Grad der Abhängigkeit von Einfuhren an Primärenergien insgesamt (= Einfuhren minus Ausfuhren als Prozentanteil des Bruttoverbrauchs) vergleichsweise hoch und liegt bei etwa 60% (s. Abb. 9.1). Deutschland liegt damit deutlich über dem EU15-Durchschnitt mit etwa 50%. Bei einem Ländervergleich der großen Industrienationen in der EU liegen Italien und Spanien mit rund 80% über, Frankreich mit 50% unter dem deutschen Wert. Das Vereinigte Königreich ist wegen der hohen Eigenerzeugung (Kohle, Erdgas, Mineralöl) Nettoexporteur [79].

Differenziert nach Energieträgern zeigen sich erhebliche Unterschiede. Bei **Mineralölen -** darunter werden Rohöl und Mineralölprodukte verstanden - ist Deutschland fast vollständig auf Importe angewiesen (1999: über 96%). Davon entfielen der überwiegende Teil mit 34% auf europäische Lieferländer (vornehmlich Norwegen und Großbritannien). Die GUS-Staaten deckten 31% der Rohölimporte, während die OPEC-Staaten nur noch mit einem Anteil von 28% beteiligt waren [80].

Beim **Erdgas** ist der Grad der Importabhängigkeit ebenfalls hoch und beträgt ca. 80%. Wichtigstes Lieferland war 1999 Russland mit einem Anteil am Gesamtaufkommen von 36%. Es folgten Norwegen mit 21% und die Niederlande mit 19% [81]. Erdgas als zweitwichtigster Energieträger in Deutschland hat auch in der Zukunft gute Wachstumsaussichten. Die steigende Nachfrage wird insbesondere aus dem Wärmemarkt (Haushalte und Kleinverbraucher) kommen. Bei abnehmender Inlandsförderung werden die Importe weiter steigen, wovon primär Norwegen profitieren wird [82].

Abb. 9.1 Deutschlands Abhängigkeit von Energieeinfuhren 1999 (Kernenergie und erneuerbare Energien werden in der Statistik als heimische Energie geführt)
Quelle: EUROSTAT-Statistik kurzgefasst, Umwelt u. Energie Thema 8-11/2000

Die Importabhängigkeit der **Steinkohle** lag in Deutschland 1999 bei etwa 35%. Hauptlieferländer sind Südafrika und Polen vor Kolumbien, Australien sowie USA und Kanada. Mittel- bis langfristig ist von einem stabilen Bedarf auszugehen [82, 84]. Das Aufkommen an **Braunkohle** stammt fast ausschließlich aus inländischer Förderung aus dem Rheinischen, Lausitzer und Mitteldeutschen Revier.

9.1.2 Preise auf der Importstufe

Die Preise auf der Importstufe unterliegen der Entwicklung der internationalen Energiemärkte mit dem Rohölpreis als Leitgröße und den Bewegungen auf den Devisenmärkten. Der Rohölpreis seinerseits wird primär vom Verhalten des OPEC-Kartells - mit einem Anteil an der Weltölgewinnung im Jahre 2000 von 41% und an den nachgewiesenen Ölreserven von 78% -, vom Ölverbrauch, den verfügbaren Ressourcen und deren Erschließungskosten bestimmt. Für die kurzfristige Entwicklung der Ölpreise ist das Verhältnis von Angebot und Nachfrage auf den Spot- und Terminmärkten, die empfindlich auf Spekulationen bezüglich politischer und wirtschaftlicher Entwicklungen reagieren, verantwortlich. Langfristig sind die Erschließungskosten neuer Lagerstätten für die zu erwartende Preisentwicklung maßgebend [85].

Die Abb. 9.2 stellt die **Entwicklung der Rohölpreise** seit 1970 auf Basis von Jahresmittelwerten dar. Dabei zeigt sich ein langfristiger Trend hin zu steigenden Preisen. Eine weitere wesentliche Beobachtung ist der extreme Preisausschlag in den 70er und 80er Jahren. Die sog. Ölkrisen in den Jahren 1973 und 1980, die zeitweilig zu einer Verzehnfachung des Ölpreises führten, brachten zwangsläufig eine Neubewertung der Kosten des Produktionsfaktors Energie und waren letztendlich für die nachhaltige Entkopplung von wirtschaftlichem Wachstum und Energieverbrauch in Deutschland verantwortlich. Der sich anschließende Ölpreisverfall im Jahre 1986 war die Folge eines angebotsseitigen Kampfes um Marktanteile. Abgesehen von einem Preisaufschlag während des Golfkrieges 1990/91 ist die folgende Zeit bis Mitte der 90er Jahre durch vergleichsweise moderate Ölpreise mit geringer Volatilität gekennzeichnet. Von Mitte 1996 bis 1998 fielen die Preise drastisch als Folge der Asienkrise und hoher Angebotsüberhänge auf zeitweise unter

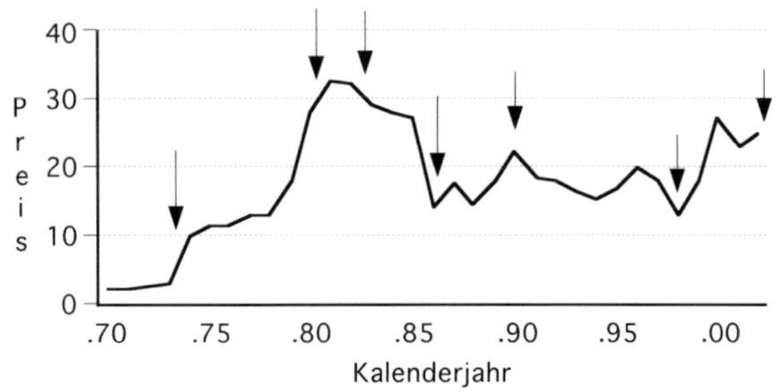

1973 Opec -Ölembargo, 1. Ölkrise
1980 Krieg Iran /Irak, 2. Ölkrise, Weltrezession
1982/83 Nicht-OPEC-Länder weiten Förderung aus
1986-88 OPEC zerstritten, Kampf um Marktanteile
1990/91 Golfkrieg
1998 Überproduktion, Wirtschaftskrise in Asien
2002 Irak-Krise

Abb. 9.2 Entwicklung des Rohölpreises in US-$/Barrel (Jahresdurchschnittswerte), bis 1981 Spotpreis der Sorte Arabian Light, ab 1982 OPEC-Durchschnitt
Quelle: ZEIT-Grafik 13.02.2003

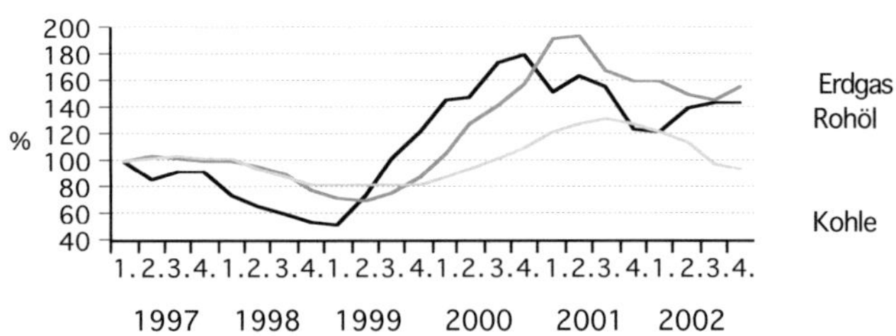

Abb. 9.3 Grenzübergangspreise Deutschland (nominal, Quartalsmittelwerte, ohne Steuern und Abgaben)
Quelle: Statistisches Bundesamt / BAW, eigene Berechnungen

10 Dollar/Barrel. Mit dem Irak-Krieg kam es bei gleichzeitig weltweit hoher Nachfrage zu einem neuerlichen starken Preisanstieg. In einem nächsten Schritt interessiert nun die Frage, wie sich die am internationalen Markt bildenden Rohölpreise auf die Importpreise wichtiger Energieträger im Inland auswirken. In der Abb. 9.3

sind hierzu die Quartalsmittelwerte der Grenzübergangspreise für Rohöl, Erdgas und Drittlandskohle (Nicht-EU-Staaten) für den Zeitabschnitt 1997 bis 2002 bezogen auf das 1. Quartal 1997, in dem sich der Ölpreis auf einem moderaten Niveau befand, dargestellt. Die Preise wurden ohne Steuern und Abgaben ermittelt.

Wie nicht anders zu erwarten war, bildet der Grenzübergangspreis für Rohöl die Preisentwicklung am Weltmarkt, wie sie die Abb. 9.2 zeigt, ab. Bezogen auf 1997 stieg der Preis im Zeitraum bis Ende 2002 um nominal 80%. Dem folgte der **Erdgaspreis** mit einem gewissen Zeitversatz und einer Preissteigerung von 90%. Vom Grundsatz her kommt damit die Ölbindung des Erdgaspreises zum Ausdruck. Im Detail begründen die Importgesellschaften die Preisabhängigkeit der Höhe nach damit, dass die mit den Erdgasproduzenten vereinbarten Bedingungen sich jeweils an der gegebenen Angebots- und Wettbewerbssituation beim Endverbraucher orientieren. So ist im Sektor Haushalt und Gewerbe das leichte Heizöl, in der Industrie und im Kraftwerksbereich vor allem schweres Heizöl und Kohle die relevante Wettbewerbsenergie. Insgesamt wird Erdgas etwa jeweils zur Hälfte im Wettbewerb zu leichtem Heizöl und schwerem Heizöl einschließlich Kohle abgesetzt [86]. Der zeitliche Nachlauf der Preisentwicklung hat verrechnungs- und abwicklungstechnische Gründe.

Die Preisbewegungen bei der **Importsteinkohle** scheinen auf den ersten Blick auch denen des Marktführers Rohöl zu folgen. Es ist jedoch festzuhalten, dass der Weltsteinkohlemarkt ein eigenständiger Wettbewerbsmarkt mit weltweit intensiver Konkurrenz und eigener Dynamik ist. Natürlich beeinflussen sich die Märkte der verschiedenen Primärenergieträger untereinander. So war zu beobachten, dass die hohen Öl- und Erdgaspreise während der Ölkrise 1979/1980 zu einer verstärkten Nachfrage nach Steinkohle und damit zu einer deutlichen Preissteigerung führte. Dieser Trend wurde jedoch in der Folgezeit durch einen Marktmechanismus, der auch unter dem Begriff "Schweinezyklus" bekannt ist, überlagert: Die verstärkte Nachfrage nach Steinkohle führte zu Investitionen in zusätzliche Produktionskapazitäten, die bei nachlassender Nachfrage dann zu einem Angebotsüberhang mit deutlich nachgebenden Preisen führte, wie man 1983 bis 1987 beobachten konnte. Der Anstieg der Grenzübergangspreise Anfang 2000 ist bei anziehender Nachfrage auf leicht gestiegene FoB-Preise (Free-on-Board-Preis) aber auch vergleichsweise hohe Seefrachten und einen starken US-Dollar zurückzuführen. Insgesamt ist jedoch nicht zu übersehen, dass auch der Steinkohlepreis im Zeitraum 1997 bis Mitte 2001 - zwar vergleichsweise abgeschwächt - dem Ölpreis folgt.

Mittelfristig gehen die deutschen Steinkohleimporteure in ihren Planungen davon aus, dass der Einsatz von Steinkohle in der Verstromung - dem bedeutendsten Absatzmarkt - im Zuge der Liberalisierung der Strommärkte nicht nur von den Preisen der konkurrierenden Primärenergien, sondern auch vom Preisniveau des Stroms beeinflusst. Wegen der spezifischen Dynamik dieses Marktes bedeutet dies eine weitgehende Abkehr von Langfristverträgen und den Übergang zu flexiblen Kurzfristvereinbarungen [87].

9.1.3 Gaswirtschaftliche Leistungen im Inland

Erdgas als leitungsgebundene Energie erfordert einen erheblichen Transport- und Verteilungsaufwand und damit langfristige kapitalintensive Investitionen, wie sie bei lagerfähigen Brennstoffen wie Öl oder Steinkohle nicht erforderlich sind. Die Kosten für die Bewirtschaftung dieser Anlagen bilden - differenziert nach Abnahmestrukturen - einen erheblichen Anteil der Preise beim Endverbraucher. (Zu den Grundlagen der Preisbildung s.Kapitel 8.1.4.)

Die Import- und Fördergesellschaften stellen das an den Grenzen übernommene bzw. im Inland selbst produzierte Erdgas den weiterverteilenden Gasversorgungsgesellschaften und in vielen Fällen den Industriekunden direkt an vereinbarten Übergabestellen in der jeweils vertraglich festgelegten Qualität, Leistung und Menge bereit. Hierzu unterhalten die Lieferanten weit verzweigte Leitungssysteme mit Verdichterstationen und entsprechenden Mess- und Regelanlagen. Für den Strukturausgleich zwischen den weitgehend kontinuierlichen Förderströmen und dem wechselnden Verbrauch der Gaskunden dienen unterirdische Speicher. Diese werden vorwiegend im Sommer bei geringerem Verbrauch gefüllt, während sie im Winter zum Ausgleich des höheren Verbrauchs bedarfsentsprechend ausgespeichert werden [81,86].

Das **Leitungsnetz** aller deutschen Gasgesellschaften misst zur Zeit etwa 350000 km. 28% davon sind Hochdruckleitungen (größer 1 bar bis 100 bar), 34% Mitteldruckleitungen (100 mbar bis 1 bar) und der Rest Niederdruckleitungen. Hochdruckleitungen haben einen Durchmesser bis zu 1200 mm, während im Mitteldruckbereich Durchmesser zwischen 50 und 150 mm üblich sind. Der Druckverlust über größere Transportentfernungen wird durch Erdgas-Verdichterstationen in Abständen von 100 bis 200 km längs der Ferntransportleitungen ausgeglichen [81,86]. Für die Druckerhöhung sind von Gasturbinen angetriebene Turboverdichter üblich.

Sofern Industriebetriebe mit hohem Gasverbrauch direkt aus Ferntransportleitungen versorgt werden, erfolgt die Reduzierung des Gasdrucks auf das betriebsinterne niedrigere Druckniveau in vielen Fällen in Reduzierstationen (Gasentspannungsturbinen), die das Arbeitsvermögen des hoch gespannten Gases für den Antrieb betriebseigener Arbeitsmaschinen nutzen.

Die zur Zeit betriebenen **Untertage-Erdgasspeicher** haben eine Arbeitsgaskapazität von 16 Mrd. m3 und können damit etwa 20% des jährlichen Erdgasverbrauchs in Deutschland decken. Die Speicherquote ist bei den großen Erdgasgesellschaften unterschiedlich hoch und reicht von etwa 10 bis 50%. In den nächsten Jahren wird eine Erweiterung des gesamten Speichervolumens in Deutschland um etwa 7 Mrd. m^3 erwartet [81,86].

Das in ein Leitungssystem eingespeiste Erdgas muss aus Sicherheits- und anwendungstechnischen Gründen bezüglich Qualität - d.h. Brennwert und Druck - kompatibel sein. Die stark diversifizierte Herkunft des Erdgases in Deutschland hat ein breites Spektrum unterschiedlicher Brennwerte zur Folge (maßgeblich ist die 2. Gasfamilie mit den Gruppen L und H). Dieser Parameter streut um etwa 25% [88]. Da eine flächendeckende Homogenisierung aus wirtschaftlichen Gründen ausscheidet, erfolgt eine fallweise Mischung in **Konditionierungsanlagen.**

Für die Inanspruchnahme der beschriebenen gaswirtschaftlichen Leistungen entrichten die Kunden **Netznutzungsentgelte**, die die einzelnen Netzbetreiber veröffentlichen. Grundlage der Entgeltbildung ist das Netzzugangsmodell, für das in der Vergangenheit vom Grundsatz her zwei unterschiedliche Systeme diskutiert wurden: Beim Punkt-zu-Punkt-System wird die tatsächliche Leitungsstrecke zwischen

Einspeise- und Ausspeisepunkt zu Grunde gelegt. Der Nachteil dieses Modells besteht darin, dass es die physikalischen Verhältnisse im Gasnetz nicht abbildet und daher u. U. Kosten berechnet werden, die in dieser Höhe nicht entstehen. Das entfernungsunabhängige Entry-/Exit-Modell dagegen vermeidet diese Nachteil, indem nicht die Kosten einzelner Transaktionen sondern nur ein systemübergreifendes Ausspeiseentgelt berechnet wird. Es lehnt sich im Übrigen an die im Strombereich bekannte und bewährte Kostenwälzung innerhalb unterschiedlicher Spannungsebenen an (vgl. auch Kap. 8.1.2 u. Kap. 9.2.3). Auch in der EU wird dieses Modell von den meisten Ländern bevorzugt. (Die schwierigen Verhandlungen mit dem Ziel einer zwischen allen Beteiligten abgestimmten Netzzugangsverordnung sind unter Kap. 11.1 dokumentiert.)

Die Notwendigkeit für einheitliche Kalkulationsprinzipien und für die Anwendung des Vergleichsmarktkonzeptes zeigt sich bei einer Analyse der nach dem Punkt-zu-Punkt-Modell in der Vergangenheit von den Netzbetreibern veröffentlichten Nutzungsentgelte. Dabei ergeben sich erhebliche Spreizungen zwischen dem jeweils günstigsten und teuersten Anbieter (s. Abb. 9.4).

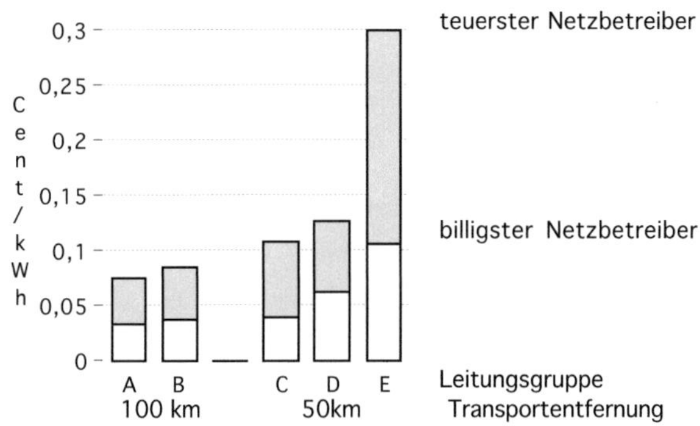

A: Nennweite ≥1000 mm
B: 700 mm ≤ Nennweite < 1000 mm
C: 500 mm ≤ Nennweite < 700 mm
D: 350 mm ≤ Nennweite < 500 mm
E: Nennweite < 350 mm

Abb. 9.4 Netzzugangsentgelte für Erdgas, 6000h/a, oberer Heizwert, einschl. Systemdienstleistung
Quelle: VIK-Preisvergleich, Erdgas-Netzzugangsentgelte I/2003

Sie liegt für alle ausgewerteten Fälle über 100% und ist extrem hoch für die Leitungsgruppe der kommunalen Verteiler. Generell leuchtet ein, dass unterschiedliche Netzstrukturen und Erschwernisse bei der Trassenführung voneinander abweichende betriebliche Kosten begründen können. Dieser Nachweis kann jedoch nur im Rahmen einer - für alle am Markt Beteiligten - transparenten Darlegung der Kostenkalkulation erbracht werden.

9.1.4 Erdgaspreise für die Industrie

Die Abb. 9.5 zeigt die Entwicklung der Jahresmittelwerte der Endverbraucherpreise getrennt für die Abnehmergruppen Industrie und öffentliche Kraftwerke sowie sonstige Abnehmer (Handel u. Kleingewerbe, öffentliche Einrichtungen, Heizwerke, ohne Haushalte) im Zeitfenster 1997 bis 2000 über dem jeweiligen Mittelwert des Grenzübergangspreises. Die generellen Gründe für die Preisbewegungen in dem erfassten Zeitraum sind im Kap. 9.1.2 dargelegt. Der Preisaufschlag auf den Grenzübergangspreis berücksichtigt neben den steuerlichen Belastungen strukturbezogene Kriterien beim Verbraucher - insbesondere Anlegbarkeit, Menge, Benutzungsdauer der vorgehaltenen Leistung - Gewinnmargen und die Wettbewerbssituation.

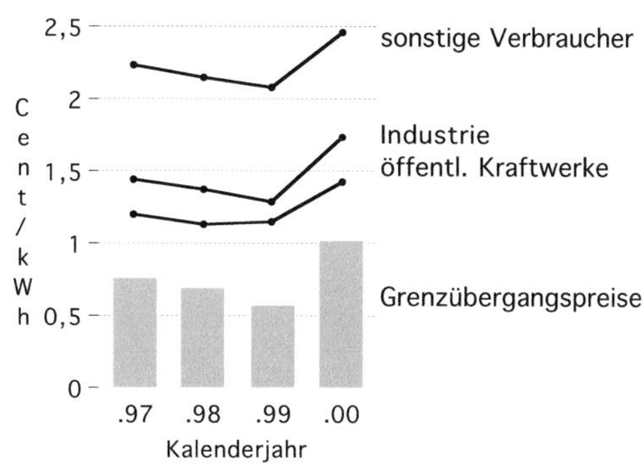

Abb. 9.5 Erdgaspreise in Deutschland für Industrie, öffentl. Kraftwerke u. sonstige Abnehmer (Handel u. Kleingewerbe, öffentliche Einrichtungen, Heizwerke, ohne priv. Haushalte) einschl. Erdgassteuer, Quelle: BMWi, BAW

Die Preigegenüberstellung in der Abb. 9.5 dokumentiert eine etwa zeitlich konstante Spreizung zwischen den Preisen der jeweiligen Verbrauchergruppe und dem ölpreisgebundenen Grenzübergangspreis. Den Gasgesellschaften ist es in dem besagten Zeitraum offenbar gelungen, Kostenorientierung der Preise und Margensicherung beim Endverbraucher unter wechselnden Beschaffungssituationen durchzusetzen. Die noch wenig deregulierten Marktverhältnisse ließen im Grunde auch kein gänzlich anderes Verhalten erwarten.

Im Falle der Industrie stellen die durchschnittlichen Endverbraucherpreise ein Mittel aus einem weiten Spektrum unterschiedlicher Bedarfsstrukturen und -volumina dar. Darin sind u.a. auch steuerlich begründete Preisdifferenzierungen enthalten, die sich aus der Art der Verwendung - z. B. stofflich - herleiten. Gründe für die im Vergleich mit den öffentlichen Kraftwerken um etwa 0,2 Cent/kWh höheren Preise der Industrie können in geringvolumigeren Verträgen und nicht so günstigen Bedarfsstrukturen liegen. Die vergleichsweise gedämpfte Reaktion der Preise für die öffentlichen Kraftwerke auf die Importpreise kann mit den Besonderheiten der in Ansatz gebrachten Substitutionsenergie im Zusammenhang stehen. Die deutlich höheren Preise für die Gruppe der sonstigen Abnehmer erklären sich einerseits aus den geringeren Bedarfsmengen und ungünstigeren Bedarfsstrukturen, andererseits aus dem höheren Bereitstellungs- und Verteilaufwand.

Neben der verbrauchsgruppen-spezifischen Preisdifferenzierung sind deutliche Preisunterschiede bei identischen Abnahmefällen zwischen den einzelnen Gasversorgungsunternehmen und Versorgungsregionen ein kennzeichnendes Merkmal des deutschen Erdgasmarktes. Hierüber gibt der vom VIK periodisch veröffentliche Erdgaspreisvergleich einen Überblick.

Für Energiewirtschaftler in international tätigen Unternehmen sind neben inländischen Preisvergleichen auch länderübergreifende Preisübersichten für standortbezogene Analysen und spezifische Beratungsaufgaben häufig unverzichtbar. Hier bietet das Statistische Amt der Europäischen Gemeinschaften (EUROSTAT) einen umfangreichen Datenpool mit periodisch aktualisierten Statistiken über die Entwicklung der Strom -und Erdgaspreise für industrielle Verbraucher in den Ländern der EU und Norwegen. In diesen Statistiken werden die Preise nach standardisierten Abnahmefällen (Verbrauchertypen) für ausgewählte Erhebungsorte eines Landes ausgewiesen. Kriterien für die Auswahl der Referenzorte sind u.a. die Bevölkerungszahl, die wirtschaftliche Bedeutung, die jeweils anzutreffenden Tarifzonen sowie eine geografisch ausgewogene Erfassung des Landes.

Die EUROSTAT-Statistik bietet die Datengrundlage für die Grafik in der Abb. 9.6, in der die Entwicklung der Erdgaspreise für ausgewählte europäische Referenzstädte im Zeitraum 1999 bis 2003 jeweils mit Preisstand 1. Januar dargestellt ist. Die Preise gelten für einen industriellen Verbraucher mit einem Bedarf von 116,3 GWh über 4000 Stunden und 250 Tage pro Jahr. Die Preise enthalten außer der Mehrwertsteuer alle landestypischen sonstigen Steuern und Abgaben.

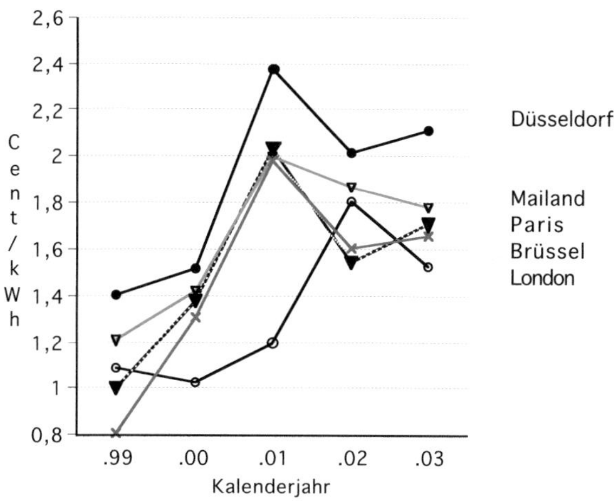

Abb. 9.6 Erdgaspreisvergleich, ausgewählte europäische Referenzstädte, Stand jeweils 01. 01., einschl. aller Abgaben außer Mwst.
Abnahmefall : 250 Tage / 4000 h / 116,3 GWh
Quelle: EUROSTAT, eigene Berechnungen

Die Abbildung verdeutlicht die durch die Ölpreisbindung induzierte außergewöhnliche Preisdynamik auf den europäischen Erdgasmärkten im Zeitraum 1999 bis 2003. Deutschland nimmt bei hoher Importabhängigkeit synchron mit den anderen aufgeführten Länder wie u. a. Frankreich an den Preisausschlägen der globalen Ölmärkte teil und zählt trotz formaler Liberalisierung des Erdgasmarktes zu den Hochpreisländern in Europa. Großbritannien mit seiner autonomen Erdgasversorgung und wettbewerblichen Strukturen am Erdgasmarkt entwickelt - z. T. deutlich unter dem übrigen Preisniveau - eine eigene, der jeweiligen Marksituation entsprechende, Preisdynamik.

Das Preisranking der Länder variiert nicht nur zeitabhängig, wie es die Abb. 9.6 beispielhaft zeigt, sondern differiert auch erheblich nach Verbrauchertypen. Eine diesbezügliche Auswertung der statistischen Datenbasis von EUROSTAT führt für Deutschland durchgängig zu einer Einstufung als Hochpreisland, andererseits zeichnet sich auch hier Großbritannien durch vergleichsweise niedrige Gaspreise aus. Die Gründe liegen in einer erfolgreichen Liberalisierung der UK-Gaswirtschaft, die sich sowohl in einer Absenkung der Preise als auch in einem zunehmendem Trend zum Versorgerwechsel von industriellen Kunden und Kleinverbrauchern widerspiegelt. (Ab 1980 wurde die Umstrukturierung der Erdgaswirtschaft eingeleitet. Der Netzzugang wird durch die staatliche Regulierungsbehörde OFGEM überwacht.)

Angesichts der zunehmenden Bedeutung des Erdgases - Umweltauflagen, Rückgang des Anteils der Kernkraft - und der unbefriedigenden Fortschritte bei der Liberalisierung liegen neue Impulse für einen wettbewerblichen Erdgasmarkt insbesondere im Interesse der Industrie; denn in der industriellen Energiewirtschaft ist der Bestand und die Modernisierung der eigenen Kraft-Wärme-Kopplung in hohem Maße auf eine wettbewerbskonforme Ausgestaltung des Erdgasmarktes und eines freien EU-weiten Handels mit Erdgas angewiesen. Die sog. Beschleunigungsrichtlinie für Gas der EU, die für alle Mitgliegsländer eine effektive Regulierungsbehörde vorsieht, könnte hierzu einen neuen Anstoß geben (s. Kap. 11).

Der **US-amerikanische Erdgasmarkt hat** eine große Anzahl inländischer Produzenten und ist durchgehend dereguliert, wobei sich der Wettbewerb über die gesamte Wertschöpfungskette erstreckt. Damit unterscheidet er sich signifikant vom mitteleuropäischen Markt mit nur wenigen Produzenten. Die Preise für industrielle Endverbraucher liegen zur Zeit deutlich unter denen in Deutschland. Zunehmender Bedarf für die Stromerzeugung kann zukünftig zu steigenden Preisen führen.

9.2 Strom

Der Stromverbraucher in der Industrie ist bei der Entwicklung einer bedarfsgerechten und wirtschaftlichen Beschaffungsstrategie für Energieprodukte auf eine hohe Markttransparenz angewiesen. Stehen dabei die Energiepreise und diesbezügliche Risikoaspekte im Fordergrund, sind Marktindikatoren gefragt, die bei der Einschätzung möglicher Preisentwicklungen behilflich sind.

Man kann feststellen, dass mit der Deregulierung des Strommarktes die Markttransparenz deutlich zugenommen hat. Zu den traditionellen Vergleichen der Endverbraucherpreise auf nationaler und internationaler Ebene sind Preisindizes und die Veröffentlichung von Netznutzungsentgelten hinzugekommen. Eine Schlüsselfunktion haben die veröffentlichten Börsenpreise, da sie als Referenz auch für den außerbörslichen Handel dienen.

9.2.1 Strompreise für Endverbraucher in der Industrie

Im Rahmen der von EUROSTAT erhobenen statistischen Daten werden für jedes Land bestimmte Städte nach vorgegebenen Kriterien ausgewählt und für diese Standorte die Endverbraucherpreise für Strom - wie bereits im vorangegangenen Kapitel für Erdgas - gegenüber gestellt. Die Aktualisierung erfolgt jeweils halbjährlich. Die am 1. Jan. eines Jahres ermittelten Preise für industrielle Stromverbraucher in Deutschland mit den exemplarisch gewählten Bedarfsstrukturen 10 MW Leistung bei einer jährlichen Nutzungsdauer von 5000 Stunden und 2,5 MW mit 4000 Benutzungsstunden in ausgewählten deutschen EUROSTAT-Referenzstädten lassen sich an Hand der Abb. 9.7 verfolgen. Das gewählte Zeitfenster 1999 bis 2003 fällt mit den ersten fünf Jahren des liberalisierten Strommarktes in Deutschland zusammen, wobei alle Abgaben, also auch die im Rahmen der ökologischen Steuerreform erhobene Stromsteuer, jedoch außer der Mehrwertsteuer, berücksichtigt sind.

Ein wesentliches Merkmal des deutschen Strommarktes ist die nach wie vor große Spreizung der Strompreise. Die innerhalb der jeweiligen Spreizung eingezeichneten Mittelwerte belegen, dass sich als Folge der Liberalisierung, die in Deutschland 1998 mit der Novelle des Energiewirtschaftsgesetzes eingeleitet wurde, die Preise zunächst deutlich nach unten bewegten, um anschließend bis 2003 wieder auf das Ausgangsniveau vor der Liberalisierung anzusteigen.

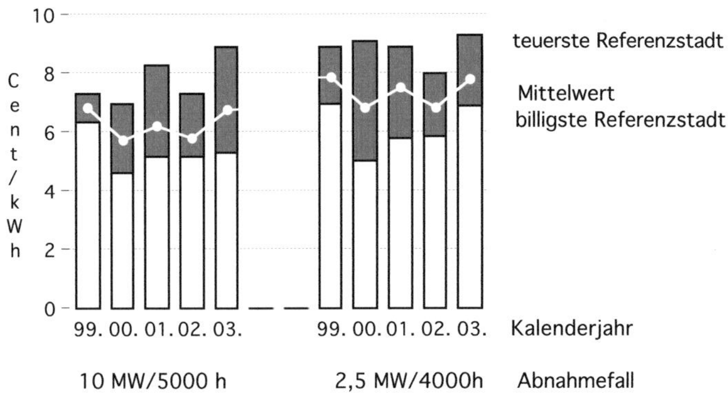

Abb. 9.7 Industrie-Strompreise für ausgewählte deutsche Referenzstädte einschließlich aller Abgaben außer Mwst., Preisstand jeweils 01. 01.
Quelle: nach EUROSTAT

Dieser Preisanstieg ist einerseits auf staatlich verordnete Aufschläge wie die Ökosteuer und Abgaben zur Förderung erneuerbarer Energien, andererseits auf einen allgemein steigenden Preistrend (steigende Großhandelspreise) als Folge nachlassender Wettbewerbsintensität zurückzuführen.

Die Spreizung der deutschen Industrie-Strompreise im Zeitraum 1999 bis 2003 war im Vergleich zu Frankreich sehr hoch. Die Gründe hierfür sind in den unterschiedlichen Marktstrukturen der beiden benachbarten Länder zu sehen. Der Markt in Frankreich wird von nur einem Unternehmen, der EdF, mit einem Marktanteil von über 90% dominiert [90], während sich der deutsche Markt durch ein differenziertes Angebot mehrerer Stromerzeuger und eine Vielzahl von Netzbetreibern auszeichnet (vgl. Kap. 12.1.1 u. 12.2.1).

Da etwa 30% der konventionellen Erzeugungskapazitäten in Deutschland im Zeitraum 2010 bis 2020 nach etwa 40 Betriebsjahren das technische Lebensdauerende erreichen und stillgelegt werden müssen, ist mittel- bis langfristig mit einem erheblichen Investitionsbedarf zu rechnen, der die Strompreise in Zukunft belasten wird. Ein Versorgungsausgleich durch Lieferungen aus dem europäischen Ausland ist nicht absehbar, da in den Nachbarländern eine ähnlich Situation herrscht [91]. Dieser negative Preiseffekt wird durch die Stilllegungskampagne bei den Kernkraftwerken noch verstärkt. Daneben werden zukünftig weitere Initiativen im Klimaschutz zu erwarten sein.

Die weitere Strommarktliberalisierung, mit der auf der Grundlage fairer Netznutzungsbedingungen im Inland und im grenzüberschreitenden Stromhandel zweifelsfrei vorhandene Preissenkungspotenziale aktiviert werden können, wird andererseits einen Druck auf die Strompreise ausüben. Als ein wichtiger Schritt auf diesem Wege kann die Ende 2002 in Brüssel erreichte Einigung über die vollständige Öffnung der europäischen Strommärkte angesehen werden (s. Kap. 11.1).

9.2.2 Strompreisindizes

In den letzten Jahren wurden in Europa im Zuge zunehmender Marktderegulierung von unterschiedlichen Institutionen Strompreisindizes entwickelt und veröffentlicht. Der Strommarkt folgt damit anderen Waren- und Energiemärkten. Strompreisindizes bilden die Preise für Strom eines ausgewählten Marktes ab. Kennzeichnende Merkmale können ein bestimmter Handelsplatz oder eine bestimmte Kundengruppe wie z. B. die Industrie sein.

Für die konkrete Preisentwicklung beim Einzelkunden ist ein Preisindex in der Regel nicht repräsentativ. Seine besondere Bedeutung ergibt sich vielmehr für den bilateralen Handel, indem er zu einer erheblichen Steigerung der Transparenz der Strompreise beiträgt. Bei der praktischen Ausgestaltung von längerfristigen Stromlieferverträgen kann ein Strompreisindex als ein Element der Preisberechnung genutzt werden.

Für Verbraucher aus dem Sektor Industrie und Gewerbe in Deutschland ist primär der monatlich erscheinende **VIK-Strompreisindex** von Interesse. Dieser Preisindex wurde vom VIK zusammen mit dem amerikanischen Unternehmen Dow Jones entwickelt und erstmalig im September 2002 veröffentlich. Gleichzeitig ersetzt er eine Vorgängervariante vom März 1998. Grundlagen des neuen Indexes sind die Börsen-Großhandelspreise der EEX (Kap. 12.3) und Netznutzungsentgelte der einzelnen Regelzonennetzbetreiber in Deutschland. Aus dem Großhandelsmarkt der EEX geht der Durchschnittspreis des Vormonats am Terminmarkt für die kommenden vier Quartalsprodukte in die Berechnung ein. (Dabei wird der Base- und Peak-Load-Anteil in Abhängigkeit von typischen Jahresbenutzungsstunden bei Industriekunden - 3000, 4000, 5000, 6000h/a - gewichtet.) Die Netznutzungsentgelte werden auf der Grundlage dieser Benutzungsstunden für die Entnahmen aus dem Mittelspannungsnetz berücksichtigt. Die Summe der durchschnittlichen Energie- und Netzpreise aller Regelzonen bildet dann die Basis für den Index [92]. Die besondere Bedeutung des Terminmarktes für industrielle Verbraucher ergibt sich daraus, dass er - im Gegensatz zum Spotmarkt mit kurzfristigen Lieferungen für den folgenden Tag - langfristig die Energiekosten bestimmt und als Maßstab für Preisgestaltungen in Stromverträge zunehmend an Bedeutung gewinnt.

Zur Interpretation der zeitlichen Entwicklung des VIK-Strompreisindexes gehören - entsprechend der Berechnungsbasis - Informationen über die Veränderungen der Netznutzungsentgelte sowie über die Preise am Terminmarkt der EEX. Die in der Abb. 9.8 für den Zeitabschnitt Januar 2002 bis Mai 2004 gezeigte Indexentwicklung gründet sich auf weitgehend konstante Netzentgelte und deutliche Preisanstiege für industrietypische Abnahmefälle am Terminmarkt .

Während der VIK-Index speziell für industrielle Verbraucher in Deutschland zutrifft, bilden andere Indizes bilaterale Abschlüsse repräsentativer Marktteilnehmer im Großhandelsbereich an definierten Handelsplätzen ab. Zu diesen Indizes zählt der **SWEP** (Swiss-Electricity-Price-Index). Dieser Index wird seit 1998 von der Aare-Tessin AG (ATEL) und der Elektrizitätsgesellschaft Laufenburg AG ebenfalls in Zusammenarbeit mit Dow Jones herausgegeben und zeigt die Preise im kurzfristigen schweizerisch-europäischen Stromhandel am Referenzpunkt Laufenburg. Die Übergabestelle Laufenburg ist einer der wichtigsten Netzknoten für das europäische Verbundnetz, über den große Strommengen zwischen Deutschland und der Schweiz gehandelt werden. Mit dem Ziel einer möglichst hohen Transparenz sind die für den SWEP erfassten Handelsabschlüsse weitgehend standardisiert. In die Berechnung gehen die von den Teilnehmern jeweils in einem Stundenraster für den nächsten Tag getätigten Kontrakte nach Volumen und Wert ein. Teilnehmer sind überwiegend europäische Stomproduzenten. Die erfassten Preise gelten für die Handelsware Strom ohne Transport-, Transformations- oder andere Systemdienstleistungen und beziehen sich auf die 380 kV-Spannungsebene.

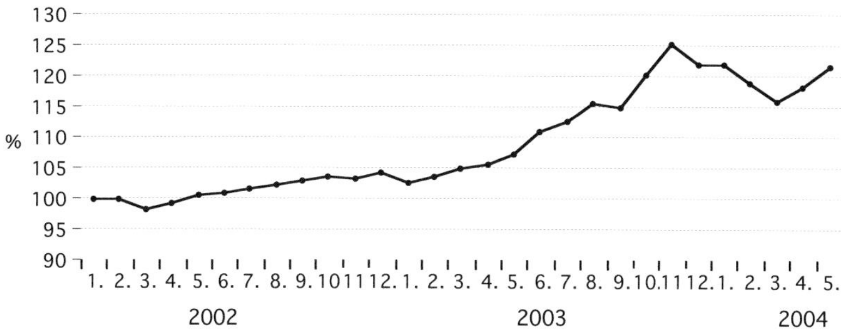

Abb. 9.8 VIK-Strompreisindex, Mittelspannungsentnahme
Quelle: VIK

Neben dem SWEP ist der **GPI** (German-Power-Index) der wichtigste Index für Strom im bilateralen Großhandel. Der Index wurde 2001 von Dow Jones eingeführt und berücksichtigt Handelsabschlüsse Deutschland-weit. Weitere ähnlich organisierte Strompreisindizes gibt es im europäischen Ausland.

Strompreisindizes wie SWEP oder GPI beruhen auf einer rechnerischen Zusammenfassung der freiwilligen Angaben von Marktteilnehmern, die Stromhandel auf der Basis bilateraler Verhandlungen abwickeln. Wegen der mangelnden Überprüfbarkeit werden die Ergebnisse zuweilen als nur bedingt aussagefähig akzeptiert [93, 94]. Diese Einschränkung entfällt bei Börsenindizes, die auf den spezifischen Eigenschaften der Börse wie Anonymität, Standardisierung, Marktkonzentration und Neutralität gegenüber Gruppeninteressen beruhen. Beispielsweise gibt die deutsche EEX (European Energy Exchange) den Index **Phelix** (Physical Electricity Index) heraus. Dieser Index gliedert sich in verschiedene Kategorien: Der Phelix

Base (Tag) ist der stundengewichtete Durchschnittspreis pro Tag für die Stunde 1 bis 24. Der Phelix Peak (Tag) ist der stundengewichtete Durchschnittspreis pro Tag für die Stunde 9 bis 20. Aus dem Phelix Peak und Base wird jeweils ein Monatsdurchschnittspreis berechnet.

Die folgenden Grafiken 9.9, 9.10 und 9.11 basieren auf Notierungen der EEX und zeigen typische Preisverläufe für den Spotmarkt im Day-ahead-Handel. In der Darstellung 9.9 ist der Market-Clearing-Preis (MCP) für einen Tag sowie der Phelix Base und Peak gemäß der oben angegeben Definition aufgetragen. Der MCP ist der Gleichgewichtspreis, der im Wege der zweiseitigen Auktion ermittelt wird. Die Preisspanne für den MCP liegt im dargestellten Beispiel zwischen etwa 7 und 50 EURO/MWh.

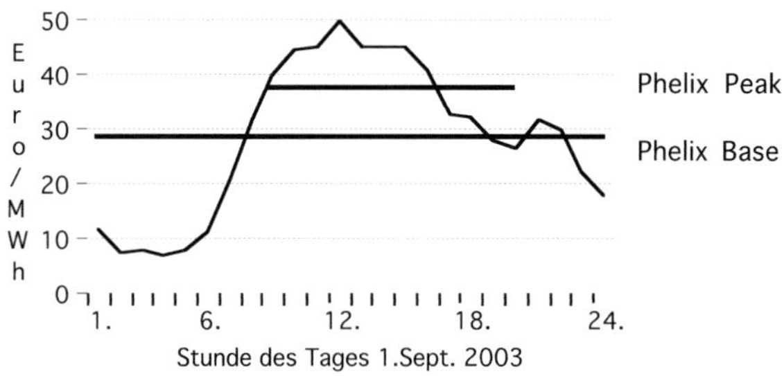

Abb. 9.9 EEX- Spotmarkt, Market-Clearing-Price (MCP) für den 1. Sept. 2003
Quelle: EEX

Der auf den Tag bezogene stundengewichtete Durchschnittspreis - der Indexwert Phelix Base - beträgt 29 Euro/MWh, andererseits hat der Block im Zeitintervall 9 bis 20 Uhr - der Indexwert Pehlix Peak - einen Durchschnittspreis von etwa 38 Euro/MWh. Der Zeitverlauf des MCP in der Abb. 9.9 weist zwei unterschiedlich hohe Maxima auf und korreliert mit den typischen täglichen Nachfrageschwankungen.

Die auf den Tag bezogenen Indexwerte Phelix Base und Peak werden von der EEX fortlaufend veröffentlicht und vermitteln damit einen guten Überblick über die Entwicklung des Spotmarktes. Aus der Zeitreihe für Phelix Base wurde für die Abb.

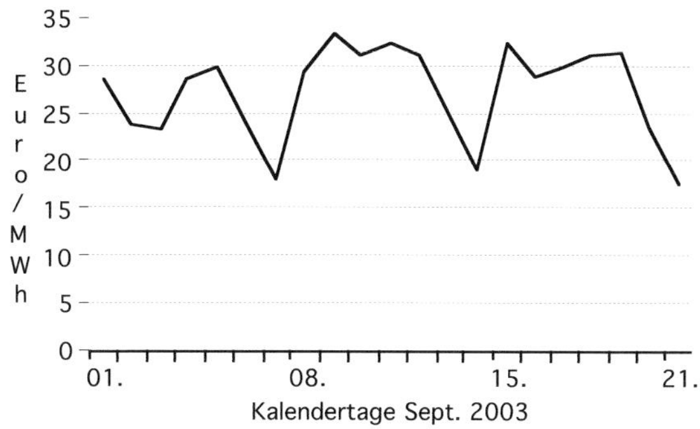

Abb. 9.10 EEX-Spotmarkt, Phelix-Base Tagesdurchschnittspreis für Tage im September 2003, Quelle: EEX

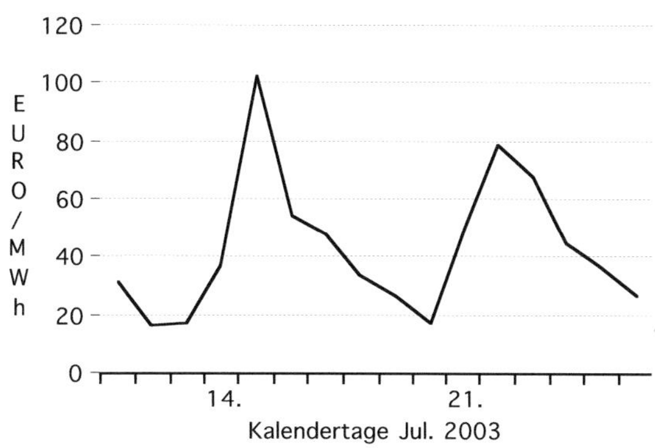

Abb. 9.11 EEX-Spotmarkt, Phelix-Base Tagesdurchschnittspreis für Tage in Juli 2003, Quelle: EEX

9.10 exemplarisch ein Zeitraum von drei Wochen im September 2003 ausgewählt. Charakteristisch sind die ausgeprägten Preisminima an Sonn- und Feiertagen, die zu einer Schwankungsbreite des Indexes von von etwa 20 bis 35 Euro/MWh führen. Saisonale und klimabedingte Einflüsse können die Preisverläufe - wie in den Abb. 9.9 und 9.10 - überlagern und zu unsystematischen Preisausschlägen erheblichen Ausmaßes führen (s. Abb 9.11). Die Gründe können temperaturbedingte Nachfrageschwankungen wie auch Lieferengpässe infolge eingeschränkter Verfügbarkeit von Erzeugungs- und Transportkapazitäten sein.

Extreme Klimabedingungen und in deren Gefolge Kühlwassereinschränkungen in französischen und deutschen Kernkraftwerken setzten im Juli 2003 bei starker Nachfrage den Markt erheblich unter Druck, so dass es zu Preissprüngen von mehreren hundert Prozent kam. Für Grundlast wurde am deutschen Spotmarkt ein Preis über 100 Euro/KWh (Abb. 9.11) notiert, während die Preise für Spitzenlast noch deutlich darüber lagen [95]. Außergewöhnliche witterungsbedingte Preisspitzen sind insbesondere auch aus Norwegen bekannt, wenn eine starke Nachfrage und geringe Wasserkraftreserven zusammentreffen.

Der Nachfrager am Spotmarkt muss sich der Risiken der für die Handelsware Strom typischen hohen Preisausschläge bewusst sein und entsprechende Absicherungsmaßnahmen treffen. Dieser Bedarf führte zur Entwicklung derivativer Finanzinstrumente (Futures, Optionen), die der Terminmarkt an der Börse in Form standardisierter Produkte bereit hält (zu Sicherungsstrategien s. Kap. 15.2.1.2). Sofern sich große energieintensive Industrieunternehmen am Börsenhandel aktiv beteiligen, nutzen sie häufig diese Beschaffungsalternative neben den bilateralen Liefervereinbarungen und der Eigenerzeugung, um im Rahmen eines Portfoliomanagements die Energiekosten zu minimieren und die Risiken zu steuern.

9.2.3 Netznutzungsentgelte

Die Netznutzungsentgelte stehen im Zentrum der Bemühungen um eine wettbewerbsgerechte Ausgestaltung des Elektrizitätsbinnenmarktes in der EU. Die Preisfindungsprinzipien für die Netznutzung wurden in Deutschland in der Vergangenheit in Verbändevereinbarungen schrittweise präzisiert und von den Marktteilnehmern für den Handel zu Grunde gelegt. Ab 2005 - mit der Novellierung des Energiewirtschaftsgesetzes - übernimmt eine Regulierungsbehörde die Aufsicht über diesen Bereich (vgl. auch Kap 11.1).

In der Abb. 9.12 sind die Preise für die Netznutzung mit Stand Februar 2003 e-xemplarisch an Hand des RWE-Netzes über die jährliche Benutzungsdauer für Entnahmen auf der Nieder-, Mittel- und Hochspannungsebene aufgetragen. Nach Angaben des Unternehmens beruhen die Preise auf den Preisfindungsprinzipien der *VV II plus* (s. Kap. 11.1), wonach nur Kostenelemente zu berücksichtigen sind, die in Anbetracht der Kosten- und Erlöslage bei elektrizitätswirtschaftlich rationaler Betriebsführung entstehen. Die Preise verstehen sich ohne Messkosten beim Kunden, Steuern, gegebenenfalls Konzessionsabgabe und Aufschläge aus dem Gesetz zum Schutz der Stromerzeugung aus Kraft-Wärme-Kopplung.

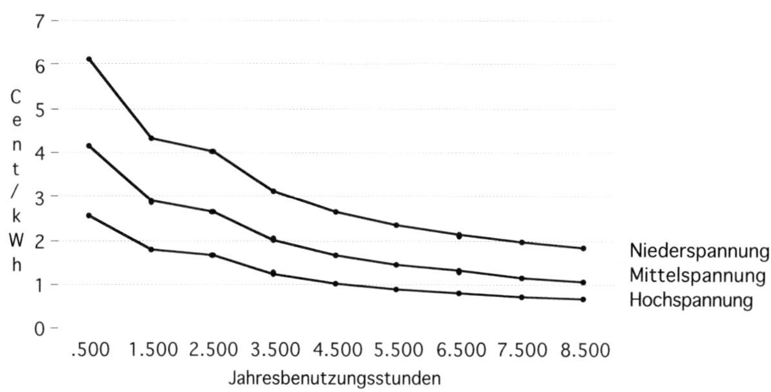

Abb. 9.12 Preise für Nutzung von Stromnetzen, ohne Messkosten, Steuern, Konzessions- und sonstige Abgaben, Quelle: RWE, 01. 02. 2003

Die Nutzungsentgelte verringern sich auf Grund des Preissystems bestehend aus Arbeits- und Leistungspreisen mit steigender jährlichen Benutzungsdauer, wobei der mit niedriger Benutzungsdauer einhergehenden geringeren Gleichzeitigkeit der Netzbelastung mit einer Abflachung des Preisverlaufs Rechnung getragen wird. Formal wird der flachere Verlauf bei einer Benutzungsdauer < 2500 Stunden pro Jahr durch eine Absenkung des Leistungspreises bei gleichzeitiger Anhebung des Arbeitspreises erreicht. Diese Charakteristik zieht sich einheitlich durch alle dargestellten Spannungsebenen, deren unterschiedliches Preisniveau auf eine ebenenabhängige Preisdifferenzierung zurückzuführen ist. Diese ist Folge der Kostenüberwälzung aus den der betreffenden Entnahmestelle vorgelagerten Spannungsstufen und bildet den höheren elektrizitätswirtschaftlichen Aufwand bei Entnahmen auf der jeweils niedrigeren Spannungsstufe ab.

Wie wir analog bereits beim Erdgas in Kap. 8.14 gesehen haben, gibt es Deutschland-weit zwischen dem billigsten und teuersten Netzbetreiber erhebliche Preisspreizungen, die bei der Niederspannungsentnahme besonders ins Gewicht fallen (vgl. auch VIK-Strompreisvergleiche). Generell lassen sich Preisunterschiede zwischen einzelnen Netzbetreibern mit unterschiedlichen technischen und lokal bedingte Rahmenbedingungen begründen, zu deren Charakterisierung Strukturmerkmale dienen können. Diesbezüglich vergleichbare Netzbetreiber gehören der gleichen Strukturklasse an [96, 97].

9.2.4 Internationaler Vergleich

EUROSTAT führt einen umfangreichen Datenpool mit periodisch aktualisierten Statistiken über die Entwicklung der Strompreise für industrielle Verbraucher in den Ländern der EU und Norwegen. In diesen Statistiken werden die Preise nach standardisierten Abnahmefällen (Verbrauchertypen) für ausgewählte Erhebungsorte eines Landes ausgewiesen. Kriterien für die Auswahl der Referenzorte sind wie bei den Erdgasstatistiken die Bevölkerungszahl, die wirtschaftliche Bedeutung, die jeweils anzutreffenden Tarifzonen sowie eine geografisch ausgewogene Erfassung des Landes. Diese Statistiken bieten die Datengrundlage für die Grafik in der Abb. 9.13 in der die Entwicklung der Strompreise für ausgewählte Referenzstädte im Zeitraum 1999 bis 2003 jeweils mit Preisstand 1. Januar dargestellt ist. Die Preise gelten einheitlich für einen industriellen Verbraucher mit einem Bedarf von 10 MW Leistung bei 5000 Benutzungsstunden und enthalten außer der Mehrwertsteuer alle landestypischen sonstigen Steuern und Abgaben.

Die Abbildung vermittelt einen Eindruck von der mittelfristigen Preisdynamik auf den nationalen Strommärkten für industrielle Abnehmer in der EU. (Für Frankreich stand keine vollständige Datenbasis zur Verfügung.) Das Zeitfenster 1999 bis 2003 fällt mit der ersten Phase der Marktderegulierung als Folge der EU-Binnenmarktrichtlinie "Elektrizität" vom Februar 1997 zusammen. Die deutschen Industriestrompreise bewegten sich als Folge der Liberalisierung zunächst deutlich abwärts, um anschließend bis 2003 wieder auf das Ausgangsniveau vor der Liberalisierung anzusteigen. Im Endergebnis zählt Deutschland damit aktuell wieder zu den Hochpreisländern in der EU.

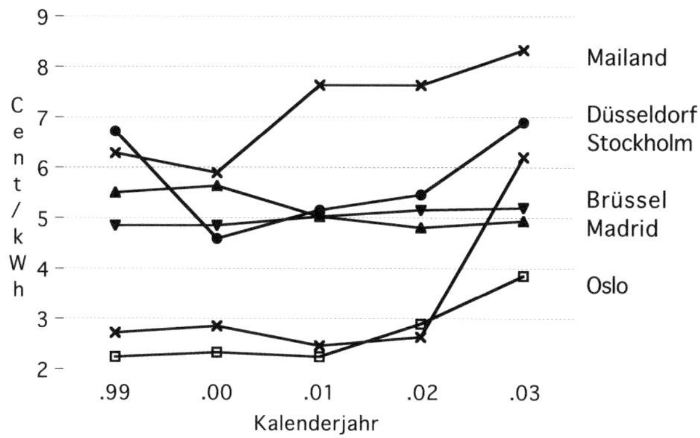

Abb. 9.13 Strompreisvergleich für ausgewählte europäische Referenzstädte, Preisstand jeweils 01.01., einschl. aller Abgaben außer Mwst., Abnahmefall : 10 MW / 5000 h
Quelle: EUROSTAT, eigene Berechnungen

Die Gründe für den Preisanstieg in Deutschland wurden bereits unter Kap. 9.2.1 näher geschildert. Dagegen haben sich die skandinavischen Länder in der Vergangenheit zu Niedrigpreisländern in Europa entwickelt. Dabei profitiert Norwegen von einer über 10jährigen Erfahrung mit einer erfolgreichen Deregulierung des Strommarktes, die auf dem Modell des nicht diskriminierenden, regulierten Netzzugangs beruht. Die Liberalisierung hat zu deutlichen Preissenkungen geführt, wobei andererseits bei knappem Angebot kurzfristige Preisanstiege üblich sind. Beispiele für dieses produkttypische Preisverhalten mit z. T. hoher Volatilität sind die bereits erwähnten außergewöhnlichen Preisanstiege in den Jahren 2002 und 2003, welche auf tiefe Temperaturen und gleichzeitig extreme Tiefstände bei den Wasserkraftreserven - auf die die norwegische Stromversorgung zu über 90% angewiesen ist - zurückzuführen sind.

Der **US-amerikanische Strommarkt** ist wegen des unterschiedlichen Fortschritts bei der Deregulierung in den einzelnen Bundesstaaten zur Zeit sehr unübersichtlich. In nur wenigen Staaten (u. a. Kalifornien und New York) ist dieser Prozess weitgehend abgeschlossen. Neben Staaten, die sich in der Übergangsphase befinden (Texas, Ohio u.a.), gibt es eine große Anzahl von Staaten, in denen Strommonopole oder monopolähnliche Strukturen den Markt bestimmen (insbesondere im Süd-Osten). Die Dauer des Deregulierungsprozesses insgesamt wird auf fünf bis zehn Jahre geschätzt. Vor diesem Hintergrund kann ein allgemeines Strompreisniveau für die USA nicht definiert werden. Umfragen zeigen, dass im Industriesektor die Preise unter denen für vergleichbare Verbraucher in Deutschland liegen können. Ein wesentliches Merkmal des amerikanischen Marktes sind außergewöhnliche saisonale Preisschwankungen bei kurzfristigen Kontrakten auf der Großhandelsstufe, die sich typischerweise in den verbrauchsstarken Sommermonaten mit extremen Preisspitzen auswirken können.

Die Stromwirtschaften in den **süd-ost-asiatischen Lädern** ist überwiegend staatlich dirigiert. Privatisierung und Liberalisierung von Stromerzeugung und -verteilung ist in der Diskussion. Die Strompreise variieren nicht nur von Land zu Land, sondern auch innerhalb eines Landes sehr stark.

9.3 Energiepreisprognosen

Gegenstand von Energieprognosen sind im Allgemeinen die zukünftige Entwicklung von Energienachfrage und -angebot sowie Preisentwicklungen, wobei der Rohölpreis wegen seiner Leitfunktion für den Energiemarkt stets mit besonderer Aufmerksamkeit bedacht wird. Prognosen beruhen in der Regel auf einem Prognosemodell, das die zu prognostizierende Größe - z. B. der Energiepreis - mit den übrigen, den Markt beschreibenden Größen wie die Energienachfrage und das Angebot mittels entsprechender Funktionen verknüpft. Im Allgemeinen sind die Ergebnisse von Energieprognosen mit erheblichen Vorbehalten zu bewerten. Dies trifft namentlich für den Ölpreis zu, der sich rückwirkend betrachtet als die instabilste Variable erwiesen hat. Hinzu kommen weitere Einschränkungen, die auf einen gewissen Zusammenhang zwischen der Prognoseinstitution und dem Prognoseergebnis hindeuten [98].

Ein Bedarf an Energieprognosen besteht sowohl in der allgemeinen Energiewirtschaft und bei größeren Energieverbrauchern als auch im politischen Bereich. In der Energiewirtschaft sind Energieprognosen eine unverzichtbare Grundlage für langfristige Investitionsprojekte wie Kraftwerke und zugehörige Infrastrukturanlagen, wobei der Energiepreis in vielen Fällen eine Schlüsselrolle spielt.

In der industriellen Energiewirtschaft spielen Annahmen zum zukünftigen Energiebedarf und den Energiepreisen bei Entscheidungen über Infrastrukturprojekte und die strategische Ausrichtung des Energiebereichs eine bedeutende Rolle. Zu den strategischen Projekten in Eigenregie der Industrie gehören moderne KWK-Anlagen auf Erdgasbasis (insbesondere GuD-Anlagen). Da der Erdgaspreis prognostischen Unsicherheiten unterliegt, die Wirtschaftlichkeit einer KWK-Anlage aber nachhaltig beeinflusst, stellt sich das Problem einer Investition unter unsicheren Randbedingungen, die mit erheblichen Risiken verbunden ist. Die Situation wird dadurch noch komplexer, dass zudem die Relation Erdgaspreis zu Strompreis am externen Markt für eine GuD-Anlage in KWK-Schaltung ergebnisrelevant ist, und in Folge dessen Strompreisprognosen in die Planung einbezogen werden müssen.

Während Annahmen über die zukünftige Preisentwicklung bei Energien umfangreiche Marktkenntnisse erfordern und sich u. U. die Zuhilfenahme externer Prognose-Kompetenz empfiehlt, erledigt sich die Energiebedarfsprognose in einem Unternehmen in der Regel betriebsintern und ohne externe Unterstützung. Hierzu verfügen die Unternehmen häufig über historische Zeitreihen zur Entwicklung des Energiebedarfs und über Erfahrungen, mit denen der Einfluss zu erwartender Wachstums-, Struktur- und Technologieeffekte auf den zukünftigen Energiebedarf mit zufrieden stellender Genauigkeit prognostizierbar ist.

Energieprognosen werden von verschiedenen namhaften Institutionen im In- und Ausland erarbeitet und veröffentlicht. Allgemein lässt sich die Herkunft nach staatlichen Stellen, Unternehmen und Verbänden der Mineralöl-, Bergbau- und Elektrizitätswirtschaft sowie nach unabhängigen Institutionen unterscheiden. Seit mehreren Jahren legt die **Internationale Energie-Agentur (IEA)**, Paris, Energieprognosen vor [99]. Im Jahre 2002 prognostizierte die IEA Rohölpreise bis 2010, die dem durchschnittlichen Niveau der vorangegangenen 15 Jahre von etwa 21 US-Dollar pro Barrel (Dollar des Jahres 2000) entsprechen. Anschließend ist nach dieser Prognose ein stetiger Anstieg bis zum Jahre 2030 auf einen Preis von etwa 29 Dollar zu erwarten.

Weitere Energieprognosen legt die **Energy Information Administration (EIA)**, Washington D. C., mit der jährlich wiederkehrenden Dokumentation „ Annual Energy Outlook “ vor. Teil dieses Reports ist ein Vergleich mit Prognosen weiterer Institutionen, die sich mit Analysen des Ölmarktes befassen [100]. Hierzu zeigt die Abbildung 9.14 eine Auswertung des Prognosevergleichs aus dem Jahre 2002 mit Zeitreihen der jeweils höchsten und niedrigsten Prognosewerte für den Zeitraum 2005 bis 2020 (Basis 2000er US-$).

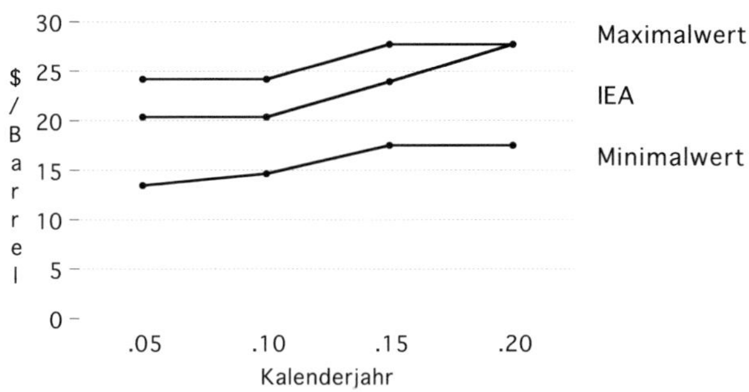

Abb. 9.14 Prognosen zur Entwicklung der Rohölpreise
Quelle: EIA (Annual Energy Outlook 2002) und IEA

Das Progoseband reicht im Jahre 2005 von etwa 13 bis zu 24 $/Barrel, für das Jahr 2020 von 18 bis 28 $/Barrel. Die Prognose der Internationalen Energieagentur liegt zunächst im Mittelbereich und nähert sich bis zum Jahre 2020 dem oberen Rand des Bandes an. Offenbar hat die hohe Volatilität der Preise gegen Ende der 90er Jahre dazu geführt, dass sich stark voneinander abweichende Einschätzungen über die zukünftige Preisentwicklung bildeten. Weitere Gründe können in einer unterschiedlichen Beurteilung der zukünftigen Gewichtung der Herkunftsregionen des Rohöls (OPEC, Russland u.a.) liegen. Auch ist bei der Bewertung der von der EIA erfassten Prognosen zu beachten, dass z. T. USA -Trends auf andere Weltregionen übertragen werden.

Eine weitere vergleichende Auswertung internationaler Energieprognosen liefert der **International Energy Workshop** (**IEW**), der seine Ergebnisse auf jährlich stattfindenden Tagungen vorstellt. Die Prognosen mit den Ausgabedaten 1981, 1983, 1985,1986 und 1987 stellt Schrattenholzer [101] den tatsächlich beobachteten Ölpreisen gegenüber. Der Verfasser kommt zu dem Ergebnis, dass eine Korrelation zwischen dem historischen Verlauf der Ölpreise und den Prognosen in der Weise besteht, dass der prognostizierte Preis um so höher ausfällt, je höher der zum Zeitpunkt der Prognoseerstellung beobachtete tatsächliche Preis ist. Insofern deckt sich diese Analyse mit den Folgerungen aus den vergleichenden Betrachtungen der Energy Information Administration (s.o.).

In den Rahmenbedingungen zur **Esso - Energieprognose** 2000 mit einem Zeithorizont von 1999 bis 2020 lautet die für die Energiepreise zentrale Botschaft, dass die Voraussetzungen für eine preiswerte Energieversorgung in Zukunft gegeben sind. Die Rohölpreise dürften im langfristigen Durchschnitt nicht wesentlich über das Preisniveau der 90er Jahre ansteigen. Kurzfristige Preisschwankungen seien nicht ausgeschlossen. Im Prinzip bleibt auch die Esso-Energieprognose 2003 bei diesen Aussagen, indem sie feststellt, dass sich der durchschnittliche Rohölpreis in Zukunft unter dem Niveau von Mai bis Sptember 2003 bewegen wird.

Auch **PROGNOS** hat wiederholt die Entwicklung der Energiepreise prognostiziert. In der Analyse vom Oktober 1998 mit einem Zeithorizont bis 2020 geht man von einer nur geringen Erhöhung der Rohölpreise auf unter 20 US-$/Barrel aus [102]. Sowohl die ESSO- als auch die PROGNOS-Prognose bewegen sich damit im Streubereich des IEA-Vergleichs (s. Abb. 9.14).

Schiffer kommt im Rahmen einer Bewertung der PROGNOS- und ESSO-Energieprognosen zu dem Ergebnis, dass die getroffenen Aussagen mit erheblichem Vorbehalt beurteilt werden müssen [77]. In einer synoptischen Darstellung der PROGNOS- Ölpreisprognosen aus den Jahren 1984, 1989,1991,1995 und 1998 sowie der tatsächlich eingetretenen Entwicklung zeigt er die Unsicherheiten und die Grenzen der Aussagekraft jeder der vorausgeschätzten Zeitreihen auf.

Die angeführten Beispiele kritischer Analysen von Energieprognosen stellen für den Energiewirtschaftler eine ernüchternde Bilanz dar. Es sind insbesondere nicht abschätzbare geopolitische Einflüsse und damit einhergehende kurz- bis mittelfristige heftige Preisbewegungen, die die Prognostiker in der Vergangenheit offenbar immer wieder beeinflusst haben.

Generell kann - unabhängig von den zitierten Prognosen - erwartet werden, dass sich der Preis eines Energieträgers an der teuersten zur Befriedigung der Nachfrage gerade noch benötigten Förderstätte orientiert. Unterstellt man, dass zunächst die günstigsten und anschließend die von den Förderkosten her aufwendigeren Vorkommen erschlossen werden, muss der Energiepreis in Zukunft tendenziell steigen.

Als Fazit ist festzuhalten, dass sich Prognosen zu Energiepreisen nur eingeschränkt und nicht unbedingt als robuste Basis für langfristige Entscheidungen eignen. Diese Einschätzung trifft in erster Linie für den Rohölpreis zu, der sich in der Vergangenheit häufig der Prognostizierbarkeit entzogen und als der instabilste Parameter bei Energieprognosen erwiesen hat. Ähnliches gilt für Erdgas, das durch Bindung an den Ölpreis oder als Folge intensiven Substitutionswettbewerbs einen engen preislichen Gleichlauf mit Öl aufweist.

Die Preise am Steinkohlemarkt dagegen haben sich in der Vergangenheit als vergleichsweise stabil gegenüber Preisausschlägen des als Leitwährung geltenden Rohölpreises erwiesen und profitieren von der breiten Diversifizierung der Herkunftsregionen. Mittel- bis langfristig kann jedoch eine verstärkte Nachfrage insbesondere aus China zu einer Preissteigerung führen.

Trotz aller Probleme, die sich vom Grundsatz her aus den Prognoseunsicherheiten für die praktische Arbeit ergeben, kann der Planer nicht auf Annahmen zur Energiepreisentwicklung verzichten. In dieser Situation können ihm diesbezügliche Arbeiten namhafter Institute den vergleichsweise stärksten Rückhalt bieten. Selbst bei erheblichen Streuungen auch dieser Preisprognosen können sie ihm doch zur

Entwicklung bestmöglicher Szenarien dienen, an Hand derer er die Sinnhaftigkeit eines langfristigen Projektes überprüfen und gegebenenfalls wirtschaftliche Risiken abschätzen und durch Absicherungsstrategien mindern kann.

10. Betriebliche Energieerfassung und -verrechnung

Aufgabe der betrieblichen Energieerfassung und -verrechnung ist die verursachungsgerechte Zuordnung der energiebedingten Kosten auf die Energieverbraucher im Rahmen des betrieblichen Rechnungswesens. Der Verbraucher erhält damit betriebswirtschaftlich relevante Informationen, die es ihm ermöglichen, seine energiebezogenen Kosten zu analysieren und zielgerichtet zu beeinflussen. Kenngrößen sind die verrechneten Energiepreise, die die Wettbewerbsfähigkeit eines Betriebes hinsichtlich des Produktionsfaktors Energie offenlegen. Sie ermöglichen sowohl einen Vergleich mit anderen Anbietern als auch ein internes Benchmarking mit verschiedenen Standorten eines Unternehmens.

Der Aufwand für die Energieerfassung und - verrechnung hängt davon ab, welchen Stellenwert man dem Faktor Energie in einem Unternehmen beimisst und ob Energiekosten überhaupt als beeinflussbar wahrgenommen werden. Kriterien wie Energieintensität aber auch Unternehmensgröße und absolute Höhe der Energiekosten sind dabei wichtige Entscheidungsfaktoren. Nur in seltenen Ausnahmen extrem geringen Energiebedarfs mag es gerechtfertigt sein, die Energiekosten unspezifiziert unter den Allgemeinkosten zu führen.

Es lassen sich die drei folgenden wesentlichen Teilaufgaben beschreiben:

- Verursachungsgerechte Zuordnung des Energieverbrauchs (Kap. 10.1)
- Identifikation der energiebedingten Kosten (Kap. 10.2.1 u. 10.2.2)
- Preisbildung (Kap. 10.2.3)

Die Abb. 10.1 zeigt in einem vereinfachten Schema die Verknüpfung dieser Teilaufgaben. Im Allgemeinen ergeben sich die energiebedingten Kosten aus dem Energiebezug, der internen Energieumwandlung und der Energieverteilung. Grundlage jeder verursachungsgerechten Energieverrechnung ist eine vollständige Ermittlung der Einzelkosten der gesamten Versorgungskette sowie deren Zuordnung auf die einzelnen Energieträger wie bspw. Wärme, Strom oder Druckluft. Gegebenenfalls sind darüber hinaus noch unterschiedliche Qualitäten einer Energieart (Druck,

Spannungsstufen) wertmäßig zu berücksichtigen. Bei gekoppelten Umwandlungsprozessen stellt sich zudem das Problem der Kostenzuordnung auf mehrere Energieprodukte.

Neben den Energiekosten steht als weitere Schlüsselgröße der Energieverbrauch (s. Abb. 10.1). Die Verwendung entsprechender Messdaten gewährleistet zwar eine eindeutige Zuordnung, ist aber in vielen Fällen mit hohen Kosten verbunden, so dass häufig ersatzweise auf Schätzungen oder Kennzahlen zurückgegriffen wird. Die Verknüpfung von Kosten und Verbrauch führt zu den Energiepreisen. Im einfachsten Fall genügen dazu lediglich zwei Informationen: Die Anzahl der in der abgelaufenen Periode bereitgestellten Energieeinheiten und die dadurch verursachten Gesamtkosten.

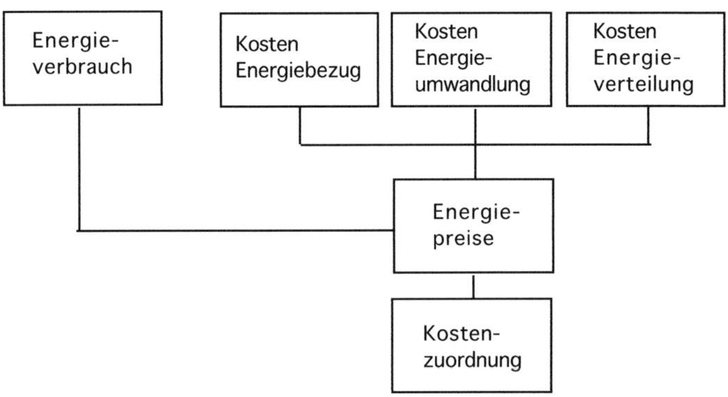

Abb. 10.1 Energieverbrauch und -kosten in der betrieblichen Energieverrechnung

Diese einfache mengenbezogene Betrachtung genügt dann nicht mehr, wenn differenziertere Anforderungen im Rahmen einer verursachungsgerechten Energieverrechnung gestellt werden. Beispielsweise kann eine Differenzierung nach Arbeits- und Leistungsbedarf - und damit der höhere verrechnungstechnische Aufwand - von Interesse sein, um der unterschiedlich hohen verbraucherseitigen Inanspruchnahme der installierten Erzeugungs- und Umwandlungskapazitäten Rechnung zu tragen.

10.1 Energieerfassung

Unter Energieerfassung versteht man im Allgemeinen alle betrieblichen Aktivitäten, die sich mit der Quantifizierung der bezogenen bzw. eigen erzeugten sowie der bei den Energienutzern verbrauchten Energiemengen und -leistungen befassen. Übergeordnetes Ziel der Energieerfassung ist die verursachungsorientierte Zuweisung des Energieverbrauchs und damit der Energiekosten an die Verbraucher. Zusätzlich dienen die gewonnenen Verbrauchsdaten einer Vielzahl betrieblicher Analysen und Bewertungen sowohl auf der Bereitstellungs- als auch Verbrauchsseite. Insgesamt bildet sie damit auch die Grundlage für eine schlüssige Energiebilanzierung. Die Ausgestaltung der Energiedatenerfassung wird in den einzelnen Unternehmen unterschiedlich gehandhabt und richtet sich an der Höhe und Gewichtung des Energieverbrauchs aus. Als allgemein gültige Richtschnur scheint das Kosten-Nutzen-Verhältnis den Aufwand zu bestimmen.

Die Abb. 10.2 unterscheidet die praktizierten Verfahren nach Art der Erfassung und der Verbrauchszuordnung.

nach Art der Erfassung	nach Art der Verbrauchszuordnung
keine Erfassung von Vor-Ort-Daten	Schätzung Umlageschlüssel Kennzahlen
manuelle Erfassung mobile Erfassung (Handterminal) Online-Erfassung	auf Basis der gemessenen Werte

Abb. 10.2 Verfahren der Energiedatenerfassung

In kleineren Unternehmen ohne Eigenanlagen mit geringem Energieverbrauch oder einer weitgehenden Monostruktur auf der Produktseite erübrigt sich eine wie auch immer gestaltete Energieverbrauchszuordnung und demnach auch Energieerfassung. Als Energiekosten gelten die Energiebezugskosten und diese gehen häufig als Allgemeinkosten in die Produktkalkulation ein. Ist eine Energieverbrauchszuordnung wegen stärkerer Produkt- und Nutzungsdifferenzierung gewünscht, sind aber andererseits die messtechnischen Voraussetzungen nur unzureichend gegeben, werden in vielen Fällen Methoden angewandt, denen Schätzungen oder theoretische Zuordnungsmodelle zu Grunde liegen. Hierzu zählen Umlageschlüssel oder kennzahlbasierte Verfahren. Bei der Kennzahlbildung werden die Energieverbräuche und damit -kosten beispielsweise auf die Grundflächen von Gebäuden bezogen, wobei unterschiedliche Nutzungsarten wie Büro-, Lager- oder Produktionsflächen unterschieden werden. Wesentliche Nachteile der theoretischen Modelle sind im Allgemeinen die fehlende Transparenz und Abweichungen des tatsächlichen Verbrauchs von der Summe der berechneten Einzelverbräuche.

Die Verwendung von Messdaten entspricht demgegenüber dem Prinzip einer verursachungsorienten Verbrauchszuordnung. Unterschiede gibt es in der Art der Datenerfassung und Weiterverarbeitung. Die manuelle Erfassung der gemessenen Verbräuche ist das Verfahren der Vergangenheit. Soweit es noch in kleineren Betrieben praktiziert wird, wird es häufig mit der geringen Relevanz der Energiekosten begründet. Man nimmt dabei Bilanzierungsungenauigkeiten und zuweilen auch zeitaufwendige Auswertungen wie bspw. zur Ermittlung von Energieeffizienzen in Kauf. Ein Vergleich aktueller mit zurückliegenden Messreihen ist ebenso aufwendig wie die Verfolgung von Maximalwerten und temporär auftretender außergewöhnlicher Betriebszustände oder Störungen.

Bewährt haben sich mobile Datenerfassungsgeräte. Diese bestehen aus einem Handterminal mit einer entsprechenden Übergabesoftware. Die Erfassung der Energiedaten erfolgt auf verschiedenen Ablesetouren. Die eingegebenen Zählerdaten werden automatisch mit Datenreihen aus der Vergangenheit verglichen, auf Plausibilität geprüft und an übergeordnete Systeme zur weiteren Verarbeitung übergeben. Der Vorteil der mobilen Datenerfassung besteht in einer verminderten Fehlerquote und in einem erheblichen Zeitgewinn [103].

Die Online-Erfassung der Zählerstände ist für größere Industriestandorte mit vielen Verbrauchern und unterschiedlichen Energiearten und -qualitäten das Standardverfahren. Zweifelsohne differenziert man auch hier in vielen Fällen den messtechnischen Aufwand nach der Höhe des Verbrauchs, indem man kleine Verbraucher pauschaliert erfasst. Die erfassten Zählerstände werden in das Energieverrechnungssystem überspielt und anschließend dem Rechnungswesen zur weiteren Verarbeitung übergeben.

Die werksweite Online-Überwachung der relevanten Energieverbraucher bietet den Betreibern der Energieversorgungsanlagen eine ständige Information über das Verbrauchsverhalten. Energiebereitstellung und -verbrauch können so jederzeit optimal abgeglichen und Möglichkeiten der Bezugsoptimierung genutzt werden. Eine häufig anzutreffende Anwendung ist die Begrenzung von Bezugsleistungen in Stromlieferverträgen. Deutet sich aufgrund einer Extrapolation eine Grenzwertverletzung an, kann durch Abschalten ausgewählter Verbraucher oder durch entsprechende Lastabsenkung eine Vertragsverletzung mit der Folge hoher Kosten vermieden werden.

10.2 Energieverrechnung

Die energiewirtschaftliche Betriebsabrechnung folgt in ihren Grundzügen der von der Betriebswirtschaftslehre vorgegebenen Systematik mit den drei Teilrechnungen Kostenartenrechnung, Kostenstellenrechnug und Kostenträgerrechnung. In der Kostenartenrechnung werden die Gesamtkosten einer Abrechnungsperiode, unterteilt nach einzelnen Kostenpositionen, erfasst. Diese werden entweder direkt oder, soweit es sich um Gemeinkosten oder nicht direkt zuzuordnende Kosten handelt, im Rahmen der Kostenstellenrechnung umverteilt und in die Kostenträgerrechnug übernommen. Kostenträger in der Energiewirtschaft sind die verschiedenen Energiearten, die im Rahmen der Energieversorgung an die Verbraucher abgegeben werden.

Sofern die energiebedingten Kosten in einer separaten Organisationseinheit, wie es bei großen Industriestandorten häufig üblich ist, anfallen, ist eine Zuordnung erleichtert. Probleme ergeben sich eher dann, wenn die energiewirtschaftlichen Dienstleistungen im Verbund mit weiteren Standortdiensten (Entsorgung, Verkehrswesen u.a.) angeboten werden.

10.2.1 Energiebedingte Kosten

Die Kosten der Energiebereitstellung sollen im Folgenden am Beispiel eines Produktionsbetriebes mit externem Energiebezug, eigener Energieumwandlung und -verteilung erläutert werden (vgl. Abb. 10.3). Dabei könnte es sich um einen Standort mit einer KWK-Anlage handeln, in der Dampf und Strom sowie Druckluft erzeugt wird. Die notwendigen Brennstoffe werden vom externen Markt bezogen. Die Flächenversorgung des Standortes mit den verschiedenen Endenergien erfolgt mittels entsprechender Verteilanlagen. Bei der beschriebenen Energieversorgung handelt es sich also um einen Mehrproduktbetrieb, d. h. mit einer Umwandlungsanlage werden mehrere unterschiedliche Produkte (Energiearten und -qualitäten) hergestellt.

Stufen der Energieversorgung	Gesamtkosten		
	nach Kostenarten	nach Leistungserbringung	nach Kostenträgern
Bezug Umwandlung Verteilung	Abschreibung Personal Rohstoffe Hilfs- u. Betriebsstoffe u.a.	Dampferzeugung Stromerzeugung Instandhaltung Betriebsführung Kommunikation u. Information Umweltschutz Transport u.a.	Dampf Druckstufe 1 Druckstufe 2 Strom Spannungsstufe 1 Spannungsstufe 2 Druckluft

Abb. 10.3 Gesamtkosten der Energieversorgung eines Produktionsbetriebs (beispielhaft)

Die Gesamtkostenermittlung basiert auf der Kostenartenrechnung, mit der die einzelnen Kostenarten für eine Kostenperiode in Teilrechnungen erfasst werden. Wesentliche Kostenarten sind Abschreibungen, Personalkosten, Rohstoffe (= bezogene Brennstoffe) sowie Hilfs- und Betriebsstoffe (u.a. Schmierstoffe für den Turbinenbetrieb, Kalk bzw. Ammoniak für Rauchgasreinigungsanlage, Betriebsstoffe für die Speisewasseraufbereitung). Als Ergebnis der Kostenartenrechnung ergeben sich die Gesamtkosten für die in Betracht gezogene Kostenperiode.

Die Gesamtkosten in der Aufschlüsselung nach Kostenarten bietet nach entsprechender Kostenzuordnung die Grundlage für spezifische statistische Analysen (dritte Spalte in Abb. 10.3). Diese können in ihrem Aufbau und Inhalt dem jeweiligen Bedarf und den besonderen Fragestellungen eines Betriebes angepasst werden. In der Abb. 10.3 werden Kosten nach Art der Leistungserbringung wie Dampf- oder Stromerzeugung, Instandhaltung, Betriebsführung, Kommunikation/ Information, Umweltschutz und Transport unterschieden.

In der vierten Spalte in Abb. 10.3 sind die Gesamtkosten auf Kostenträger, in unserem Fall Dampf, Strom und Druckluft, bezogen. Mehrere Druckstufen bei den rohrleitungsgebundenen Energien führen zu einer weiteren Kostendifferenzierung. Ähnliches gilt für die Stromversorgung mit unterschiedlichen Spannungsstufen. Dabei ist zu beachten, dass eine direkte Kostenzuordnung an die einzelnen Energiearten bzw. -qualitäten nur dann möglich ist, wenn die jeweils zugehörigen kostenverursachenden Umwandlungsprozesse technologisch voneinander getrennt sind. Anderenfalls ergeben sich besondere Probleme bei der Kostenzuordnung. Beispiele sind die gekoppelte Erzeugung mehrerer unterschiedlicher Energiearten in *einem* Koppelprozess (z. B. KWK) oder die Energieverteilung über mehrere Druck- oder Spannungsstufen. In diesen Fällen bedient man sich spezieller betriebswirtschaftlicher oder technischer Bewertungsmodelle (Kap. 10.2.2), die in der Regel eingehende Kenntnisse des betreffendes Prozesses voraussetzen.

10.2.2 Beispiele für Kostenzuordnungen

Mehrstufiges elektrisches Verteilnetz

Die Verteilanlagen für elektrische Energie an großen Industriestandorten sind beachtliche Kostenfaktoren, deren Anteil an den Gesamtkosten der Stromversorgung 20 bis 25 % betragen kann. Von daher ist das Ziel verständlich, diese Kosten verursachungsorientiert an die Endverbraucher zu verrechnen. Bei den Kostenverursachern handelt es sich um die diversen Betriebsmittel der Verteilanlagen, wie elektrische Leitungen, Umspann- und Schaltanlagen. Bei einer einstufigen Verteilanlage reicht eine Differenzierung der Kostenweitergabe an die Endverbraucher nach der bezogenen Leistungsspitze aus. Mehrstufige Verteilanlagen verlangen darüber hinaus eine Differenzierung nach Spannungsstufen, mit denen die Verbraucher versorgt werden.

Die Abb. 10.4 zeigt das Prinzip der Kostenzuordnung am Beispiel eines Verteilnetzes mit den drei Spannungsstufen im Hochspannungs- (HS), Mittelspannungs- (MS) und Niederspannungsbereich (NS). Die laufenden Gesamtkosten der Stromverteilungsanlage ergeben sich aus den Einzelkosten der den Spannungsstufen zuzuordnenden Betriebsmittel der Teilnetze. Der Kostennachweis erfolgt in der bekannten Weise auf Basis der Kostenarten Abschreibung, Instandhaltung, Personalkosten etc.

Jede Netzebene ist zunächst mit den direkt zuzuordnenden Kosten des Netzbereichs (K_{HS}, K_{MS}, K_{NS}) zu belasten. Hinzu kommt ein Kostenzuschlag aus der jeweils vorgelagerten Netzstufe. Dieser Kostenzuschlag ergibt sich nach dem Prinzip der Kostenwälzung. Danach werden die Kosten der vorgelagerten Netzebene auf die nachgeordnete anteilig weiterverrechnet, soweit sie nicht den betrieblichen Endverbrauchern der vorgelagerten Netzebene anzulasten sind. Die Verteilung erfolgt auf Basis der bezogenen höchsten Leistung einer Verrechnungsperiode unter Berücksichtigung eines Gleichzeitigkeitsfaktors. Die betrieblichen Endverbraucher und die nachgelagerte Netzebene werden diesbezüglich gleich behandelt. Der Gleichzeitigkeitsgrad berücksichtigt die Tatsache, dass die Einzelhöchstleistungen der Endverbraucher einer Spannungsebene und die der nachgelagerten Ebenen im Regelfall zeitungleich auftreten. Die Summe der Einzelhöchstleistungen ist daher größer als die Höchstleistung einer Spannungsstufe. Das Kostenwälzverfahren setzt eine differenzierte und damit in der Regel aufwendige Energiedatenerfassung voraus (vgl.Kap. 10.1).

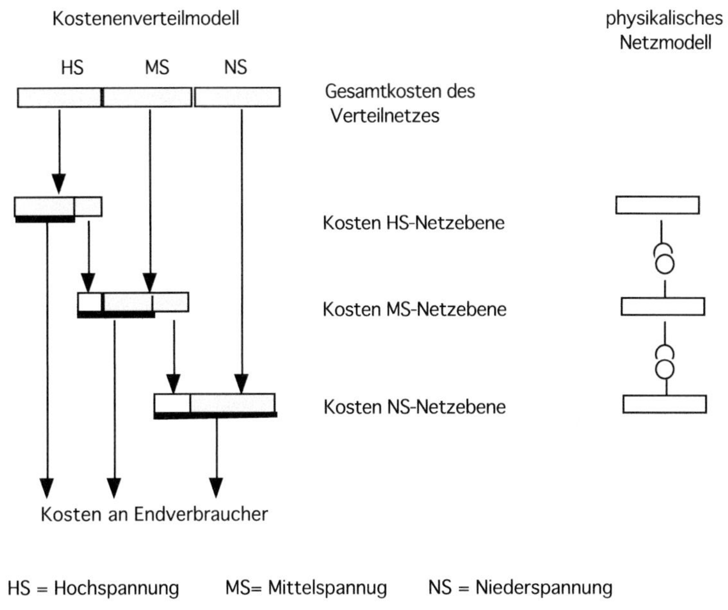

Abb. 10.4 Prinzip der Kostenwälzung bei einem mehrstufigen elektrischen Verteilnetz

Die differenziert nach Spannungsstufen den Endverbrauchern zuzuordnenden Kosten entsprechen den nicht weiter gewälzten Kostenanteilen einer Spannungsebene. Mit den Gleichzeitigkeitsgraden g_{HS}, g_{MS} , den Kosten der einzelnen Netzbereiche K_{HS}, K_{MS} und K_{NS} sowie den jährlichen Höchstleistungen der Netzebenen $P_{HS}^{\max}, P_{MS}^{\max}$ und $P_{NS}^{\max}$ lassen sich diese Kosten für die Netzstruktur nach Abb. 10.4 wie folgt beschreiben:

$$K_{HS-Endverbr.} = K_{HS} \frac{P^{max}_{HS-Endverbr.}}{P^{max}_{HS}} g_{HS}$$

$$K_{MS-Endverbr.} = \left(K_{HS} - K_{HS-Endverbr.} + K_{MS}\right) \frac{P^{max}_{MS-Endverbr.}}{P^{max}_{MS}} g_{MS} \tag{10.1}$$

$$K_{NS-Endverbr.} = K_{NS} + \left(K_{HS} - K_{HS-Endverbr} + K_{MS}\right) \frac{P^{max}_{NS-Endverbr.}}{P^{max}_{MS}} g_{MS}$$

Die Summe der Kosten nach Gl. 10.1 entspricht der Summe der Kosten der Netzbereiche:

$$\sum K_{Endverbr.} = K_{HS} + K_{MS} + K_{NS} \tag{10.2}$$

Spannungs-ebene	Kosten Netzbe-reich Mio. Euro/a	Jahreshöchst-leistung MW	Gleichzeitig-keitsfaktor	Kosten an End-verbraucher Mio. Euro/a
HS	0,6	30	1	0,20
MS	0,9	20	1	0,65
NS	0,9	10	–	1,55
Σ	2,4			2,4

Abb. 10.5 Kostenzuordnung an Endverbraucher für mehrstufiges elektrisches Verteilnetz (beispielhaft)

Die Gleichungenen 10.1 wurden beispielhaft für jährliche Gesamtkosten in Höhe von 2,4 Mio. Euro ausgewertet (s. Abb. 10.5). Die Jahreshöchstleistung der höchsten Spannungsstufe wird mit 30 MW angesetzt. Da die Endverbraucher je Spannungsstufe 10 MW aufnehmen, sind die nachgelagerten Stufen mit 20 MW bzw. 10 MW belastet (Gleichzeitigkeitsfaktoren = 1). Verluste bleiben unberücksichtigt. Mit diesen Vorgaben werden an die HS-Endverbraucher jährlich 0,20 Mio. Euro sowie an die Endverbraucher der nachgelagerten Stufen 0,65 bzw. 1,55 Mio. Euro verrechnet.

Gekoppelte Energieumwandlung

Die Frage, wie die Gesamtkosten einer KWK-Anlage auf die beiden Energiearten Wärme und elektrische Energie aufzuteilen sind, ist Gegenstand vielfältiger Erörterungen in der Fachliteratur [104]. Im Grunde genommen stellt sich mit der Frage der Kostenzuordnung das Problem der Bewertung der beiden Energiearten. Hierzu gibt es neben technisch exakten Bewertungskriterien - z. B. auf der Basis des Exergie- oder Enthalpiewertes - auch markt- oder wettbewerbsorientierte Bewertungsmodelle. Zuweilen sind auch Mischverfahren anzutreffen. Entsprechend dem gewählten Verfahren wird der Vorteil der gekoppelten Umwandlung entweder der Wärme oder dem Strom zugewiesen bzw. bei der Mischform auf beide Produkte verteilt. Der Vorzug der markt- oder wettbewerbsorientierten Verfahren besteht darin, das der Marktwert einer Energieart - in der Regel ist dies der Strom - in die energiewirtschaftliche Bewertung eingeht.

	arbeitsabhängig Mio. Euro/a	leistungsabhängig Mio. Euro/a
Gesamtkosten KWK (Umwandlungskosten + Bezugskosten)	5,5	2,6
Stromgutschrift gemäß Marktbedingungen	3,5	1,7
Dampfkosten	2,0	0,9

Abb. 10.6 Aufteilung der Gesamtkosten einer KWK-Anlage auf Strom und Dampf (beispielhaft)

Das Beispiel in der Abb. 10.6 berücksichtigt den Marktwert des Stromes in Form einer Gutschrift auf die Gesamtkosten der KWK-Anlage. Diese betragen jährlich 8,1 Mio. Euro. Davon sind 5,5 Mio. Euro/a brennstoffmengenabhängig und damit variabel. Die leistungsabhängigen Kosten werden mit 2,6 Mio. Euro/a angesetzt. Die gutgeschriebenen Arbeitskosten auf Basis der eigenerzeugten Strommenge sollen sich auf 3,5 Mio. Euro/a, die analog ermittelten Leistungskosten auf 1,7 Mio. Euro/a belaufen. Die verrechnungstechnischen Dampfkosten betragen arbeitsabhängig dann 2,0 Mio. Euro/a bzw. leistungsabhängig 0,9 Mio. Euro/a .

Die ermittelten Dampfkosten stehen im Wettbewerb mit den Kosten einer reinen Dampferzeugungsanlage.

10.2.3 Preisgestaltung

Im Regelfall beruht die innerbetriebliche Preisbildung für Energieprodukte auf einer Vollkostenrechnung, in die die Kosten der Energiebezüge und, soweit vorhanden, die der Eigenanlagen eingehen. Werden Gewinnaufschläge vom Energiebereich verrechnet, gehen diese zu Lasten der Energienutzer, da sie deren Gewinne zum Teil abschöpfen.

Im Gegensatz zu den am Markt gekauften Energien gibt es für die innerbetrieblich erzeugten Energien in der Regel keine Marktpreise. Beispiele sind die ortsgebundenen Energieträger wie Dampf, Druckluft oder Kälte. Der Wettbewerb beschränkt sich in diesen Fällen auf die Möglichkeiten, mit alternativen Betreibermodellen die Energiedienstleistung zu erbringen (Kooperation mit Fremdbetreibern). Eine andere Strategie, einen Quasi-Wettbewerbsdruck auf die innerbetrieblichen Energiekosten und -preise auszuüben, kann darin bestehen, im Zuge eines energiewirtschaftlichen Benchmarking einen Preisvergleich zu ermöglichen. Für dieses Verfahren ist der Energiepreis mit den Möglichkeiten der energiearten- und energiequalitätsspezifischen Differenzierung eine geeignete und häufig verwendete Kenngröße.

Der Aufwand, der der innerbetrieblichen Preisbildung in einem Unternehmen zugestanden wird, richtet sich nach der Bedeutung der Energiekosten und nach der

Komplexität der internen Energiedienstleistungen. Hierunter soll die Vielfalt der bereitgestellten Energiearten und -qualitäten verstanden werden. Diese Kriterien entscheiden darüber, ob man überhaupt eine verursachungsorientierte Energieverrechnung mit einer entsprechenden Bildung von Verrechnungspreisen praktiziert, oder die Energiekosten in den Allgemeinkosten aufgehen lässt.

Im Folgenden wollen wir uns auf zwei Preissysteme, das Einheitspreissystem und das System mit Arbeits- und Leistungspreisen konzentrieren. Einheitspreissysteme sind für Betriebe bei angenähert gleicher Benutzungsdauer der Leistungsinanspruchnahme geeignet. Der erhebliche verrechnungstechnische Mehraufwand beim Arbeits- und Leistungspreissystem rechtfertigt sich bei mehreren einzeln zu verrechnenden großen Verbrauchern mit unterschiedlichen Benutzungsdauern.

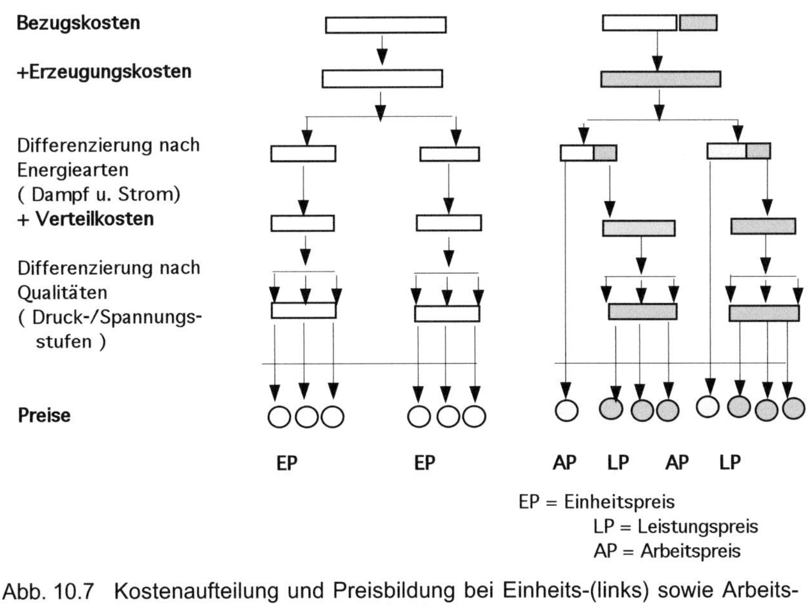

Abb. 10.7 Kostenaufteilung und Preisbildung bei Einheits-(links) sowie Arbeits- und Leistungspreissystem (rechts)

In der Abb. 10.7 ist das Schema des Kostenflusses für beide Preissysteme dargestellt. In beiden Fällen ist eine Differenzierung nach Energiearten und -qualitäten zu

Grunde gelegt. Bei der gekoppelten Energieumwandlung sollen die Endprodukte Strom und Dampf erzeugt werden. Beide Energieträger werden an die Endverbraucher über Verteilanlagen mit bedarfsorientierten Druck- und Spannungsstufen verteilt. Der Einfachheit halber wird angenommen, dass vom externen Energiemarkt lediglich Primärenergie zur Umwandlung in die Endenergien Dampf und Strom bezogen wird. Zusatzstrombedarf soll nicht vorliegen. Die zugehörigen Kosten würden im übrigen den Stromkosten zuzurechnen sein. Ferner wird angenommen, dass die Kosten für die Vorhaltung von Reservekapazitäten zur Absicherung der Dampferzeugung in den Kosten der Umwandlungsanlagen enthalten sind.

Die Einzelkosten für Bezug, Umwandlung und Verteilung werden in separaten Kostenstellen geführt. Das Einheitspreissystem geht dabei im Gegensatz zum Arbeits-/Leistungspreissystem in jeder Kostenstelle von den Gesamtkosten einer Verrechnungsperiode, z.B. eines Jahres, aus. Es wird also nicht zwischen fixen (dunkle Schraffur) und variablen Kostenelementen (helle Schraffur) unterschieden. Die Einheitspreise (EP) ergeben sich aus dem Quotienten von zurechenbaren Gesamtkosten und Energiemengenverbrauch in der betreffenden Zeitperiode. In gleicher Weise wird im Arbeits-/Leistungspreissystem der Arbeitspreis (AP) aus den variablen Kosten und dem Mengenverbrauch berechnet. Der von den Verbrauchern zu zahlende Leistungspreis (LP) ergibt sich aus den Leistungskosten einer Periode dividiert durch die Summe der einzelnen Verbraucher-Höchstleistungen der Periode. Ist die Verrechnungsperiode ein Jahr, spricht man vom Jahresleistungspreis. Wegen der Ungleichzeitigkeit der Leistungsinanspruchnahme ist die Summe der Einzelhöchstleistungen in der Regel größer als die integrale Gesamthöchstleistung, wie sie bspw. am Ausgang des Kraftwerks gemessen wird. Die Ungleichzeitigkeit der Leistungsinanspruchnahme wird durch den Gleichzeitigkeitsfaktor berücksichtigt (vgl. auch Gl. 10.1).

Dem Berechnungsbeispiel in der Abb. 10.8 liegt eine Stromeigenerzeugung mit einer Kostenstruktur gemäß Abb.10.5 und 10.6 zu Grunde. Der Gleichzeitigkeitsfaktor wird vereinfachend mit 1 angesetzt , die Summe der Einzelhöchstleistungen ist damit gleich der Gesamthöchstleistung von 30 MW. Die maßgebende Verrechnungsperiode beträgt ein Jahr mit einer für alle Verbraucher einheitlichen Benutzungsdauer von 7500h.

<table>
<tr><td>Gesamtkosten KWK (Bezugskosten + Umwandlungskosten)</td><td>Mio. Euro/a</td><td colspan="3">variabel
5,5</td><td colspan="3">fix
2,6</td></tr>
<tr><td rowspan="2">Differenzierung nach Energiearten</td><td rowspan="2">Mio. Euro/a</td><td colspan="2">Dampf</td><td colspan="4">Strom</td></tr>
<tr><td>var.
2,0</td><td>fix
0,9</td><td>variabel
3,5</td><td colspan="3">fix
1,7</td></tr>
<tr><td>Leistungspreis ex Kraftwerk</td><td>Euro/(kW a)</td><td colspan="2" rowspan="5"></td><td rowspan="3"></td><td colspan="3">57</td></tr>
<tr><td>Verteilungskosten</td><td>Mio. Euro/a</td><td colspan="3">2,4</td></tr>
<tr><td>Differenzierung nach Spannungsstufen (Verteilung der Kosten an die Endverbraucher)</td><td>Mio. Euro/a</td><td>HS
0,2</td><td>MS
0,65</td><td>NS
1,55</td></tr>
<tr><td>verbrauchte Menge
Leistung</td><td>Mio. kWh/a
MW</td><td>225</td><td>10</td><td>10</td><td>10</td></tr>
<tr><td>Arbeitspreis
Leistungspreis
Mischpreis</td><td>Euro/kWh
Euro/(kW a)
Euro/kWh</td><td>0,016</td><td>77
0,026</td><td>122
0,032</td><td>212
0.044</td></tr>
</table>

Basis: Leistungsspitze Strom 30 MW, Benutzungsdauer 7500 h/a, Gleichzeitigkeitsfaktor 1

Abb. 10.8 Beispiel für Berechnung betriebsinterner Verrechnungspreise

Somit lässt sich der Arbeitspreis unmittelbar aus der Jahresarbeit von 225 Mio. kWh zu 0,016 Euro/kWh berechnen. Der von den Verbrauchern zu entrichtende Leistungspreis hat alle Fixkosten der Versorgungskette - im vorliegenden Fall der Umwandlungs- und Verteilanlagen - abzugelten. Auf der Bilanzierungsebene ex Kraftwerk ergibt sich ein Leistungspreis von 57 Euro/(kW a). Mit den nach Spannungsstufen differenzierten Verteilungskosten und einer einheitlichen Leistungsinanspruchnahme je Stufe von 10 MW erhält man auf der Ebene der Verbraucher die drei verschiedenen Leistungspreise von 77, 122 und 212 Euro/(kW/a). Aus den Arbeits- und Leistungspreisen AP und LP und der Benutzungsdauer z lassen sich sog. Mischpreise gemäß MP = AP + LP/z berechnen.

D. Energiewirtschaftliche Rahmenbedingungen

11. Das energiepolitische Umfeld

Ab etwa Mitte der 90er-Jahre wandelten sich die energiepolitischen Rahmenbedingungen erheblich. Betroffen war sowohl die allgemeine als auch die sektorspezifische Energiewirtschaft in der Industrie. Die wesentlichen Impulse hierzu kamen von der EU mit dem Aufbau eines freizügigen Binnenmarktes für Waren und Dienstleistungen, in den neben der Telekommunikation nun auch die Märkte für leitungsgebundene Energien einbezogen wurden. In Deutschland führte dies zu einer grundlegenden Neuausrichtung des Energiewirtschaftsrechts, dessen wesentliche Regelungen noch aus den dreißiger Jahren stammten und den Energieversorgungsunternehmen in ihren Versorgungsgebieten ein gesetzlich anerkanntes Monopol sicherten. Kernpunkt ist die Deregulierung der Märkte für Strom und Erdgas. Die Industrie sieht in diesem Schritt, den sie selbst seit langem eingefordert hatte, eine wichtige Voraussetzung für international wettbewerbsfähige Energiepreise.

Ein weiterer Aspekt der sich wandelnden Rahmenbedingungen sind die andauernden Bemühungen um den weltweiten Klimaschutz, dem sich die EU und die einzelnen Mitgliedsstaaten mit der Übernahme von Reduktionsverpflichtungen für bestimmte klimaschädliche Gase angeschlossen haben. Die die industrielle Energiewirtschaft betreffenden Instrumente auf europäischer und nationaler Ebene reichen von Selbstverpflichtungen über fiskalische Maßnahmen und die Subventionierung klimaschonender Umwandlungsverfahren bis hin zum Emissionshandel. Zur Zeit mangelt es noch an einer einheitlichen Zieldefinition und Koordinierung der Einzelmaßnahmen.

11.1 Richtlinien für den EU-Energiebinnenmarkt und Umsetzung in nationales Recht

Mit den EU-Richtlinien vom 19. Dezember 1996 und 22. Juni 1998 (Tafel 11.1) wurde die Vorraussetzung für die Deregulierung der Strom- und Erdgasmärkte geschaffen. Gemeinsamer wesentlicher Bestandteil der Richtlinien ist eine stufenweise Öffnung der Energiemärkte [105]. Die Umsetzung in deutsches Recht erfolgte am 24. April 1998 mit dem Gesetz zur Neuregelung des Energiewirtschaftsrechts und der sechsten Novelle des Gesetzes gegen Wettbewerbsbeschränkungen vom 26. August 1998, mit der die kartellrechtliche Freistellung für Strom und Gas aufgehoben wurde [106]. Mit diesen Gesetzen ging der deutsche Gesetzgeber über die EU-Mindestforderungen nach einer stufenweisen Öffnung hinaus und beschloss die vollständige Öffnung für alle Verbraucher in einem Schritt. Außerdem entschied man sich für den verhandelten Netzzugang auf der Basis von Verbändevereinbarungen (s. u.).

Am 26. Juni 2003 verabschiedete die EU gleichzeitig für Strom und Gas die zweite Binnenmarktrichtlinie (sog. Beschleunigungsrichtlinie) mit dem Ziel, den Liberalisierungsprozess zu beschleunigen (s.Tafel 11.1) [107]. Anlass waren die geringen Fortschritte insbesondere auf dem Erdgas-Binnenmarkt sowie divergierende Entwicklungen auf den nationalen Märkten, die einen grenzüberschreitenden Handel behinderten. Die neuen Richtlinien sehen die Öffnung der Strom -und Erdgasmärkte für industrielle Verbraucher ab Juli 2004 vor. In allen Mitgliedsländern wird zudem die Einrichtung einer **Regulierungsbehörde** vorgeschrieben. Zu den Aufgaben der Behörde soll die Festlegung der Kalkulationsmethoden für die Netznutzungspreise im Vorhinein und eine nachträgliche Kontrolle der sich ergebenden Preise gehören (Ex-ante- und Ex-post-Regulierung). Dies deckt sich weitgehend mit den Vorstellungen der industriellen Verbraucher [108]. Die Bundesregierung entschied sich im März 2003 in einem Eckpunktepapier zur Energiemarktregulierung für die Gründung einer nationalen Regulierungsbehörde [109].

Für die Umsetzung der in 2003 in Kraft getretenen Beschleunigungsrichtlinie der EU bedarf es umfangreicher Neuregelungen, die in einem ersten Schritt zu einer erneuten Novellierung des Energiewirtschaftsgesetzes und im zweiten Schritt zu

Richtlinie 96/92/EG des Europäischen Parlamentes und des Rates **vom 19.Dezember 1996** **betreffend gemeinsame Vorschriften für den Elektrizitätsbinnenmarkt**	Marktöffnung in Stufen (Mindestanforderungen): bis 1999 22% (Verbraucher größer 40 GWh) bis 2000 28% (größer 20 GWh) bis 2003 33% (größer 9 Gwh) bis 2006 weitere Marktöffnung Netzzugang auf Vertragsbasis oder über Alleinabnehmersystem Tritt am 19. Febr.1997 in Kraft, Umsetzung in nationales Recht innerhalb von zwei Jahren.
Gesetz zur Neuregelung des Energiewirtschaftsrechts (EnWG) vom 24.April 1998 **Sechste Novelle des Gesetzes gegen Wettbewerbsbeschränkungen (GWB) vom 26. August 1998**	EU-Richtlinien vom 19. Dez. 1996 und vom 22. Juni 1998 werden in Deutschland weitgehend in nationales Recht umgesetzt: u.a. kartellrechtliche Freistellung für Strom und Gas wird aufgehoben, Marktöffnung nicht in Stufen sondern für alle Kunden sofort Übergangsvorschriften: Bis 31. Dez. 2006 können EltVU Netzzugang für Elektrizität aus dem Ausland ablehnen, soweit der zu beliefernde Abnehmer dort nicht ebenfalls durch Dritte beliefert werden könnte (Reziprozitätsklausel). Für die Neuen Bundesländer gilt zunächst bis zum 31. Dez. 2003 die Braunkohlenschutzklausel. EnWG tritt am 29. April 1998, GWB am 1. Jan. 1999 in Kraft.

Abb. 11.1 Nationale Gesetze und EU-Richtlinien zur Liberalisierung der Energiemärkte

entsprechenden Verordnungen für den Zugang zu den Elektrizitäts- und Erdgasversorgungsnetzen führen werden. Ein dauerhaft gesicherter Wettbewerb auf den Strom- und Gasmärkten setzt voraus, dass Dritte einen ungehinderten Zugang zu den Versorgungsnetzen haben. Dieser beruhte in Deutschland zunächst auf dem

Richtlinie 98/30/EG des Europäischen Parlamentes und des Rates **vom 22. Juni 1998** **betreffend gemeinsame Vorschriften für den Erdgasbinnenmarkt**	Marktöffnung in Stufen (Mindestanforderung in%) bis 2002 20% (Verbraucher größer 25 Mio. m3) ab 2003 28% (größer 15 Mio. m3) ab 2008 33% (größer 5 Mio. m3) Betreiber gasbefeuerter Stromerzeugungsanlagen sind unabhängig von ihrem Gasverbrauch zugelaslassen, für KWK-Betreiber gelten Sonderregelungen. Netzzugang auf Vertragsbasis oder geregelter Netzzugang
Richtlinie 2003/54/EG des Europäischen Parlamentes und des Rates **vom 26. Juni 2003** **über gemeinsame Vorschriften für den Elektrizitätsbinnenmarkt und zur Aufhebung der Richtlinie 96/92/EG** **Richtlinie 2003/55/EG des Europäischen Parlamentes und des Rates** **vom 26.Juni 2003** **über gemeinsame Vorschriften für den Erdgasbinnenmarkt und zur Aufhebung der Richtlinie 98/30/EG**	Vorverlegung der Marktöffnung für Strom u. Erdgas: spätestens ab 1. Juli 2004 für alle Nicht-Haushaltskunden spätestens ab 1. Juli 2007 für alle Kunden Regulierter Netzzugang und Regulierungsbehörde für Strom u. Erdgas zum 1. Juli 2004 für alle EU- Mitgliedsstaaten verpflichtend Gesellschaftsrechtliche Entbündelung der Netzbereiche der Strom- und Gasnetzbetreiber von den Erzeugungs-/, Beschaffungs- und Vertriebsbereichen Verbesserte Vorschriften bezügl. Zugang zu Erdgas-Speicheranlagen für Dritte Umsetzung in nationales Recht (Novellierung des Energiewirtschaftsgesetzes in der Fassung vom 24. Mai 2003)

Fortsetzung Abb. 11.1 Nationale Gesetze und EU-Richtlinien zur Liberalisierung der Energiemärkte dem Prinzip des verhandelten Netzzugangs, wonach der gesetzliche Regulierungsrahmen durch privatwirtschaftliche **Verbändevereinbarungen** (VV) ausgefüllt wurde. In diesen einigten sich die unterschiedlichen Marktseiten auf die Einzelheiten des Netzzugangs.

	Datum	beteiligte Verbände
Verbändevereinbarung über Kriterien zur Bestimmung von Durchleitungsentgelten (VV Strom I)	22. Mai 1998	BDI/VIK/VDEW
Verbändevereinbarung über Kriterien zur Bestimmung von Durchleitungsentgelten (VV Strom II)	13. Dez. 1999	BDI/VIK/VDEW
Verbändevereinbarung über Kriterien zur Bestimmung von Netznutzugsentgelten für elektrische Energie und über Prinzipien der Netznutzung (VV Strom II plus)	13. Dez. 2001	BDI/VIK/VDEW/ VDN/ARE/VKU
Verbändevereinbarung zum Netzzugang bei Erdgas (VV Erdgas I)	4. Juli 2000	BDI/VIK/BGW/VKU
1. Nachtrag	15. März 2001	
2. Nachtrag	21. Sept. 2001	
Verbändevereinbarung Erdgas II (VV Erdgas II)	3. Mai 2002	
Abbruch der Verhandlungen	9. April 2003	

Abb. 11.2 Chronologie der Verbändevereinbarungen für den Zugang zu den Netzen für Strom und Erdgas

Für den Strombereich verständigten sich BDI, der VIK und der VDEW im Dezember 1999 in der Verbändervereinbarung VV Strom II, die eine entsprechende Vereinbarung vom Mai 1998 fortentwickelte, auf Regeln für den Netzzugang. Ergänzend hierzu hat die Stromwirtschaft mit dem GRID Code 2000 die technischen Details des Netzzugangs angepasst. Im Dezember 2001 folgte die VV Strom II plus, mit der die gesetzten Ziele ein gutes Stück weit erreicht wurden [110,111] (s. auch Tafel in Abb. 11.2). An diesen Verhandlungen nahmen auch der Verband der Netzbetreiber und die regionalen Energieversorger teil.

Weniger erfolgreich verlief es beim Erdgas, bei dem wie beim Strom die Details des Netzzugangs in einer von der Wirtschaft auszuhandelnden VV Gas geklärt werden sollten. Beteiligt waren hier neben dem BDI, und dem VIK der Bundesverband der deutschen Gas- und Wasserwirtschaft (BGW) und der Verband kommunaler Unternehmen (VKU). Nachdem sich die Verbände nicht auf gemeinsame Positionen für einen Netzzugang einigen konnten, hat das zuständige Bundesministerium 2003 mit den Arbeiten an den Netzzugangsbedingungen begonnen [112, 113, 114, 115, 116]. Wie beim Strom nimmt Anfang 2005 die von der EU geforderte Regulierungsbehörde ihre Arbeit auf (s. Abb. 11.2).

11.2 Preispolitik (Ökosteuer)

In der Koalitionsvereinbarung vom 20. Oktober 1998 einigten sich die beteiligten Parteien auf eine Senkung der Lohnnebenkosten durch eine ökologische Steuerreform. Die Vereinbarung zielte einerseits auf eine Förderung der Beschäftigung, andererseits sollte umweltfreundliches Handeln über den Energiepreis begünstigt werden. Mit dem Gesetz zur Einführung der ökologischen Steuerreform, das am 1. April 1999 in Kraft trat, wurde die Struktur der Steuer, die Steuersätze sowie deren zeitliche Entwicklung konkretisiert. EU-weit gibt es zwar einheitlich vorgegebene Mindeststeuersätze aber noch keine Harmonisierung der nationalen Energiesteuern.

11.2.1 Zur Gestaltung der Ökosteuer in Deutschland

Die Ökosteuer wird in Deutschland ab dem 1. April 1999 erhoben. Bereits im November 1999 stimmte der Bundestag der Fortführung der Reform zu. Die zeitliche Weiterentwicklung vollzog sich in vier Schritten bis 2003, zuletzt mit dem Gesetz zur Fortführung der Ökologischen Steuerreform vom 23. Dezember 2002 (vgl. Regelsteuersätze in der Tabelle 11.3) [117].

Energieträger	Erhöhungssätze Ökosteuer					Summe Ökosteuer	Summe Ökosteuer plus Mineralölsteuer
	01.04 1999	01.01. 2000	01.01. 2001	01.01. 2002	01.01. 2003	01.01. 2003	01.01. 2003
Strom Cent/kWh	1,02	0,26	0,26	0,26	0,26	2,05	2,05
Erdgas Cent/kWh	0,164	-	-	-	0,202	0,37	0,55
leichtes Heizöl Cent/Liter	2,05	-	-	-	-	2,05	6,14
schweres Heizöl Cent/kg	-	0,26	-	-	0,71	0,97	2,50

Abb. 11.3 Regelsteuersätze gemäß Ökosteuer- und Mineralölsteuergesetz
Quelle: [118]

Mit dem Einstieg in die Ökologische Steuerreform wurden in einer ersten Stufe die Mineralölsteuersätze für alle Kraftstoffe, leichtes Heizöl und Erdgas erhöht und erstmalig in Deutschland eine Verbrauchssteuer auf Strom eingeführt. Letztere wurde jeweils zum 1. Januar der Jahre 2000 bis 2003 auf insgesamt 2,05 Cent/kWh angehoben. Zum 1. Januar 2000 wurde der Steuersatz für schweres Heizöl um 0,26 Cent/kg und zum 1. Januar 2003 um weitere 0,71 Cent/kg erhöht, während die Steuer auf leichtes Heizöl in einer Stufe zum 1. April 1999 angepasst wurde. Erdgas verteuerte sich als Folge der ökologischen Steuerreform zum 1. April 1999 um 0,164 Cent/kWh und um weitere 0,202 Cent/kWh zum 1. Januar 2003 (Tabelle 11.3).

Die mit der Steuerreform verbundene Steuerbelastung der einzelnen Energieträger weist unter dem Aspekt des Energiegehalts und der CO_2-Emission auch nach den Anpassungen zum 1. Januar 2003 noch erhebliche Unterschiede auf, die ökologisch nicht zu begründen sind. Dies zeigt sich insbesondere darin, dass Stein-und Braunkohle weiterhin von der Ökosteuer befreit bleiben und damit einen umweltpolitisch nicht gerechtfertigten Wettbewerbsvorteil erhalten. Die Tabelle 11.4 verdeutlicht die unterschiedlichen Belastungen an Hand einheitlicher Bezugsgrößen für den Energieinhalt und die CO_2-Emission. Die relativ höchste Steuer trägt der

	Cent/kWh ab 01.01. 2003		Euro/tCO2 ab 01.01. 2003	
	Ökosteuer	Energie-steuer insgesamt	Ökosteuer	Energie-steuer insgesamt
Stein-/Braunkohle	-	-	-	-
Strom	2,05	2,05	37 (1)	37 (1)
Erdgas	0,37	0,55	19	28
leichtes Heizöl	0,199	0,597	8	24
schweres Heizöl	0,087	0,223	4	9

(1) CO2-Emission von 0,56 kg/kWh als Durchschnittswert der Kraftwerke in Deutschland

Abb. 11.4 Energiebesteuerung bezogen auf Energieinhalt und auf CO_2-Emissionen der wesentlichen Energieträger (Basis: Regelsteuersätze)

Strom, der nach Wegfall der Ausgleichsabgabe (Kohlepfennig) nun wieder mit einer staatlich verordneten Zusatzbelastung belegt ist.

Erdgas ist nach der Erhöhung zum 1. Januar 2003 bezogen auf den Energieinhalt und die CO_2-Emission in etwa ähnlich belastet wie leichtes Heizöl. Damit soll der Wettbewerbssituation auf dem Wärmemarkt Rechnung getragen werden. Dagegen ist auch nach der Steueranpassung in 2003 die Steuer auf schweres Heizöl vergleichsweise niedrig.[25]

Das Gesetz sieht zur Verstärkung der ökologischen Lenkungswirkung **Steuerbefreiungen** für besonders effiziente Energie-Umwandlungsanlagen und **Steuervergünstigungen** für ausgewählte Verbrauchergruppen vor, deren Wettbewerbsfähigkeit beeinträchtigt werden könnte. Hierzu zählt das Produzierende Gewerbe in der Klassifizierung der Wirtschaftszweige des Statistischen Bundesamtes (Bergbau, Verarbeitendes Gewerbe, Baugewerbe, Elektrizitäts-, Gas-, Fernwärme- und Wasserversorgungswirtschaft). Für diese Unternehmen reduziert sich die Steuerlast auf 60% (bis 1. Januar 2003 auf 20%) des Regelsteuersatzes, sofern ein bestimmter Sockelbetrag pro Jahr überschritten wird. Weiterhin ist ein sogenannter Spitzenausgleich (Nettobelastungsausgleich) im Gesetz vorgesehen. Danach können Unternehmen des Produzierenden Gewerbes, die trotz Entlastung bei den Rentenversicherungsbeiträgen mit Stromsteuer belastet werden, einen Antrag auf Vergütung der verbleibenden Stromsteuer stellen. Die Vergütung erfolgt zu 95 Prozent. Vornehmlich energieintensive Unternehmen profitieren von dieser Regelung, die die EU bis 2006 genehmigt hat.

Eine Befreiung von der Stromsteuer sieht das Gesetz vor für

- Strom aus erneuerbaren Energien (Wasserkraft, Windkraft, Sonnenenergie, Erdwärme, Deponiegas, Klärgas, Biomasse),
- Strom aus Kleinanlagen mit einer Nennleistung bis 2 MW, wenn er im räumlichen Zusammenhang zu den Anlagen entnommen wird (Contracting-Anlagen) und für Strom zur Stromerzeugung.

---

[25] Der Umweltrat fordert in seiner Stellungnahme vom 4. Oktober 1999, alle Energieträger entsprechend ihrer Emissionsintensität gleich zu besteuern und die Befreiung der Kohle von der Ökosteuer aufzuheben [122].

Steuervergünstigungen bezüglich der Mineralölsteuer gelten für besonders effiziente KWK-Anlagen sowie auf fünf Jahre befristet für GuD-Anlagen mit einem Nettowirkungsgrad von mindestens 57,5 %.

Steuerschuldner ist im Allgemeinen der Stromversorger, dem der betreffende Verbraucher einen vom zuständigen Hauptzollamt erteilten Erlaubnisschein vorzulegen hat. Grundsätzlich unterliegt auch der in Eigenanlagen erzeugte Strom der Steuerpflicht. Bei eigenerzeugtem Strom und Entnahme zum Selbstverbrauch ist der Eigenerzeuger Steuerschuldner und zur Abgabe einer Steuerklärung verpflichtet. Sofern ein Endverbraucher Strom nach Deutschland importiert, ist er für die entnommene Strommenge steuerpflichtig.

Mit der ökologischen Steuerreform betrat nicht nur der Gesetzgeber und die Verwaltungen sondern auch die Unternehmen als Steuerschuldner fiskalisches Neuland. Für das Steuermanagement der Unternehmen ergaben sich neue Aufgaben im Zusammenhang mit dem Ökosteuer-Controlling einschließlich der Verwaltungsaufgaben, die mit der Bereitstellung der Besteuerungsgrundlagen und der Ermittlung und Abführung der Steuern verbunden sind. Ein besonderes Augenmerk verlangt dabei die Verknüpfung von steuerrechtlichen und technischen Fragestellungen der Energiebesteuerung, die insbesondere an größeren Industriestandorten mit komplexer Energieinfrastuktur bei gleichzeitiger Integration in die Produktionsprozesse besonders ausgeprägt ist. Diesen besonderen Situationen können Verwaltungsvorschriften zur Durchführung der Steuergesetze nur generalisierend gerecht werden und es bleibt ein weites Feld nicht standardisierbarer Adhoc-Fälle individueller Schaltungsvarianten und Fahrweisen.Hier sind die betreffenden Unternehmen auf die interdisziplinäre Zusammenarbeit von Steuerrechtlern und Energiewirtschaftlern angewiesen [119].

Der größte Teil der **Ökosteuereinnahmen** dient der Senkung der Lohnnebenkosten. Mehr als 90% fließen an die Wirtschaft und die Bürger über geringere Rentenversicherungsbeiträge zurück, während ein geringer Teil der Finanzierung von Marktanreizprogrammen zur Förderung Erneuerbarer Energien (u.a. Photovoltaik- und Wärmepumpenanlagen) und ab 2003 der Haushaltskonsolidierung dient [120]. Die Entlastungswirkung der Ökosteuer betrug 2003 etwa 1,7 Prozentpunkte der Sozialbeiträge, von denen jeweils zur Hälfte Arbeitgeber und Arbeitnehmer profitieren (Tabelle 11.4). Die zukünftigen Einnahmen aus der Ökosteuer werden von der allgemeinen wirtschaftlichen Entwicklung und dem damit korrelierenden Energieverbrauch sowie den weiteren Fortschritten bei der rationellen Energieverwendung in den einzelnen Verbrauchssektoren abhängen. Demzufolge besteht eine Rückkopplung der Einnahmeseite mit der ökologischen Lenkungswirkung und den gesamtwirtschaftlichen Effekten der Energiebesteuerung.

		1999	2000	2001	2002	2003
Einnahmen aus der Ökosteuer	Mrd. Euro	4,3	8,8	11,5	14,3	18,3
Entlastung des Beitrags zur Rentenversicherung	%	- 0,6	- 1,0	- 1,3	- 1,5	- 1,7

Abb. 11.5 Ökosteuereinnahmen und Entlastung des Beitrages zur Rentenversicherung (2002 und 2003 Prognosen)
Quelle: Umweltbundesamt

11.2.2 Zur ökologischen Lenkungswirkung der Ökosteuer im Verbrauchssektor Industrie

In der Industrie gibt es keine einheitliche Stimme zur Ökosteuer. Für viele Betriebe - insbesondere mit geringer Energieintensität - ist die Ökosteuer nur von untergeordneter Bedeutung [121]. Anders verhält es sich dagegen bei energiekostensensiblen Industriebranchen wie der Grundstoffchemie, der Stahl-, Aluminium- und Papierindustrie, wo sich am ehesten ökologische Lenkungs- ebenso wie Fehllenkungseffekte der Energiebesteuerung nachweisen lassen. Andere Industriebranchen wie Anlagenbauer und Dienstleister für den Umweltschutzbereich sind indirekt über die möglicherweise verstärkte Nachfrage nach effizienzverbessernden Systemen von den ökologischen Lenkungseffekten betroffen .

Maßgebend für eine ökologische Lenkungswirkung im Verbrauchssektor Industrie ist die Höhe der Preisaufschläge unter Berücksichtigung der Befreiungs- und Ermäßigungstatbestände, die allgemeine Preisentwicklung auf den Energiemärkten sowie die Steuersystematik, d. h. die Preisdifferenzierung zwischen den einzelnen Energieprodukten unter Beachtung der brennstoffspezifischen Gesamtkosten der Energiebereitstellung ("anlegbare Kosten"). Nicht zu unterschätzen ist bei der Frage nach der ökologischen Lenkungswirkung auch der Grad an Planungssicherheit, dessen Merkmale u.a. die Schlüssigkeit und langfristige Tragfähigkeit der ordnungspolitischen Vorgaben sind. Kein Betrieb wird unter unsicheren Rahmenbedingungen langfristig bindende Investitionen eingehen.

Die mögliche Lenkungswirkung von Preisaufschlägen kann nicht ohne die sie überlagernden allgemeinen Preisbewegungen auf den Energiemärkten analysiert werden. Hierunter fallen globale Preisveränderungen, wie sie Anfang 2000 als Folge der Entwicklung auf den Öl- und Devisenmärkten zu beobachten waren (vgl. Kap. 9.1.2). Die Wirkung dieser Effekte überstiegen die ordnungsrechtlich verfügten Preissteigerungen durch die Ökosteuer und die dadurch möglicherweise ausgelösten verbraucherseitigen Reaktionen erheblich. Neben den global ausgelösten Effekten können auch Preissenkungen auf lokalen Märkten, wie sie als Folge erhöhter Wettbewerbsintensität zu beobachten sind, die Lenkungswirkung der Ökosteuer kompensieren und wichtige Signale setzen. So gerieten mit der Liberalisierung des Strommarktes in Deutschland einige industrielle KWK-Anlagen in wirtschaftliche Engpässe, und wurden daher außer Betrieb genommen.

Zusammenfassend lässt sich zur aktuellen Ausgestaltung der Ökosteuer feststellen: Aus der Zielsetzung geht nicht klar hervor, welche Umweltinanspruchnahme durch das Gesetz in erster Linie vermieden werden soll. In der Industrie entsteht kaum ein zusätzlicher Anreiz, Energiesparinvestitionen - wie Investitionen in Kraft-Wärme-Kopplung - einzugehen, da die Ökosteuerbelastung des Produzierenden Gewerbes durch den Nettobelastungsausgleich weitgehend kompensiert wird [122]. Die Regelungen für die Steuerermäßigungen sind umstritten und werden von der EU als staatliche Beihilfe verstanden, deren Berechtigung nachzuweisen und zeitlich zu begrenzen ist [123]. Letztendlich folgt daraus, dass die ermäßigten Steuersätze nicht als Konstante für zukünftige Planungen anzusehen sind.

11.2.3 Internationaler Vergleich

11.2.3.1 EU-Richtlinie

Die EU-Verhandlungen zur Einführung einer CO_2-/Energiesteuer gehen auf den Beginn der 90er-Jahre zurück. Ziel einer fiskalischen Reglementierung sollte es sein, den Treibhauseffekt auf dem Wege von Strukturveränderungen bei der Energieumwandlung und beim Energieverbrauch zu begrenzen. Konkret hatte sich 1990 das Ziel gesetzt, die CO_2-Emissionen bis zum Jahre 2000 au f dem Stand von 1990 zu stabilisieren. Als Unterzeichner des Rahmenabkommens der Vereinten Nationen hat sie sich zudem verpflichtet, die notwendigen Maßnahmen zu ergreifen, „ ... um die Konzentration von Treibhausgasen in der Atmosphäre auf einem Niveau zu stabilisieren, das eine gefährliche Beeinträchtigung des Klimasystems verhindert “ [124]. Die Besteuerung von Energieerzeugnissen wird in diesem Zusammenhang als eines der Mittel angesehen, dieses Ziel zu erreichen.

In dem Bestreben, die divergierenden nationalen Besteuerungsverfahren zu harmonisieren, legte die Kommission im März 1997 einen Vorschlag zur Besteuerung von Energieerzeugnissen vor [125]. Die Richtlinie sollte Verzerrungen im Binnenmarkt verhindern und einen Fortschritt auf dem Wege zu einem gemeinschaftlichen Rechtsrahmen für die Besteuerung von Energieerzeugnissen darstellen. Konkret sollten die für Mineralöl geltenden Richtlinien auch auf andere Energieformen wie Kohle, Elektrizität und Erdgas ausgedehnt und die Mindeststeuersätze in Stufen angehoben werden. Dieser Vorschlag der Kommission fand zunächst keine allgemeine Zustimmung bei den Mitgliedsstaaten. Die Steuergegner verwiesen darauf, dass es in der EU noch keinen einheitlichen Energiebinnenmarkt gibt und sich damit die Notwendigkeit eines einheitlichen Steuerregims für Energien nicht stellt. Wachsende Fortschritte beim Energiebinnenmarkt verlangten jedoch eine europaeinheitliche Steuersystematik für Energieprodukte, die aus Wettbewerbsgründen und für einen diskriminierungsfreien Binnenmarkt bei den leitungsgebundenen Energien unerlässlich ist. Nach fast sechs Jahren schwieriger Verhandlungen einigten sich die EU-Finanzminister schließlich im März 2003 (Inkrafttreten 01.01.2004) auf eine Harmonisierung der Energiesteuern in der EU [125].

Zusätzlich zu den bisher geltenden Mindeststeuersätzen auf Mineralölprodukte gibt es ab Januar 2004 auf EU-Ebene auch Mindeststeuersätze auf Strom sowie Erdgas und Kohle, soweit diese für Heizzwecke eingesetzt werden. Für die Industrie ist von Interesse, dass Energieträger, die als Rohstoffe oder für Reduktions- und Elektrolyse-Prozesse sowie Prozesse der Metallindustrie eingesetzt werden, nicht besteuert werden müssen. Den Mitgliedstaaten ist es jedoch freigestellt, auch diese Energieverwendungen zu besteuern. Die folgende Tabelle enthält die Mindeststeuersätze für ausgewählte Energieträger:

		gewerbliche Verwendung	nichtgewerbliche Verwendung
Leichtes Heizöl *)	Euro/1000 Liter	21	21
Schweres Heizöl *)	Euro/1000 kg	15	15
Erdgas*)	Euro/GJ	0,15	0,3
Kohle *)	Euro/GJ	0,15	0,3
Strom	Euro/MWh	0,5	1,0

* für Heizzwecke

Abb. 11.6 EU-Mindeststeuersätze für ausgewählte Energieträger, Quelle: [125]

Die derzeitigen Steuersätze für Heizöl, Erdgas und Strom in Deutschland liegen über den EU-Mindeststeuersätzen. Andererseits ergibt sich jedoch mit der Einbeziehung von Kohle für Heizzwecke in das EU-Mindeststeuersystem ein Nachholbedarf für Deutschland. Weitere steuersystematische Unterschiede entstehen bei Energieträgern, die zur Stromerzeugung eingesetzt werden. Abweichend von den aktuellen Regelungen in Deutschland mit der unsystematischen Besteuerung im Strombereich, nach denen zwar Erdgas - unbeschadet bestimmter Ausnahmen - aber nicht Kohle zur Stromerzeugung besteuert wird, sieht die EU-Richtlinie für diese Verwendung im Allgemeinen keine Besteuerung vor. Sofern dies jedoch umweltpolitisch begründet wird, kann auch eine Primärenergiesteuer zusätzlich zur Stromsteuer erhoben werden.

Für die gewerbliche Energieverwendung und energieintensive Unternehmen erlaubt die EU-Richtlinie unter der Bedingung, dass eine Selbstverpflichtung zur Reduzierung des Energieverbrauchs oder eine Teilnahme am Emissionshandel stattfindet, steuerliche Sonderregelungen [125]. Weitere Sonderregelungen betreffen den elektrischen Strom aus regenerativer Erzeugung, Brennstoffzellen und hoch effizienten KWK-Anlagen, die ganz oder teilweise von der Steuer befreit werden können. Für den Begriff "hoch effizient" können die einzelnen Staaten nationale Definitionen benutzen.

11.2.3.2 Einzelstaatliche Regelungen

Deutschland ist mit seinem Einstieg in die ökologische Steuerreform 1999 eher Nachzügler, nachdem mehrere andere Staaten der EU diese steuerpolitische Wende bereits früher vollzogen hatten. Schon zu Beginn der neunziger Jahre hatten die skandinavischen Länder Dänemark, Finnland und Schweden sowie die Niederlande erste Reformschritte unternommen.

Aktuell unterscheiden sich die einzelstaatlichen Regelungen in der EU erheblich voneinander. Dies betrifft sowohl den Einführungstermin, die Höhe der energiespezifischen Basissteuersätze und ihre Weiterentwicklung als auch ihre Struktur mit den Sonderregelungen für bestimmte industrielle Produktionen. Der Grund hierfür war die schleppende Entwicklung auf der Gemeinschaftsebene, so dass Einzelstaaten einseitig und unkoordiniert die Einführung von Energiesteuern beschlossen. Trotz der Differenzen zwischen den nationalen Regelungen und den EU-Steuerrichtlinien haben letztere in nur wenigen Mitgliedsländern einen unmittelbaren Einfluss auf die Endverbraucherpreise, da es den Staaten vielfach gelungen ist, lange Übergangszeiten auszuhandeln.

Eine vergleichende Gegenüberstellung von Einzelregelungen der nationalen Energiebesteuerung verlangt ein hohes Maß an Detailkenntnissen. Wesentliche die Industrie betreffenden Aspekte sind in der Tabelle 11.7 (S. 255/256) in einer synoptischen Übersicht für ausgewählte Länder enthalten. Sie stellt einen Auszug aus einer umfassenden Analyse der ökologischen Energiebesteuerung in Europa aus dem Jahr 1999 dar [121, 126]. Bei dem Auszug liegt der Schwerpunkt auf folgenden steuerlichen Aspekten:

- Freistellung oder Ermäßigungen für die Industrie

- von der Energieverwendung abhängige Differenzierung der Steuern
- Rückerstattung von Steuern
- Aufkommensverwendung

Aus der Übersicht geht hervor, dass die Industrie in den untersuchten Ländern überwiegend von der Energiesteuer freigestellt ist bzw. von einer erheblichen Steuerermäßigung profitiert. Vorteile werden der Industrie in der Mehrzahl der Länder auch durch Differenzierung der Steuersätze u.a. nach Energieträgern eingeräumt. Das in Deutschland weitgehend praktizierte Verfahren des Nettobelastungsausgleichs stellt eine Ausnahme dar. Das Spektrum der Aufkommensverwendung der Steuer reicht von der Senkung der Lohnnebenkosten über Subventionierung von Unternehmen bis hin zu einer überwiegend fiskalischen Verwendung. Insgesamt ergibt sich, dass ein Vergleich der Nettobelastung von Betrieben in den einzelnen Ländern einer umfangreichen Analyse bedarf. Somit wird auch verständlich, dass die stark divergierenden nationalen Steuerregelungen EU-übergreifende Einigungen in der Vergangenheit erheblich erschwert haben.

11.2.4 Ökosteuer und Standortwettbewerb

Bei Investitionsentscheidungen der Industrie gewinnt das Standort-Benchmarking zunehmend an Bedeutung (vgl. auch Kap. 16.2.3). Der Produktionsfaktor Energie und alle damit verknüpften Aufwendungen für die Energiebeschaffung und -umwandlung hat dabei insbesondere bei energieintensiven Unternemen einen hohen Stellenwert.

Die ökosteuerbedingten Preiseffekte sind im Vergleich zu den in der Vergangenheit beobachteten rohölbedingten Preisveränderungen bei Mineralölprodukten und Erdgas gering. Im Jahr 2000 war der Rohölpreis mit rund 31 US-$/ barrel fast dreimal so hoch wie zu Beginn des Jahres 1999. Der Erdgaspreis folgte mit der üblichen Zeitverzögerung und erreichte fast die doppelte Höhe des Referenzwertes. Berücksichtigt man den gleichzeitig gestiegenen Dollarkurs, so verteuerte sich das Öl in inländischer Währung um rund das Vierfache.

	Freistellung der Industrie	Differenzierung bei der Energieverwendung	Rückerstattung	Aufkommensverwendung
Norwegen	Befreiung der Industrie von der Steuer auf den Stromverbrauch, jedoch nicht von der Steuer auf die Stromerzeugung	zahlreiche Ausnahmeregelungen, Sondervergünstigungen und Steuersatzdifferenzierungen	nein	überwiegend fiskalische Verwendung
Finnland	ja	Energieträger zur Wärmeerzeugung werden lediglich mit einem CO2-Anteil der Steuer belastet	nein	Senkung der Einkommensteuer
Österreich	Steuerbefreiung für Strom- und Gasversorger	-	für produzierendes Gewerbe bei Gas und Strom bei mehr als 0,35% des Nettoproduktionswertes	allgemeine Staatsausgaben
Schweden	Die Industrie ist faktisch von der Steuer befreit. Sie wird lediglich mit 25% der CO2-Steuerkomponente belastet. Erstattung der CO2-Steuer, die über den 1,2-fachen Wert des Produktionsverkaufspreises hinausgeht.	Differenzierung nach Stromverwendungsart unter regionalen Gesichtspunkten	nein	Wasserkraft: fiskalisch Kernenergie: ökologisch Sozialabgaben werden weitgehend von den Haushalten subventioniert

Abb. 11.7 Industrierelevante Aspekte der ökologisch orientierten Energiebesteuerung in ausgewählten europäischen Ländern, Stand 1999 Quelle: [121,126] (Fortsetzung der vorangegangenen Seite)

	Freistelllung der Industrie	Differenzierung bei der Energieverwendung	Rückerstattung	Aufkommensverwendung
Belgien	weitgehend	abhängig vom Energieträger	nein	Senkung der Sozialversicherungsbeiträge, Subventionierung der Unternehmen
Dänemark	weitgehend von der CO2-, von der Energiekomponente ganz ausgenommen Entlastung energieintensiver Unternehmen bis auf einen geringen Mindestbetrag	abhängig von der Energieintensität und Teilnahme an Energieaudit (31 energieintensive Prozesse: Steuerbelastung >1% des Umsatzes und 3% der Wertschöpfung)	nein	Investitionsanreize, Senkung der Lohnnebenkosten, anderweitige Entlastung kleiner Unternehmen, Steigerung der Energieeffizienz, Kostendeckung der Verwaltung
Niederlande	nein, (Ausnahme im Wesentlichen nur für größere Gasverbraucher), Kappungsgrenze nur für Strom- und Gasverbrauch bei Großverbrauchern und untere Freimengen für „(Energie)-Existensminimum“	Geringenergieverbrauchssteuer auf Strom, Erdgas und Mineralöl	Kompensationsmaßnahmen	aufkommensneutrale Kompensation der Energieverbrauchssteuer

Das DIW hat in einer Studie die potenziellen Auswirkungen dieser Ölpreissteigerung auf die Herstellpreise der Produktionsbereiche untersucht [127]. Das Ergebnis weist für 2000 einen Kostenanstieg gegenüber 1999 um durchschnittlich 1% über alle Bereiche aus. Erwartungsgemäß liegen die Werte für die energieintensiven Produktionen z.T. deutlich - Faktor drei bei chemischen Grundprodukten - über diesem Durchschnittswert.

In einer weiteren Studie aus dem Jahre 1999 untersuchte das DIW die Nettobelastung durch die Ökosteuer [128]. Die Investitionsgüter produzierenden Bereiche werden demnach durchgängig entlastet. Für die Herstellung von chemischen Grundstoffen wird der Untersuchung zur Folge eine Belastung von 0,23% und für die Papierherstellung eine von 0,46%, bezogen auf den Umsatz, ermittelt. Diese Durchschnittswerte erfassen allerdings nicht die spezifischen Auswirkungen bei bestimmten Produktgruppen innerhalb einer Branche, die erheblich darüber liegen können.

Unbeschadet der im Vergleich zu den allgemeinen ölbedingten Preiserhöhungen geringen Belastungsaufschlägen durch die ökologische Steuerreform und trotz der dem produzierenden Gewerbe eingeräumten ermäßigten Steuersätze und Erstattungsregelungen, können sich in Industriebranchen mit energieintensiven Basis- und Halbfertigproduktionen nicht zu übersehende negative Standorteffekte ergeben. Betroffen sind insbesondere Produktionen, die bereits ohne die Steueraufschläge im internationalen Wettbewerb unter Standortnachteilen leiden. Entsprechende Nachweise bedürfen häufig, wie eine Studie über die Auswirkung der Ökosteuer auf die Wettbewerbsfähigkeit chemischer Grundprodukte zeigt, detaillierter Untersuchungen [129]. Hiernach ist für die betroffenen Produktionsbereiche sowohl gegenüber anderen innereuropäischen als auch insbesondere fernöstlichen Standorten (China, Japan) von einer signifikanten Verschlechterung der Wettbewerbssituation deutscher Standorte auszugehen.

11.3 Subventions- und Förderpolitik

11.3.1 Gesetze auf nationaler Ebene

Das Erneuerbare-Energien-Gesetz (EEG) trat erstmals am 1. April 2000 in Kraft. Es regelt die Abnahme und die Vergütung von ausschließlich aus erneuerbaren Energien (Wasserkraft, Windkraft, solare Strahlungsenergie, Geothermie, Deponiegas, Klärgas, Grubengas und Biomasse) gewonnenen Stroms durch Versorgungsunternehmen, die Netze für die allgemeine Stromversorgung betreiben. Es löste das Stromeinspeisegesetz in der Fassung vom 28. April 1998 ab. Die letzte Änderung des EEG erfolgte mit der Novelle vom 1. August 2004. Ziel des Gesetzes ist es, den Anteil an erneuerbaren Energien an der Stromerzeugung bis zum Jahre 2010 auf mindestens 12,5%, bis 2020 auf mindestens 20% zu erhöhen [130].

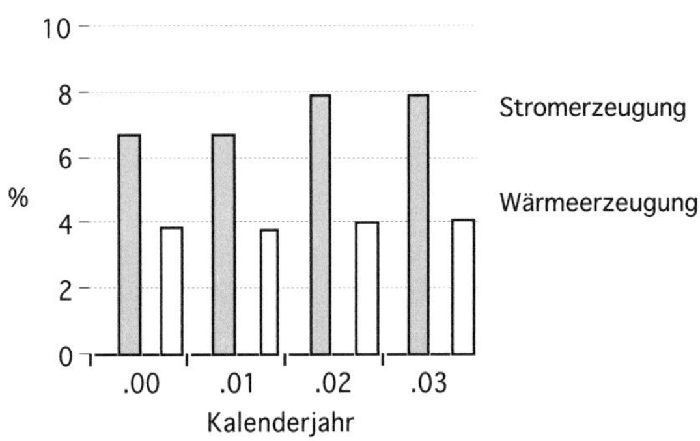

Abb. 11.8 Anteile der erneuerbaren Energien an der Energiebereitstellung (für 2003 vorläufige Angaben)
Quelle: BMU [132]

Der insgesamt von Stromversorgern und Privaten aus erneuerbaren Energien erzeugte Strom ist in den letzten Jahren deutlich angestiegen und betrug im Jahre 2003 8% der Bruttostromerzeugung (s. Abb. 11.8). Der Anstieg ist in erster Linie auf den Zuwachs an Windenergie zurückzuführen. Deutlich verhaltener dagegen stellt sich die Entwicklung bei der Wärmebereitstellung aus erneuerbaren Energien dar, deren Anteil in den letzten Jahren zwischen 3,8 und 4% lag. Typische Verfahren der regenerativen Wärmegewinnung beruhen auf der Umwandlung biogener fester, flüssiger und gasförmiger Brennstoffe sowie der Nutzung der Solar- und Geothermie.

Abweichend vom dem bis 2000 gültigen Stromeinspeisegesetz sieht das EEG feste Vergütungssätze vor, die zum Teil von der Anlagenleistung abhängen und degressiv gestaltet sind. Danach erhält Fotovoltaikstrom im Jahre 2004 mit 54 bis 62 Cent/kWh die mit Abstand höchste Vergütung. Diese fällt jedoch wegen des geringen Anteils an der Stromerzeugung kaum ins Gewicht. Rund zwei Drittel der gesamten Zahlungen entfielen auf Strom aus Windenergie, der je nach Standort der Anlage (an Land bzw. Offshore) mit 5,5 bis 9,1Cent/kWh vergütet wird. Im Durchschnitt wurden 2003 8,91 Cent/kWh für Strom aus erneuerbaren Energien vergütet.

Die Gesamtsumme für die Förderung erneuerbarer Energien stieg von 1,1 Mrd. Euro im Jahre 2000 auf etwa 2,7 Mrd. Euro im Jahre 2003. Neben diesen direkten Zahlungen an die Begünstigten sind weitere Kosten hinzuzurechnen, die für den Netzausbau und den Regelenergiebedarf anfallen.

Die rechnerische Belastung der Stromverbraucher aus dem EEG-Gesetz beträgt etwa 0,45 Cent/kWh [133]. Um stromintensive Unternehmen zu entlasten, ist eine Härtefallregelung vorgesehen [130]. Von dieser Regelung profitieren Unternehmen des produzierenden Gewerbes mit einem jährlichen Stromverbrauch von mindestens 10 GWh und einem Stromkostenanteil von mehr als 15% an der Bruttowertschöpfung. Unternehmen, die unter diese Härtefallregelung fallen, können auf Antrag bis max. 10% des Umlagevolumens zu ihrer Entlastung erhalten.

Mit dem **Kraft-Wärme-Kopplungsgesetz (KWK-Gesetz)** vom 19. März 2002, das das erstmalig am 12. Mai 2000 in Kraft getretene KWK-Gesetz ersetzt, hat der Gesetzgeber ein weiteres zeitlich befristetes Förderprogramm für bestimmte Energieanlagen beschlossen [135]. Nach diesem Gesetz sind die Netzbetreiber verpflichtet, die berechtigten KWK-Anlagen an ihr Netz anzuschließen und den in diesen Anlagen erzeugten KWK-Strom abzunehmen. Für diesen Strom sind der Preis, den der Betreiber der KWK-Anlage und der Netzbetreiber vereinbaren und ein im Gesetz bezifferter, vom Anlagentypus abhängiger Zuschlag, zu entrichten. Das Gesetz sieht ein umfangreiches Maßnahmenpaket vor, das neben dem Erhalt und der Modernisierung von bestehenden Anlagen u.a. auch die Markteinführung von Brennstoffzellen einbezieht. Die Vergütungen gelten für bestimmte Kalenderjahre, sind degressiv gestaltet und laufen je nach Anlagentypus maximal bis 2010. Voraussetzung für die Förderung ist die Einspeisung des KWK-Stromes ausschließlich in das Netz der allgemeinen Versorgung. Damit sind Anlagen der Industrie, die der Eigen- versorgung dienen, von der Förderung ausgeschlossen.

Aus dem KWK-Gesetz resultieren wie beim EEG-Gesetz zusätzlich Belastungen für die Stromkunden, denn der Netzbetreiber ist berechtigt, die geleisteten Zuschlagszahlungen bei der Berechnung der Netznutzungsentgelte in Ansatz zu bringen. Zur Entlastung von Unternehmen des produzierenden Gewerbes hat jedoch der Gesetzgeber Sonderregelungen vorgesehen.

11.3.2 EU-Programme

Die umsichtige und rationelle Verwendung der natürlichen Ressourcen gehört zu den grundlegenden Gemeinschaftszielen der EU im Energiebereich. Mit diesem Ziel ist die Förderung von Maßnahmen zur Bewältigung regionaler und globaler Umweltprobleme eng verknüpft. Gemäß den Vorstellungen der zuständigen EU-Gremien können die umweltpolitischen Ziele der Gemeinschaft - u.a. signifikante Reduzierung der CO_2-Emissionen - nur durch ein Maßnahmenbündel erreicht werden. Kernstück ist die CO_2-/Energiesteuer (vgl. Kap. 11.2). Zusätzliche Maßnahmen betreffen die Bereitstellung von Gemeinschaftsmitteln für Projekte, die den verstärkten Einsatz erneuerbarer Energien, die Steigerung der Energieeffizienz sowie Vorhaben zur Energieeinsparung unterstützen. Von diesen mehrjährigen Programmen sollen Anreize für Ressourcen schonendes Verhalten in allen Bereichen der Energiebereitstellung und -nutzung im öffentlichen, privaten sowie im industriellen Sektor ausgehen. Für diese Ziele steht das Programm "Intelligente E-nergie - Europa " (2003-2006), das im August 2003 in Kraft trat und vorangegangene Programme, mit denen Anfang der neunziger Jahre begonnen wurde, fortsetzt.

Das Vorhaben ist wie folgt in vier Bereiche untergliedert [136]:

- SAVE betrifft die Verbesserung der Energieeffizienz und der rationellen Energieverwendung insbesondere im Bauwesen und in der Industrie.
- ALTENER dient der Förderung neuer und erneuerbarer Energiequellen für die zentrale und dezentrale Produktion von Strom und Wärme.
- STEER betrifft energiespezifische Aspekte des Verkehrswesens.
- COOPENER unterstützt Initiativen zur Förderung erneuerbarer Energiequellen und der Energieeffizienz in Entwicklungsländern.

Die Gemeinschaftsmittel der EU sollen nicht der technologischen Forschung und Entwicklung, sondern Maßnahmen und Projekten zugute kommen, die der Einführung und zielgerichteten Nutzung der Technologien dienen. Hierzu gehört u.a. die Schaffung von Strukturen für die Entwicklung nachhaltiger Energiesysteme, die Beschleunigung der Marktdurchdringung, die Schaffung entsprechender Informationsstrukturen auf lokaler und EU-Basis sowie die Förderung des speziellen Know-how`s.

11.4 Selbstverpflichtungen der Industrie

Selbstverpflichtungen der Industrie haben in den letzten Jahren auf nationaler und europäischer Ebene an politischer Bedeutung gewonnen. Sie reichen von branchenspezifischen wie beim Thema FCKW bis zu branchenübergreifenden Vereinbarungen zum Klimaschutz. Mit diesem in weiten Bereichen akzeptierten Politikinstrument sollen ordnungsrechtliche Vorgaben vermieden und verstärkt die Eigenverantwortung der involvierten Unternehmen genutzt werden. Inzwischen besteht weitgehende Einigkeit darin, dass sie nur dann als taugliches Mittel und wichtiges Element zur Einlösung international eingegangener Verpflichtung wie beim Klimaschutz Bestand haben können, wenn ihre objektive Nachvollziehbarkeit gewährleistet ist. Vor diesem Hintergrund sind für die Überprüfung und Bewertung der Umsetzung von Selbstverpflichtungen Gutachten neutraler wirtschaftswissenschaftlicher Institute unverzichtbar [137].

Eine Erfolg versprechende Implementierung von Selbstverpflichtungen im Energie- und Umweltbereich setzt neben der grundsätzlichen unternehmerischen Akzeptanz den Aufbau eines spezifischen Managementsystems auf Betriebsebene voraus, das die Entwicklung konkreter Energieeffizienzprogramme unterstützt. Hierzu gehören die folgenden wesentlichen Elemente:

- Bewusstseinswandel durch Fortbildung
- Know-how-Aufbau
- Bewertung und Einstufung des bereits Erreichten (Benchmarking)
- Identifikation von Energie-Effizienzpotenzialen
- Priorisierung
- Umsetzung und Controlling

Selbstverpflichtungen der Industrie haben als umwelt- und energiepolitisches Instrumentarium vor dem Hintergrund, dass Deutschland sich im Rahmen des Lastenausgleichs der Europäischen Union verpflichtet hat, den Ausstoß der sechs "Kyoto-Gase" im Zeitraum 2008-2012 um 21% gegenüber 1990 zu senken, einen hohen Stellenwert (vgl. auch Kap. 6.4.1). In diesem Zusammenhang ist insbesondere die **Vereinbarung zwischen der Regierung der Bundesrepublik Deutschland und der deutschen Wirtschaft zur Klimavorsorge vom 9. November 2000** zu nennen, in der die Industrie eine Reduzierung der spezifischen Emissionen aller sechs "Kyoto-Gase" um 35% bis 2012 gegenüber 1990 - formuliert in CO_2-Äquivalenten - zusagt. Ferner erklärt sich die deutsche Wirtschaft bereit, im Zeitraum bis 2005 eine Minderung der spezifischen CO_2-Emissionen von 28% gegenüber 1990 zu erreichen [138]. Im Rahmen dieser Selbstverpflichtung soll im Jahre 2005 eine zusätzliche CO_2- Minderung von 10 Millionen Tonnen und im Jahre 2012 eine weitere von 10 Millionen t CO_2-Äquivalente gegenüber der vorausgegangenen freiwilligen Zusage vom März 1996 realisiert werden. Da deren Ziele von den meisten Industrieverbänden bereits erreicht oder sogar überschritten wurden, war eine Anpassung notwendig geworden.

In der freiwilligen Vereinbarung mit dem Titel " **Gemeinsame Verbändeempfehlung zur Förderung der Kooperativen Kraft-Wärme-Wirtschaft (KKWW) vom 22. Mai 1998"** unter Beteiligung von BDI, BGW, DIHT, VDEW, VIK und VKU sehen die Beteiligten ein Beispiel für einen konkreten Weg zur Umsetzung der eingegangenen Umweltschutzverpflichtungen [139]. Die empfohlenen Mittel sind insbesondere der verstärkte Einsatz gemeinschaftlich genutzter Anlagen zur gekoppelten Erzeugung von Kraft, Wärme, Kälte und sonstiger Energieprodukte (z.B. Druckluft), die Nutzung industrieller Restwärme und die Umstellung auf Ressourcen schonende und emissionsvermindernde Anlagen. Dem liegt der Ansatz zu Grunde, dass in vielen Fällen die Nutzung betriebsinterner KWK-Potenziale wegen ungünstiger Bedarfscharakteristiken begrenzt ist und daher erst die Summe der Energieanforderungen mehrerer Energieverbraucher Investition und Betrieb kostenintensiver KWK-Anlagen modernster Technik wirtschaftlich sinnvoll macht.

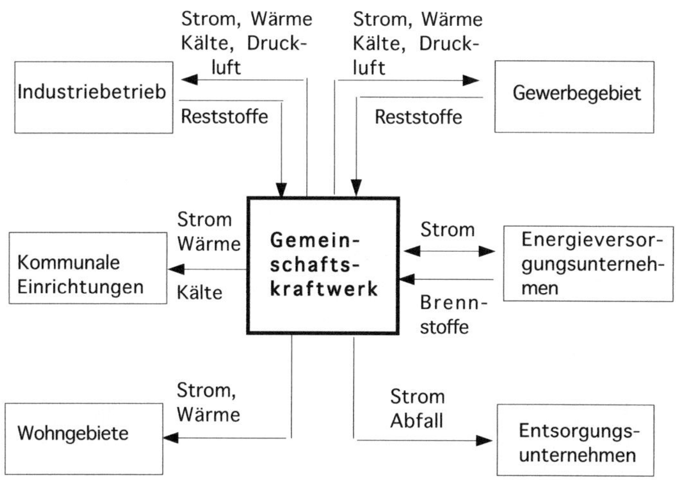

Abb. 11.9 Konzept eines kooperativ genutzten Energieversorgungssystem
Quelle : [140]

Die Abb. 11.9 legt das Modell eines kooperativ genutzten Energieversorgungssystems mit den wesentlichen Energie- und Stoffströmen dar. Der Industriebetrieb bezieht wie das benachbarte Gewerbegebiet aus dem Gemeinschaftskraftwerk neben Wärme und Strom weitere Medien wie Kälte und Druckluft. Reststoffe werden über das Gemeinschaftsunternehmen dem Entsorgungsunternehmen zugeführt. Der teilnehmende Energieversorger liefert Zusatzstrom bzw. übernimmt überschüssigen Strom aus dem Gemeinschaftskraftwerk in sein Netz.

Hemmnisse für KKWW-Projekte ergeben sich häufig aus unterschiedlichen Unternehmenszielen, langfristigen Bindungen auf Grund langer Amortisationszeiten der

Projekte und aus der Einbindung in eine vielseitige Schicksalsgemeinschaft, die für ein auf hohe Dynamik und Flexibilität angewiesenes Industrieunternehmen problematisch sein kann. Die Vereinbarung eines Finanzierungskonzeptes sowie ein von allen Parteien akzeptiertes Vorteils- und Risikosplitting ist eine unabdingbare Voraussetzung für ein erfolgreiches Kooperationsvorhaben. Die gemeinsame Empfehlung der Verbände beruht auf positiven Erfahrungen, die Mitgliedsunternehmen im Rahmen von Kooperationen zwischen Industriebetrieben und kommunalen und überregionalen Energieversorgern gemacht haben. In diesen Fällen standen die gemeinsamen wirtschaftlichen Vorteile verbunden mit dem Willen zur Ressourcenschonung und zum Klimaschutz trotz divergierender Unternehmensziele und zum Teil mühsamer Verhandlungen im Vordergrund des Interesses.

11.5 Flexible Instrumente des Kyoto-Protokolls

Die Mitgliedsländer der Europäischen Union haben sich 1997 im Kyoto-Protokoll verpflichtet, die Emissionen an Treibhausgasen - bezogen auf 1990 - bis 2012 um acht Prozent zu senken. Als ein Mittel, dieses Ziel zu erreichen, sind die sogenannten flexiblen Instrumente des Kyoto-Protokolls zu sehen. Zu diesen gehört der **Handel mit Emissionsrechten (Emission-Trading)** innerhalb der EU. Weitere Instrumente betreffen projektbezogene Optionen, so den Mechanismus für umweltverträgliche Entwicklung (Clean-Development-Mechanism), die es den Staaten mit seinen Wirtschaftseinheiten und einzelnen Unternehmen ermöglicht, sich die in Entwicklungsländern realisierten Reduktionen aus Klimaschutzprojekten auf ihrem Konto gutschreiben zu lassen. Ferner fällt unter diese Kategorie das Instrument der Gemeinsamen Umsetzung (Joint Implementation), nach dem Staaten Emissionsreduktionen untereinander übertragen können.

Mit der **EU-Richtlinie vom 13. Oktober 2003** wurden die Weichen für den EU-weiten Handel mit Treibhausgas-Emissionenszertifikaten gestellt und die wesentlichen Ausgestaltungsmerkmale vorgegeben [141]. Danach ist der Einstieg in den Emissionshandel ab 1. Januar 2005 vorgesehen.

Die Emissionen eines Landes werden entsprechned den jeweiligen Kyotozusagen begrenzt. In Deutschland geht es dabei bis 2012 um ein Minus von 21% im

Vergleich zu 1990. Das daraus abgeleitet CO_2-Budget wird auf die einzelnen Verbrauchssektoren verteilt. In den Emissionshandel werden jedoch nur die Betreiber von Energieanlagen und energieintensive Industrieunternehmen einbezogen. Bezüglich der Sektoren Verkehr und Haushalte sind die Staaten angehalten, andere Instrumente zu ergreifen.

Die verpflichteten Sektoren erhalten Emissionsrechte in bestimmter Höhe. Wer weniger Zertifikate bekommt als er verbraucht, muss eine entsprechende Menge hinzukaufen. Im umgekehrten Fall können überschüssige Zertifikate EU-weit verkauft werden.

Nach Anhang I zur EU-Richlinie werden CO_2-Emissionen aus folgenden Anlagenkategorien erfasst und einbezogen:

- Energieumwandlung und -umformung
- Feuerungsanlagen mit einer Feuerungswärmeleistung über 20 MW (ausgenommen Anlagen für die Verbrennung von gefährlichen und Siedlungsabfällen)
- Eisenmetallerzeugung und -verarbeitung
- Mineralverarbeitende Industrie (Anlagen der Glas-, Keramik- und Baustoffindustrie)
- Sonstige Industriezweige (Anlagen zur Herstellung von Zellstoff, Papier und Pappe)

Die Mitgliedsstaaten haben die zugehörigen Rechts- und Verwaltungsvorschriften zu erlassen. In Deutschland betrifft dies das in Abstimmung befindliche **Treibhausgasemissionsgesetz (TEHG)** sowie das **Gesetz über den nationalen Allokationsplan für Treibhausgas-Emissionenberechtigungen in der Zuteilungsperiode 2005 bis 2007 (NAPG)**. Letzteres legt u. a. fest, wie z. B. Stilllegungen, Neuemittenten, KWK-Anlagen und Vorausleistungen bei der Emissionszuteilung zu berücksichtigen sind. Bei der nationalen Konkretisierung des Emissionshandels spielt für die betroffenen Unternehmen aus Wettbewerbsgründen eine möglichst weit reichende europäische Harmonisierung eine wichtige Rolle.

Für verpflichtete Unternehmen liegt der Vorteil des Emissionshandels in der Möglichkeit flexibler Reaktionen. Die Teilnehmer der Handelssysteme können selbst entscheiden, wann wo und wie hoch sie Emissionsminderungen realisieren. So werden Emissionen beispielsweise dort eingespart, wo ein Unternehmen sie am kostengünstigsten reduzieren kann. Neben der ökonomischen Effizienz wird häufig seitens der Umweltpolitiker auf die Zielgenauigkeit und ökologische Treffsicherheit des Handelssystems hingewiesen, da das umweltpolitische Ziel, die Emissionen auf ein bestimmtes Maß zu reduzieren, präzise erreicht werden kann. Denn die Summe der zu Beginn der Handelsperiode ausgegebenen Zertifikate begrenzt die von den Unternehmen emittierten Treibhausgase.

Die sich aus der EU-Richtlinie für das innerbetriebliche Energiemanagement ergebenden strategischen Aufgaben stehen in enger Wechselbeziehung mit dem Ziel einer wirtschaftlichen und sicheren Energieversorgung. Der Emissionshandel verändert die Wirtschaftlichkeitsrechnung nicht grundsätzlich, vielmehr führt er neue Randbedingungen für den Fall eines Ver- oder Zukaufs von Emissionsrechten ein. Im Allgemeinen ergeben sich für das Energiemanagement die folgenden beiden Aufgaben:

- Beobachtung und Analyse des Marktes für Emissionsrechte und der Zertifikatspreise
- Analyse der betriebsinternen Optionen zur Emissionsminderung und Ermittlung der spezifischen Vermeidungskosten (EURO/ Tonne CO_2)

Die betriebsinternen Vermeidungsstrategien können sich sowohl auf die eigenen Energieumwandlungsanlagen als auch die Energienutzung in den Produktionsbereichen des Unternehmens beziehen. Dabei können die konkreten Maßnahmen nur betriebsbezogen umgesetzt werden, und entziehen sich - abgesehen von bestimmten Querschnittstechnologien (Kap 5) - weitgehend einer Verallgemeinerung.

12. Das Marktumfeld

Auf dem Energiemarkt treffen Angebot und Nachfrage nach Energieprodukten zusammen. Unter den gehandelten Energieträgern nehmen Strom und Erdgas sowohl vom Wert her aber auch wegen ihrer physischen Bindung an eine Transportleitung eine gesonderte Stellung ein. Bei der elektrischen Energie kommt noch hinzu, dass sie praktisch nicht speicherbar ist und daher zwischen Erzeugung und Verbrauch ein dauerndes Gleichgewicht bestehen muss, was bei Angebotsverknappungen sofort zu entsprechenden Preisreaktionen führt. So wird elektrischer Strom auf deregulierten Märkten das Handelsgut mit der höchsten Preisvolatilität. Im Gegensatz zum Strom mit einer größeren Anzahl von Produzenten zeichnet sich der Erdgasmarkt durch nur wenige große und zudem externe Produzenten aus. Ein wirksamer Gas-zu-Gas-Wettbewerb ist daher auf der Erzeugungsstufe im Gegensatz zum Strommarkt nicht zu erwarten.

Die Liberalisierung des Energiebinnenmarktes der EU hat in einigen Ländern bereits zu einschneidenden Änderungen bei den Marktstrukturen geführt. Betroffen sind die Anzahl und Funktionen der Akteure am Markt, die Palette der Energieprodukte sowie Art und Anzahl der Handelsplätze. Trotz fortschreitender Liberalisierung und Internationalisierung wird der Markt für leitungsgebundene Energien auf absehbare Zeit aus technisch-wirtschaftlichen Gründen eher ein Regionenmarkt bleiben (Europa , USA u.a.) und sich insofern vom Öl- und Steinkohlemarkt mit traditionell globalen Dimensionen unterscheiden.

12.1 Der europäische Energiemarkt

Der EU-Energiemarkt belegte bereits vor der Erweiterung sowohl im Verbrauch als auch beim Import weltweit Spitzenpositionen. Differenziert nach Energieträgern wird der überwiegende Teil des Energiebedarfs durch Gas und Öl abgedeckt.

Die EU hat mit der Binnenmarkt-Richtlinie vom 19. Februar 1997 für Strom und vom 22. Juni 1998 für Erdgas die Deregulierung und damit die Harmonisierung der nationalen und regionalen Einzelmärkte eingeleitet. Trotz unterschiedlicher Dynamik bei der Marktöffnung haben immer mehr Staaten ihren Strommarkt bereits zu 100 Prozent geöffnet. Etliche Mitgliedstaaten sind dabei weiter gegangen, als es die Mindestanforderungen der EU vorsehen, sodass die strikte Einhaltung des EU-Zeitplans zur Ausnahme geworden ist. Der Gasmarkt folgt zwar dem Strommarkt, die EU ist jedoch von einem gemeinsamen Markt in diesem Bereich noch weit entfernt. Nach wie vor ist Europa in eine Vielzahl nationaler und regionaler Submärkte mit starker Fragmentierung insbesondere in der Endverteilerstufe zersplittert (über 700 Unternehmen in Deutschland).

Die energiepolitischen Rahmenbedingungen beeinflussen die Unternehmenspolitik der großen Verbraucher wie auch der Energielieferanten. Letztere sind bestrebt, ihr Geschäft auszuweiten und neue Absatzgebiete hinzuzugewinnen, während die Verbraucher ihr Beschaffungsportfolio von Grund auf revidieren und die Marktentwicklung durch starke nachfrageorientierte Impulse beschleunigen. Die unterschiedliche Interessenlage von Verbrauchern und Lieferanten - hier das Bemühen um rasche Realisierung wettbewerbsfähiger Energiepreise als wichtiger Produktionsfaktor, dort möglichst langes Beharren auf den lukrativen Monopolstrukturen insbesondere in der Anfangsphase der Öffnung - klassifiziert sie tendenziell als Beschleuniger bzw. Bremser im Liberalisierungsprozess.

Ausgehend von stark differierenden, historisch bedingten Standards der Einzelmärkte bewegen sich die Länder der EU mit verschiedenen Geschwindigkeiten und Wegen wie auch unter unterschiedlichem Veränderungsdruck auf das Ziel eines gemeinsamen europäischen Energiemarktes zu. Ein extremes Beispiel ist Frankreich mit praktisch nur einem Stromanbieter, dem größten in der EU. Auch im Gasbereich zeichnet sich Frankreich im Gegensatz zu Deutschland durch einen hohen Konzentrationsgrad nicht nur beim Import und Transport sondern auch bei den regionalen und lokalen Verteilern aus.

12.1.1 Strukturelemente des europäischen Strommarktes

Der jährliche **Stromverbrauch** der EU betrug im Jahre 2000 rund 2300 Milliarden Kilowattstunden und entsprach damit etwa 65 Prozent des US-amerikanischen

Stromverbrauchs. Das Land mit dem höchsten Verbrauch war Deutschland mit einem Anteil von gut 20 Prozent, wovon auf den Verbrauchssektor Industrie allein 44 Prozent entfielen (nach VDEW).

Die **Bedarfsstruktur** eines Landes wird wesentlich von den großen Verbrauchern - in der Regel Industriebetriebe mit vergleichsweise hoher Benutzungsdauer - geprägt. Die Abb. 12.1 vermittelt hierzu einen ersten Überblick, indem sie jeweils den Anteil der Verbraucher >100 GWh und zwischen 10 GWh und 100 GWh pro Jahr am Gesamtverbrauch zeigt. Die Tabelle wird von den kleineren Ländern Finnland, Luxemburg und Belgien mit einem vergleichsweise hohen Anteil von Verbrauchern >100 GWh angeführt (30 bis 40 Prozent). Die europäischen Kernländer Großbritannien, Deutschland, Italien und Frankreich liegen zwischen 10 und 20 Prozent und damit deutlich darunter.

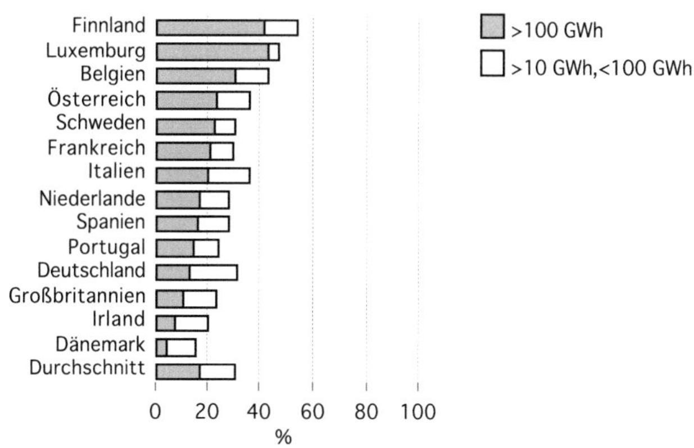

Abb. 12.1 Stromverbrauch 1998 von EU-Ländern nach Verbrauchsklassen
Quelle: nach [143]

Die **Struktur der Stromerzeugung und -lieferung** lässt sich an Hand von drei Indikatoren darstellen. Hierzu wurde die Anzahl der Unternehmen mit einem Marktanteil von mindestens 5 Prozent des Gesamtmarktes, der aggregierte Marktanteil dieser Unternehmen und der Marktanteil des größten Unternehmens ermittelt [144]. Die Analyse betrifft die sechs EU-Länder mit der höchsten Stromerzeugung. In dieser Gruppe hatte im Jahr 2000 Großbritannien die weitaus meisten Einzelunternehmen mit einem Anteil von mindestens 5 Prozent sowohl bei der Erzeugung als auch der Lieferung (Tabelle 12.2). Der Marktanteil dieser größten Unternehmen betrug bei der Stromerzeugung rund 73 Prozent. Im Gegensatz dazu hatte Frankreich nur ein Unternehmen, dessen Marktanteil bei über 90 Prozent lag (EdF). Deutschland hatte vier Erzeugungsunternehmen mit einem Marktanteil von insgesamt 80 Prozent. Der Marktanteil des größten betrug nur 34 Prozent.

Da der mit der Liberalisierung einhergehende hohe Anpassungsdruck die Unternehmen dazu zwingt, ihr Geschäft auszuweiten, werden die Strukturen der Stromerzeugung und -lieferung in der EU in Zukunft weiteren Veränderungen unterliegen. Für die großen Energieversorgungsunternehmen ist die Internationalisierung eine wichtige Voraussetzung, um Wachstum und Eigenständigkeit nachhaltig zu sichern. Die Folge ist, dass die inländische und grenzüberschreitende Konzentration in den Elektrizitätswirtschaften zunimmt und der europäische Elektrizitätsmarkt insgesamt zusammenwächst. Darüber hinaus beschränkt sich das Engagement großer europäischer Unternehmen nicht nur auf angrenzende Märkte. Vor allem die französische EdF und die spanische Endesa haben ihre Aktivitäten schon sehr früh auf räumlich entferntere Märkte ausgedehnt. Außereuropäische Schwerpunkte der EdF liegen in Südamerika und Afrika. Die Endesa versorgt eine große Anzahl von Kunden in Südamerika. Ähnliche Expansionsstrategien, allerdings mit unterschiedlicher regionaler und sowie Spartenausrichtung, verfolgen die deutschen Versorger RWE und E.ON. Während E.ON auf den baltischen Raum, Großbritannien und die Vereinigten Staaten fokussiert ist, sieht RWE seine Chancen eher in Osteuropa.

Der **Energieträgermix** für die Stromerzeugung wird langfristig durch den Vorrat an Energieressourcen und die politischen Rahmenbedingungen bestimmt. Die EU-Länder unterscheiden sich diesbezüglich erheblich voneinander (s. Abb. 12.3). Länder mit einem hohen Anteil an Kernenergie sind Frankreich (75%), Belgien (58%) und Schweden (47%). Fast ausschließlich fossile Energieträger (> ca. 80%) zur Stromerzeugung setzen die Niederlande, Irland, Griechenland, Dänemark, Por-

	Stromerzeugung			Stromlieferung		
	Unternehmen mit mind. 5% Anteil an der Gesamtstromerzeugung		Marktanteil des größten Unternehmens	Unternehmen mit mind. 5% Anteil am Verkauf des insgesamt verbrauchten Stroms		Marktanteil des größten Unternehmens
	Anzahl	aggregierter Marktanteil %	%	Anzahl	aggregierter Marktanteil %	%
Deutschland	4	79,0	34,0	3	50,0	*
Frankreich	1	90,2	90,2	1	*	*
Großbritannien	8	72,9	*	8	84,7	*
Italien	4	68,0	46,7	2	72,0	65,0
Spanien	4	82,3	42,4	3	94,0	40,0
Schweden	3	84,2	49,5	3	47,0	28,1

* Werte liegen nicht vor

Abb. 12.2 Wettbewerbsindikatoren für den Elektrizitätsmarkt, ausgewählte EU-Länder, Stand 2000, Quelle: EUROSTAT [144]

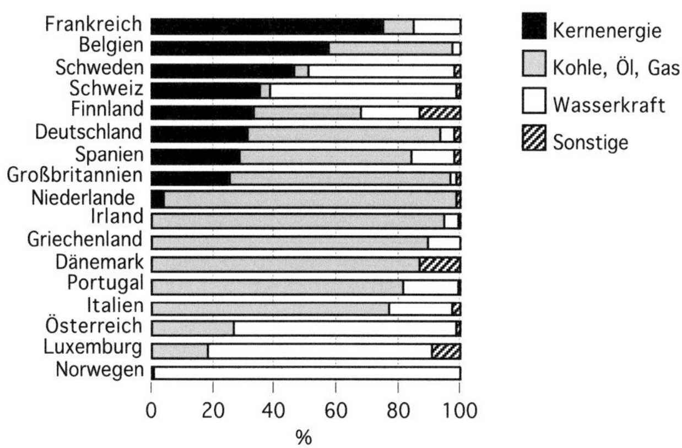

Abb. 12.3 Primärenergiemix der Stromerzeugung 1999, EU-Länder einschl. Norwegen und Schweiz, Quelle: VDEW [145]

tugal und Italien ein. Länder mit einem hohen Anteil an Wasserkraft sind - neben Norwegen als Nicht-EU-Land - Luxemburg und Österreich. Deutschland, Großbritannien, Spanien wie auch Finnland stützen zur Zeit ihre Stromerzeugung auf einen Mix aus fossilen Energieträgern und Kernkraft.

Innerhalb Europas wird Strom seit vielen Jahren über Ländergrenzen hinweg ausgetauscht. 1951 schlossen sich die großen Stromversorger der meisten westeuropäischen Staaten zu einem gemeinsamen **Verbundnetz** zusammen. Inzwischen sind 23 Länder der UCPTE (Union für die Koordinierung der Erzeugung und des Transportes elektrischer Energie) beigetreten. Auch über den UCTE -Verbund hinaus bestehen Kooperationen mit weiteren europäischen Verbundnetzbetreibern wie dem britischen (Inselnetz Großbritannien) und skandinavischen Systemen (NORDEL).

Der europäische **Stromaustausch** ist in der Vergangenheit stetig gewachsen. 1998 tauschten die UCPTE-Mitgliedstaaten neun Prozent des gesamten Verbrauchs der Mitgliedsländer grenzüberschreitend aus (nach VDEW). Der mit Abstand größte Nettoexporteur war Frankreich. Den höchsten Einfuhrüberschuss hatte Italien vor den Niederlanden und Großbritannien. Der deutsche Saldo aus Ein- und Ausfuhren ist demgegenüber angenähert ausgeglichen. Es ist zu erwarten, dass im Zuge der Entwicklung des europäischen Binnenmarktes der grenzüberschreitende Stromhandel weiter wächst.

12.1.2 Der EU-Binnenmarkt für Strom

Die Abb. 12.4 zeigt eine Momentaufnahme des Liberalisierungsprozesses der Strommärkte in den Mitgliedsstaaten der EU-15 etwa fünf Jahre nach dem Inkrafttreten der Eletrizitätsbinnenmarkt-Richtlinie (s. Kap. 11.1), dem eine etwa ebenso lange Abstimmungsphase auf Seiten der EU-Gremien vorangegangen war [146]. Nach dem Ausmaß der Marktöffnung lassen sich die Länder in drei Gruppen einteilen (gemessen wurde der Prozentanteil des gesamten Stroms, der von Kunden, die ihren Lieferanten frei wählen durften, verbraucht wurde): In fünf Ländern war der Markt zu 100 Prozent liberalisiert (Deutschland, Finnland, Schweden, Großbritannien, Österreich); in sechs Ländern lag der Grad der Marktöffnung zwischen 90 und 33 Prozent (Dänemark, Spanien, Italien, Luxemburg, Belgien, Niederlande); in vier Ländern war der Markt zu 30 Prozent geöffnet (Irland, Frankreich, Portugal, Griechenland).

Mitgliedsstaat	Beginn*	zugelassene Kunden **	Netznutzung	Marktöffnung %
Deutschland	1998	alle	verhandelbar	100
Finnland	1995	alle	reguliert	100
Schweden	1996	alle	reguliert	100
Großbritannien	1990	alle	reguliert	100
Österreich	1999	alle	reguliert	100
Dänemark	1998	100 Mio. kWh /alle Verteiler	reguliert	90
Spanien	1998		reguliert	54
Italien	1999	1 Mio. kWh	reguliert	41
Luxemburg	1999	9 Mio. kWh	reguliert	40
Belgien	1999	20 Mio. kWh	reguliert	35
Niederlande	1988	100 Mio. kWh ab 2 MW Leistungsaufnahme	reguliert	33
Irland	2000	4 Mio. kWh	reguliert	30
Frankreich	1999	16 Mio. kWh	reguliert	30
Portugal	1999	20 Mio. kWh	reguliert	30
Griechenland	2001	40 Mio. kWh	reguliert	30
Durchschnitt				61
EU-Richtlinie	1997			28

* Umsetzung in nationales Recht ** Kunden mit einem jährlichen Verbrauch von...

Abb. 12.4 Nationale Strommärkte in der EU-15, Stand Mai 2002
Quelle: [146], eigene Recherchen

Die Tabelle 12.4 zeigt eindrucksvoll an Hand der unterschiedlichen Zeitpunkte für den Beginn der Marktöffnung wie auch an Hand der Öffnungsgeschwindigkeiten der nationalen Märkte die stark differierenden Entwicklungen in einem für den europäischen Binnenmarkt wichtigen Prozess: In Deutschland setzte der Wettbewerb formal ohne Übergangsfrist 1998 für alle Kunden ein, nachdem Großbritannien, Finnland und Schweden ihre Strommärkte bereits zu 100 Prozent geöffnet hatten. Im Jahr 2001 folgte Griechenland als letztes EU-Land. Bei der Ausgestaltung der nationalen Regeln hatte sich Deutschland - anders als die übrigen Länder - für den verhandelten Netzzugang und eine weitgehende Selbstregulierung durch die Marktteilnehmer entschieden. Mit dem Eckpunktepapier zur Energiemarktliberalisierung vom März 2003 entschied sich die Bundesregierung dann doch für die Gründung einer nationalen Regulierungsbehörde, die ab 2005 ihre Arbeit aufnehmen soll. In den übrigen Ländern wurden von vornherein überwiegend unabhängige Regulierungsbehörden mit z.T. unterschiedlichen Aufgabenstellungen und Kompetenzen installiert. Ihr Einfluss reicht von der Festlegung lediglich formaler Rahmenbedingungen für den Netzzugang bis zur detaillierten Vorgabe der Netztarife. In Großbritannien beispielsweise, das wie Finnland und Schweden einen deutlichen Zeitvorsprung bei der Marktöffnung hat, ist ein unabhängiger Regulator mit weitgehenden Kompetenzen auch im Bereich der Einnahmen aus dem Stromtransport und der -verteilung eingesetzt. Im regulierten System in Österreich mit ebenfalls vollständiger Marktöffnung werden die Netznutzungsgebühren vom Wirtschaftsministerium verbindlich festgesetzt. Spanien und Niederlande haben abweichend von ihrer ursprünglichen Zeitplanung Öffnungsschritte vorgezogen. Insgesamt kann man feststellen, dass der durchschnittliche Grad der Marktöffnung Mitte 2002 mit 61 Prozent die Mindestvorstellungen der EU-Richtli-nie von 28% weit übertrifft.

Eine besondere Bedeutung außerhalb des Geltungsbereiches der Elektrizitätsbinnenmarkt-Richtlinie kommt der Schweiz zu, die als Drehscheibe für den Stromhandel mit Deutschland, Frankreich, Österreich, dem Stromimportland Italien und nicht zuletzt mit Osteuropa fungiert. Es war daher auch absehbar, dass es zu einer den Binnenmarktrichtlinien konformen Einbindung der schweizerischen Elektrizitätswirtschaft in den entstehenden EU-weiten Handel kommen würde. Nach einer mehrphasigen Marktöffnung soll dort 2007 mit der vollständigen Liberalisierung zu rechnen sein.

Neben der Schweiz verdient Norwegen als weiteres Nicht-EU-Mitglied eine besondere Beachtung. Das Land hatte als eines der ersten Länder der Welt seinen Strommarkt bereits 1992, also deutlich vor dem Inkrafttreten der Binnenmarkt-Richtlinie, geöffnet und kann auf eine erfolgreiche Strommarkliberalisierung zurückblicken. Die in Norwegen gemachten Erfahrungen u.a. mit der schrittweisen

Marktöffnung und der Funktion der Regulierungsbehörde dienten den EU-Ländern zuweilen als Orientierung bei der jeweiligen Ausgestaltung der eigenen Marktregeln.

12.1.3 Strukturelemente des europäischen Ergasmarktes

Dem europäischen Erdgasmarkt wird langfristig ein stetiges Wachstum (durchschnittlich 1 bis 2% jährlich) und eine zunehmende Rolle im Energiemix prognostiziert. Dabei wird erwartet, dass die Stromerzeugung ein bedeutendes Absatzsegment für die europäische Gasindustrie werden kann [147]. Auf die wachsende Bedeutung des Erdgases für den Verbrauchssektor Industrie wurde bereits unter Kap. 2.2.3 hingewiesen.

Der **Erdgasverbrauch** Westeuropas betrug im Jahre 2003 415 Mrd. m^3 und repräsentierte damit nach den USA und den GUS-Staaten einen der weltweit größten Absatzmärkte. Die **Versorgungssituation** Westeuropas ist gekennzeichnet durch eine hohe Eigenförderung. Rund 67% des Gesamtaufkommens stammten im Jahre 2003 aus westeuropäischen Quellen. Die führenden Förderländer waren Großbritannien (104 Mrd. m^3), Norwegen (74 Mrd. m3, deutliche Zunahmen) und Niederlande (55 Mrd. m^3). Die Importe nach Westeuropa stammten überwiegend aus Russland (18%) und Algerien (12%). Hinzu kommen diverse kleinere Lieferländer (u. a. Nigeria, Abu Dhabi, Katar, Lybien u.a., z.T. als Flüssiggas) mit zusammen 3% .Das größte Abnehmerland für russische Exporte nach Westeuropa war Deutschland mit einem Anteil am nationalen Erdgasaufkommen von 32 % [147].

Einen Überblick über **Strukturindikatoren** der nationalen Gasmärkte der EU-15-Länder gibt die Tabelle in der Abb.12.5, wo die Länder durch ihr Erdgasaufkommen und ihren Anteil am EU-Verbrauch, den Anteil der Importe am Gasaufkommen und den Marktanteil des jeweils größten Importeurs charakterisiert sind (Stand 2000). Führend vor Deutschland bezüglich Verbrauch und Aufkommen ist Großbritannien, das versorgungsseitig autark ist. Demgegenüber ist Deutschland zu 78 Prozent von Importen abhängig und befindet sich damit in einer vergleichbaren Situation mit Italien. Der Erdgasverbrauch Frankreichs ist nur etwa halb so hoch wie der Deutschlands, ist aber fast vollständig auf Importe angewiesen. Das aus inländischer Förderung resultierende hohe Erdgasaufkommen der Niederlande ermöglicht bedeutende Exporte, die dieses Land nach Norwegen zum zweitgrößten Exporteur innerhalb Westeuropas machen. Etwa 50% dieser Exporte gingen im Jahre 2000 an Abnehmer in Deutschland.

Ein weiteres Strukturmerkmal ist der Marktanteil des jeweils größten Importeurs eines Landes, der in allen Fällen im Jahr 2000 über 50 Prozent lag (Tab. 12.5). Der deutsche Marktführer Ruhrgas mit einem Anteil von 57% stellte sich im Vergleich zu den Marktführern in den Nachbarländern Frankreich, Belgien und Österreich noch bescheiden dar. Im Gegensatz zur staatsmonopolistisch ausgerich-

Abb. 12.5 Strukturindikatoren der Gaswirtschaften der EU-15-Länder, Stand 2000
Quelle: Ruhrgas [148]

	Anteil am EU-15-Verbrauch (390 Mrd. m3) %	Erdgas-aufkommen Mrd. m3	Anteil der Importe am Aufkommen %	nationaler Marktanteil des größten Importeurs % vom Auf-kommen	Impor-teur
Großbritannien	24,1	110,5	2	60	Centrica
Deutschland	20,8	98,0	78	57	Ruhrgas
Italien	19,3	73,3	78	86	Snam
Frankreich	10,6	45,6	96	96	Gaz de France
Niederlande	10,2	81,0	16	82	Gasunie
Spanien	4,5	17,0	99	98	Gas Natural
Belgien	4,0	18,4	100	100	Distrigaz
Österreich	1,8	6,8	77	89	
Dänemark	1,1	8,1	0	78	
Finnland	1,0	3,8	100	100	
Irland	1,0	4,1	71	76	
Portugal	0,6	2,3	100	100	
Griechenland	0,5	1,9	100	100	
Luxemburg	0,2	0,8	100	100	
Schweden	0,2	0,9	100	100	

teten Gaz de France und den De-facto-Monopolen in Italien, Niederlande, Spanien und Belgien gibt es in Deutschland weder auf der Import- noch auf der Transportstufe derartige marktbeherrschende Monopole.

In der Abb.12.6 sind die angebotsseitigen Hauptakteure am westeuropäischen Erdgasmarkt ihrer Bedeutung nach aufgeführt. Dargestellt sind die jeweils zehn größten Produzenten, Importeure und Handelsunternehmen. Demnach zählt die deutsche Ruhrgas zu den drei größten Importeuren und nimmt unter den Handelsgesellschaften, die von der niederländischen Gasunie angeführt wird, den vierten Platz ein (Stand 2000).

Produzent	Mrd. m3	Importeur	Mrd. m3	Handelsunternehmen	Mrd. m3
ExxonMobil	46,2	SNAM	49,7	Gasunie	73,0
Shell	36,5	Gaz de France	43,6	SNAM	63,3
EBN	27,0	Ruhrgas	41,1	Centrica	59,0
SDFI	24,0	Distrigaz	18,4	Ruhrgas	51,4
BP	18,5	Gas Natural	16,7	Gaz de France	43,6
TotalFinaElf	18,5	VNG	10,6	Distrigaz	18,4
ENI	17,1	Wingas	9,4	Gas Natural	16,9
Centrica	12,0	BEB	7,1	BEB	16,1
Conoco	8,3	Enel	6,0	VNG	14,1
Statoil	8,1	OMV	5,9	Wingas	10,5
Summe	216,2		208,5		366,3

Abb. 12.6 Die jeweils zehn größten westeuropäischen Produzenten, Importeure und Handelsunternehmen für Erdgas, Stand 2000
Quelle: CEDIGAZ [149]

Das Rückgrat des **europäischen Erdgasverbundes** ist ein europaweites Erdgastransportsystem. Die Pipelines reichen von der Nord- und Ostsee bis zum Mittelmeer und vom Antlantik bis zu den Leitungssystemen Osteuropas. Die russischen Erdgasexporte gelangen über die deutsch-tschechische Grenze östlich von Nürnberg (Waidhaus) bzw. südöstlich von Chemnitz und bei Frankfurt/Oder in das deutsche Erdgasnetz und damit in die Ost-West-Schiene des europäischen Verbundnetzes. Ein Teil der für Frankreich bestimmtem Mengen fließt über die Slowakei und Österreich. Erdgas aus Norwegen gelangt über mehrere Verbindungen nach Mitteleuropa und wird in Emden (Europipe I u. II und Norpipe) bzw. Zeebrügge (Zeepipe) und Dünkirchen (Norfrapipe) angelandet. Großbritannien bezieht über eine Vielzahl von Transportleitungen Erdgas aus den Vorkommen in der Nordsee. Mit der 1998 in Betrieb genommenen Interconnector-Pipeline von Bacton nach Zeebrügge, die letzendlich Kontinentaleuropa mit Erdgasvorkommen in der britischen Nordsee verbindet, wurde der westeuropäische Erdgasverbund substanziell erweitert. Die Erdgasexporte aus Algerien fließen überwiegend per Pipeline nach Westeuropa in die Abnehmerländer Italien (Pipeline durch Tunesien) sowie Spanien und Portugal (Pipeline durch Marokko und die Straße von Gibraltar). Ein Teil geht in verflüssigter Form vor allem nach Frankreich, Belgien, Italien und Griechenland.

	Sicher gewinnbare Erdgasreserven Mrd. m3	Förderung Mrd. m3	Statische Reichweite Jahre
Russland	48000	525	91
Norwegen	3300	51	65
Niederlande	1565	58	27
Großbritannien	670	110	6
Deutschland	340	17	20
Algerien	3600	84	43

Abb. 12.7 Erdgasreserven ausgewählter Länder, Stand 2000
Quelle: [142,150], eigene Berechnungen

Prognosen gehen davon aus, dass die **Importabhängigkeit** der europäischen Erdgasversorgung langfristig deutlich steigen wird. Die Begründung ergibt sich einerseits aus dem erwarteten Bedarfsanstieg, andererseits aus einem absehbaren Rückgang der heimischen Förderung. Dabei werden zwar Russland, Norwegen und Nordafrika die wesentlichen Versorger bleiben, hinzukommen werden jedoch neue Regionen wie Zentralasien und die Golfregion (s. hierzu Abb. 12.7) [147].

12.1.4 Der EU-Binnenmarkt für Erdgas

Die erste Erdgas-Binnenmarktrichtlinie der EU trat im Juni 1998 in Kraft und war innerhalb von zwei Jahren in nationales Recht umzusetzen (vgl. auch Kap. 11.1). Die so begründete Öffnung des Erdgasbinnenmarktes verlief bisher durchweg wesentlich schleppender als beim Strommarkt. Diese unbefriedigende Entwicklung war auch der Grund dafür, dass die EU mit einer weiteren Richtlinie vom Juni 2003 es als notwendig erachtete, den Marktöffnungsprozess zu beschleunigen. Zugleich wurde wie beim Strom die Einsetzung einer Regulierungsbehörde auch für den Erdgasmarkt verpflichtend vorgeschrieben.

Über die Vollendung des Erdgasbinnenmarktes liefert der jährlich im Auftrag des Europäischen Rates von der Europäischen Kommission erstellte Benchmarkingbericht einen länderbezogenen Vergleich [151]. Nach dem Bericht vom April 2003 hatten in Großbritannien bereits mehr als die Hälfte und in den Niederlanden mehr als ein Drittel bis zur Hälfte aller Großkunden den Versorger gewechselt. Demgegenüber wechselten in Frankreich und Spanien nur bis zu einem Viertel, und in Deutschland waren es weniger als 2%. Dies zeigt deutlich, dass nicht der Grad der formalen Öffnung - Großbritannien und Deutschland haben den Erdgasmarkt vollständig geöffnet - , sondern die Beseitigung von Wettbewerbshindernissen wie unangemessene Tarifstrukturen und hohe Netznutzungsentgelte über das Gelingen der Liberalisierung entscheidet

Ein positives Signal dagegen geht von den sog. Hubs, also Marktplätzen mit großem Handelsvolumen, aus, wie sie sich in Zeebrugge in Belgien und zunehmend auch bei Bunde im deutsch-niederländischen Grenzgebiet ausbilden. In Zeebrugge treffen mehrere Pipelines und ein Flüssiggas-Importterminal zusammen, so dass dort neue Marktteilnehmer Großhandelsmengen zu angemessenen Bedingungen kaufen und grenzüberschreitend absetzen können. Von diesen Handelsplätzen können Preissignale für andere Regionen und Teilmärkte ausgehen. Eine wichtige Voraussetzung für eine effiziente Gestaltung derartiger Handelsplätze ist allerdings die Schaffung eines weitgehend integrierten einheitlichen Binnenmarktes.

12.2 Der deutsche Energiemarkt[26]

12.2.1 Strukturelemente des deutschen Strommarktes

Der **Stromverbrauch** in Deutschland aus dem Netz der allgemeinen Versorgung ist in der vergangenen Dekade jährlich durchschnittlich um etwa ein Prozent gewachsen und erreichte im Jahre 2003 rund 500 Mrd. kWh (Angaben der VDEW). Auf die Industrie entfielen davon 222 Mrd. kWh, entsprechend 44%. Die zweitgrößte Verbrauchergruppe war mit einem Anteil von 28% die privaten Haushalte (s. Abb. 12.8). Der relative Anteil der Industrie ist seit 1998 nur unerheblich, der absolute dagegen um rund 8% gewachsen (s. auch Kapitel 2.2.4 u. 3.2.2). Rund die Hälfte des in Deutschland verbrauchten Stroms treibt Motoren in Industrie, Haushalten und Verkehr an. Ein Drittel nutzen die Verbraucher für Prozesswärme, Warmwasser und Heizung sowie 10% für Beleuchtung.

Die Stromerzeugung basiert aktuell auf einem breit diversifizierten **Primärenergiemix,** dessen Rückgrat fossile Energieträger mit einem Anteil von etwa 60% bilden.

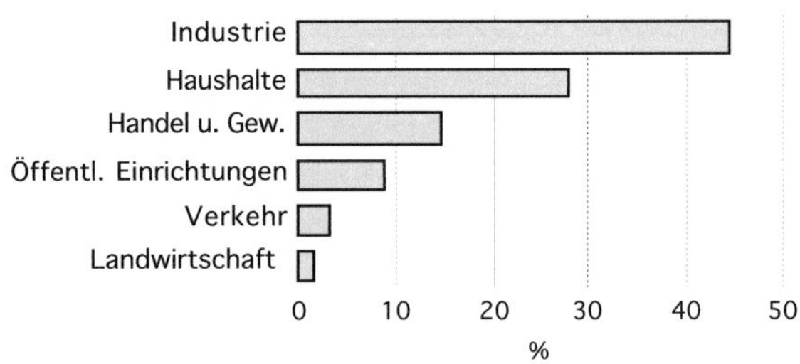

Abb. 12.8 Anteiliger Stromverbrauch nach Verbrauchssektoren in Deutschland, Stand 2003, Quelle: VDEW

[26] Eine umfassende und jährlich aktualisierte Darstellung des deutschen Energiemarktes bietet SCHIFFER mit " Energiemarkt Deutschland ", TÜV-Verlag Rheinland

Die Kernenergie war 2003 zu 28 % an der Stromerzeugung beteiligt. Die überwiegend aus heimischen Vorkommen stammende Braun- und Steinkohle trug mit je etwa gleichen Anteilen insgesamt 50% zur Stromerzeugung bei (davon Braunkohle 26%). 10% des Stromes wurde in Erdgaskraftwerken erzeugt, während der Anteil der erneuerbaren Energien 8% betrug. Der Rest entfiel auf Heizöl und sonstige Energieträger (s. Abb. 12.9, nach VDEW).

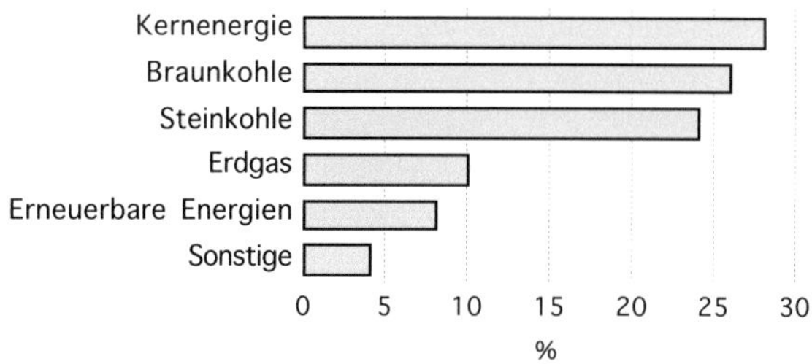

Abb. 12.9 Anteil der einzelnen Energieträger an der gesamten Nettostromerzeugung in Deutschland, Stand 2003, Quelle: VDEW

Nach dem Willen der Bundesregierung soll sich die Primärenergiebasis der Stromerzeugung in Deutschland langfristig stark verändern. Die Grundlage hierzu bildet die Vereinbarung mit den Betreibern von Kernkraftwerken vom Juni 2001, nach der die Nutzung der Kernenergie in Deutschland gemäß einem Stufenplan beendet werden soll. Danach wird der Großteil der Kernkraftwerke nach Erreichen der vereinbarten Restlaufzeiten zwischen 2010 und 2020 stillgelegt [152].

Neben der eigenen Erzeugung mit dem vor Frankreich leistungsstärksten Kraftwerkspark in der EU hat sich in Deutschland aber auch grenzüberschreitend ein reger **Stromhandel** entwickelt. Insgesamt ergab sich für 2003 - ganz im Gegensatz zu Frankreich als **die** Stromexportnation in der EU und Italien als **die** Importnation - bei fast ausgeglichener Handelsbilanz ein nur leichter Ausfuhrüberschuss.

Wachsender Stromhandel sowie Kooperationen und Fusionen haben in der Vergangenheit die **Struktur der deutschen Stromwirtschaft** erheblich verändert. Nach den Fusionen VEBA / VIAG zu e.on und RWE / VEW zu RWE gehören diese

Unternehmen nach EDF (Frankreich) und und ENEL (Italien) zu den Marktführern in Europa. Ihre dominierende Rolle am deutschen Strommarkt veranschaulicht die Abb. 12.10., die die Erzeugung der vier größten Erzeuger gegenüberstellt.

Da die Expansionsmöglichkeiten der großen Versorger in den Heimatländern begrenzt beziehungsweise weitgehend ausgeschöpft sind, rücken internationale Projekte immer mehr in den Vordergrund. Die Folge ist, dass nicht nur ausländische Unternehmen durch grenzüberschreitende Stromlieferungen und Direktinvestitionen im deutschen Strommarkt aktiv werden, sondern auch deutsche Stromversorger durch Kapitalbeteiligungen und Kooperationen zunehmend auf ausländischen Märkten präsent sind. Diese Unternehmen betrachten den sich entwickelnden gemeinsamen europäischen Binnenmarkt als ihren relevanten Markt.

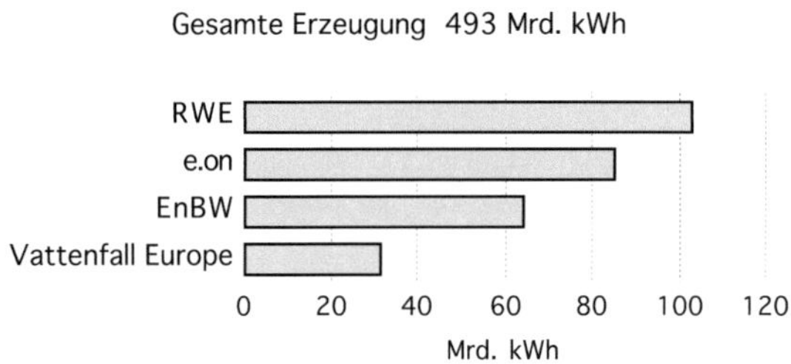

Abb. 12.10 Stromerzeugung 2003 der vier größten deutschen Stromversorger
Quelle: VDEW

Auf dem deutschen Strommarkt ist eine große Anzahl **neuer Marktteilnehmer** - darunter zahlreiche ausländische Unternehmen - auf allen Wertschöpfungsstufen vertreten. Das Hauptaugenmerk dieser neuen Marktteilnehmer richtet sich auf den Stromhandel und die Gründung von reinen Handelsgesellschaften. Darüber hinaus erstreckt sich ihr Engagement auf Investitionen in Stromerzeugungsanlagen (IPP) und Kapitalbeteiligungen an deutschen Unternehmen. Beispiele sind die Beteiligung der EdF an EnBW und von Vattenfall (Schweden) an HEW, Bewag und VEAG.

Auf dem Strommarkt unterscheidet man grundsätzlich die beiden **Handelsstufen** Groß- und Einzelhandel. Im Großhandel erfolgt die Stromabgabe an Wiederverkäufer, während im Einzelhandel unmittelbar der Endkunde beliefert wird. Die Abgabe von Strom an Endkunden erfolgt physisch überwiegend entlang einer Lieferkette bestehend aus Verbund-, Regional- und Kommunalunternehmen (Abb. 12.11). An der unmittelbaren Belieferung der Endkunden sind die drei Ebenen etwa zu je einem Drittel beteiligt.

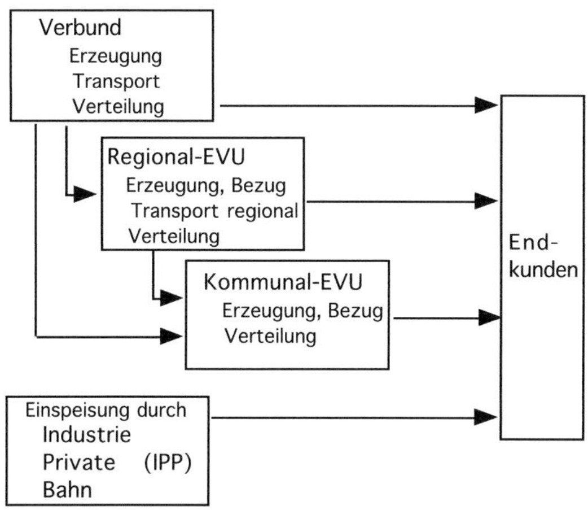

Abb. 12.11 Erzeugungs- und Lieferstruktur der deutschen Stromwirtschaft

Von den Strukturveränderungen in Folge der Strommarktliberalisierung sind alle Ebenen der Stromversorgung von der Verbund- über die Regional- und Kommunalebene betroffen. Die großen Versorger versuchen ihre vertikalen Beteiligungen auf regionaler wie kommunaler Ebene auszudehnen. Dabei ist es ihr Ziel, mit der Übernahme von Stadtwerken Umsatz zu kaufen und damit die Wachstumsbasis zu vergrößern. Fusionen oder Kooperationen von kommunalen Unternehmen dienen andererseits in vielen Fällen der vertriebsseitigen Effizienzsteigerung. Dabei spielt neben der Zusammenlegung gleichartiger Dienstleistungen die Nutzung von Konvergenzeffekten auf den beiden Teilmärkten für Strom und Gas und die Öffnung gemeinsamer Vertriebswege für beide Energiearten eine wesentliche Rolle. Sofern diese Angebotsbündelungen flexibel gestaltet sind, können sie als Gesamtlösungen insbesondere für industrielle Kunden vorteilhaft sein.

12.2.2 Strukturelemente des deutschen Ergasmarktes

Deutschland ist nach Großbritannien der zweitgrößte Gasmarkt in der EU mit einem attraktiven Industriesektor auf der Nachfrageseite. Auf Grund seiner geographischen Lage im Zentrum Europas an den Drehkreuzen der europäischen Verbundnetze ist es fest in den europäischen Erdgasmarkt eingebunden. Wegen des hohen Importanteils am Erdgasaufkommen liegen die überwiegenden Aktivitäten der Gaswirtschaft auf dem Import, dem Transport sowie der Verteilung und Vermarktung des Erdgases.

Im Jahre 2003 betrug das **Erdgasaufkommen**[27] in Deutschland 77 Mio. Tonnen OE, von denen 18 % aus inländischer Förderung stammten [147]. Die deutschen Erdgasvorkommen liegen überwiegend in der norddeutschen Tiefebene zwischen Elbe und Ems. Die nachgewiesenen sowie zusätzlich - geologisch und technisch - realisierbaren Ressourcen werden auf absehbare Zeit einen bedeutenden Beitrag zur Erdgasversorgung in Deutschland leisten. Mit den deutschen Förderungen stammten insgesamt 68% des gesamten Aufkommens aus westeuropäischen Quellen. Die großen westeuropäischen Lieferanten waren Norwegen (26%) und die Niederlande (17%), während Großbritannien, Dänemark und weitere kleinere Anbieter zusammen nur einen Anteil von 7% beitrugen. Der mit Abstand größte Lieferant war Russland mit einem Anteil von 32 % am deutschen Erdgasaufkommen (Abb. 12.12). Deutschland war damit 2003 und ist auch weiterhin größtes Abnehmerland für russisches Erdgas.

An der Erdgasförderung aus inländischen Quellen sind zu etwa 75% die beiden Unternehmen BEB Erdgas und Erdöl GmbH und Mobil Erdgas und Erdöl GmbH beteiligt. Der größte Importeur ist Ruhrgas vor VNG, Wingas und BEB (s. Tab. 12.6).

Der größte **Verbrauchssektor** waren 2003 mit 48% die privaten Haushalte einschließlich der gewerblichen Kleinverbraucher. Auf die Industrie (Endenergiever-

[27] Die Angaben zum Erdgasaufkommen berücksichtigen den inländischen Verbrauch, Veränderungen der Speichermengen sowie die Ausfuhren.

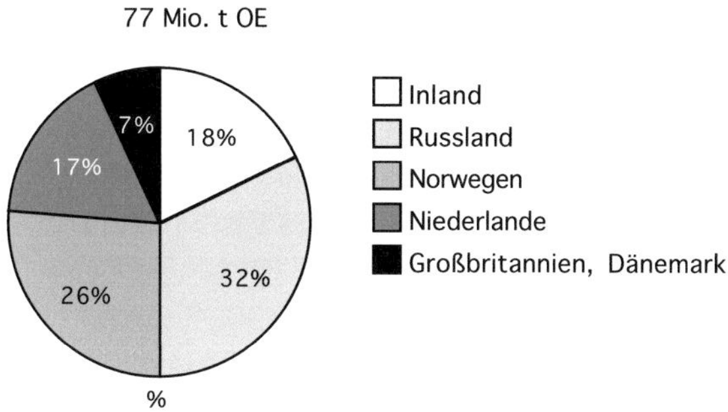

Abb. 12.12 Erdgasaufkommen in Deutschland, Stand 2003
Quelle: Ruhrgas [147]

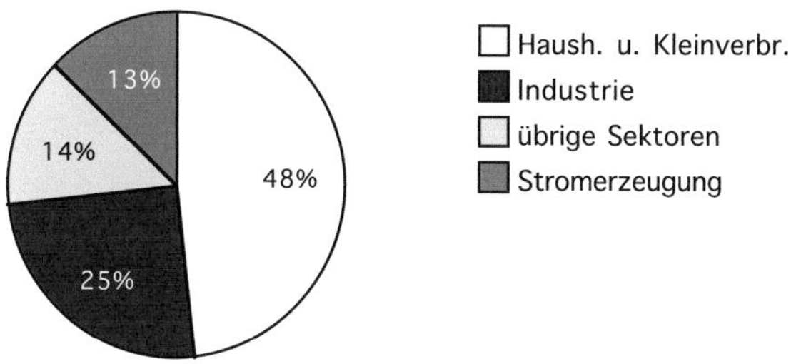

Abb. 12.13 Struktur des Erdgasverbrauchs in Deutschland, Stand 2003
Quelle: Ruhrgas [147]

brauch) entfiel ein Viertel des gesamten inländischen Gasverbrauchs. In die Fernwärmeversorgung und die nichtenergetische Nutzung flossen 14% . Die restlichen 13% dienten der Stromerzeugung, wo sich Erdgas inzwischen zu einem unverzichtbaren Primärenergieträger entwickelt hat (vgl. Abb. 12.13).

Der Anteil des Erdgases am gesamten Primärenergieverbrauch in Deutschland hat sich von 18% im Jahre 1994 auf über 22% im Jahre 2003 erhöht [147]. Mittelfristig wird eine weitere Steigerung auf 25% prognostiziert. Zu diesem Wachstum wird primär der Sektor Haushalte und Gewerbe beitragen, der damit seine Position als Verbrauchsschwerpunkt weiter ausbauen wird. Eine Zunahme ist auch im Sektor Industrie zu erwarten, dessen Höhe jedoch davon abhängen wird, inwieweit sich die ökologischen Vorteile des Erdgases mit der Forderung nach optimaler Wirtschaftlichkeit in Einklang bringen lassen.

Typisch für die **Struktur der deutschen Gaswirtschaft** ist der stark untergliederte Aufbau mit aktuell etwa 700 Unternehmen (Förder-, und Importgesellschaften, regionale und kommunale Unternehmen). Auf dieser Grundlage hat sich langfristig eine mehrstufige Lieferkette bis zum Endverbraucher entwickelt (s. Abb. 12.14). Großverbraucher werden zum Teil direkt von den Ferngasgesellschaften, Kleinverbraucher über Regionalgesellschaften bzw. Stadtwerke und Weiterverteiler beliefert. Neben diesen Akteuren etablieren sich zunehmend reine Gashandelsgesellschaften, die selbst über keine Transport- oder Verteilinfrastruktur verfügen. Hinzu kommen sog. Marketer, die Dienstleistungen wie die Zusammenführung von Angebot und Nachfrage oder die Organisation des Transportes erledigen.

Die Unternehmen der deutschen Gaswirtschaft betreiben zur Belieferung der Kunden eine umfangreiche technische Infrastruktur. Diese umfasst ein unterirdisches Transport- und Verteilnetz mit einer Länge von insgesamt 375 000 km (Stand Ende 2003) mit den zugehörigen Verdichterstationen. Davon sind etwa 60000 km der Transportstufe zuzurechnen. Zu den gaswirtschaftlichen Leistungen zählt außerdem der Betrieb von 42 Untertagespeicher mit einer Kapazität von 19 Mrd. m^3 Arbeitsgas für den saisonalen Strukturausgleich [147].

Die Struktur der deutschen Gaswirtschaft befindet sich aktuell wie auch die Stromwirtschaft in einem Umwandlungsprozess. Der aufkommende Wettbewerb zwingt viele Unternehmen aus Kostengründen zur Bildung von Kooperationen und strategischen Allianzen. Zur Ausschöpfung von Synergiepotenzialen bilden sich Einkaufsgesellschaften und Vertriebsgemeinschaften sowie Kooperationen bei Betrieb, Transport und Kundenabrechnung. Ein weiterer Schritt geht wie in der Stromwirtschaft in Richtung steigender Konzentration, indem sich Unternehmen horizontal wie auch vertikal zu Fusionen entschließen. Um vor dem Hintergrund der europäischen Dimension des Gasmarktes Marktpositionen zu sichern und zu erweitern, macht dieser Prozess nicht an nationalen Grenzen Halt, sondern gewinnt internationale Dimensionen.

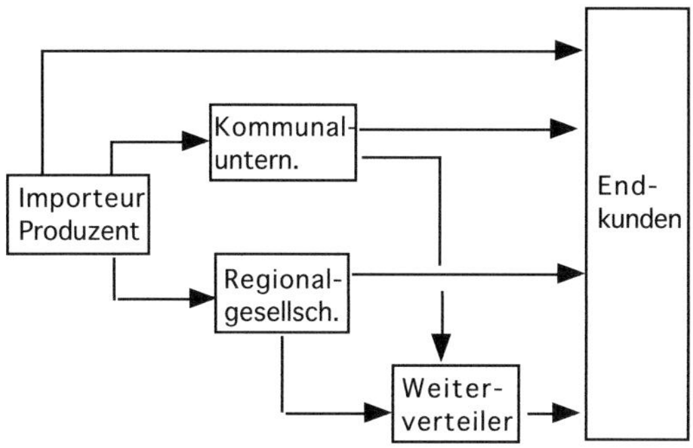

Abb. 12.14 Lieferstruktur der deutschen Gaswirtschaft

Die dem Gasmarkt vorauseilende dynamische Liberalisierungswelle des Strommarktes brachte sehr früh Zusammenschlüsse auf der Ebene der kommunalen Unternehmen, die über die Mehrzahl der Haus- und Firmenanschlüsse verfügen. Wegen des bestehenden Querverbundes war damit auch die Gassparte einbezogen und die Grundlage für integrierte Energiedienstleistungen gelegt. Wegen dieses engen Kundenbezugs und des Regims über die "letzte Meile" der Versorgung schätzt man die zukünftigen Chancen der Stadtwerke entgegen früherer Prognosen deutlich positiver ein [152]. Folgerichtig hat sich ein intensiver Wettbewerb um Beteiligungen entwickelt, in den auch Ferngasgesellschaften mit dem Ziel eingebunden sind, eine durchgehende Wertschöpfungskette vom Import beziehungsweise der Förderung bis zum Endkunden aufzubauen [148, 153] .

Der europäische Wettbewerbsmarkt und die zunehmende Konvergenz der Erdgas- und Strommärkte verstärken den Druck zu Großfusionen und übergreifenden Verflechtungen zwischen der Gas- und der Elektrizitätswirtschaft in Deutschland (Beispiel: Ruhrgas-Übernahme durch e.on). Trotz unterschiedlicher Motive spielt dabei der Aspekt eines vollintegrierten Gas- und Stromangebots eine wichtige Rolle. Starke Impulse liegen auch dann vor, wenn bei einem Stromerzeuger Erdgas einen bedeutenden Beitrag zur Primärenergiebasis leistet oder gasbasierte Stromerzeugungsanlagen geplant sind. In diesen Fällen kann der Rückgriff auf konzerneigenes Gas Wettbewerbsvorteile bringen. Ähnliches gilt für den stark umkämpften Markt der großen Industriekunden, wo mit wirtschaftlichen Energiegesamtlösungen ein wachsendes Absatzpotenzial zu erwarten ist.

12.3 Ausgewählte Einzelmärkte

Industriekunden, insbesondere solche mit hohem Verbrauch, können sich bei der Energiebeschaffung auf liberalisierten Märkten einer breiten Palette von Produkten bedienen. Wegen der Komplexität des Marktgeschehens lassen sich die vielseitigen Optionen nur nutzen, wenn der Kunde entweder selbst über die notwendigen, insbesondere personellen, Ressourcen verfügt, oder er ggf. externe Beratung zu Hilfe nimmt. Unter den gegebenen Marktbedingungen besteht eine der wesentlichen Aufgaben der Energiebeschaffung zunehmend darin, den Gesamtbedarf zu disaggregieren und in ein Bezugsportfolio mit dem Ziel minimaler Kosten und Risiken zu übertragen (s. auch Kap. 14.2 u. 15.2).

Die Erfahrungen mit liberalisierten Energiemärkten belegen, dass sich der bilaterale (Over-the-Counter-Markt, OTC-Markt) und der institutionalisierte Markt (Energiebörse) gegenseitig ergänzen. **OTC-Geschäfte** richten sich bezüglich Volumen, Laufzeit und anderen Konditionen an den jeweiligen individuellen Bedürfnissen des Kunden aus. Dagegen zeichnet sich der **Börsenhandel** durch standardisierte Produkte und Anonymität aus und setzt wichtige Preissignale für den Großhandel. Der OTC-Markt ist bezüglich Volumen der dominierende Markt und wird von weiten Bereichen der Industrie ausschließlich genutzt. Das Zusammenspiel von börslichem und außerbörslichem Handel bietet jedoch sowohl die Möglichkeit zur optimalen physischen Energiebeschaffung als auch zur Preisabsicherung in der Zukunft.

Eine unter liberalen Marktbedingungen konsequente Weiterentwicklung des Geschäfts mit Endkunden ist die Einrichtung von **internetbasierten Energiehandelsplattformen,** die Anbieter und Nachfrager zusammenführen, wobei der gewerbliche Verbraucher im Mittelpunkt steht. Die Handelskonzepte sind unterschiedlich. So kann beispielsweise ein Industriebetrieb seinen Bedarf anonym ausschreiben, wobei es ihm freisteht, welchen Lieferanten er letztendlich wählt. Gehandelt werden Vollversorgungsverträge und Einzellieferungen, die der kurzfristigen Portfoliooptimierung zur Kompensation von Prognoseabweichungen oder als Alternative zur Eigenerzeugung und Ersatz bei Kraftwerksausfällen dienen. Nach einem anderen Konzept verfahren Aggregatoren, die Angebot und Nachfrage kleinerer Kunden bündeln und bspw. an die Börse bringen. Damit können auch Kunden mit geringem Volumen von den Vorteilen der Börse profitieren. Voraussetzung für den Erfolg dieser virtuellen Handelsplätze ist eine ausreichende Liquidität. Diese wird gestützt einerseits durch die generelle Bereitschaft der Anbieter, den Wettbewerb aufzunehmen und Einzelhandelsgeschäfte über das Internet abzuwickeln sowie andererseits durch ein ausreichendes Informationsangebot der Plattformanbieter, das potenziellen Kunden die Preise, Vermittlungsverträge, Transaktionsvolumen und die teilnehmenden Unternehmen offen legt [154].

Vorreiter bei den europäischen **Strombörsen** (s. Bild 12.15, S. 286) ist Norwegen mit der NordPool, die 1993 ihren Handel aufnahm. [28] 1996 dehnte NordPool den Handel auf Schweden, 1998 auf Finnland und 2000 auf Dänemark aus. Heute betreibt NordPool den größten zusammenhängenden europäischen Spot- und Terminmarkt. Etwa 25% des gesamten Stromverbrauchs der Region wird am börslichen Spotmarkt gehandelt . In Spanien startete die Omel Ende 1998 mit dem Spotmarkt. Da die spanischen Kraftwerksbetreiber verpflichtet sind, Leistungen an der Börse abzusetzen, wird dort ein relativ hoher Marktanteil von 33% im börslichen Spothandel erreicht. In der Folgezeit kamen die APX in den Niederlanden und im Jahre 2000 die LPX und die EEX in Deutschland hinzu. Beide deutsche Börsen betrieben Spothandel, die EEX ist zusätzlich ab 2001 auf dem Terminmarkt aktiv. Ihr Marktanteil liegt im Spotsegment bei etwa 3%.

Die Jahre 2000 und 2001 führten im Übrigen zu einer regelrechten Gründungswelle neuer Börsenplätze in Europa. So startete in 2000 die polnische Strombörse mit dem Spothandel, dem 2001 der Terminhandel folgte. Im selben Jahr legte die UK PX ihren ersten Future auf. Neue Rahmenbedingungen für den Stromhandel boten Anfang 2001 die Voraussetzungen für weitere Börsengründungen in England

[28] Der UK-Power Pool (England und Wales) besteht zwar bereits seit 1992, stellt aber lediglich ein erzeugerseitiges Bietverfahren dar.

und Wales (APX, Power EX und IPE). Ebenfalls in 2001 startete die französische Powernext in Paris einen Spotmarkt. Neben den vollzogenen Gründungen gab es 2002 Projekte für Strombörsen in Italien, Belgien und Österreich [155, 156].

	Land	Spot (day ahead) Handel ab	Futures Handel ab	Marktanteil Spot %
NordPool	N	1993	93	)
	S	96	96	) 25
	SF	98	98	)
	DK	00	00	)
Omel	E	98		33
APX	NL	99		6
LPX	D	00		3
EEX	D	00	01	3
UK PX	UK	00	01	1
Pol PX	P	00	01	1
APX	UK	00		0,1
PowerEX	UK	01	01	< 0,1
IPE	UK		01	
Powernext	F	01		
Fusion LPX u. EEX zu EEX	D	02		
Projekt	I			
Projekt	B			
Projekt	A			

Tab. 12.15 Strombörsen in Europa, Stand Mai 2002, Qelle: [155]

Bei der großen Anzahl der bereits bestehenden und geplanten Energiebörsen, die zwar aus Wettbewerbsgründen wünschenswert, unter dem Aspekt der Liquidität und eines stabilen und transparenten Handels eher hinderlich waren, folgten zwangsläufig Marktbereinigungen. So kam es Anfang 2002 zur ersten Börsenfusion in Europa, bei der sich die EEX und die LPX zur EEX (European Energy Change) mit Sitz in Leipzig zusammenschlossen. Ziel der neuen Gesellschaft ist es, die führende europäische Börse für den integrierten Energiehandel zu werden. (Zu Börsenprodukten und Preisbildung an der Börse s. Kap. 8.1.3.)

Generell bietet der Strommarkt mit seinen - temporären - erzeugerseitigen Überkapazitäten gute Voraussetzungen für die Entwicklung liquider Strombörsen. Dagegen ist der europäische Erdgasmarkt durch eine nach Ländern stark diversifizierte Versorgungsstruktur aus inländischer Förderung und Importen gekennzeichnet. Länder mit hoher Inlandsproduktion wie das Vereinigte Königreich und die Niederlande stehen neben Ländern, die wie Deutschland überwiegend vom Import abhängig sind. Länder mit hoher Eigenproduktion und erzeugerseitigem Wettbewerb bieten ganz offensichtlich günstigere Bedingungen für die Entstehung von Spotmärkten. So werden im Vereinigten Königreich etwa 20% des Gesamtvolumens am Spotmarkt gehandelt.

12.4 Die Akteure am Energiemarkt

Liberalisierte Energiemärkte für leitungsgebundene Energieträger setzen das sog. Unbundling (betriebswirtschaftliche Trennung von Erzeugung und Transport) und damit differenzierte Funktionen der Akteure am Markt voraus. Im Falle des Strommarktes sind dies Stromerzeuger, Übertragungsnetzbetreiber, Betreiber der Verteilnetze, Händler und zugelassene Kunden. Transport und Verteilung sind faktische und rechtliche Monopolfunktionen, demgegenüber unterliegen Erzeugung und Handel dem Wettbewerb. Erzeuger und Transporteure sind auf kostenintensive Anlagen angewiesen, auf die ein reines Handelshaus verzichten kann.

Im Energiehandel treten neben etablierten Energieversorgungsunternehmen Independent Power Producer (IPP) - Stromerzeuger mit eigenen Kraftwerken aber in der Regel ohne Infrastruktureinrichtungen für Transport und Verteilung - , reine Energiehändler und Broker auf. Händler führen Angebot und Nachfrage zusammen, indem sie auf eigene Rechnung Energie physisch kaufen und verkaufen oder auch mit finanziellen Produkten handeln. Auch sog. Aggregatoren üben Händlerfunktionen aus, wobei sie bspw. den Bedarf mehrerer Kunden ("Bündelkunden") bündeln, um auf diese Weise am Markt Mengenvorteile zu realisieren. Ein Aggregator kann auch gezielt Kunden oder Kundengruppen suchen, die sich ihrer Bedarfsstuktur nach komplementär zueinander verhalten und somit in Summe eine optimale Ausnutzung eines gekauften Leistungsprofils ermöglichen.

Im Gegensatz zum Händler ist der Broker (Makler) nur ein Vermittler zwischen Käufer und Verkäufer und ist zu keiner Zeit im Besitz von Energiemengen oder finanziellen Positionen. Brokerfunktionen werden auch von Portfoliomanagern wahrgenommen, die im Auftrag agieren und Kunden beim Energieeinkauf und Risikomanagement beraten und dieses verantwortlich durchführen .

12.5 Die Rolle der Industrie

Mit der formalen Freigabe der Energiemarktliberalisierung durch die Politik fiel der Industrie die Aufgabe zu, den Wettbewerb als potenter Nachfrager zu eröffnen. Es ist unbestritten, dass die hohe Transformationsgeschwindigkeit des Strommarktes in Deutschland das Verdienst der Industrie ist, die sich unter dem internationalen Wettbewerbsdruck nun in der Lage sah, den wichtigen Standortfaktor Energie international wettbewerbsfähiger zu gestalten. Der eingeleitete Prozess profitierte einerseits von der Nachfragemacht und der energiewirtschaftlichen Expertise der Industrie, andererseits von dem rasch einsetzenden angebotsseitigen Wettbewerb um lukrative Großverbraucher. Im weiteren Verlauf hat sich die Industrie als eine der wesentlichen Triebfedern für eine konsequente und wettbewerbsgerechte Ausgestaltung des politischen Ordnungsrahmens erwiesen.

Nachfrageseitig ist die Industrie einer der relevanten Verbrauchssektoren neben dem Verkehr, den privaten Haushalten und den sonstigen Kleinverbrauchern. Ihre Bedarfsstrukturen zeichnen sich in der Regel durch hohe Benutzungsdauern aus und unterscheiden sich damit signifikant von denen der übrigen Verbraucher. Sie trägt daher wesentlich zu einer hohen Grundlastausnutzung der öffentlichen Energiebereitstellung bei.

Die vielseitigen Handelsformen und Produkte liberalisierter Energiemärkte kommen dem Ziel der Industrie entgegen, das Beschaffungsportfolio bedarfsgerecht zu optimieren. Kleinere Betriebe beschränken sich häufig auf Vollversorgungskontrakte der OTC-Märkte, während große Verbraucher am Börsenhandel teilnehmen und zum Teil in Eigenregie Broker- und Händlerfunktionen ausüben. Der freie Zutritt zu den Netzen erlaubt es überregional und international operierenden Industrieunternehmen, Standorte zu bündeln, um auf diese Weise Kostenvorteile bei der Belieferung mit leitungsgebundenen Energien zu realisieren.

Auf der Angebotsseite nimmt die industrielle Energiewirtschaft mit ihren Eigenanlagen im Wettbewerb mit öffentlichen Anbietern Versorgungsaufgaben primär für den Eigenbedarf wahr. Sie ist darüber hinaus mit Einspeisungen in die öffentlichen Stromnetze und über unterschiedliche Kooperationsmodelle - vornehmlich mit kommunalen Versorgern - in die allgemeine Energieversorgung eingebunden. Wenngleich es bereits vor der Marktöffnung Beispiele für diese Zusammenarbeit bei der standortnahen Energiebereitstellung gab, boten sich mit dem freien Zugang zu den Netzen neue Optionen für die Wahl der Kooperationspartner einschließlich unabhängiger Stromerzeuger (IPP) und für die Gestaltung der Erzeugungs- und Absatzkonzepte an. Hierfür sind insbesondere größere Standorte mit KWK-gerechten Bedarfsstrukturen geeignet. Während die erzeugte Wärme aus wirtschaftlichen Gründen ausschließlich verbrauchernah eingesetzt werden kann, ist ein ggf. anfallender Überschussstrom weitgehend ortsunabhängig handelbar. In vielen Fällen ist die Nutzung der betriebsinternen KWK-Potenziale wegen ungünstiger Bedarfscharakteristiken jedoch begrenzt, so dass erst die Summe der Energieanforderungen mehrerer Energieverbraucher - benachbarte Betriebe, Kommunen - Investition und Betrieb kostenintensiver KWK-Anlagen modernster Technik wirtschaftlich sinnvoll macht (s. auch Kap. 11.4).

E. Querschnittsfunktionen

13. Organisation der industriellen Energiewirtschaft

Der Begriff Energiemanagement wird in der Fachliteratur in vielfältiger Weise benutzt, wobei häufig Teilaspekte wie bspw. das Energiecontrolling im Mittelpunkt stehen. Der VDI-Arbeitskreis *Energieanwendung* gibt hierzu in einer Richtlinie für den Begriff betriebliches Energiemanagement eine Definitionshilfe: "...eine vorausschauende, organisierte und systematisierte Erzeugung, Verteilung und Verwendung von Energie unter ökologischer und ökonomischer Zielsetzung" [157]. Zu ergänzen wäre noch das Ziel einer sicheren und ausreichenden Energieversorgung. Mit dieser sehr umfassenden Definition wird zugleich die erhebliche Spannbreite dieser unternehmerischen Aufgabe deutlich.

Die vielfältige Zielsetzung des betrieblichen Energiemanagements hat neben den sich eher als Einzelaspekte darstellenden Fragen wie die Bewirtschaftung von Eigenanlagen (Kap. 4 bis Kap. 7), die Kosten- und Preisbildung (Kap. 8 bis Kap. 10) und die externen Rahmenbedingungen (Kap. 11 und Kap. 12) weitere Aufgaben zur Folge, die als Querschnittsfunktionen zu behandeln sind. Hierzu zählen das Last- und Beschaffungsmanagement (Kap.14), das Risikomanagement (Kap. 15) sowie das Energiecontrolling (Kap. 16).

Ausgangspunkt für die Organisation der betrieblichen Energiewirtschaft ist die strukturierte Buchführung über die Energiebeschaffung und die Energieverbräuche. Sie stellt die einfachste Variante eines Energie-Managementsystems dar und liefert Zahlenfolgen, die für Kontroll-, Planungs- und Analyseaufgaben unverzichtbar sind und eine verursachungsgerechte Energieverrechnung erst ermöglichen. Der Markt bietet seit langem Informationssysteme an, die eine effiziente Unterstützung dieser Arbeiten gewährleisten und darüber hinaus die Energieerfassung in die unternehmensweite Kommunikation einbinden. Mit der Größe eines Unternehmens und der Komplexität seines Produktionsverbundes, der Höhe und Artenvielfalt des Energieumsatzes sowie dem Betrieb eigener Energieinfrastrukturanlagen wächst die Notwendigkeit, sich umfassender Managementsysteme zu bedienen, um eine ganzheitliche Optimierung der Energieversorgung zu sichern. Zusätzliche Anforderungen werden gestellt, wenn die Energienutzer - mit dem Ziel rationeller Energieverwendung - in diesen Prozess eingebunden werden. Darüber hinausgehende Systemerweiterungen sind dann gefragt, wenn Großverbraucher sich der unterschiedlichen Produkte am Energiemarkt im Rahmen eines Portfoliomanagements bedienen [158, 159].

Energiespezifische Managementsysteme

Aufgaben- oder bereichsbezogene Managementsysteme setzen an den vorhandenen Organisations- und Informationsstrukturen eines Unternehmens an. Dabei sind in der Regel Standardlösungen ebensowenig zielführend, wie sich Erfahrungen eines Unternehmens auf ein zweites direkt übertragen lassen. Relevante Auslegungsparameter sind die Betriebsgröße und damit der Grad der organisatorischen Differenzierung und die energiespezifische Ausprägung eines Unternehmens [159]. Die Spannbreite reicht von kleinen Industriebetrieben mit geringem Energiebedarf, in denen sich die Aktivitäten lediglich auf den Energieeinkauf als Teil des allgemeinen Einkaufs beschränken - Energiewirtschaft also praktisch nicht stattfindet - , bis hin zu großen energieintensiven Unternehmen, in denen Energie ein Faktor mit erheblicher wirtschaftlicher und umweltbezogener Bedeutung ist.

Im Allgemeinen wird der Energiebereich an den unternehmensweiten Informationssystemen partizipieren, die auf die betrieblichen Grundfunktionen gerichtet sind. Für diese klassischen betrieblichen Aufgaben stellt die moderne Informationstechnologie eine Vielzahl ausgereifter Lösungen zur Verfügung. Darüber hinaus bieten die Unternehmen ihren operativen Bereichen weitere Managementsysteme mit verschiedenen Funktionen, um Planungs-, Steuerungs- und Kontrollaufgaben zu unterstützen. Damit wird das Ziel verfolgt, durch einheitliche Unternehmensstandards effiziente, Kosten senkende Strukturen bereitzustellen, die auf eine Beschleunigung und Automatisierung des Datenverarbeitungsprozesses und schnelleren und genaueren Datenzugriff hinauslaufen. In diese bestehenden Netzwerke erfolgt die Integration energiebereichsspezifischer Systeme.

Für einen Industriebetrieb mit Eigenanlagen - typischerweise Kraft-Wärme-Kopplung mit eingebundener Erzeugung sonstiger Energiearten wie bspw. Druckluft - ist deren Einsatzplanung unter Berücksichtigung der Brennstoffbezugsverträge und des Gesamtportfolios aus Eigenerzeugung und Strombezug eine der zentralen Steuerungsaufgaben des Betriebsmanagements. Welcher Planungs- und Steuerungsinstrumente man sich dabei bedient, hängt von den individuellen Situation, in erster Linie der Komplexität des zu optimierenden Prozesses, ab. Dabei ist das Ziel die Minimierung der Gesamtkosten der Energieversorgung.

Der Markt bietet verschiedene Software-Varianten zur **Energiebezugs- und Einsatzoptimierung,** die sich im Wesentlichen durch ihren Funktionsumfang und die DV-technischen Merkmale unterscheiden. Für den industriellen Nutzer stellt sich dabei die Aufgabe, die Anforderungen an das einzusetzende Systeme zu definieren. Er sollte seine individuelle Situation zuvor sorgfältig analysieren und die Frage klären, ob Optimierungspotenziale überhaupt vorhanden sind, und wenn, mit welchem Aufwand diese realisiert werden können.

Allein die intensive Beschäftigung mit den Anlagenstrukturen führt nicht selten zu einer höheren Sensibilität hinsichtlich der wirtschaftlichen Aspekte ihres Betriebs. Im Falle eines positiven Befundes genügen bei einfach zu überschauenden Strukturen mit wenigen Anlagenkomponenten häufig einfache "manuelle" Vorgaben, also entsprechende Fahranweisungen an den Maschinisten. Die Anweisungen sollten regelmäßig auf ihre korrekte Einhaltung hin kontrolliert werden. Eine weitere Möglichkeit, den Anlageneinsatz konventionell zu optimieren, stellen Prioritätenlisten dar, die den Anlageneinsatz nach Effizienzkriterien vorgeben

Ist auf der Basis einer Wirtschaftlichkeitsanalyse die Entscheidung für ein DV-Optimierungssystem gefallen, bietet der Markt dem Nutzer eine Vielzahl unterschiedlicher Software-Lösungen. Hilfestellung bei der Wahl eines geeigneten Systems kann über den Erfahrungsaustausch etwa in den diversen Gremien (z. B. Verbände wie VIK, VGB) oder an Hand von Markterhebungen eingeholt werden, in denen die Systeme nach bestimmten Kriterien differenziert bewertet werden [160]. Wesentliche Bewertungskriterien können sein: Eignung für verschiedene Zeithorizonte, Eignung für kleinere oder größere Verbundsysteme und Eignung für besondere Fragestellungen (z.B. Energiebörse).

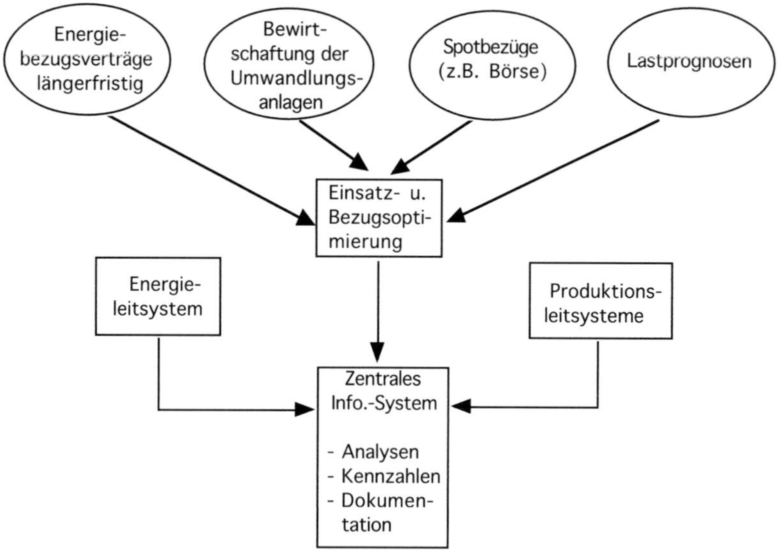

Abb. 13.1 Beispiel für ein Energie-Managementsystem

In der Abb. 13.1 ist exemplarisch das Grundmuster eines Managementsystems mit integrierter Einsatz- und Bezugsoptimierung dargestellt. Dieses Muster könnte für einen Industriestandort gelten, an dem Eigenanlagen zur Wärme- und Stromerzeugung betrieben werden. Den über die eigene Erzeugungskapazität hinausgehenden Strombedarf deckt der Betreiber mit einem flexiblen Strombezugsportfolio bestehend aus Spotmengen und bilateralen längerfristigen Bezügen ab. Damit stellt sich die klassische Optimierungsaufgabe: Die Gesamtkosten der Energiebereitstellung aus Bezug und Eigenerzeugung sollen für definierte Zeithorizonte minimiert werden.

Die Dateneingabe für den Optimierungsprozess erfolgt in diesem Beispiel über vier Module. Das Vertragsmodul bildet die Bezugsverträge für den Primärenergiebedarf der Umwandlungsanlagen und für den Zusatzstrombedarf ab. In diese Kategorie gehören gegebenenfalls auch Vereinbarungen mit größeren Energieverbrauchern über Leistungskürzungen im Rahmen von Abschaltplänen. Im Modul

Umwandlungsanlagen ist die Topologie des Anlagenparks mit den Leistungs- und Effizienzmerkmalen der Einzelkomponenten sowie deren momentaner Verfügbarkeit hinterlegt. In einem weiteren Modul wird die Teilnahme am Spotmarkt und der Terminbörse durch Vorgaben von Grenzkosten und die Abbildung standardisierter Produkte unterstützt.

Im Modul Lastprognose wird der Zeithorizont beschrieben. Die kurzfristige Planung, die sich mit der Lastprognose für den nächsten Tag bzw. die nächsten Tage beschäftigt, steht dabei im Mittelpunkt.[29] Insbesondere durch die Bewertung des kurzfristig angelegten Spotmarktes gewinnt dieser Zeithorizont für die Optimierung eine besondere Bedeutung. Ziel des Optimierungsprozesses ist die Minimierung der kurzfristig beeinflussbaren Kostenelemente (= variable Kosten). Die Lastprognose basiert auf der zu erwartenden Lastanforderung, die durch die Höhe der Produktion der mit Energie zu beliefernden Prozesse sowie durch die Außentemperatur weitgehend definiert ist. Die Außentemperatur beeinflusst den Wärmebedarf und damit über den verfahrenstechnischen Koppeleffekt auch die Höhe der Stromausbeute und damit den Zusatzstrombedarf .

Das Optimierungssystem kann mit den Prozessleitsystemen der Energieanlagen und der die Energie nutzenden Produktionsprozesse in ein werksübergreifendes Produktionsleitsystem integriert werden. Damit sind die Voraussetzungen gegeben, ein **zentrales Informationssystem** zu implementieren. Eine derartige Struktur erlaubt die verfahrenstechnische und wirtschaftliche Bewertung eines komplexen Produktions- und Energieverbundes (Beispiel unter [161]). Hierzu zählen auch Informationen über Produktausbeuten und den spezifischen Energiebedarf als wichtige Basisdaten für die Produktkalkulation.

[29] Der mittelfristige Planungszeitraum betrachtet einen Zeithorizont bis zu 12 Monaten. Für diesen Zeitraum werden alle dem Gesamtsystem zur Verfügung stehenden Ressourcen disponiert. Dies betrifft eine grobe Strukturierung des Beschaffungsportfolios bezüglich mittel- und kurzfristiger Produkte und eine Planung von Revisionszeiten und der Anlagenbereitschaft.

14. Last- und Beschaffungsmanagement

Grundsätzlich unterscheidet man zwischen bedarfsorientierten (Demand-Side) und beschaffungsorientierten (Supply-Side) Maßnahmen. Die bedarfsorientierten Maßnahmen beeinflussen die Höhe und Struktur der Nachfrage je Verbraucher bzw. Verbrauchergruppe. Auf der Beschaffungs- bzw. Bereitstellungsseite stehen Maßnahmen zur Energiebeschaffung und ggf. Eigenerzeugung einschließlich der innerbetrieblichen Verteilung. Bedarfs- und beschaffungsseitige Maßnahmen stehen in enger Wechselwirkung zueinander.

14.1 Bedarfsorientierte Maßnahmen

Unter diesem Kapitel werden Modelle zur kostensenkenden Beeinflussung der betrieblichen Lastkurven für elektrische Energie dargestellt. Die Modelle betreffen Maßnahmen, die einer gezielten internen Koordinierung bzw. eines zentralen Lastmanagements bedürfen.

Kappen von Verbrauchsspitzen

Dieses Modell sieht eine Kappung kurzzeitiger Lastspitzen vor, da diese die Strombezugskosten wesentlich mitbestimmen. Ein Absenken führt bei im Übrigen unveränderten Bedingungen zu einer Erhöhung der Benutzungsdauer und damit zu einer Reduzierung der Kosten (s. auch Kap. 8.1.1).

Die Besonderheiten der individuellen betrieblichen Lastanforderung bilden sich im elektrischen Lastgang ab und begrenzen u. U. auch den Umfang möglicher Maßnahmen: Langzeitige Lastspitzen über mehrere Stunden des Tages sind erfahrungsgemäß nur selten ohne weit reichende Produktionskürzungen reduzierbar. Trotzdem sollten auch in derartigen Fällen die potenziell einsparbaren Kosten auf Seiten der Energiebeschaffung den Ergebnisverlusten in Folge der Lastbegrenzung gegenüber gestellt werden. Demgegenüber ist die Vermeidung kurzzeitiger Lastspitzen bei praktisch gleich bleibender elektrischer Arbeit in vielen Fällen unproblematisch. Kurzzeitige Lastspitzen können als Folge sich überschneidender

Betriebsphasen mehrerer Betriebsmittel - z.B. beim gleichzeitigen Start mehrerer Motoren - auftreten. Derartige ungewollte Betriebsweisen lassen sich ggf. durch Vereinbarung eines entsprechenden Einsatzprogramms vermeiden. Mit Rücksicht auf die notwendige Akzeptanz auf Seiten der Produktion muss in derartigen Fällen u.U. mit einem erheblichen Koordinierungsaufwand gerechnet werden.

Produktionsprozesse und ihre Abfolge sind in den meisten Fällen nicht statisch und verlangen daher auch beim elektrischen Lastmanagement entsprechende dynamische Reaktionen. Neben einer grundsätzlichen Vereinbarung über die Absenkung von Lastspitzen - gegebenenfalls unter Nutzung einer Prioritätenliste - und die zu treffenden Einzelmaßnahmen empfiehlt es sich daher, den Verantwortlichen in der Produktion mittels technischer Hilfsmittel kontinuierlich mit Informationen über den aktuellen Leistungsbezug und den Sollwert zu informieren. Grundlage ist der der Verrechnung zu Grunde liegende 1/4-Stundenwert der elektrischen Leistung.

Absenken der Spitzenlast und Lastverlagerung

Dieses Modell betrifft Lastgänge mit periodisch auftretenden langzeitigen Lastspitzen und -tälern. Die Periodizität kann dabei im Stunden-, Wochen- oder auch längerfristigen Bereich liegen. Das Modell sieht ein Absenken der Verrechnungsleistung bei gleichzeitiger Verlagerung der elektrischen Arbeit in die Lasttäler vor. Die Kostenvorteile ergeben sich aus einer reduzierten Verrechnungsleistung und einem Anstieg der Benutzungsdauer. Eine Variante dieses Modells sieht die Verlagerung der Last aus Hochtarifzeiten in Niedertarifzeiten des Strombezugs vor.

Eine praxisbezogene Umsetzung dieses Modells stößt in der Regel auf ganz erhebliche produktionstechnische und organisatorische Probleme, die bis in die Arbeitszeitregelungen der Produktionsmitarbeiter hineinwirken kann. Chancen für eine erfolgreiche Umsetzung sind eher dann gegeben, wenn es sich um einen Mehrschichtbetrieb mit zeitlicher Flexibilität bei der Produktionsmenge handelt. Unter Umständen sind zusätzliche Lagerkapazitäten, die als Mengenpuffer dienen, erforderlich, um den geänderten Produktionszyklus zu ermöglichen. Die mit der betrieblichen Umstellung verbundenen Kosten sind in einer Wirtschaftlichkeitsanalyse den Ersparnissen auf Seiten der Strombeschaffung gegenüber zu stellen.

Bündelung

Der Vorteil besteht darin, dass die integrale Lastspitze mehrerer Stromverbraucher oder Verbrauchergruppen kleiner ist als die Summe der nicht zeitgleichen Einzelspitzen. Bei unverändertem Bedarf an elektrischer Arbeit steigt die Benutzungsdauer der in Anspruch genommenen Leistung. Neben diesem kostensenkenden Leistungseffekt kann der Bündelkunde mit einem höheren Bedarf an Menge aufwarten, was der Markt u.U. mit niedrigeren Preisen honoriert als bei getrennter Beschaffung der Einzelmengen.

Der Bündeleffekt wird in Betrieben mit mehreren Verbrauchern und einem gemeinsamen Bezugszähler und von Unternehmen mit mehreren örtlich voneinander getrennten Standorten und einem gemeinsamen Stromlieferanten bereits genutzt. Möglichkeiten zur Bündelung können auch unter benachbarten Fremdbetrieben geprüft werden. Im Falle einer derartigen Kooperation werden sich die Beteiligten frühzeitig auf die Prinzipien der Leistungsverrechnung einigen (s. auch Kap. 10.2).

Da allgemein die Abgabe von Fahrplänen mit Prognosefehlern behaftet ist, bietet der Zusammenschluss mehrerer Verbraucher auch unter diesem Aspekt Vorteile. Der positive Effekt besteht darin, dass die Zusammenlegung mehrerer unabhängiger Fahrpläne den integralen Fehler vermindern kann und die Genauigkeit der Prognose insgesamt erhöht [162].

Kurzfristiges Lastmanagement

Kurzfristiges Lastmanagement reagiert auf den real beobachteten Lastverlauf. Wegen der kurzen Reaktionszeiten, ist dieses operative Geschäft unmittelbar vom Betriebspersonal zu erledigen. Im Falle des Strombezugs stehen für Eingriffe in der Regel 15-Minuten-Messintervalle zur Verfügung. Deuten sich Abweichungen vom jeweiligen Sollwert (vereinbarter Fahrplan) an, können Korrekturen am Lastverlauf durch Zu- bzw. Abschaltungen von Verbrauchern - ggf. an Hand von Prioritätenlisten - negative Konsequenzen vermeiden. Bei der Bündelung des Bedarfs mehrerer Unternehmen erledigen integrierte Energie-Managementsysteme diesen Ausgleich. Dabei ist es das Ziel, den Bedarf an teurer Ausgleichsenergie für den Subbilanzkreis möglichst niedrig zu halten [162].

14.2 Beschaffungsorientierte Maßnahmen

Grundlage für beschaffungsorientierte Maßnahmen im Rahmen des innerbetrieblichen Last- und Kostenmanagements sind die vorgegebenen Bedarfsstrukturen der Energienutzer. Um diesen Anforderungen mit minimalen Kosten gerecht zu werden, kann sich der Stromeinkäufer unterschiedlicher Produkte und Lieferanten bedienen. In dieses Portfolio ist ggf. auch die Eigenerzeugung einzubeziehen.

Vom Grundsatz her beruht das Portfolio auf längerfristigen strategischen Entscheidungen, die neben den Kosten- auch Risikoaspekte zu berücksichtigen haben. Dabei sind statische Vorgaben, die flexible Reaktionen auf sich ändernde Bedarfs- und Marktkkonstellationen behindern würden, zu vermeiden.

14.2.1 Beschaffungsportfolio

Die Zeiten, in denen ein Betrieb seinen Strom ausnahmslos beim örtlichen Versorger auf der Grundlage eines Vollversorgungsvertrags beziehen konnte, sind vorüber. Gefragt waren in dieser Situation ein gutes Verhandlungsgeschick und der kluge Einsatz der ggf. vorhandenen Eigenanlagen, die damit eine wichtige strategische Position besetzten. Mit der Liberalisierung der Strommärkte veränderte sich das Beschaffungsumfeld entscheidend.

Die Öffnung des Strommarktes führte zwar einerseits zu mehr Wettbewerb und damit sinkenden Preisen, andererseits aber in Folge der Produktdiversifizierung, die sowohl Fristigkeit und Risiken wie auch die Handelsformen betrifft, zu einem insgesamt komplexeren Marktumfeld. Das Angebot reicht nun von kurzfristigen Börsenprodukten bis zu längerfristigen bilateralen Lieferverträgen. Die Marktnähe der Börsennotierungen manifestiert sich in einer potentiell hohen Volatilität und damit in entsprechenden Preisrisiken.

Ein dieser Situation angemessenes Konzept ist die Energiebeschaffung nach dem Muster eines Portfolio, wie es aus der Finanzwirtschaft seit langem bekannt ist [162, 163]. Die zu treffenden Maßnahmen richten sich nach der Höhe der jährlichen Stromkosten und deren relativer Bedeutung. Größere Unternehmen mit entsprechenden personellen Ressourcen werden aus eigener Kraft ein für sie geeignetes Portfoliomanagement entwickeln und für die Beschaffung umsetzen, während kleinere Unternehmen sich weiterhin für einen Vollversorgungsvertrag entscheiden oder sich gegebenenfalls externer Handelsgesellschaften bedienen.

Voraussetzung für die Entwicklung eines Beschaffungsportfolios ist die Analyse der Struktur des Strombedarfs. Hierfür bietet sich die Häufigkeitsverteilung (geordnete Dauerlinie) des Stromverbrauchs, in der die Leistungen (Grundlage sind 1/4h -Messungen) nach Höhe geordnet aufgetragen werden (Abb. 14.1), an. Diese Darstellung gibt demnach Antwort auf die Frage, über wieviel Stunden eines Jahres eine Leistung bestimmter Höhe angefordert wird. Die Fläche unter der Leistungskurve stellt die verbrauchte elektrische Arbeit dar.

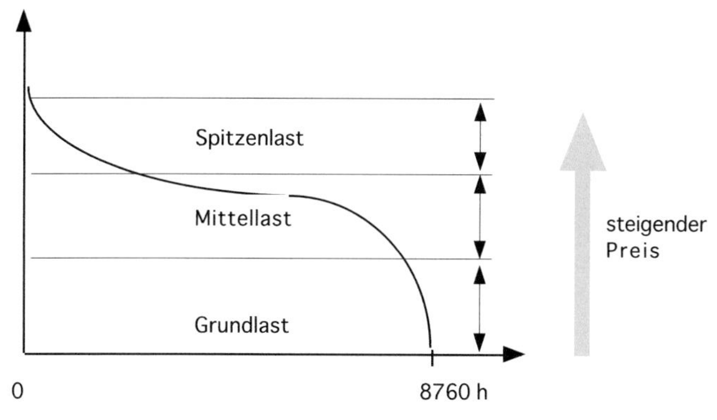

Abb. 14.1 Prinzip einer Häufigkeitsverteilung des Stromverbrauchs

Die Stromproduzenten verlangen für die einzelnen Lastbereiche - Grundlast, Mittellast, Spitzenlast - unterschiedlich hohe Preise, die sich an den Erzeugungskosten orientieren. Grundlaststrom wird in Kraftwerken mit hoher Auslastung, also vergleichsweise kostengünstig erzeugt, während Spitzenlaststrom den kurzfristigen Einsatz von Stand-by-Kraftwerken erfordert und damit vergleichsweise hohe Kosten verursacht. In Analogie hierzu bietet der Markt Stromprodukte für unterschiedliche Lastbereiche an, aus denen der Kunde sein individuelles Portfolio zusammenstellen kann. Soweit Eigenanlagen vorhanden sind, stellen sie einen Teil des Beschaffungsportfolios dar und werden, da sie überwiegend mit hoher Auslastung betrieben werden, dem Grundlastbereich zugeordnet. Sind diese darüber hinaus in der Lage, flexibel auf Marktveränderungen zu reagieren, können sie zur kurzfristigen Optimierung eingesetzt werden. Ziel der Portfoliostrategie ist es, sowohl Kosten als auch Risiken zu minimieren.

Unter Risikoaspekten bedarf der Spotmarkt einer besonderen Beachtung. Strom ist das Handelsgut mit der höchsten Preisvolatilität überhaupt (Beispiele für hohe Preisauschläge: Kalifornien im Jahr 2000, Mitteleuropa im Sommer 2003). Kein Unternehmen wird daher seinen gesamten Strombedarf längerfristig am Spotmarkt decken wollen. Der Vorteil liegt vielmehr in der Möglichkeit, kurzfristige Optimierungen und Abgleichungen eines auf unvorhersehbare Entwicklungen zurückzuführenden Spitzenbedarfs vorzunehmen, oder in der Chance, von niedrigen Notierungen zu profitieren. Sofern ein Betrieb zur Optimierung kurzfristige Produkte in nennenswertem Umfang heranzieht, sollte er sich unter Beachtung eines vorgegebenen Risikorahmens entsprechender Absicherungsstrategien bedienen (vgl. Kap. 15.2.1.2).

Die **kurzfristigen Optimierung** und Spitzenabdeckung stellt ein Segment des Beschaffungsportfolios dar. Grundlast mit hohem Vertragsvolumen sollte eher längerfristig zu überschaubaren Konditionen im bilateralen Geschäft eingekauft werden. Zu diesem Zweck bieten sich Festpreisverträge neben Vertragskonditionen an, bei denen eine Abhängigkeit von bestimmten Kostenindizes (z. B. Investitionsgüter- / Lohnindex) besteht. Auch Preisgleitformeln auf der Basis von Börsennotierungen sind denkbar, sollten in ihrer Ausgestaltung bezüglich der Risiken jedoch überschaubar sein. Natürlich besteht auch bei Festpreisverträgen ein gewisses Preisrisiko, wenn nämlich der Preis bei Abschluss des Vertrages während der Vertragslaufzeit vom Markt unterboten wird.

14.2.2 Die Rolle der industriellen Eigenerzeugung

Die Stromerzeugung in Eigenanlagen steht in direktem Wettbewerb zum Strombezug von den am Markt agierenden Anbietern. Bezüglich der entscheidungsrelevanten Kosten ist auf Seiten der Eigenanlagen generell zwischen kurz- und langfristiger Optimierung zu unterscheiden. **Optimierungen mit langfristigem Horizon**t bilden die Basis für Investitionen. Die damit verbundenen Kosten sind kurzfristig nicht beeinflussbar.

Bei gleichzeitigem Strom- und Wärmebedarf betreibt die Industrie in der Regel KWK-Anlagen, bei denen Strom als Koppelprodukt erzeugt wird. Diese Umwandlungsprozesse sind weitgehend wärmegeführt, so dass der Strom "zwangsweise" entsprechend dem Wärmebedarf der Produktion anfällt und somit dessen täglichen bzw. jahreszeitlichen Schwankungen folgt. Eine begrenzte Entkopplung von Dampf- und Stromerzeugung lässt sich z. B. durch die Integration von Kondensationsturbinen in den KWK-Prozess oder den Betrieb eines Dampfkessels mit Zusatzfeuerung bei einer GuD-Anlage erreichen (s. Abb. 4.4).

Reine Kondensationsstromanlagen sind dagegen flexibel einsetzbar und können dem Strombedarf nachgefahren werden. Ihr Einsatz kann im Spitzenlastbereich bei hohen Großhandelspreisen wirtschaftlich sinnvoll sein, um extreme Preisausschläge zu kappen. In dieser Funktion können sie im Beschaffungsportfolio eine betriebliche Alternative zu den marktüblichen Preissicherungsinstrumenten bilden. Im Grund- oder Mittellastbereich dagegen sind die im industriellen Maßstab betriebenen vergleichsweise kleinen Kondensationsanlagen dem Stromangebot am Markt preislich häufig unterlegen

Kurzfristige Kostenoptimierungen erfolgen während des Betriebs einer bestehenden Stromerzeugungsanlage (Kap. 14.2.2). Basis der wirtschaftlichen Bewertung ist in diesem Fall ein Vergleich verschiedener alternativer Fahrweisen allein an Hand der variablen Kosten (primär Brennstoffkosten) mit dem Ziel einer Minimierung der Gesamtkosten der Strombereitstellung. Die Kurzfristoptimierung erfolgt mit einem Zeithorizont von Stunden oder Tagen auf der Basis einer Bedarfsprognose (Kap. 14.3).

Der Aufwand für diese Aufgabenstellung (mathematisches Lösungsverfahren, Rechneraufwand) hängt weitgehend von der Komplexität der Dampf- und Stromerzeugung in den betriebseigenen Kraftwerksanlagen ab. Im Extremfall kann es sich um mehrsträngige KWK-Anlagen handeln, die Dampf mit unterschiedlichen Druckstufen bereitstellen und darüber hinaus in die übrige Medienversorgung des Betriebs - wie Druckluft- oder Kälteversorgung - eingebunden sind. Außerdem können zeitlich variable Abhitzeströme aus der Produktion die Stromerzeugung aus der Kraft-Wärme-Kopplung beeinflussen. Jeder Betriebszustand dieses Systems lässt sich durch thermodynamische Modelle abbilden und durch Kostenfunktionen beschreiben. Mittels eines mathematischen Optimierungsalgorithmus kann der Betriebspunkt gefunden werden, für den sich ein Kostenminimum ergibt.

14.3 Lastprognosen

Lastprognosen sind für eine bedarfsgerechte Energiebeschaffung unverzichtbar und können in vielfacher Weise die Energiekosten beeinflussen. Dies betrifft sowohl Langfristprognosen als Planungsgrundlage für Investitionen als auch kurz- bis mittelfristige Prognosen, die in die Fahrpläne von Eigen- oder Fremdanlagen einfließen.

Lastprognosen für den Energiebedarf können auf Basis historischer Datenreihen oder ausgewählter Referenzzeiträume erstellt werden, solange die wesentlichen Produktionsparameter der Energienutzer konstant bleiben. Bei kurzfristigen Prognosen ist diese Prämisse in der Regel erfüllt. Langfristig muss jedoch von qualitativen und strukturellen Änderungen des Produktionsprogramms ausgegangen werden. Infolgedessen sind Änderungen der Energiebewirtschaftung, die den mengen- und leistungsabhängige Energiebedarf betreffen, zu erwarten. In solchen Situationen können Schätzungen eine erste Näherung bieten. Bessere Ergebnisse liefern Prognosen auf der Basis von Kennwerte (bspw. der spezifische Energieverbrauch eines Energienutzers) [164]. Durch Bündelung mehrerer unabhängiger Verbraucher heben sich häufig die einzelnen Prognosefehler auf oder schwächen sich ab, sodass das Gesamtergebnis eine relativ höhere Genauigkeit aufweist.

15. Risikomanagement

Wirtschaftliche Aktivitäten sind im Allgemeinen mit Risiken verbunden. Um kritische Risiken auszuschließen oder zu begrenzen, ist es Aufgabe der Unternehmen, angepasste Kontroll- und Frühwarnsysteme einzurichten. Dabei kann der Betrieb sicherheitsrelevanter Anlagen - bspw. im Umweltschutzbereich - ebenso betroffen sein, wie die Bereiche Beschaffung oder Absatz. Für börsennotierte Unternehmen hat der deutsche Gesetzgeber mit dem im Mai 1998 in Kraft getretenen Gesetz zur Kontrolle und Transparenz im Unternehmensbereich (KonTraG) verpflichtend ein angemessenes Risikomanagement mit einem internen Überwachungssystem, das von einem Wirtschaftsprüfer zu zertifizieren ist, vorgeschrieben.

Die Liberalisierung der Energiemärkte führte - für die einzelnen Unternehmen in unterschiedlichem Maße - zu einer Änderung bzw. Ergänzung auch des Risikoportfolios. Neben neuen attraktiven Geschäftsmöglichkeiten mussten sich die Marktteilnehmer auf neue zum Teil komplexe Risiken einstellen, die sich aus dem verschärften Wettbewerb ergeben [165]. Beispielhaft wird in diesem Zusammenhang häufig auf das hohe Risikopotenzial beim Strompreis hingewiesen, dessen kurzfristige Entwicklungen durch eine extrem hohe Volatilität gekennzeichnet sein kann.

Der Energiebereich eines Unternehmens ist in die durch das Kerngeschäft beschriebenen Unternehmensziele einschließlich der Risikobereitschaft eingebunden. Innerhalb dieses Rahmens vollzieht sich der Aufbau eines energiespezifischen Risikomanagements, dessen Aufwand in einem ausgewogenen Verhältnis zum Risikopotenzial stehen sollte.

15.1 Funktionen des Risikomanagements

Die Funktionen des Risikomanagements lassen sich systematisieren und entsprechend der Abb. 15.1 in einzelne Phasen unterteilen [165]: Die erste Stufe dient der **Risikoidentifikation** mit der Erfassung aller Gefahren- und Verlustpotenziale. Das Ergebnis ist ein Risikokatalog, der nach **Risikofeldern** differenziert werden kann. Klassische Risikofelder der industriellen Energiewirtschaft sind beispielsweise der Betrieb technischer Anlagen, die damit verbundenen Umwelt- und Arbeitsschutzrisiken sowie Preisrisiken bei der Energiebeschaffung.

In einer weiteren Phase werden die Risiken einer **Analyse und Messung** unterzogen. Die Risikoanalyse befasst sich mit den Risikoursachen und -einflussgrößen und bildet eine wichtige Grundlage für die später zu entwickelnden Strategien und Maßnahmen. Häufig sind bei derartigen Analysen mehrere Parameter zu berücksichtigen. Beispielhaft sei in diesem Zusammenhang auf die Wirtschaftlichkeitsrisiken hingewiesen, die mit dem Bau eines Gaskraftwerkes verbunden sein können. In diesem Fall ist sowohl die Entwicklung des Strom- als auch die des Gasmarktes von Bedeutung, sodass sich die gesamte Bandbreite möglicher Risiken nur durch eine mehrparametrische Szenarienbetrachtung darstellen lässt.

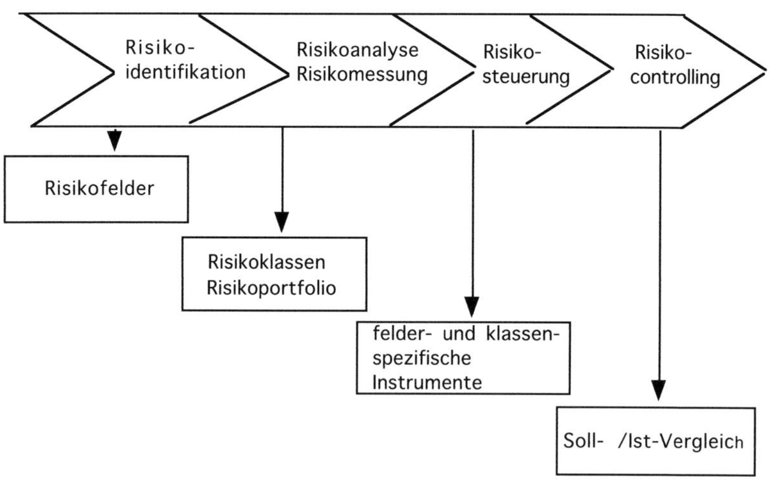

Abb. 15.1 Phasen des Risiko-Managementprozesses

Die Risikomessung kann sowohl qualitativ als auch - soweit möglich - quantitativ erfolgen. Ziel dieser Messung ist eine Risikobewertung, der in der Mehrzahl der Fälle eine subjektive Einschätzung hinsichtlich Schadenshöhe und Eintrittswahrscheinlichkeit zu Grunde liegt. Das Ergebnis dieses Prozesses ist eine Klassifizierung der Risiken nach Kriterien, die deren Bedeutung aussagefähig beschreiben.

Wegen ihres besonderen Gewichts soll die Risikomessung im Folgenden näher erläutert werden: Risiken lassen sich durch die Kombination eines Verlustpotenzials oder einer Schadenshöhe mit einer Eintrittswahrscheinlichkeit klassifizieren. Während die Quantifizierung einer potentiellen Schadenshöhe entweder direkt durch erfahrungsbasierte Größen oder analytisch im Rahmen einer Szenarienbetrachtung erfolgen kann, bereitet die Angabe einer Eintrittswahrscheinlichkeit einer Risikosituation oft erhebliche Schwierigkeiten. In der Literatur werden Wahrscheinlichkeitsangaben je nach Art ihrer Gewinnung unterschieden: Objektive Wahrscheinlichkeiten können aus überprüfbaren Berechnungen oder Beobachtungen abgeleitet werden (theoretische oder mathematische Wahrscheinlichkeiten). Hierzu zählen auch Wahrscheinlichkeitsangaben, die durch Extrapolation von Vergangenheitsbeobachtungen mittels geeigneter statistischer Methoden gewonnen wurden. Demgegenüber beruhen subjektive Wahrscheinlichkeiten auf Maßzahlen, die weitgehend auf der Intuition und Erfahrung des Entscheidungsträgers basieren (s. [72] S.1826 u. [166]).

In der Praxis hat sich ein pragmatisches Vorgehen bewährt, bei dem in einer Risikosituation sowohl die Eintrittswahrscheinlichkeit als auch die Schadenshöhe nach den qualitativen Kategorien "gering", "mittel" oder "hoch" definiert wird [166].

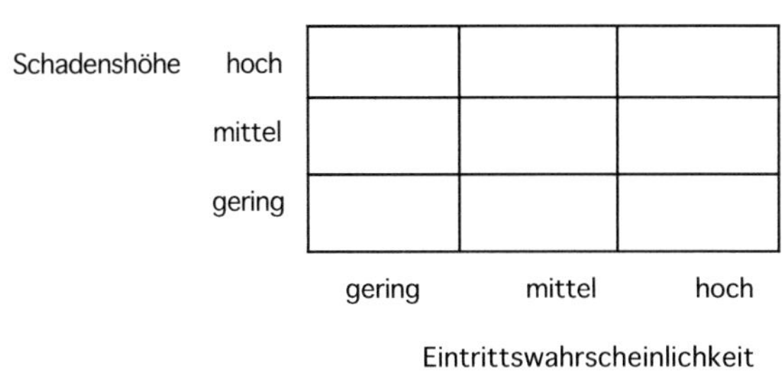

Abb. 15.2 Risikomatrix

Damit bietet sich die Möglichkeit, die beiden Parameter Schadenshöhe und Eintrittswahrscheinlichkeit in einer Matrix zu verknüpfen, mit der eine erste Priorisierung möglich ist (vgl. Abb. 15.2).

Dieses Verfahren setzt voraus, dass man sich zuvor unternehmensintern auf einen Risikorahmen geeinigt hat, der Kriterien für relevante Risiken beschreibt. Ein Unternehmen wird eine bestimmte Risikosituation, die durch die Parameterverknüpfung Schadenshöhe/ Eintrittswahrscheinlichkeit definiert ist, individuell bestimmten **Risikoklassen** wie beispielsweise "Schwerwiegend" oder "Vernachlässigbar" zuordnen. Ein großflächiger totaler Stromausfall in der öffentlichen Versorgung, dessen Eintrittswahrscheinlichkeit erfahrungsgemäß gering ist, kann beispielsweise das Industrieunternehmen A als schwerwiegendes Risiko klassifizieren, während das Unternehmen B mit einer höheren Risikobereitschaft bei vergleichbarer potenzieller Schadenshöhe diese Risikosituation in der Priorität deutlich niedriger einstuft. Entsprechend unterschiedlich werden die Sicherungsstrategien der Unternehmen ausfallen.

Die soeben definierten Risikoklassen bilden die Grundlage für ein **Risikoportfolio**. Es kann dazu dienen, ein Spektrum der Risiken beispielsweise nach Schadenshöhe und Eintrittswahrscheinlichkeit zu entwickeln. Ordnungskriterien können Risiken mit großer Schadenshöhe und geringer Eintrittswahrscheinlichkeit und solche mit geringer Schadenshöhe bei jedoch hoher Eintrittswahrscheinlichkeit sein. Eine andere Variante kann Verknüpfungen von Risiken untereinander aufzeigen, wie dies beispielsweise bei technischen Risiken in den Bereichen Anlagensicherheit, Arbeits- und Umweltschutz der Fall ist. Auf diesen Aspekt wird im Kapitel 15.2.2.1 ausführlicher eingegangen.

Die **Risikosteuerung** ist die Kernfunktion des Risikomanagement-Prozesses. Sie hat sich an der Risikopolitik des Unternehmens, insbesondere der Akzeptanz und Begrenzung von Risiken zu orientieren. Die für die Steuerung vorgesehenen Maßnahmen und Instrumente sind differenziert nach Risikofeldern (Markt/Technik) und Risikoklassen (gering/hoch) zu entwickeln. (Einen Überblick über ausgewählte Maßnahmen geben die folgenden Kapitel.) Während in der industriellen Energiewirtschaft die mit dem Betrieb von Anlagen verbundenen technischen Risiken und deren Steuerung weitgehend zum täglichen Geschäft gehören, erfordern liberalisierte Märkte für leitungsgebundene Energien völlig anders geartete Steuerungsinstrumente. Bei der differenzierten Betrachtung der einzelnen Risikoklassen ist es in vielen Fällen durchaus vertretbar, geringe Risiken wegen ihres verhältnismäßig hohen Aufwandes für gegensteuernde Maßnahmen oder eines zu geringen bestandsgefährdenden Potenzials zu akzeptieren

Der Risikomanagement-Prozess schließt mit dem **Risikocontrolling** . Dessen Aufgabe besteht primär in der Überwachung im Sinne eines Soll-/ Ist-Vergleichs, bei dem die tatsächliche Risikolage nach Anwendung Risiko mindernder Maßnahmen in den verschiedenen Risikofeldern auf Übereinstimmung mit der angestrebten Situation verglichen wird.

Der Aufwand für ein Risikomanagement richtet sich nach der unternehmensspezifischen Risikolage. Im Allgemeinen kann auf ein Risikomanagement verzichtet werden, wenn gefährdende Risikolagen auszuschließen sind. Dies trifft ebenso zu, wenn sich herausstellt, dass der relative Aufwand für Risiko begrenzende Maßnahmen zu hoch und infolgedessen wirtschaftlich nicht gerechtfertigt ist.

15.2 Energiespezifische Risiken

Bei der Identifikation der relevanten energiespezifischen Risiken, mit denen der Energiebereich eines Industriebetriebs im Allgemeinen umzugehen hat, verdienen zwei Risikofelder besondere Beachtung: **Preisrisiken** sind an die Energiebeschaffung und die jeweiligen Marktstrukturen gebunden und ergeben sich durch nicht disponible Preisentwicklungen (vgl. auch Kap. 9.2). Die Ursachen können in saisonalen Effekten, kurzfristig auftretenden Nachfrageschwankungen oder Liefer- und Produktionsengpässen liegen. **Technische Risiken** beziehen sich auf Eigenanlagen und betreffen deren mögliche Nichtverfügbarkeit wie auch betriebliche Störungen mit Konsequenzen für die Anlagensicherheit, den Arbeits- und Umweltschutz. Unbeschadet der Schwerpunktsetzung nach Preis- und Technikrisiken hat sich jeder ergebnisverantwortliche Bereich eines Unternehmens - so auch der Energiebereich - mit weiteren Risiken wie Finanz-, Rechts- und Kontrahentenrisiken auseinanderzusetzen.

Die Pflege eines energiebezogenen Risikomanagements in der Industrie hat sich an den spezifischen Bedürfnissen und Ressourcen des jeweiligen Betriebs zu orientieren. Für einen Betrieb, der eine Vollversorgung mit Strom oder Erdgas auf der Basis einer längerfristigen Bindung an einen Lieferanten bevorzugt, ist ein aktives Risikomanagement mit kurzen Reaktionszeiten weniger angebracht. Anders verhält es sich bei Unternehmen, die die Chancen des Marktes intensiv nutzen und die damit verbundenen Risiken im Rahmen eines Portfolio minimieren wollen. Gegebenenfalls treten diese Unternehmen auch selbst noch als Anbieter oder Händler auf. In diesen Fällen ist ein Risikomanagement mit einer entsprechenden personellen und infrastrukturellen Ausstattung unverzichtbar.

15.2.1 Preisrisiken

Der Handel auf liberalisierten Energiemärkten tendiert zu deutlich kurzfristigeren Verträgen als sie unter Monopolbedingungen üblich sind und mündet in der Regel in der Entwicklung von Spot- und Terminmärkten (vgl. auch Kap. 12.3). Die damit einhergehende Marktdynamik wirkt sich in einer tendenziell hohen Preisvolatilität der gehandelten Energieprodukte aus, die nicht nur auf Seiten der großen Energieanbieter und -händler sondern auch bei Verbrauchern in der Industrie, die sich dieser Produkte bedienen, angepasste Sicherungsstrategien verlangt. Vom Grundsatz her unterscheiden sich die damit angesprochenen Risiken jedoch nicht von den traditionellen Geschäftsrisiken eines Unternehmens.

Die Produkte auf den Strommärkten - diese sollen im Folgenden im Mittelpunkt stehen - unterscheiden sich bezüglich Preis- und sonstiger Vertragskonditionen. Beispiele sind Grund-, Mittel-, Spitzenlast und Reserveleistung sowie Leistungselemente mit gestufter Verfügbarkeitsgarantie. Eine andere Differenzierung kann nach Spot- und längerfristigen Bezügen erfolgen.

Das Beschaffungsportfolio (s. Kap. 14.2.1) kann als Reaktion des Energieverbrauchers auf diesen komplexen Angebotsmarkt angesehen werden. Dieser Ansatz impliziert, dass die Optimierung des Portfolios nicht allein unter Kostenaspekten statisch erfolgen kann, sondern in Anbetracht der unvermeidlichen Marktdynamik dem Risikoaspekt eine wachsende Bedeutung einräumen muss. In der praktischen Konsequenz bedeutet dies, dass für jedes Portfoliosegment die Risiken zu identifizieren, zu bewerten und Risikoobergrenzen zu definieren sind. Dieses Vorgehen mündet in einer segmentspezifischen Sicherungsstrategie.

Das Beschaffungsportfolio für einen Industriebetrieb mit einer eigenen Stromerzeugung auf KWK-Basis und einem über das Jahr angenähert konstanten Leistungsbedarf könnte sich beispielhaft aus den folgen Segmenten zusammensetzen:

- Die Eigenanlage dient der partiellen Grundlastbereitstellung. Als wärmegeführter Koppelprozess unterliegt er saisonalen Schwankungen bei der Stromausbeute (Sommer / Winter). Für den Fall der Nichtverfügbarkeit hat sich der Betrieb mit einer extern zu beziehenden jeder Zeit einsetzbaren Ausfallleistung abgesichert. Der restliche Grundlastbedarf wird als Jahresband konstanter Leistung am Strommarkt eingekauft.
- Die im Sommer verminderte Stromerzeugung der KWK-Anlage gibt Raum für eine zusätzliche externe Lieferung in Form eines Quartalsbands.
- Während des Tages benötigt der Betrieb mehr Strom als in der Nacht. Außerdem wird unterstellt, dass die Last am Wochenende geringer ist als in der Woche. Diese Oberschwingung des Bedarfs kann durch kurzfristige Produkte vom Markt flexibel aufgefüllt werden.

Das beispielhaft gewählte Beschaffungsportfolio lässt sich in Produkte mit längerfristiger vertraglicher Bindung - Jahresband, Quartalsband - und solche mit kurzfristiger Bindung - Stundenband, Tagesband - unterteilen. Strombezüge aus industriellen Eigenanlagen unterliegen im Regelfall einer extrem langfristigen Bindung. Die Risikoaspekte werden entsprechend diesen drei Kategorien in den folgenden Kapiteln getrennt analysiert. Weitere Merkmale wie der jeweils relevante Markt, Preise und Vertragsgestaltung sind in der Tabelle 15.3 den einzelnen Beschaffungsalternativen zugeordnet.

	relevanter Markt	typische Laufzeit	Preise	Vertrags-gestaltung
kurzfristig	Börse	- Stunde - Tag - Woche	kurzfristig vom Markt bestimmt	- anonym - transparent - standardisiert
längerfristig	bilateraler Handel	1 bis 3 Jahre	vom Markt bestimmt	individuell
extrem langfristig	Bezug aus Eigenanlagen - Bindung 20 bis 30 Jahre - Preisbildung aus Kosten des Primärenergiebezugs und Kosten für Investition und Betrieb			

Abb. 15.3 Merkmale von Strombeschaffungsalternativen

15.2.1.1 Längerfristige Verträge

Unter Monopolbedingungen waren langfristige vertragliche Bindungen zwischen Energieversorger und Sondervertragskunden - bspw. von zehn Jahren und länger - häufig anzutreffen. Dabei lagen die Preisrisiken überwiegend auf Seiten der Endverbraucher. Ein institutionalisiertes Risikomanagement war in den meisten Fällen nicht üblich. Sofern entsprechende Eigenanlagen vorhanden waren, erlaubten diese, in beschränktem Maße Preisspitzen bei der Beschaffung durch sog. Ausweichfahrweisen zu kappen. Hierzu zählte bspw. das Anfahren von Kondensationsturbinen, um die hohen Kosten einer Vertragsüberschreitung beim Strombezug zu vermeiden. Weitere betriebliche Maßnahmen betrafen bi- oder multivalente Feuerungen, bei denen man durch Brennstoffwechsel Preissteigerungen bei bestimmten Primärenergieträgern begegnen konnte.

Auf entwickelten Wettbewerbsmärkten mit ihrer Angebotsvielfalt und Dynamik geht der Trend auch im Segment der bilateralen Verträge zu kurzfristigeren, überschaubaren Vertragsabschlüssen. Wenn unter diesen Bedingungen der Markt neue Anbieter und steigenden Konkurrenzdruck erwarten lässt, tut der Verbraucher gut daran, durch eine entsprechend angepasste zeitliche Bindung alternative Beschaffungsoptionen offen zu halten. Dennoch können auch längerfristige Vertragsformen, wenn diese eine ausreichende Planungssicherheit bieten, eine wichtige Funktion im Beschaffungs- und Risikoportfolio darstellen. Ein Grund für den Abschluss derartiger Kontrakte kann die Nutzung von Mitnahmeeffekten in einem sich wandelnden Umfeld sein. Dies traf bspw. in der ersten Phase der Strommarktliberalisierung zu, in der sich erhebliche Preisvorteile für einen längeren Zeitraum realisieren ließen.

Unter Risikoaspekten gibt es enge Wechselbeziehungen zwischen der Laufzeit einer vertraglichen Bindung und den sonstigen Vertragskonditionen, hier insbesondere der **Preisanbindung.** Sie bestimmt die zukünftige Dynamisierung des Preises. Hiervon zu unterscheiden ist der zum Zeitpunkt des Vertragsabschlusses verhandelte Basispreis, auf den die Preisdynamisierung aufsetzt. (Die Prinzipien der Preisbildung für leitungsgebundene Energien werden unter Kap. 8.1.erläutert.)

Auf dem Gasmarkt war in der Vergangenheit fast ausschließlich die Anbindung der Preise an Heizölnotierungen üblich. Gleichzeitig trug man in den Preisformeln dem Gesichtspunkt der Kostenorientierung durch Anwendung von Arbeits- und Leistungspreisen Rechnung. Sonderklauseln wie etwa der sogenannte "Kohledeckel " berücksichtigten extreme Preissituationen, indem man eine Preisobergrenze definierte, die einer punktuellen Umstellung der Ölbindung auf Kohlebindung gleichkam. Andererseits wurden auch Preisuntergrenzen als Folge eines starken Preisverfalls des Konkurrenzenergieträgers vorgesehen [167].

Demgegenüber ist unter liberalen Marktbedingungen eine Vielzahl alternativer Preisanbindung denkbar. Ein gängiges Verfahren ist die Bindung an Energiemarktpreise, wie sie sich in anerkannten Preisindizes - bspw. Börsenindizes - abbilden. Damit trägt das Risiko der Marktteilnehmer, der hierzu nach Abwägung möglicher Alternativen auch bereit ist. Eine spezifische Variante ist die Anbindung des Energieträgerpreises an die Endprodukte des Kunden. Bei Einsatz von Erdgas in industriellen Stromerzeugungsanlagen wäre dies gleichbedeutend mit der Bindung des Gaspreises an den marktüblichen Strompreis. Als Konsequenz verbessert sich die Wettbewerbssituation dieser Stromerzeugung; denn mit sinkenden Preisen am Strommarkt gehen dann tendenziell auch niedrigere Eigenerzeugungskosten einher und umgekehrt.

Ein weiteres Beispiel für die am Endprodukt orientierte Gaspreisbildung liefern die Niederlande. Der Preis für das als Rohstoff bei der Ammoniakproduktion eingesetzte Erdgas unterliegt dort schon seit längerem partiell dem Anlegbarkeitsprinzip an den Produktpreis. Um in Zeiten hoher HS-indizierter Erdgaspreise die Wirtschaftlichkeit der heimischen Produktion und damit den Erdgasabsatz zu sichern, ging der Gaslieferant auf die Endproduktpreisbindung über. Der Ammoniakmarktpreis ist in dieser Situation die Bemessungsgrundlage für den anlegbaren Gaspreis [168].

Zum Komplex Preisfortschreibung und Preisdynamisierung gehören auch sog. **Sprech-** oder **Revisionsklauseln**. Sie greifen in vereinbarten Zeitintervallen und haben die Überprüfung bestimmter Vertragskonditionen wie auch insbesondere der Preisregelungen zum Gegenstand. In einer speziellen Ausformulierung kann auf Wunsch des Kunden geregelt werden, dass bei Vorlage eines wirtschaftlich deutlich vorteilhafteren Angebots neue Verhandlungen und bei Nichteinigung eine Vertragsauflösung erwirkt werden kann. Grundsätzlich ermöglichen derartige Vereinbarungen flexible Reaktionen auf Änderungen des Marktumfeldes und tragen zur Risikominderung auch auf Seiten des Kunden bei.

In der Vergangenheit waren diese Klauseln wegen der extrem langen Vertragslaufzeiten die Regel. Mit dem Übergang auf kurzfristigere marktkonforme Kontrakte erübrigen sich vielfach derartige Vereinbarungen. Kommen die Vertragspartner dennoch überein, entsprechende Klauseln anzuwenden, sollten diese weder wettbewerbsmindernd wirken noch eine nicht situationsgerechte Vertragslaufzeit begründen. Letztendlich entscheidet die individuelle Situation eines Kunden - wie Risikobereitschaft und Ausstattung mit Frühwarnsystemen - über die jeweils optimale Kombination aus Preisanbindung, Vertragslaufzeit und gegebenenfalls weiteren Instrumenten zur Flexibilisierung und marktkonformen Ausgestaltung von längerfristigen Energiebezugsverträgen.

15.2.1.2 Kurzfristige Verträge

Energieprodukte mit geringer zeitlicher Bindung (Stunden,Tage) eignen sich für industrielle Verbraucher, die sich grundsätzlich für eine Fragmentierung ihres Beschaffungsvolumens entschieden haben und die über die nötige Expertise und operative Ausstattung zur Abwicklung der damit verbundenen Handelsgeschäfte verfügen. Sie dienen der Optimierung des Beschaffungsportfolios beim Ausgleich eines kurzfristigen periodischen oder außergewöhnlichen Bedarfs, wie er beispielsweise als Folge nicht vorhersehbarer Produktionsspitzen auftreten kann.

Spotgeschäfte können auf der Basis bilateraler Vereinbarungen, bei entsprechender Marktreife jedoch weitgehend über den Börsenhandel abgewickelt werden. Dieser bietet standardisierte Produkte mit den Vorteilen der Preistransparenz und Anonymität der Teilnehmer (s. auch Abb. 15.3), sodass Beschaffungsstrategien und Risikopositionen der Marktteilnehmer geschützt bleiben. Der Börsenhandel ist nicht nur ein Großhandelsmarkt, an dem ausschließlich große Produzenten und wiederverkaufende Händler auftreten. Wie die Teilnehmerlisten der Strombörsen zeigen, bedienen sich auch endverbrauchende Industriekunden des Börsenhandels. Wegen ihrer Transparenz gehen von den Börsenindizes wichtige Signale in Richtung außerbörslicher Preisgestaltung aus (s. vorangegangenes Kapitel). Auf die Preisbildung im Spotgeschäft an der Börse wird unter Kapitel 8.1.3 näher eingegangen.

Die mit dem Spotmarkt zwangsläufig einhergehenden Risiken hoher Preisvolatilitäten erfordern ein spezifisches Risikomanagement. Die Ursache für die insbesondere im Stromhandel möglichen hohen Preisvolatilitäten können sowohl in klimatischen Effekten wie Trockenheit sowie Liefer- und Produktionsunterbrechungen infolge Nichtverfügbarkeit von Kraftwerken als auch in kurzfristigen Nachfrageschwankungen liegen. Kommt es im ungünstigen Fall zur Kulmination derartiger Ereignisse, sind die Folgen extreme Preisauschläge (s. EEX-Spotmarkt Juli 2003 , Kap. 9.2.2). Strom gilt wegen seiner nur begrenzten Speicherbarkeit als das Handelsgut mit der höchsten Preisvolatilität überhaupt [169].

Unter Risikogesichtspunkten ist die Volatilität der am schwierigsten zu bestimmende Parameter. Aus dieser Situation heraus erwächst die besondere Bedeutung des Handels mit **Derivaten** als Instrument der Preissicherung.

Der Wert von Derivaten hängt vom Wert der zu Grunde liegenden Güter ab. Es gibt eine Vielzahl von Derivaten und Transaktionsarten, deren Handhabung und optimale Nutzung zum Teil sehr komplex ist. Die folgenden Darstellungen beschränken sich daher auf die Erläuterung einiger wesentlicher Grundlagen. (Ausführliche Erläuterungen zu Derivaten s. unter [169])

Futures sind standardisierte Termingeschäfte, die an Börsen gehandelt werden. Sie stellen eine spezielle Form von Derivaten dar. Sie unterscheiden sich von Spot-Geschäften durch den Zeithorizont: Am Spotmarkt wird bspw. Strom mit sofortiger Lieferung gehandelt. Im Terminhandel dagegen verpflichtet sich ein Marktteilnehmer, das Handelsgut - gekennzeichnet durch Menge und Preis - zu einem in der Zukunft liegenden Termin zu kaufen bzw. zu verkaufen. Vereinbarung und Erfüllung liegen also zeitlich deutlich voneinander getrennt.

In der überwiegenden Mehrzahl aller Fälle führen Future-Verträge nicht zur physischen Lieferung des entsprechenden Gutes. Ziel ist vielmehr die Preisabsicherung physischer Lieferungen. Gegen steigende Strompreise kann der Verbraucher Future-Kontrakte kaufen, im Gegenzug wird der Stromanbieter zur Absicherung gegen fallende Preise Future-Kontrakte verkaufen. Es erfolgt keine physische sondern eine finanzielle Erfüllung als Differenzzahlung zwischen dem Schlussabrechnungspreis (im Handel ermittelter Future-Preis) und den Preisen des Basiswertes (Preis am Spotmarkt).

Die Zahlungsflüsse für den Käufer lassen sich an folgendem Modell vereinfacht darstellen (vgl. Abb. 15.4): Der Käufer wollte sich gegen starke Preisänderungen am Stromspotmarkt für die in der Zukunft liegenden Tage 10 bis 14 absichern. Seine Planungen ließen einen maximalen Preis von 30 Euro/MWh zu. Er schloss daher ein Preissicherungsgeschäft ab, in dem er für die gleiche Menge Strom Future-Kontrakte kaufte (Tag 1). Deren Preis wurde zum Beginn der Lieferperiode (Schlussabrechnungspreis) mit 30 Euro/MWh notiert. Für die Lieferperiode ist dieser Preis konstant.

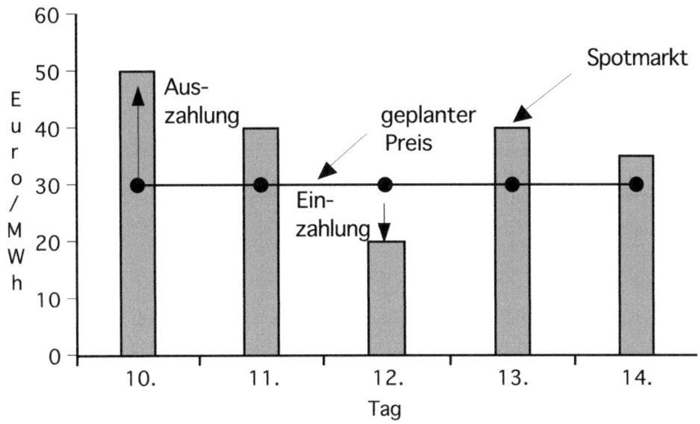

Abb. 15.4 Ein- und Auszahlung am Terminmarkt, Käufersituation, Quelle: [170]

Der Käufer hat in der fraglichen Zeit am Spotmarkt gegenüber seinen Planungen Mehrkosten zu tragen (Preisspanne zwischen 20 und 50 Euro/MWh). Diese Mehrkosten werden jedoch durch das Saldo aus den Ein- und Auszahlungen des Future-Kontraktes ausgeglichen (Auszahlungen: Spotpreis höher als Future-Preis, Einzahlung: Spotpreis niedriger als Future-Preis). Sollte in der Lieferperiode der Durchschnittspreis am Spotmarkt unter dem Schlussabrechnungspreis liegen, hätte der Käufer einen Preisvorteil an diesem Markt, der durch entsprechende Einzahlungen im Terminmarkt kompensiert würde [170].

Unbeschadet der anerkannten Schutzwirkung vor möglichen Preisschwankungen sind mit dem Handel von Derivaten energiespezifische Marktrisiken verbunden,die eine erhöhte Anforderung an das Risikomanagement und die interne Überwachung stellen. Ein Beispiel ist das sogenannte Basisrisiko, welches sich daraus ergibt, dass die Wertentwicklung des physischen Grundgeschäftes und des Sicherungsgeschäftes nicht vollständig korrelieren ([169] S. 55 ff.). Um komplexe Risiken wie dieses zu beherrschen und ein Gespür für extreme Marktkonstellationen (starke Ölpreisschwankungen, extreme Witterungsbedingungen) zu entwickeln, können Sensitivitätsanalysen zur Hilfe genommen werden. Preisentwicklungen aus der Vergangenheit können bei diesen Analysen eine wichtige Orientierungsfunktion haben.

Mit **Wetterderivaten** lassen sich Risiken, die auf meteorologische Einflüsse zurückgehen, absichern ([169] S.198). Während dieser Markt in Deutschland noch nicht entwickelt ist, wurden in den USA 1997 erstmals Wetterderivate gehandelt. Inzwischen gibt es dort einen liquiden Mark, auf dem Unternehmen der Energiewirtschaft ebenso vertreten sind wie Industrieunternehmen bspw. aus der Getränke- oder Bekleidungsbranche. Ein auf amerikanische Verhältnisse zugeschnittener Absicherungsfall kann sich wie folgt stellen: Ein Stromversorger erzielt normalerweise im August bei den üblichen hohen Temperaturen einen bestimmten Erlös mit dem Verkauf von Strom zum Betrieb von Klimaanlagen. Erwartet er jedoch für diesen Zeitraum eine Kälteperiode und damit einen geringeren Erlös, kann er dieses Risiko durch den Verkauf von Wetterderivaten absichern. Kaufen wird das Papier derjenige, der auf höhere Temperaturen als prognostiziert spekuliert.

15.2.1.3 Energiebezug aus industriellen Eigenanlagen

Umfang und Strukturen der für die industrielle Energieversorgung betriebenen Eigenanlagen sind sehr unterschiedlich. Sie reichen von einfachen Verteilanlagen für extern bezogene Energien - im Regelfall Strom - bis hin zu hoch komplexen produktionsintegrierten Umwandlungs- und Verteilanlagen für eine große Anzahl verschiedener Energiearten und -qualitäten. Mit der Entscheidung für Eigenanlagen bindet sich ein Betrieb in der Regel langfristig und geht damit auch wirtschaftliche Risiken ein.

Ein Großteil der Stromeigenerzeugung stammt aus KWK-Anlagen, während Kondensationsstromerzeugung eher die Ausnahme bildet. Ein Betrieb investiert in KWK-Anlagen, weil er sich langfristig wirtschaftliche sowie umweltbezogene Vorteile gegenüber einer reinen Dampferzeugung und Strombezug verspricht.

Für den KWK-Investor tritt eine wirtschaftlich nachteilige Situation insbesondere dann ein, wenn niedrige Strompreise am Markt mit hohen Brennstoffpreisen zusammentreffen, wie dies beginnend im Jahre 2000 der Fall war (s. Kap. 9.1.2). Zu diesem Zeitpunkt führte die Liberalisierung des Strommarktes für industrielle Verbraucher in Deutschland zu sinkenden Strompreisen bei gleichzeitiger - durch den

Ölpreis getriebenen - Verteuerung des Erdgases. Diese "negative" Spreizung wichtiger Wirtschaftlichkeitsparameter veranlasste eine Reihe von KWK- Betreibern, ihre Anlagen außer Betrieb zu nehmen (nach VIK).

Generell sind die Flexibilisierungsreserven bei den Eigenanlagen der industriellen Energiewirtschaft, mit denen der Betreiber auf kritische Preiskonstellationen der Energiemärkte reagieren könnte, wegen der engen Verflechtung mit der Produktion im Allgemeinen gering. Die Gründe liegen in der komplexen Anlagenstruktur, wie sie für die gekoppelte Erzeugung mehrerer Energiearten wie etwa Dampf, Strom, Druckluft oder Kälte typisch ist. Dabei gibt in der Regel die nicht am allgemeinen Markt verfügbare Energie den Lastgang der gekoppelten Erzeugung vor. Im Fall der KWK prägt meistens der Wärmebedarf die Fahrweise und damit die daran gekoppelte Stromerzeugung. Ein weiterer Grund sind die durch hohe Benutzungsstunden und eine hohe Sicherheit der Versorgung gekennzeichneten Bedarfsanforderungen der Energienutzer. Dementsprechend wurden die Energieumwandlungsanlagen in der Vergangenheit in der Mehrzahl der Fälle primär für Grundlasteinsatz und mit dem Ziel einer hohen Versorgungssicherheit optimiert. Anderweitig strategisch nutzbare Erzeugungskapazitäten hatten nur einen geringen Stellenwert.

Gewisse Vorteile bezüglich flexiblen Einsatzes können bei entsprechender Auslegung KWK-Anlagen auf der Basis moderner GuD-Technik bieten. Voraussetzung ist eine Entkoppelung der Strom- von der Dampferzeugung, die durch eine Zusatzfeuerung im Abhitzekessel der Gasturbine erreicht werden kann. Bei preisgünstigen Angeboten am Strommarkt kann dann die Stromerzeugung bis zu einem gewissen Grade zurückgenommen werden, ohne die Dampferzeugung zu beeinflussen. Ziel ist letztendlich die wechselseitige Substituierbarkeit von Strom und Erdgas.

15.2.2 Technische Risiken

Mit dem Betrieb technischer Anlagen sind zwangsläufig Risiken unterschiedlichster Art verbunden, die auch die Infrastrukturanlagen zur Energieversorgung in der Industrie betreffen. Bezüglich der für Energieanlagen typischen Risikofelder unterscheidet man Sicherheits- und Verfügbarkeitsrisiken. Sicherheitsrisiken tangieren die Anlagensicherheit wie auch den Arbeits- und Umweltschutz, während Verfügbarkeitsrisiken die ausreichende und bedarfsgerechte Versorgung der Verbraucher betreffen.

Kennzeichnend für den Bereich der Sicherheitsrisiken ist eine hohe gesetzliche Regulierungsdichte, die durch umfangreiche Richtlinien und Empfehlungen diverser technischer Organisationen und Fachverbände ergänzt wird. Breitere betriebsindividuelle Freiräume bestehen dagegen bei den Instrumenten zur Beherrschung von Verfügbarkeitsrisiken (s. Abb. 15.5.)

Risikoarten	Focus	Risikomanagement
- Sicherheitsrisiken	- Anlagensicherheit - Arbeitsschutz - Umweltschutz	- hoher gesetzlicher Regulierungsgrad
- Verfügbarkeitsrisiken	- Versorgungssicherheit	- unternehmensbezogene Sicherungsstrategien

Abb. 15.5 Technische Risiken

15.2.2.1 Sicherheitsrisiken

Trotz sorgfältiger Planung und Errichtung der Anlagen sowie umsichtiger Betriebsführung lassen sich Sicherheitsrisiken nicht vollständig ausschließen. Um die Allgemeinheit, die vor Ort Beschäftigten und die Umwelt vor schädlichen Einwirkungen zu schützen, hat der Gesetzgeber einen ordnungsrechtlichen Rahmen geschaffen, der dem einzelnen Betrieb eine umfassende Verantwortung zuweist.

In den Unternehmen sind Anlagensicherheit sowie Arbeits- und Umweltschutz keine energiespezifischen Aufgabengebiete. Vielmehr sind sie Teil der übergeordneten Unternehmensziele und sind eingebunden in die allgemeine Sicherheitskultur eines Unternehmens. Merkmal einer hohen Effizienz des Sicherheitsmanagements ist eine enge Verknüpfung der drei Aufgabengebiete untereinander.

Die Abbildung 15.6 zeigt die Struktur des ordnungsrechtlichen Rahmens an einem Beispiel aus dem Bereich der **Anlagensicherheit.** Dabei handelt es sich um die wesentlichen gesetzlichen Bestimmungen für Bau und Betrieb einer Dampfkesselanlage. Das übergeordnete Gesetz - die Gewerbeordnung - hat zum Ziel, die Allgemeinheit vor Schäden zu bewahren, die durch den Missbrauch der Gewerbefreiheit entstehen können und legt fest, welche Anlagen hier in Betracht kommen. Zu diesen überwachungspflichtigen Anlagen zählen auch Dampfkesselanlagen.

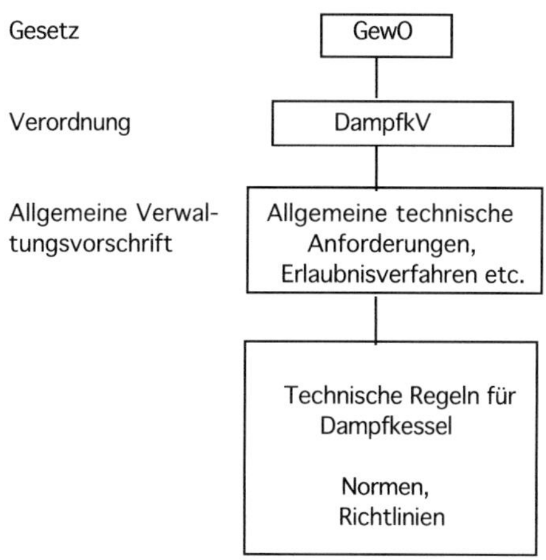

Abb. 15.6 Ordnungsrechtlicher Rahmen für Bau und Betrieb einer Dampfkesselanlage

In Verbindung mit der Dampfkesselverordnung umreißt das Gesetz den Rahmen für die allgemeinen technischen Anforderungen, das Erlaubnisverfahren, die vorgeschrieben Prüfungen etc. Technische Einzelheiten der Auslegung, Errichtung und Betrieb und die praktische Handhabung der Verwaltungsvorschrift werden durch besondere technische Regeln - die Technischen Regeln für Dampfkessel (TRD) -, Normen und Richtlinien erfasst. Außerhalb des gesetzlichen Regelungsbereichs erarbeitet die Industrie in Eigenverantwortung mit den entsprechenden Fachverbände eigene Empfehlungen und Richtlinien für Energieanlagen, die vielfach weitreichende gesetzliche Vorgaben vermeiden konnten.

Maßnahmen zum **Arbeitsschutz** haben Sicherheit und Gesundheitsschutz der Beschäftigten ebenso zum Ziel wie die menschengerechte Gestaltung von Arbeitsplätzen und -abläufen. Fundament vieler Arbeitsschutzaktivitäten sind nationale Arbeitsschutzgesetze und EU-Rahmenrichtlichtlinien, bei denen insbesondere der Prävention ein bedeutender Stellenwert eingeräumt wird. Hinzu kommen zuweilen unternehmensindividuelle Regelungen, die auf langfristigen Erfahrungen und bewährten Vorgehensweisen beruhen.

In den einzelnen Betrieben existiert eine Vielzahl von arbeitsplatzspezifischen Lösungen zum Arbeitsschutz. Maßgebend ist schlussendlich die Art und Höhe der Gefahrenpotenziale, die sich sowohl nach Sparten (Chemische Industrie / Stahlindustrie) als auch nach Betriebsbereichen (Produktionsbetrieb, Werkstätten) unterscheiden. Bei weitgehend identischen Produktionen und Arbeitsabläufen lassen sich standardisierte Arbeitsschutzmanagementsysteme anwenden. Ein Beispiel ist das von der VGB erarbeitete Systemkonzept für eine praxisnahe Implementierung in Kraftwerken [171]. Das VGB-Konzept sieht vor, was geregelt sein muss. Innerhalb dieses Rahmens bleiben dem einzelnen Betrieb flexible Gestaltungsmöglichkeiten bei der Einbindung notwendiger betriebsspezifischer Maßnahmen in die Aufbau- und Ablauforganisation. Für den Einzelbetrieb liegt der Vorteil eines standardisierten Konzeptes in niedrigeren Kosten, da damit die Beschreibung eines Arbeitsschutzsystems und seine Dokumentation einen geringeren Aufwand erfordert. Ein weiterer Aspekt betrifft die Akzeptanz und Zertifizierung durch die für den Arbeitsschutz zuständige Überwachungsbehörde (Berufsgenossenschaften), die sich an Hand einheitlicher Vorgehensweisen für beide Seiten transparenter und effizienter gestalten lässt [172].

Die Bedeutung des **Umweltschutzes** für die Energiewirtschaft ergibt sich einerseits aus dem Verbrauch großer Mengen endlicher Ressourcen in Form von Primärenergieträgern (vgl. Kap. 2) sowie aus systembedingten Emissionen bei der Umwandlung dieser Energieträger. Die Forderungen der Umweltpolitik zielen daher auf die Verhütung und Verringerung der Umweltinanspruchnahme - nach Möglichkeit an ihrem Ursprung - durch eine zielgerichtete Bewirtschaftung der Rohstoffquellen, den Einsatz effizienter Umwandlungstechnologien und die Vermeidung störungsbedingter umweltschädlicher Stofffreisetzungen. (Zu den Instrumenten des betrieblichen Umweltmanagements s. Kap. 6.6.)

Der Zwang zu einem systematischen und transparenten Vorgehen im Umweltschutzmanagement ergibt sich insbesondere aus

- der Vielzahl der Gesetze und Verordnungen mit z. T. komplizierten Vernetzungen,
- der Notwendigkeit effizienter Kontrollen bei Planung und Umsetzung von Umweltschutzvorhaben,
- der Notwendigkeit eines auf effizienten Umweltschutz optimierten Anlagenbetriebs mit ständiger Messung, Beurteilung und Dokumentation

sowie aus

- der Notwendigkeit enger Kooperation aller betroffenen Unternehmensbereiche.

Ein Umweltschutzhandbuch kann die Management- und operative Ebene bei der Erledigung ihrer Aufgaben unterstützen [173, 174].

Mit der Minimierung der beschriebenen Sicherheitsrisiken im Anlagen-, Arbeitsschutz- und Umweltbereich ist in vielen Fällen eine Verbesserung der Organisation, eine Kostenoptimierung durch organisatorische und technische Effizienz und - nicht zu unterschätzen - ein Imagegewinn verbunden. Die Herabsetzung des Haftungsrisikos und die Schaffung von Rechtssicherheit kann ein weiterer positiver Effekt sein.

15.2.2.2 Verfügbarkeitsrisiken

Eine hohe Verfügbarkeit der Energieversorgung - gleichbedeutend mit einer hohen Versorgungssicherheit - hat für die Mehrzahl der Energienutzer in der Industrie eine hohe Priorität. Dennoch ist die Versorgungssicherheit neben der Wirtschaftlichkeit und dem Umweltschutz nur *eine* der Variablen einer ganzheitlichen Optimierung der Energiebereitstellung. Ernüchternd ist zudem festzustellen, dass selbst eine nach dem Stand der Technik gesicherte Versorgung Störungs- und damit Verfügbarkeitsrisiken nie ganz ausschließen kann.

Wegen der z.T. hohen Komplexität der produktionsintegrierten Energieversorgungssysteme in der Industrie erweist sich in aller Regel die Bearbeitung der Verfügbarkeitsproblematik als sehr aufwendig. Es ist daher verständlich, dass der Einstieg in ein derartig umfangreiches Projekt in vielen Fällen umgangen wird und man sich auf Teilanalysen beschränkt. Zuweilen bedarf es auch eines besonderen Anlasses wie z. B. einer folgenreichen Energiestörung, um sich der Bedeutung des Themas bewusst zu werden.

Für eine effiziente Bearbeitung empfiehlt sich der Aufbau einer Projektorganisation. Kern dieser Organisation ist ein interdisziplinäres Team von Fachleuten aus den Energiefachbereichen, den betroffenen Produktionen und sonstigen technischen Servicebereichen. Ziel der Projektarbeit ist es, Verfügbarkeitsrisiken zu identifizieren und Sicherungsstrategien sowie daraus abgeleitete -maßnahmen zu entwickeln.

Die Projektarbeit könnte sich in die vier Phasen Aufnahme des Ist-Zustands, Definition des Sollzustands, Entwicklung von Sicherungsstrategien bzw. Einzelmaßnahmen und Implementierung gliedern.

Die detaillierte **Aufnahme des Ist-Zustands** erstreckt sich auf alle Systeme der Energieversorgungskette und reicht von der Energiebeschaffung bis zu den betrieblichen Endverbrauchern. Einbezogen sind die Eigenanlagen zur Energieumwandlung und zur internen Verteilung ebenso wie die Konditionen externer Energiebezüge bezüglich aller relevanten Aspekte der physischen Lieferung. Ziel dieser Arbeiten ist eine vollständige Dokumentation aller vorhandenen technischen Systeme und organisatorischer Strukturen.

Teil dieser Dokumentation ist auch eine Kategorisierung der Energieverbraucher nach dem Grad der möglichen Schädigung in Folge einer Unterbrechung der Energiezufuhr. Verbraucher mit hohem Schädigungspotenzial werden der Priorität 1 zugeordnet. Hierzu zählen insbesondere Umwelt- und Arbeitsschutz- sowie Produktionsanlagen, deren energiebedingter Ausfall für sich oder als wichtiger Vorlieferant einen hohen wirtschaftlichen Schaden zur Folge hat.

Die **Definition des Sollzustands** setzt klare Vorstellungen über die Risikobereitschaft und die bevorzugte Sicherungsphilosophie voraus. Vergleichsweise eindeutig stellen sich die Verhältnisse bei rein ökonomischen Risiken von energiebedingten Anlagenausfällen dar. In diesen Fällen gilt, dass der Aufwand für die Risikominderung wirtschaftlichen Kriterien genügen soll. Gelingt es beispielsweise, durch eine Investition die durchschnittliche Ausfallhäufigkeit und damit die Minderproduktion pro Jahr zu reduzieren, ergibt sich in der Regel bei den Energienutzern ein wirtschaftlich bewertbarer Vorteil.

Für die Kategorie der Verbraucher der Priorität 1 mit einem hohen ökonomischen Risikopotenzial oder hohen Sicherheitsrisiken im Arbeits- bzw. Umweltschutzbereich, hat sich ein allgemein akzeptiertes Sicherungskonzept auf Basis einer redundanten Energieversorgung bewährt. Dieses Konzept sieht mindestens zwei voneinander unabhängige Versorgungssysteme vor. Vom Grundsatz her verlangt dieses Sicherungskonzept, das nicht *ein* Fehler, sondern erst das gleichzeitige Auftreten *zweier* voneinander unabhängiger Fehler oder Ereignisse zu einer Unterbrechung der Energiezufuhr führen darf (auch bekannt unter dem Kürzel (n-1)-Prinzip). Dieses Sicherungskonzept sieht als Redundanz auch dezentrale Ersatzsysteme wie beispielsweise eine Ersatzstromversorgung direkt am Ort des Stromverbrauchers vor.

Als Voraussetzung für die Entwicklung von **Sicherungsstrategien** und daraus abgeleiteter **Einzelmaßnahmen** hatten wir in den beiden ersten Projektphasen eine umfassende Risikoidentifikation erarbeitet und Leitlinien für eine Risikomessung und -limitierung vorgegeben. Für die weitere Bearbeitung ist es hilfreich, zunächst eine Priorisierung nach Energiearten und ihren Anwendungszwecken (s. auch Kap. 3.2.1) vorzunehmen.

Abgesehen vom Anwendungszweck Wärmebereitstellung ist Strom die dominierende Ausgangsenergie und nur in geringem Maße durch andere Energien substituierbar. Gründe sind sowohl seine vielseitige Umwandelbarkeit in mechanische und thermische Energie als auch der unproblematische Transport höchster Leistungen sowie die Möglichkeit feinmaschiger Verteilung bis zu den kleinsten Verbrauchern. Hinzu kommt, dass sich elektrische Größen einfach und mit hoher Genauigkeit messen, steuern und regeln lassen. Die für alle Zweige der Technik wichtige Regelungstechnik bedient sich neben hydraulischer und pneumatischer vor allem elektrischer Verfahren. Elektrische Anlagen sind im Allgemeinen vergleichsweise störunempfindlich, ihr Wartungsaufwand ist gering.

Die dargelegten Vorteile der elektrischen Energie erklären ihre breite Anwendung in allen Bereichen industrieller Produktionen. Ein großflächiger Ausfall der Stromversorgung hat daher in aller Regel erhebliche Konsequenzen.

Bei der Risikoanalyse der **Stromversorgung** eines Produktionsstandortes wollen wir zwei Versorgungskonzepte unterscheiden: Die Regelversorgung erfolgt vollständig oder zum Teil aus dem öffentlichen Netz (Fall 1). Die Regelversorgung erfolgt vollständig durch Eigenanlagen (Fall 2).

Die Versorgung aus dem öffentlichen Netz (Fall 1) zeichnet sich durch eine hohe Zuverlässigkeit aus. Die Eintrittswahrscheinlichkeit für großflächige Störungen oder Ausfälle des öffentlichen elektrischen Netzes ist erfahrungsgemäß gering und wird im Allgemeinen als tolerabel erachtet.

Diese hohe Sicherheit gilt für die öffentliche Versorgung und kann nicht ohne weiteres auf die Anlagen zur Stromeinspeisung für den zu versorgenden Betrieb übertragen werden. Vielmehr empfiehlt sich eine sorgfältige Prüfung der speziellen Risikosituation. Dabei steht häufig die Frage im Mittelpunkt, ob eine einsträngige Einspeisung den Anforderungen genügt oder eine mehrsträngige Ausführung nicht zu umgehen ist.

Die der Einspeisung nachgelagerten betriebsinternen Sicherungsmaßnahmen wird jedes Unternehmen entsprechend den individuellen Versorgungsstrukturen auslegen. Ein Unternehmen mit Eigenanlagen wird diese in das Sicherungskonzept so einbinden, dass diese nach einer externen Stromstörung und Ansprechen des Netzschalters in den Inselbetrieb übergehen. Sofern es in einem solchen Fall zu einer Leistungsunterbilanz kommt, ist durch entsprechende Lastabwürfe die elektrische Insel im Leistungsgleichgewicht zu halten.

Der Strategie der selektiven zentralen Besicherung wichtiger Verbraucher können auch dezentrale Sicherungskonzepte in Form örtlicher Hilfs-oder Ersatzanlagen, die bei Ausfall der Regelversorgung unterbrechungsfrei die Versorgung übernehmen, gegenüberstehen.

Im Fall 2 erfolgt die Regelversorgung vollständig aus Eigenanlagen, wobei ggf. anfallender Überschussstrom ins öffentliche Netz eingespeist wird. In Allgemeinen wird es sich dabei um mehrere parallel betriebene Erzeugungseinheiten handeln. Ein Anlagenausfalll wird mittels einer vertraglich garantierten Reserveleistung aus dem allgemeinen Netz besichert. Bei einer Trennung vom öffentlichen Netz wird Inselbetrieb entsprechend dem betrieblichen Bedarf gefahren.

Die Verfügbarkeitsanforderungen an die Einspeiseanlagen aus dem öffentlichen Netz sind in diesem Fall niedriger anzusetzen als für die Versorgung nach Fall 1; denn das Risiko einer mit dem Ausfall einer Eigenanlage gleichzeitigen Nichtverfügbarkeit der Einspeisung kann in vielen Fällen als tolerabel erachtet werden, sodass eine einsträngige Einspeisung den Sicherheitsanforderungen genügen wird.

Die **Wärmeversorgung** für Prozess- und Heizzwecke wird in der Mehrzahl der Fälle durch Eigenanlagen des Betriebs bereit gestellt. Dabei verlangt eine Besicherung nach dem (n-1)-Prinzip beim Ausfall der größten Erzeugungseinheit eine noch ausreichende Kapazitätsreserve. Dieses Sicherungskonzept setzt voraus, dass die einzelnen Erzeugungseinheiten voneinander entkoppelt und bezüglich des elektrischen Eigenbedarfs und der benötigten Hilfsenergien autark sind.

Ein besonderes Augenmerk ist auf mögliche Abhängigkeiten zwischen den nutzerseitigen Energieanforderungen und deren Auswirkungen auf die Erzeugungsprozesse zu richten. Einem Leistungsengpass auf der Stromseite kann beispielsweise durch eine Lastabsenkung bei ausgewählten Verbrauchern begegnet werden. Diese Herabsetzung der elektrischen Last auf Seiten der Nutzer kann u. U. auch deren Dampfbedarf beeinflussen, sodass bei gekoppelter Erzeugung das Stromerzeugungspotenzial weiter reduziert wird.

Hilfsenergien dienen in vielerlei Anwendungen der Steuerung und Regelung wichtiger für die Betriebssicherheit eingesetzter Betriebsmittel wie u.a. Schieber oder Ventile, ohne die notwendige redundante Funktionen nicht aktiviert werden können. Der gesicherten Bereitstellung kommt daher eine besondere Bedeutung zu. Generell sind für diesen Zweck ähnliche Sicherungskonzepte wie für die Strom- und Wärmeversorgung üblich.

Energiebeschaffung	Beschaffung von Reservestrom
	Beschaffung von Ersatzbrennstoffen (bei Nichtverfügbarkeit des Regelbrennstoffs)
	Vereinbarung über rückrufbare Leistung bei Lieferengpässen
Energieumwandlung in Eigenanlagen	Auslegung der Anlagen nach (n-1)-Prinzip
	funktionale Entkopplung der Anlagen
	Vorhaltung bivalenter Feuerungen
	elektrische Inselbetriebsfähigkeit (bei Ausfall der externen Stromlieferung)
	Schwarzstartfähigkeit der Stromerzeugung
	passive Versorgungssysteme (u.a. Druckluftspeicher)
	regelmäßige Überprüfung der Sicherheitseinrichtungen und Simulation bzw. scharfe Erprobung von sichereitsrelevanten Betriebsweisen (u.a. Inselbetrieb)
betriebsinterne Energieverteilung	redundante/diversitäre Anbindung kritischer Verbraucher
Energienutzung	örtliche Ersatzversorgung für kritische Einzelverbraucher oder Verbrauchergruppen (u.a. Ersatzstromanlage)
	Vereinbarung über selektiven Lastabwurf bei Leistungsunterbilanz

Abb. 15.7 Betriebliche Sicherungsmaßnahmen zur Begrenzung des Verfügbarkeitsrisikos in der industriellen Energieversorgung

In Betrieben mit einem entsprechenden Sicherheitsbedarf gibt es daher bspw. neben dem normalen Arbeitsluftnetz ein speziell gesichertes Netz für die Regel- und

Steuerluft. Die technische Realisierung des gesicherten Netzes kann in einer nach dem (n-1)-Prinzip strukturierten Erzeugung oder in zusätzlichen passiven Versorgungssystemen (Druckluftspeicher) bestehen. Auch diversitäre Absicherungen mittels voneinander unabhängiger Energiearten wie beispielsweise elektrischer Strom und Druckluft sind üblich.

Die regelmäßige Überprüfung der Sicherheitseinrichtungen einschließlich der zugehörigen Energienetze sowie die Simulation oder, soweit es der Betrieb zulässt, die scharfe Erprobung sicherheitsrelevanter Betriebsweisen ist ein wesentliches Element eines effizienten betrieblichen Risikomanagements.

Die Zusammenfassung ausgewählter Sicherungsmaßnahmen in der Abb. 15.7 betrifft die gesamte Energiebereitstellung. Sie wurden im Vorangehenden im Kontext mit den wesentlichen Energiearten kommentiert. Hier sind sie nun gegliedert nach Maßnahmen bei der Energiebeschaffung, der Energieumwandlung in industriellen Eigenanlagen, der innerbetrieblichen Energieverteilung und nach Maßnahmen bei der Energienutzung. Wegen der unterschiedlichen Energiebereitstellungs- und Nutzerstrukturen der Betriebe kann diese Übersicht nur einen exemplarischen Charakter haben.

16. Betriebliches Energiecontrolling

Energiecontrolling ist als wichtige Teilfunktion des betrieblichen Energiemanagements für eine rationelle betriebliche Energiebewirtschaftung unentbehrlich [175]. In der Fachliteratur wird das Energiecontrolling zuweilen auch als das energiewirtschaftliche Gewissen eines Unternehmens bezeichnet. Seine Bedeutung und Verbreitung hat in der Vergangenheit in Folge wachsenden Kostendrucks und der Veränderungen im externen energiewirtschaftlichen und -politischen Umfeld zugenommen. Hinzu kam vielfach der durch globale Aktivitäten verursachte unternehmensinterne Strukturwandel, der eine Anpassung und Ausweitung der energiespezifischen Controllingaktivitäten zur Folge hatte.

Die starke Verflechtung der industriellen Energiewirtschaft mit den externen Energiemärkten und der zu versorgenden Produktion erfordert vom Energiecontroller ein hohes Maß an spartenübergreifender Fachkompetenz und Kooperationsbereitschaft, um die vielseitigen Aufgaben zu erfüllen und Akzeptanzprobleme zu meistern. Dabei obliegt dem Energiemanagement die Aufgabe, den Controller durch geeignete aufbau- und ablauforganisatorische Maßnahmen zu unterstützen, um die notwendigen Handlungsfreiräume zu sichern.

Größere Unternehmen unterhalten häufig ein spezifisches Energiecontrolling, das dem Ziel einer transparenten und ergebnisorientierten Unternehmensstruktur am ehesten gerecht wird. In kleineren Unternehmen wird man auf ein organisatorisch eigenständiges Energiecontrolling verzichten und einem zentralen Controlling mit integralen Funktionen den Vorzug geben.

16.1 Funktionen des Energiecontrollings

Funktionen und Ausstattung des Energiecontrollings richten sich nach der Bedeutung, die dem Produktionsfaktor Energie in einem Unternehmen zukommt. Diesbezügliche Hinweise können sich aus der Größe eines Unternehmens oder der Höhe der Energiekosten ergeben. Vielfach rechtfertigt die Bewirtschaftung eigener

Energieumwandlungsanlagen in besonderem Maße ein spezifisches Energiecontrolling. Die Standardfunktionen des Controllings (Planungs-, Kontroll-, Koordinierungs- und Informationsfunktion) beziehen sich im industriellen Energiebereich auf die spezifischen Aufgaben der Energiebeschaffung, -umwandlung, -verteilung und -nutzung (s. hierzu Abb. 16.1).

	Energiebeschaffung - umwandlung - verteilung	Energienutzung
Planung	Mitwirkung bei - Energiestrategien - Energiekonzepten - Energieinvestitionen Vorschläge für Budgetierung Risikoanalysen	kurz-, mittel- und langfristige Bedarfs-, Kosten- und Preisprognosen Mitwirkung bei der Planung von Energiesparprojekten Risikoanalysen Beratung
Kontrolle	Soll-/Istanalyse der Beschaffungs, Umwandlungs- und Verteilkosten Analyse der Beschaffungsmärkte Budgetüberwachung	Soll-/Istanalyse von Bedarf, Kosten und intern verrechneten Energiepreisen Preisbenchmarking intern/extern
Koordination	Überwachung und Sicherung energiewirtschaftlicher Maßnahmen insbesondere bei Beteiligung mehrerer unterschiedlicher Unternehmensbereiche	
Information	Erstellen und Pflege des Energieberichtswesens differenziert nach Hierarchieebenen und Unternehmensbereichen	

Abb. 16.1 Controllingfunktionen im Energiebereich

Planungsfunktion

Objekte der energiewirtschaftlichen Planung können die Energiebeschaffung, -umwandlung und -verteilung sowie die Energienutzung sein. Die Abb. 16.1 zeigt hierzu die vielfältigen Aufgabenbereiche, in die der Controller eingebunden ist. In diesem Prozess fällt ihm eine wichtige Koordinierungsfunktion zu, indem er die Bedarfsplanung mit der Bereitstellungsplanung im Bereich von Beschaffung, Umwandlung und Verteilung abstimmt. Daneben gewinnt bei langfristigen mit Unsicherheiten behafteten Planungsvorhaben der Risikoaspekt an Bedeutung, dem das Controlling mit geeigneten Prognoseverfahren zu entsprechen hat (zur Risikoanalyse s. Kap. 15, zu Investitionen unter Unsicherheiten s. Kap. 7.1.5).

Der erfahrene Controller wird als Basis für Bedarfsprognosen ein mehrgleisiges Vorgehen wählen. So reicht in der Regel eine Nutzerbefragung bezüglich der Höhe des zu erwartenden Energiebedarfs insbesondere bei neuen Produktionsanlagen allein nicht aus. Der Nutzer neigt dazu, seinen zukünftigen Bedarf aus falsch verstandenem Sicherheitsbedürfnis eher zu hoch anzugeben. Weitere kritische Recherchen u.a. auf der Grundlage von Historiedaten und vergleichbarer Anlagen und die allgemeine Planungserfahrung des Controllers können in diesen Fällen nützlich sein.

Wie die Bedarfsprognose beruht auch insbesondere die Prognose der Beschaffungskosten für zukünftig benötigten Energieträger auf unsicheren Annahmen. Ein anschauliches Beispiel sind die Preisbewegungen der Vergangenheit auf den Öl- und Erdgasmärkten. Dagegen sind ggf. anzurechnende betriebsinterne Energieumwandlungskosten in der Regel mit hinreichender Genauigkeit prognostizierbar.

Kontrollfunktion

Die Kontrollfunktion kann als zweckgerichteter Vergleichsprozess verstanden werden, indem sie im Rahmen einer Abweichungsanalyse (Soll-/Ist-Vergleich) Gründe für mögliche Differenzen zwischen dem erreichten und den angestrebten Werten oder Zielen identifiziert und Korrekturmöglichkeiten vorschlägt. Dabei ist ein wesentlicher Aspekt die Kontrolle der wirtschaftlichen Ergebnisse einer Maßnahme (Abb. 16.1).

Neben Soll-/Ist-Vergleichen stehen Zeitvergleiche, im Rahmen derer bspw. der aktuelle Energieverbrauch mit dem früherer Perioden verglichen wird. Derartige Vergleiche bilden häufig den Anlass für weitere Recherchen, mit deren Hilfe die Ursache von Verbrauchs- oder Effizienzänderungen aufgezeigt werden können. Zunehmend gewinnt das Benchmarking insbesondere mit vergleichbaren Unternehmen an Bedeutung. Das Energiecontrolling entwickelt hierzu die Methodik, liefert Informationen und Unterstützung bei der Auswahl geeigneter Partner, überwacht den Benchmarking-Prozess und unterstützt die Auswertung (s. Kap. 16.2).

Ein wesentliches Merkmal liberalisierter Energiemärkte ist eine starke Differenzierung nach unterschiedlichen Produkten und Beschaffungswegen. Dies setzt beschaffungsseitig ein hohes Maß an Marktkenntnis und die Fähigkeit flexiblen Reagierens voraus, um optimale Ergebnisse für das Unternehmen zu realisieren. Das Controlling kann durch Marktanalysen und Bereitstellen von Informationen diesen Prozess unterstützen und zur wirtschaftlichen Optimierung beitragen.

Koordinierungsfunktion

Das Energiecontrolling führt Planung und Kontrolle der betrieblichen Energieaktivitäten zusammen. Diese Funktion beinhaltet einerseits den Entwurf und die Implementierung energiespezifischer Planungs-, Kontroll- und dazugehöriger Informationssysteme. Andererseits besteht die Notwendigkeit, laufend zwischen Planung und Kontrolle Dispositionen und Abstimmungen vorzunehmen, Störungen zu beseitigen und die erforderliche Informationsversorgung sicherzustellen.

Voraussetzung für die Erfüllung dieser Funktionen ist eine frühzeitige Einbindung des Controllings in energierelevante Planungen im Energiebereich und bei den Energie verbrauchenden Produktionen sowie die Sicherstellung notwendiger Informationsstrukturen zur Unterrichtung des Energiecontrollings. Gerade in Großunternehmen mit ihrer ausgeprägten Aufgabendifferenzierung hat die Koordinierungsfunktion einen hohen Stellenwert.

Informationsfunktion

Das betriebliche Energiemanagement ist bei seinen Entscheidungen auf eine breite Informationsbasis angewiesen. Das Energiecontrolling stellt diese Informationsbasis nach unternehmensinternen und externen Recherchen und Analysen bereit und ist verantwortlich für die Aktualisierung und Pflege der Informations- und Datenbanken. Dabei kann es sich um folgende Inhalte handeln:

- Informationen über Energiemärkte und das energiepolitische Umfeld
- Informationen über Energieverbrauch, Energieeffizienz, Energiekosten, Kostenstrukturen und verrechnete Energiepreise im Unternehmen, über Stärken und Schwächen der eigenen Energieversorgung (u. a. Benchmarking mit vergleichbaren Unternehmen)
- Informationen über die Energienutzung: u. a. große Energieverbraucher, spezifischer Energiebedarf und Anteil der Energiekosten an den Herstellungskosten ausgewählter Produkte
- Informationen über Energiesparmaßnahmen

Das innerbetriebliche Instrument zur Informationsbündelung und -bereitstellung ist ein formalisiertes periodisches Energieberichtswesen. Entsprechend dem unterschiedlichen Informationsbedarf kann eine Differenzierung nach Unternehmensbereichen und Hierarchieebenen sinnvoll sein.

Sonderfunktionen

Das Energiecontrolling versteht sich als Servicefunktion des Energiemanagements. Diese Querschnittsfunktion bringt eine Reihe von Sonderaufgaben mit sich:

- Überwachung des Energiebezugs einschließlich der Rechnungsprüfung und der internen Energieverbrauchserfassung (s. Kap. 10.1), Abwicklung der internen Energieverrechnung (s. Kap. 10.2)
- Entwicklung von Energieverrechnungsmodellen
- Investitionsrechnungen (s. Kap. 7)
- Beurteilung von energierelevanten Verbesserungsvorschlägen
- " Feuerwehr "-Aufgaben im Tagesgeschäft

16.2 Instrumente des betrieblichen Energiecontrollings

Unter Controllinginstrumenten im Energiebereich versteht man Methoden, Modelle und technische Hilfsmittel, die der Strukturierung und Auswertung von Informationen mit dem Ziel einer effizienten Problemlösung energierelevanter Fragestellungen dienen:

Energiestatistiken, -bilanzen, -flussbilder
Energiestatistiken werden je nach individuellem betrieblichen Bedarf in vielfältiger Weise genutzt und bilden die Grundlage für Analysen, Vergleiche und Prognosen. In der Mehrzahl der Fälle handelt es sich dabei um Zeitreihen von Energiepreisen, Energieverbrauch und Effizienzkennwerten, die ggf. noch nach unterschiedlichen Kriterien wie Standort, Betriebsteil oder Produkt gegliedert werden können.

Energiebilanzen bilden den Energiefluss einer betrieblichen Einheit, eines Prozesses oder einer Anlage während einer bestimmten Periode (Jahr, Monat) als ein in sich geschlossenes System ab. Die Eingabedaten werden aus den Primärstatistiken gewonnen und können bspw. die eingebrachten Energien, die Nutzenergien und die verschiedenen Arten von Verlustenergien betreffen. Energiebilanzen dienen verschiedenen Verwendungszwecken wie dem Effizienznachweis und bilden häufig die Grundlage für weitere betriebliche Analysen (s. Ökobilanz, Kap. 6.6.2).

Die häufigste Form der Energieflussbilder sind Sankey-Diagramme, in denen Energieströme der Größe und Richtung nach durch zeichnerische Symbole dargestellt werden. Ihr Vorteil besteht in der einfachen Erstellung und anschaulichen Interpretation. Sie können sowohl der energetischen als auch exergetischen Prozessanalyse dienen (vgl. hierzu beispielhaft Abb. 4.11 u. 4.15).

Energiekennwerte
Kennwerte werden in weiten Bereichen unternehmerischer Aktivitäten zur Analyse und Steuerung genutzt. Sie verdichten umfangreiche Datenmengen zu wenigen aussagekräftigen Schlüsselinformationen und können zur raschen Beurteilung auch komplexer Prozesse und Anlagen dienen. Der vergleichsweise einfachen Anwendung steht ein z.T. erheblicher Aufwand für die Modellierung und Quantifizierung gegenüber. Eine wichtige Voraussetzung zur Auswahl der passenden Beurteilungsgröße ist eine möglichst exakte Beschreibung des Aspektes, unter dem eine Beurteilung erfolgen soll.

Die Erstellung von Kennwerten für Vergleichszwecke ist im Allgemeinen mit einem erheblichen dokumentarischen Aufwand bezüglich der Randbedingungen einschließlich der relevanten Einflussgrößen verbunden. Kennwerte lassen sich nur dann miteinander vergleichen, wenn die wesentlichen Einflussgrößen übereinstimmen. Hierzu zählen die anlagen- oder prozessbezogenen Bilanzgrenzen, der Beobachtungszeitraum, die Anlagengröße sowie die Betriebsweise und die Auslastung der Anlage.

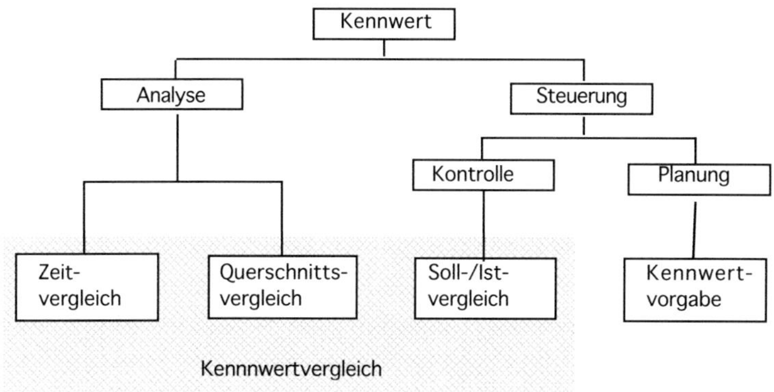

Abb. 16.2 Anwendung von Kennwerten, Quelle: VDI-Richtlinie 4661

Als Kennwerte können sowohl absolute Zahlen (u.a. gesamte Energiekosten einer Einheit, Kosten der Verteilnetze, Personalaufwand) als auch Verhältniszahlen verwendet werden (u.a. Energiepreise, Wirkungsgrade, spezifischer Energieverbrauch, spezifische CO_2-Emission).

Mit der VDI-Richtlinie 4661 " Energiekennwerte - Definitionen, Begriffe, Methodik " liegt ein allgemein verbindlicher Rahmen für die Entwicklung von Kennzahlen vor. Die Übersicht in Abb. 16.2, die die grundlegenden Anwendungsmöglichkeiten von Kennwerten zeigt, ist aus der o.g. Richtlinie entnommen. Zu den analytischen Anwendungen gehören die auf zuvor erstellten Zeitreihen beruhenden zeitbezogenen Vergleiche. Ein weiteres Anwendungsfeld sind Querschnittsvergleiche, wie sie beim Benchmarking betriebsintern und -extern zunehmend an Bedeutung gewinnen (s. unten). Mit dem Anwendungsbereich Steuerung wird die betriebliche Kontrolle und Planung angesprochen. Die Kontrolle an Hand von Kennwerten hat den

Vorteil, dass sich prägnante Sollvorgaben - z.B. eine Preisobergrenze für die in der Eigenanlage erzeugte Kilowattstunde Strom - formulieren lassen, dessen Erreichen das betriebliche Controlling im Rahmen eines Soll-/ Ist-Vergleichs nachweisen kann.

In kleineren Unternehmen scheitert die Bildung von Kennwerten häufig an der fehlenden oder unvollständigen Datenbasis. Es empfiehlt sich daher, zunächst von den greifbaren Daten auszugehen und sich auf wenige, und zwar die energiewirtschaftliche Situation primär kennzeichnenden Daten zu beschränken.

Benchmarking

Unter Benchmarking wird ein zweckgerichteter systematischer Vergleich einzelner betrieblicher Abläufe mit entsprechenden Prozessen in anderen Unternehmen verstanden. In Unternehmen mit mehreren Standorten ist auch ein unternehmensinternes Standort-Benchmarking üblich. Ziel eines Benchmarkings kann die Gewinnung von Anregungen zur Verfahrensverbesserung oder von Kostenvorgabeinformationen für Prozessabläufe sein. Der Vergleich sollte sich möglichst auch auf ein Unternehmen erstrecken, das in dem untersuchten Bereich besonders erfolgreich ist. Wichtig für die Durchführung eines Benchmarkings ist die Wahl geeigneter Kennzahlen (s. o.).

Im Energiebereich wird traditionell im Rahmen der Verbandsarbeit (u. a. VGB, VDEW, VIK) ein intensiver Erfahrungsaustausch gepflegt, wodurch auch die Organisation eines Benchmarkings erleichtert werden kann. Die Erfahrung zeigt, dass für die Teilnahmebereitschaft die Auswahl der zu vergleichenden Objekte oft eine wesentliche Rolle spielt. Vergleichsweise unproblematisch ist ein eher technisch orientiertes Benchmarking, bei dem bspw. die Nutzungsdauer von innerbetrieblichen Energieanlagen, Wirkungsgrade oder der Personalaufwand verglichen werden. Sofern sensiblere Daten im Rahmen eines Kostenbenchmarkings Gegenstand des Vergleichs sein sollen, wird deren Offenlegung selbst bei einem eng gewählten Teilnehmerkreis deutlich restriktiver gehandhabt werden. Gegebenenfalls kann in derartigen Fällen eine Differenzierung nach absoluten Kennzahlen und Verhältniszahlen hilfreich sein. Desgleichen hilft eine Anonymisierung der Teilnehmer.

Die erfolgreiche Abwicklung eines Benchmarkings setzt ein systematisches Vorgehen etwa in den folgenden Schritten voraus:

- interne Formulierung der Fragestellung
- Entscheidung bezüglich einer Eigen- oder Fremddurchführung des Benchchmarkings (zur Verschwiegenheit verpflichtete Person oder Organisation)
- Auswahl vergleichbarer und vergleichswilliger Teilnehmer
- Einigung über die grundsätzlichen Spielregeln (u. a. Datentransparenz jederzeit nach innen, Datenschutz nach außen)
- Definition der zu untersuchenden Objekte (Verfahrensabläufe, Systeme, Anlagen, Komponenten, Aufbau-/Ablauforganisation) und der Beobachtungsperiode
  (Momentaufnahme oder retrospektive Analyse über einen längeren Zeitraum)
- Definition von Kennzahlen mit dem Ziel aussagefähiger Größen, Erhebungsrichtlinien vereinbaren
- Erhebung der Basisdaten, Prüfung der Datenvalidität, Datenauswertung
- kritische Analyse des Benchmarkings insbesondere bezüglich der besten und schlechtesten Ergebnisse

Literaturverzeichnis

[1] VDEW - Projektgruppe "Nutzenergiebilanzen " unter Mitwirkung des Lehrstuhls für Energiewirtschaft und Anwendungstechnik der TU München, VDEW e. V. Frankfurt a. M., Stresemannallee 23

[2] DIW-Wochenbericht 50/02

[3] PROGNOS AG : Energiereport III - Die längerfristige Entwicklung der Energiemärkte im Zeichen von Wettbewerb und Umwelt, Schäffer Poeschel Verlag, Stuttgart,1999

[4] RWI-Bericht : Klimaschutzerklärung der deutschen Industrie unter neuen Rahmenbedingungen, Monitoring-Bericht 1999, Fortschrittsberichte der Industrieverbände

[5] MAIER, K. H. / THOMAS, G.: Internationaler Vergleich der Energie-, Fertigungs- und Herstellkosten chemischer Grundprodukte, Verband der Chemischen Industrie e. V., Frankfurt

[6] HENDRICKS, C. / AICHINGER, H. M. / JOKSCH, M. / DOMELS, H. P.: Energieaspekte und gegenwärtiger Verbrauch an Energierohstoffen der Weltstahlerzeugung, Stahl und Eisen 118 (1998), Nr. 2, S. 39 ff.

[7] REINITZHUBER, F.: Entwicklung der Material- und Energieeffizienz in Hüttenwerken mit Oxygenstahlerzeugung, Stahl und Eisen 118 (1998), Nr. 7, S. 55 ff.

[8] SCHAEFER, H. / MAUCH, W.: Strukturen des Wärmebedarfs in Industrie und Gewerbe, VDI-Bericht 1296, S. 9 ff.

[9] RADGEN, P.: Energie- und Kosteneffizienz für Industrieofen-Anlagen, BWK, Bd. 52 (2000), Nr. 12, S. 55 ff.

[10] GEIGER, B. / WITTKE, F.: Energieverbrauch in der Bundesrepublik Deutschland , BWK ,Bd. 54 (2002), Nr.1 / 2, S. 50 ff.

[11] VDI-Gesellschaft Energietechnik (Hrsg.): BHKW - Handbuch " Kraft-Wärme-Kopplung mit Verbrennungsmotoren", Springer / VDI-Verlag, Düsseldorf ,1999

[12] ASUE Arbeitsgemeinschaft für sparsamen und umweltfreundlichen Energieverbrauch e.V. (Hrsg.): BHKW-Grundlagen, Bestell-Nr. 0511990, beim Verlag Rationeller Erdgaseinsatz, 67613 Kaiserslautern

[13] SEIDEL, M.: Motorisch betriebene Blockheizkraftwerke, BWK , Bd. 52 (2000) Nr. 4

[14] ASUE Arbeitsgemeinschaft für sparsamen und umweltfreundlichen Energieverbrauch e. V. (Hrsg.): Stationäre Brennstoffzellen, Bestell - Nr. 050900, beim Verlag Rationeller Erdgaseinsatz, 67613 Kaiserslautern

[15] FISCHER, M. / NITSCH, J. / PEHNT, M.: Brennstoffzellensysteme - Vorteil, Herausforderungen und Marktchancen, Energiewirtschaftliche Tagesfragen, 50. Jg. (2000) H. 6, S. 412 ff.

[16] PEHNT, M. / NITSCH, J.: Einsatzfelder und Marktchancen von Brennstoffzellen in der industriellen und öffentlichen Kraft-Wärme-Kopplung, Deutsches Zentrum für Luft-und Raumfahrt e.V. (DLR), 70503 Stuttgart

[17] VDI-Bericht 1539: Bewertung und Umsetzungsempfehlungen für effiziente integrierte Energiekonzepte, S. 285 ff.

[18] CERBE, G. / HOFFMANN, H.-J. : Einführung in die Thermodynamik, 12. verbesserte Auflage, 1999, Carl Hanser Verlag München Wien, S. 239 ff.

[19] BAEHR, H.D.: Thermodynamik, 7. Auflage, 1989, Springer Verlag

[20] HESS, R.: Effiziente Verbundsysteme, BWK, Bd. 53 (2001), Nr. 6

[21] KNOCHE, K. F. / RUDOLPH, M. / SCHAEFER, H.: Zur Problematik der Bewertung von Energieträgern und Energieumwandlungsprozessen, BWK, Bd. 46 (1994), Nr.10

[22] DIBELIUS, G.: Gasturbuinen, Jahresübersicht 1999 , BWK ,Bd. 52 (2000)

[23] FÜLÖP, Z.: Kenndaten von kombinierten Gasturbinen-Dampf-Kraftwerken, GASWÄRME International, 42 (1993), H.10

[24] WOLF, J..J.: Stand und Entwicklung der Gasturbinentechnik, GASWÄRME International , 47 (1998), H. 3

[25] VGB-Richtlinien bzw. -Empfehlungen zu den Themen Betrieb, Wirkungsgradüberwachung, Revisionen, Lebensdauerverlängerung und Überwachungs- Begrenzungs- und Schutzeinrichtungen von Dampfturbinen, VGB PowerTech Service GmbH, Essen

[26] NOVI, A. / HALLER, B. R.: Wirkungsgradentwicklung bei Dampfturbinen, VGB Kraftwerkstechnik 77 (1997), H. 7

[27] LEHMANN, H.: Dampferzeugerpraxis / Grundlagen und Betrieb, Resch Media Mail Verlag GmbH, Gräfelfing / München, 3. Auflage 1994

[28] SEMEDARD, J. C. / SCHEFFKNECHT, G.: Moderne Abhitzedampferzeuger, VGB Kraftwerkstechnik, 1997, H. 12, S. 1028 ff.

[29] Siebzehnte Verordnung zur Durchführung des Bundes -Emissionsschutzgesetzes (Verordnung über Verbrennungsanlagen für Abfälle und ähnliche brennbare Stoffe 17. BImSchV) vom 23. November 1990 (BGBl. IS.2545, 2832), zuletzt geändert durch das Gesetz von 27. Juli 2001 (BGBl. IS. 1950, 2003)

[30] Dreizehnte Verordnung zur Durchführung des Bundes-Immissionsschutzgesetzes (Verordnug über Großfeuerungsanlagen - 13.BImSchv, GFA-VO) vom 22. Juni 1983, geändert am 3. Mai 2000, BGBl. IS. 632

[31] WEIGAND, E. / WAGNER, J. / WALTENBERGER, G.: Energetische Verwertung von Polyurethanen in Industriekraftwerken, AbfallwirtschaftsJournal, Nr. 3, März 1996

[32] Handbuch Drucklufttechnik, Autorenkollektiv, Deutscher Verlag für Grundstoffindustrie, Leipzig

[33] JUNGNICKEL, H. / AGSTEN, R. / KRAUS, W.E.: Grundlagen der Kältetechnik, 3. Auflage, Verlag Technik GmbH, Berlin, 1990

[34] VON CUBE, H. L. (Hrsg.) : Lehrbuch der Kältetechnik, 3. Auflage, Verlag C.F. Müller, Karlsruhe, 1981

[35] STURM, F. A.: Wissenbasierte Betriebsführung und Instandhaltung, VGB PowerTech Service, Essen, 2002

[36] LINNHOFF, B. et al.: User Guide on Process Integration for the Efficient Use of Energy, Ed.: The Inst. of Chemical Engineers, Rugby , GB ,1994

[37] RADGEN, P., SCHULZ, E.: Möglichkeiten und Grenzen der Pinch - Analyse und der exergetischen Analyse zur Verbesserung und Optimierung industrieller Prozesse, VDI- Bericht 69, S. 69 ff.

[38] RADGEN, P.: Von der Insellösung zum Gesamtsystem - Wärmeintegrationsanalyse von Energie u. Stoff umwandelnden Prozessen, VDI-Bericht 1539

[39] ZVEI Zentralverband Elektrotechnik- und Elektronikindustrie e.V. Frankfurt a. M.: Energiesparen mit elektrischen Antrieben - Einsparpotenziale in Milliardenhöhe, 20. Sept. 1999

[40] AUINGER, H.: Energieverbrauchsoptimierung mit drehzahlveränderbaren elektrischen Antrieben, atp 42 (2000) , H. 2, S. 33 ff.

[41] VDI-Nachrichten 17. 09. 1999, S. 42 : 5 Mrd. kWh Energie verpuffen durch Druckluft

[42] RADGEN, P. / BLAUSTEIN, E. (Eds.): Compressed Air Systems in the European Union - Energy, Emissions, Savings Potential and Policy Actions (The project was carried out with support from the European Commission, under the SAVE Programmprojekt XVII / 4. 103/Z/98 - 266)

[43] VDI Bericht Nr. 1251: Energierückgewinnung mit Entspannungsmaschinen im industriellen Einsatz, Tagung VDI- Gesellschaft Energietechnik, Magdeburg, 14. und 15. März 1996

[44] CHAWLA, J.M.: Waste heat recovery from flue gases with subtantial dust load, Chemical Engineering and Processing, 38 (1999), S. 365 ff.

[45] RADGEN, P.: Energie- und Kosteneffizienz für Industrieofen-Anlagen, BWK, Bd. 52 (2000) Nr. 12, S. 56 ff.

[46] VDI- Bericht 1464: Kosten sparen durch Wärmerückgewinnung, Tagung VDI -Gesellschaft Technische Gebäudeausrüstung, Berlin 10. Juni 1999

[47] KUGELER, K. / PHLIPPEN, P.-W.: Energietechnik - Technische, ökonomische und ökologische Grundlagen, Springer-Verlag, Berlin Heidelberg New York, 1990

[48] COENEN, R. / KLEIN-VIELHAUER, S. / MEYER, R.: Integrierte Umwelttechnik Chancen erkennen und nutzen, Studie des Büros für Technikfolgen-Abschätzungen beim Deutschen Bundestag, edition sigma Verlag, Berlin, 1996

[49] Praxisleitfaden zur Förderung der rationellen Energieverwendung in der Industrie, VIK, Essen 1998

[50] Monitoring - Berichte des Rheinisch - Westfälischen Instituts für Wirtschaftsforschung Essen

[51] Bericht des VIK zum CO2-Monitoring 1999 und 1998, www.rwi-essen.de

[52] Praxisleitfaden zur Förderung der rationellen Energieverwendung in der Industrie, VIK Essen 1998

[53] VDI-Bericht 1725: Flexible Mechanismen zur CO2-Minderung, VDI-Gesellschaft Energietechnik, Tagung Bochum 24. Okt. 2002

[54] Forschungsstelle für Energiewirtschaft e.V., Energiestatistik in Deutschland 1999, www. ffe.de

[55] RWI: Die Klimaschutzerklärung der deutschen Wirtschaft vom März 1996 - Eine abschließende Bilanz (Monitoring- Bericht 2000), Fortschrittsberichte der Verbände

[56] BAEHR, H. D. / DRAKE, F. D.: Die Berechnung der CO2 - Emissionsminderung durch Kraft-Wärme-Kopplung, BWK ,Bd. 47 (1995), Nr. 11 / 12 , S. 465 ff.

[57] TOLLE, A .: Ökonomie und Ökologie der Kraft-Wärme-Kopplung, BWK, Bd. 50 (1998), Nr. 5/6, S. 54 ff.

[58] SCHRADER, K. / KRZIKALLA, N.: Kraft-Wärme-Kopplung - Effizienzkriterien zum Klimaschutz, BWK Bd. 52 (2000), Nr. 5

[59] DIW-Wochenbericht 45/01

[60] Richtlinie des Europäischen Parlaments und des Rates vom 23. Okt. 2001 über nationale Emissionshöchstgrenzen für bestimmte Luftschadstoffe, Amtsblatt Nr. L309 vom 27. 11. 2001, S. 0022-0030

[61] Richtlinie 2001/ 80 / EG des Europäischen Parlaments und des Rates vom 23. Okt. 2001 zur Begrenzung von Schadstoffemissionen von Großfeuerungsanlagen in die Luft, Amtsblatt Nr. 309 vom 27.Okt. 2001, S.0001-00021

[62] Pressemitteilung 088 / 03 des Bundesministeriums für Umweltschutz und Reaktorsicherheit vom 28. 05. 2003

[63] Richtlinie 2000/76/EG des Europäischen Parlaments und des Rates vom 4. Dez. 2000 über die Verbrennung von Abfällen , ABI, EG Nr. L332 / 91

[64] Erste Allgemeine Verwaltungsvorschrift zum Bundesimmissionsschutzgesetz (Technische Anleitung zur Reinhaltung der Luft - TA Luft) vom 24. Juli 2002, GMBl. 2002, Heft 25-29, S. 511-605

[65] Handbuch Umweltcontrolling, Hrsg. Bundesumweltministerium und Bundesumweltamt, Verlag Franz Vahlen, München, 1995

[66] SEIDEL, E. / CLAUSEN, J. / SEIFERT, E.: Umweltkennzahlen, Verlag Franz Vahlen, München 1998

[67] EMAS II (2001), Verordnung (EG) Nr. 761 / 2001 des Europäischen Parlaments und des Rates vom 19. März 2001 über die freiwillige Beteiligung von Organisationen an einem Gemeinschaftssystem für das Umweltmanagement und die Umweltbetriebsprüfung, Amtsblatt der Europäischen Gemeinschaften Nr. L114 /1 vom 24. 04. 2001

[68] DIN EN ISO 14001 (1993), Umweltmanagementsysteme - Spezifikation mit Anleitung zur Anwendung, Beuth Verlag, Berlin

[69] VOß, A.: Nachhaltigkeit in der Energieversorgung - Relevante Stromerzeugungstechniken auf dem Prüfstand, VGB Kraftwerkstechnik 1/99, S. 25

[70] BLOHM, H. / LÜDER, K.: Investitionen, 7. Auflage, München, 1991

[71] BMU / UBA : Handbuch Umweltcontrolling, S. 542, 2. Auflage, München 2001

[72] VAHLENS GROSSES WIRTSCHAFTSLEXIKON, Hrsg. DICHTL, / ISSING, 2. Auflage, München, 1994, S. 1045

[73] PFAFFENBERGER: Elektrizitätswirtschaft, S. 211

[74] CZERNIE, W.: Der Gasmarkt im Wandel, Ruhrgas AG

[75] EWI Energiewirtschaftliches Institut der Universität Köln: Integrierte Mikrosysteme der Energieversorgung, Sektorreport Gas, Mai 2003

[76] MARKERT, W.: Flexibel auf Kundenwünsche reagieren, EnergieSpektrum, 9 2003

[77] SCHIFFER, H. W.: Energiemarkt Deutschland, TÜV-Verlag, Köln 1999

[78] SCHULZ , G.: Preisbildung in der Energiewirtschaft, Energiewirtschaft und Technik Verlagsgesellschaft mbH, Essen, 1996, S. 122 ff.

[79] EUROSTAT news release, Nr.84 / 2000, 20. Juli 2000

[80] MINERALÖLWIRTSCHAFTSVERBAND: Jahresbericht 1999

[81] RUHRGAS Geschäftsbericht 2001

[82] WORLD ENERGY COUNCIL: Energie für Deutschland 1997

[84] STATISTIK DER KOHLEWIRTSCHAFT E.V. Juni 2000

[85] DIW-Wochenbericht 10/01 u. 15/02

86] RUHRGAS: Grundzüge der Erdgaswirtschaft, Ruhrgas Aktiengesellschaft Unternehmenskommunikation

[87] VEREIN DEUTSCHER KOHLENIMPORTEURE: Jahresbericht 1999

[88] STRÖBELE, W.: Zur Verbändevereinbarung zum Netzzugang für Erdgas, Gutachten in Auftrag von BGW und VKU, Dez. 2000

[89] DIW-Wochenbericht 37/03: Liberalisierung der europäischen Gaswirtschaft - Neue Regulierungsbehörde soll mehr Wettbewerb schaffen

[90] EUROSTAT- Pressemitteilung 115 / 2002, 26. Sept. 2002

[91] UMWELTBUNDESAMT: Analyse des Bedarfs zukünftiger Kraftwerkskapazitäten und Strategien für eine nachhaltige Stromnutzung in Deutschland, Aug. 2003

[92] VIK-Pressemitteilung 11. Sept. 2002

[93] DIW-Wochenbericht 25/00 : Strombörsen im liberalisierten Strommarkt

[94] GEIGER, W.: Wie " richtig " ist der SWEP ? ENERPRICE Geiger Consulting - Unternehmensberatung, CH - 6031 Ebiko

[95] BWK Bd. 55 (2003) Nr. 9, S. 34: Der Großhandelsmarkt für Strom im Juni und Juli

[96] Verband der Netzbetreiber VDN e.V. beim VDEW : Netznutzungsentgelte und Strukturmerkmale, Sept. 2002

[97] VIK-Pressemitteilung: Stromnetznutzung bleibt zu teuer / Das System der Strukturklassen muß überarbeitet werden, Essen 26. Mai 2003

[98] HÄRTER , M. (Hrsg.): Energieprognostik auf dem Prüfstand, Schriftenreihe der Gesellschaft für Energiewissenschaft und Energiepolitik e.V., Verlag TÜV Rheinland GmbH, Köln, 1988, S. 112 ff.

[99] INTERNATIONALE ENERGIE -AGENTUR (IEA) : World Energy Outlook (jährliche Ausgaben seit 1993), Paris

[100] ENERGY INFORMATION ADMINISTRATION (EIA) : Annual Energy Outlook 2002, Report DOE / EIA -0383 (2002), Dec. 21./ 123 2001

[101] SCHRATTENHOLZER, L.: Vergleichende Auswertung internationaler Energieprognosen, Internationales Institut für Angewandte Systemanalysen (IIASA), Laxenburg

[102] PROGNOS: Die längerfristige Entwicklung der Energiemärkte im Zeichen von Wettbewerb und Umwelt, Trendskizze für das Bundesministerium für Wirtschaft, Bonn, 1998

[103] MERGEL, H.: Energieverrechnungs- und Informationssystem - die Basis für ein erfolgreiches Energiemanagement, VDI- Bericht 1252, 1996, S. 4

[104] KÖNIG, W.: Aufteilung der Erzeugungskosten auf Dampf und Strom, VIK-Mitteilung Nr. 3, 1973, S. 31 ff

[105] Richtlinie 96 / 92 / EG des Europäischen Parlaments und des Rates vom 19. Dezember betreffend gemeinsame Vorschriften für den Elektrizitätsbinnenmarkt, Amtsblatt der Europäischen Gemeinschaften 30.1.97, Nr. L 20 / 27
Richtlinie 98 / 30 / EG des Europäischen Parlaments und des Rates vom 22. Juni 1998 betreffend gemeinsame Vorschriften für den Erdgasbinnenmark, Amtsblatt der der Europäischen Gemeinschaften 21. 7. 98, Nr. L 204 / 1

[106] Gesetz zur Neuregelung des Energiewirtschaftsrechts vom 24. April 1998, Bundesgesetzblatt Jahrgang 1998 Teil I Nr. 23, S. 30, 28. April 1998 und Gesetz gegen Wettbewerbsbeschränkungen (GWB) vom 26. August 1998, Bundesgesetzblatt Jahrgang 1998 Teil I Nr. 59, S. 2547, 2. September 1998

[107] 2003 / 54 / EG, (vgl. Amtsblatt der Europäischen Union L 176/37 vom 15. Juli 2003) und
2002/55/EG, (vgl. Amtsblatt der Europäischen Union L 176/57 vom 15.Juli 2003)

[108] VIK-Pressemitteilung vom 10. Juli 2003

[109] VWD Energy Weekly vom 28. März 2003, S. 5

[110] Gemeinsame Presseerklärung von BDI / VDEW / VIK vom 3. April 1998 www.vik-online.de/aktuell/pressemitteilungen und VIK-Pressemitteilung vom 14.Dez. 2001

[111] Verbändevereinbarung über Kriterien zur Bestimmung von Netznutzungsentgelten für elektrische Energie und über Prinzipien der Netznutzung vom 13. Dezember 2001 (VV Strom II plus), www.vik-online.de/aktuell / verbaendevereinbarungen

[112] Verbändevereinbarung zum Netzzugang bei Erdgas vom 4. Juli 2000 (VV Erdgas I) und 1. (15. März 2000) sowie 2. Nachtrag (21. Sept. 2001), VIK-Pressemitteilung vom 16. März 2001, www. vik online.de/aktuell /-pressemitteilungen

[113] Pressemitteilung BMWT / BDI / VIK / BGW / VKU vom 4. Juli 2000, www.vik-online.de/aktuell/pressemitteilungen

[114] Gemeinsame Presseerklärung von BDI und VIK vom 10. April 2003

[115] DIW-Wochenbericht 36-37 / 03

[116] VIK- Pressemitteilung vom 3. Sept. 2003

[117] Gesetz zur Fortentwicklung der ökologischen Steuerreform, BGBl. I 2002, Nr. 87, S. 4602-4606

[118] Umweltbundesamt: " Ökossteuer - sparen oder zahlen ", Dez. 2002

[119] Ökosteuer / Kraft-Wärme-Kopplungsanlagen - mineralölsteuerliche Rückvergütung auch für direkt angetriebene Druckluftverdichter, VIK-Mitteilungen 3-2001 und
ROEDER, G. / VOß, W.: Mineralölsteuerfreiheit von GuD- und sonsti gen Anlagen der Kraft-Wärme-Kopplung seit dem 1. April 1999, VIK-Mit teilung 2-2000

[120] BMU-Pressemitteilung Nr. 291 / 02 vom 4. Dezember 2002

[121] SCHULZ, J.: Ökosteuer aus industrieller Sicht, VIK-Mitteilung 3-2000, S. 63

[122] Umweltrat: Stellungnahme zum Gesetzentwurf der Bundesregierung zur Fortführung der ökologischen Steuerreform, Anhörung am 4. Okt. 1999

[123] Schreiben der EU-Kommmission vom 14. 06 1999 an die Bundesregierung

[124] Vorschlag für eine Richtlinie des Rates zur Restruktuierung der gemeinschaftlichen Rahmenvorschriften zur Besteuerung von Energieerzeugnissen, Dokument 597 PC 0030-

[125] Richtlinie des Rates 2003 / 96 / EC zur Restruktuierung der gemeinschaftlichen Rahmenvorschriften zur Besteuerung von Energieerzeugnissen und elektrischen Strom

[126] ARNDT, H.-W. / WIESBROCK, M. R.: Stromsteuergesetz, Kommentar, C.F. Müller Verlag, Hüthing GmbH, Heidelberg 1999

[127] DIW-Wochenbericht 45/00

[128] DIW-Wochenbericht 36/99

[129] MAIER, K.H. / THOMAS, G.: Auswirkungen der geplanten Ökosteuer auf die Wettbewerbsfähigkeit chemischer Grundprodukte, VIK-Mitteilung 1-1999

[130] Gesetz zur Neuregelung des Rechts der Erneuerbaren Energien im Strombereich vom 21. Juli 2004, BGBl 2004, Teil I, Nr 40, S. 1919/1930

[132] BMU Umweltpolitik, Erneuerbare Energien in Zahlen, Stand März 2003, Referat Öffentlichkeitsarbeit, 11055 Berlin

[135] Gesetz für die Erhaltung, die Modernisierung und den Ausbau der Kraft - Wärme - Kopplung vom 19. März 2002, BGBl. I 2002, S. 1092

[136] Entscheidung Nr. 1230/2003/EG des Europäischen Parlaments und des Rates vom 26. Juni 2003 zur Festlegung eines mehrjährigen Programmes für Maßnahmen im Energiebereich: " Intelligente Energie - Europa" (2002-2006), Amtsblatt Nr. L176 vom 15/07/2003 S. 0029-0036

[137] Umweltrat: Umweltbericht 2000

[138] Vereinbarung zwischen der Regierung der Bundesrepublik Deutschland und der deutschen Wirtschaft zur Minderung der CO2- Emissionen und zur Förderung der Kraft-Wärme-Kopplung in Ergänzung zur Klimavereinbarung vom 9. November 2000, abgeschlossen am 25. Juni 2001

[139] Gemeinsame Verbändeempfehlung zur Förderung der Kooperativen Kraft-Wärme-wirtschaft (KKWW), www.vik-online.de/aktuell/verbaendevereineinbarungen

[140] RWI : CO2-Emissionen und wirtschaftliche Entwicklung, Monitoring-Bericht 1998, Bericht des VIK

[141] 2003/87/EG, (vgl. Amtsblatt der Europäischen Union L275/32 vom 25. Okt. 2003)

[142] Ruhrgas Geschäftsbereicht 2000

[143] SCHILDGE, P.: Auswirkung der Liberalisierung der Energiemärkte auf die deutsche Stromwirtschaft, VDI-Berichte 1430 , S.26

[144] EUROSTAT Pressemitteilung 115 / 2002 - 26. September 2002, Wettbewerbsindikatoren für den Elektrizitätsmarkt

[145] VDEW Zahlen und Fakten, Pressekonferenz 9. Handelsblatt-Jahrestagung, Berlin, 16. Januar 2002

[146] www.strom.de, Juli 2002

[147] Ruhrgas Geschäftsbericht 2003

[148] Ruhrgas Geschäftsbericht 2001

[149] CEDIGAZ - Recent Publications - The European Gas Market Players - 2001 Edition

[150] Niedersächsisches Landesamt für Bodenforschung: Jahresbericht Erdöl und Erdgas in der Bundesrepublik Deutschland 2001

[151] DIW-Wochenbericht 36-37 / 03

[152] Energiebericht der Bundesregierung v. 27.11.2001

[153] RUHRGAS Geschäftsbericht 2002

[154] Internetbasierte Stromhandelsplattformen, BWK , Bd. 64 (2002) Nr. 9, S. 38

[155] SCHWEICKARDT, H. E. / NIESSEN, S.: Spot- und Terminhandel an europäischen Strombörsen, www.strom.de (Fakten/Strombörsen)

[156] HENSING, PFAFFENBERGER, STRÖBELE : Energiewirtschaft

[157] VDI-Arbeitskreis Energeianwendung (2002) : Vorentwurf VDI-Richtlinie Begriffe Energiemanagement

[158] KAISER, S. / STARZER, O.: Handbuch für betriebliches Energiemanagement, Wien Nov. 1999, im Auftrag des Bundesministeriums für Umwelt, Jugend u. Familie

[159] SCHIEFERDECKER, B.: Energiemanagement - modern und effizient organisierte Energiewirtschaft im industriellen Unternehmen, VDI-Berichte 1593, 2001

[160] VON BRUNN, H.: Energiebezugs- und Einsatzoptimierung in Querverbundsystemen, Markterhebung der AGFW, VDI Berichte 1508, 1999, S. 65

[161] JUNG, S.: Erfahrungen mit einem werksweiten Energiemanagementsystem, Chemie Ingenieur Technik, 1999, S. 1253

[162] HIRSCHFELDER, E.: Energiemanagement für industrielle Verbraucher aus Kostensicht, VDI-Bericht 1761, 2003, S. 39 ff.

[163] PAULING, T.: Portfoliomanagement - Ein komplexes Beschaffungskonzept, VDI-Bericht 1688, 2002, S.1 ff.

[164] FÜNFGELD, C. / BONNESCHKY, A. / TIEDEMANN, R.: Qualifizierte Lastverlaufsprognose, BWK , Bd. 54 (2002) Nr. 7 / 8 S. 52 ff.

[165] BOZEM, K.: Risikomanagement bei Energieunternehmen, Energiewirtschaftliche Tagesfragen, 49. Jg. (1999), H. 5, S. 306 ff.

[166] TILLMANN, A. / KARBENN, F. / JASPERT, R.: Konzeption und Umsetzung von Risikomanagement-Systemen, Energiewirtschaftliche Tagesfragen 49. Jg. (1999), Heft 6, S. 378 ff

[167] SCHULZ, G.: Preisbildung in der Energiewirtschaft, Energiewirtschaft und Technik Verlagsgesellschaft mbH Essen, 1996, S. 214 ff.

[168] DONATH, R.: Gaspreisbildung in Europa, Schulz-Kirchner Verlag 1996, S. 216 ff.

[169] BERGSCHNEIDER, C.: Risikomanagement im Energiehandel, Schäffer-Poeschel Verlag Stuttgart, 1999

[170] LPX-Terminmarktkonzept, Release 0005A, 20.03.2001

[171] TRAUPE, A. / KLUG, S.: Arbeitsschutzmanagement - Systemkonzept und Lösung für eine praxisnahe Implementierung in Kraftwerken, VGB Kraftwerk Technik ,7 / 2000

[172] ASPERNEITE, M.: Der Anspruch des Arbeitsschutzmanagements an die sicherheitstechnische und arbeitsmedizinische Betreuung am Beispiel des Arbeitssicherheits- und Gesundheitsmanagements 2000 plus, VGB KraftwerksTechnik, 6/2000

[173] MORAVI, G.: Umweltschutz durch ÖkoauditÖkoaudit im Kraftwerk, VGB KraftwerksTechnik 7 / 98

[174] LUCAS, D.: Ausarbeitung und Einführung eines Umweltschutz-Handbuches bei einem EVU, VGB KraftwerksTechnik 8 / 98

[175] WOHINZ, J.W. / MOOR, M.: Betriebliches Energiemanagement, Springer -Verlag Wien, Kap. 7

Stichwortverzeichnis

Dieter Thomaschewski
Synergien im Akquisitionsmanagement
Lohmar – Köln 2004 • 290 S. • € 39,- (D) • ISBN 3-89936-223-3

Fred G. Becker (Hrsg.)
Personal-Management – Organisation – Unternehmungsführung – Festschrift zu Ehren von Prof. Dr. Jürgen Berthel
Lohmar – Köln 2004 • 366 S. • € 54,- (D) • ISBN 3-89936-226-8

Jörg H. Ottersbach
Simultane Planung von Investition, Finanzierung und Besteuerung – Eine theoretische Untersuchung am Beispiel von Windkraftanlagen
Lohmar – Köln 2004 • 392 S. • € 55,- (D) • ISBN 3-89936-228-4

BearingPoint (Hrsg.)
Jahrbuch der Beschaffung 2003/2004 – Beschaffung gestalten, Erfolge messen
Lohmar – Köln 2004 • 276 S. • € 39,- (D) • ISBN 3-89936-231-4

Margret Bochert (Hrsg.)
Wissensmanagement in wissensintensiven Dienstleistungsprozessen
Lohmar – Köln 2004 • 206 S. • € 44,- (D) • ISBN 3-89936-233-0

Christian Dahlheim
Wertorientierte Ausgestaltung der Kompensationsstruktur von Forschungskooperationen – Eine Untersuchung am Beispiel der biopharmazeutischen Industrie
Lohmar – Köln 2004 • 326 S. • € 52,- (D) • ISBN 3-89936-241-1

Thilo Hartmann
Ein Rechnungswesen-Informationssystem auf Basis der Tensorbuchhaltung
Lohmar – Köln 2004 • 314 S. • € 52,- (D) • ISBN 3-89936-245-4

Klaus Rauch
Betriebswirtschaftliche Beurteilungsmaßstäbe im Abhängigkeitsbericht gemäß §§ 311 ff. AktG
Lohmar – Köln 2004 • 434 S. • € 58,- (D) • ISBN 3-89936-248-9

Olaf Laska-Levonen
Politische Steuerung in einer modernen Kommune – Dargestellt am Beispiel des Landkreises Hildesheim
Lohmar – Köln 2004 • 126 S. • € 36,- (D) • ISBN 3-89936-250-0

Marcus Ulbrich
Potentialanalyse und Entwicklungsprognose – Eine empirische Untersuchung zur sozialen Kompetenz
Lohmar – Köln 2004 • 238 S. • € 46,- (D) • ISBN 3-89936-251-9

Wolfgang Chr. Fischer (Ed.)
Street Markets – Small Business & Farmers' Perceptions in Australia & New Zealand
Lohmar – Köln 2004 • 178 S. • € 42,- (D) • ISBN 3-89936-253-5

Bärbel Reuter
Flexible Kooperationen steuern – Ein Controllingsystem für Netzwerke
Lohmar – Köln 2004 • 328 S. • € 52,- (D) • ISBN 3-89936-258-6

Anne Fenge
Niedriglohn- und Hochlohnanbieter im Bausektor – Dargestellt am Beispiel der Bundesrepublik Deutschland und der Republik Ungarn
Lohmar – Köln 2004 • 346 S. • € 53,- (D) • ISBN 3-89936-264-0

Claudia Senft
Basel II und die nationale Entwicklung von Kreditderivaten
Lohmar – Köln 2004 • 314 S. • € 52,- (D) • ISBN 3-89936-266-7

Reinhold Decker und Frank Wartenberg (Hrsg.)
Vertriebs- und Kundenmanagement – Marketingmethoden im Einsatz
Lohmar – Köln 2004 • 280 S. • € 48,- (D) • ISBN 3-89936-267-5

Oliver Grieble
Modellgestütztes Dienstleistungsbenchmarking
Lohmar – Köln 2004 • 322 S. • € 52,- (D) • ISBN 3-89936-268-3

Julia Gerhard
Die Hochschulmarke – Ein Konzept für deutsche Universitäten
Lohmar – Köln 2004 • 322 S. • € 52,- (D) • ISBN 3-89936-270-5

Ulf Bennet Rieg
Analyse der Bewertung junger innovativer Unternehmen
Lohmar – Köln 2004 • 380 S. • € 55,- (D) • ISBN 3-89936-278-0

Harald F. O. von Kortzfleisch
Organisatorische Balancierung von Informations- und Kommunikationstechnologien
Lohmar – Köln 2004 • 510 S. • € 64,- (D) • ISBN 3-89936-279-9

Michael Kunkel
Planung und Controlling im Retail-Loop – Pro-aktives Sortiments- und Bestandsmanagement in traditionellen und vertikalen Wertschöpfungsketten des saisonabhängigen Filialhandels
Lohmar – Köln 2004 • 358 S. • € 54,- (D) • ISBN 3-89936-284-5

BearingPoint (Hrsg.)
Financial Excellence
Lohmar – Köln 2004 • 320 S. • € 45,- (D) • ISBN 3-89936-285-3

Fred G. Becker
Anleitung zum wissenschaftlichen Arbeiten – Wegweiser zur Anfertigung von Haus- und Diplomarbeiten
4., durchgesehene Auflage
Lohmar – Köln 2004 • 110 S. • € 11,- (D) • ISBN 3-89936-286-1

Helmut M. Dietl, Mario Rese, Alexander Krebs und Björn Franke
Virtuelle Informationsbörsen zur Prognose *und* Investitionsabsicherung
Lohmar – Köln 2004 • 232 S. • € 45,- (D) • ISBN 3-89936-290-X

Matthias Hühn und Christian Kuhlmann (Hrsg.)
Betriebswirtschaftslehre und Management-Lehre – Die ungleichen Schwestern?
Lohmar – Köln 2004 • 204 S. • € 44,- (D) • ISBN 3-89936-291-8

Ralf Henning
Individualisierte Verfügbarkeitsleistungen in der Ersatzteilversorgung
Lohmar – Köln 2004 • 322 S. • € 52,- (D) • ISBN 3-89936-295-0

Jörn-Axel Meyer
Kunstförderung durch Unternehmen – Wege, Nutzen und Leitfaden für Freiberufler und Unternehmen
Lohmar – Köln 2004 • 214 S. • € 54,- (D) • ISBN 3-89936-297-7

Andreas Guldan
Optimale Unternehmensnachfolge bei Familienunternehmen als steuerliches Gestaltungsproblem
Lohmar – Köln 2004 • 368 S. • € 54,- (D) • ISBN 3-89936-299-3

Holger Wellmann
Gemeinsame Servicestellen in der Rehabilitation
Lohmar – Köln 2004 • 366 S. • € 39,- (D) • ISBN 3-89936-307-8

Sven Mekwinski
Beziehungsmarketing zwischen Einzelhandel und handwerklichen Servicepartnern
Lohmar – Köln 2004 • 338 S. • € 53,- (D) • ISBN 3-89936-310-8

Beatrix Maulberger
Webseiten-Responsemanagement – Ein Experiment
Lohmar – Köln 2004 • 334 S. • € 53,- (D) • ISBN 3-89936-311-6

Christian Bongard
Werbung und Markteffizienz – Eine wohlfahrtstheoretische Analyse suggestiver Werbung
Lohmar – Köln 2004 • 212 S. • € 45,- (D) • ISBN 3-89936-317-5

Gudrun Jedersberger und Lasse Altmann
Facility Management in Krankenhäusern und Kliniken
Lohmar – Köln 2004 • 148 S. • € 38,- (D) • ISBN 3-89936-318-3

Harald F. O. von Kortzfleisch
E-Business und organisatorische Veränderungen – Neun Thesen und empirischer Befund
Lohmar – Köln 2005 • 136 S. • € 38,- (D) • ISBN 3-89936-320-5

Benjamin Zemlin
Das Entscheidungsverhalten bei der Verkehrsmittelwahl
Lohmar – Köln 2005 • 494 S. • € 63,- (D) • ISBN 3-89936-321-3

Mike Dobrindt
Hochschulkostenrechnung – Konzeptionelle Überlegungen für ein Referenzmodell
Lohmar – Köln 2005 • 286 S. • € 48,- (D) • ISBN 3-89936-323-X

Thomas A. Schellenberger
Integrationsaspekte computergestützter Wissensmanagement- und Lernsysteme
Lohmar – Köln 2005 ♦ 224 S. ♦ € 45,- (D) ♦ ISBN 3-89936-325-6

Philipp von Plato
Konsequenzen von Solvency II für die Kapitalanforderungen von Lebensversicherungsprodukten
Lohmar – Köln 2005 ♦ 98 S. ♦ € 33,- (D) ♦ ISBN 3-89936-330-2

Alexander Blum
Corporate Governance – Ein Vergleich zwischen den gesetzlichen Regelungen in Deutschland und den Forderungen des Kapitalmarkts
Lohmar – Köln 2005 ♦ 360 S. ♦ € 54,- (D) ♦ ISBN 3-89936-336-1

Jörn-Axel Meyer (Hrsg.)
Wissens- und Informationsmanagement in kleinen und mittleren Unternehmen – Jahrbuch der KMU-Forschung und -Praxis 2005
Lohmar – Köln 2005 ♦ 586 S. ♦ € 69,- (D) ♦ ISBN 3-89936-339-6

Bernd Schulze
Mehrfachnutzung von Medieninhalten – Entwicklung, Anwendung und Bewertung eines Managementkonzepts für die Medienindustrie
Lohmar – Köln 2005 ♦ 220 S. ♦ € 45,- (D) ♦ ISBN 3-89936-340-X

Christian Alexander Mias
Prozessmodell für Integration Excellence
Lohmar – Köln 2005 ♦ 202 S. ♦ € 44,- (D) ♦ ISBN 3-89936-341-8

Jochen Breckner
Controlling von Autobanken
Lohmar – Köln 2005 ♦ 322 S. ♦ € 52,- (D) ♦ ISBN 3-89936-342-6

Cord Twele/Matthias Lesch/Andreas Bull
Innovative Regionalentwicklung – Innovationsnetzwerke, (Corporate) Venture Capital und Venture-Capital-Fonds
Lohmar – Köln 2005 ♦ 140 S. ♦ € 38,- (D) ♦ ISBN 3-89936-351-5

Georg Waltenberger
Energiemanagement in der Industrie – Die energiewirtschaftlichen Grundlagen
Lohmar – Köln 2005 ♦ 392 S. ♦ € 56,- (D) ♦ ISBN 3-89936-354-X